KUKA 工业机器人

操作与运维

魏雄冬　编著

化学工业出版社
·北京·

内容简介

本书参照《工业机器人操作与运维》1+X职业技能等级考核标准，结合作者多年教学、实践经验，对 KUKA 工业机器人的基础知识、安全操作、示教器编程、周边设备通信编程、系统维护、常见故障处理等内容进行了详细介绍，并通过机器人码垛的实例进行了综合讲解和训练。全书以专业活动为导向、以操作技能为核心，配套教学视频，能够帮助读者充分了解和掌握 KUKA 工业机器人操作与运维的知识和技能。

本书内容全面系统，通俗易懂，实用性强，既可以供工业机器人相关专业师生、技术人员阅读参考，又可作为工业机器人培训用书。

图书在版编目（CIP）数据

KUKA 工业机器人操作与运维 / 魏雄冬编著. —北京：化学工业出版社，2021.11（2023.3重印）
ISBN 978-7-122-39872-7

Ⅰ. ①K… Ⅱ. ①魏… Ⅲ. ①工业机器人 Ⅳ. ①TP242.2

中国版本图书馆 CIP 数据核字（2021）第 184313 号

责任编辑：曾　越
文字编辑：林　丹　吴开亮
责任校对：王　静
装帧设计：王晓宇

出版发行：化学工业出版社（北京市东城区青年湖南街 13 号　邮政编码 100011）
印　　装：北京天宇星印刷厂
开　　本：787mm×1092mm　1/16　印张 17½　字数 450 千字
版　　次：2023 年 3 月北京第 1 版第 2 次印刷

购书咨询：010-64518888
售后服务：010-64518899
网　　址：http：//www.cip.com.cn
凡购买本书，如有缺损质量问题，本社销售中心负责调换。

定　　价：79.00 元

前言

工业机器人是装备智能化的物质基础，相较于传统机械，工业机器人应用领域更加开放。在发达国家，工业机器人自动化生产线已广泛应用于汽车行业、电子电器行业、工程机械制造行业，其有效保证了产品质量，提高了生产效率，节约了生产成本，并大大降低了工伤事故。

KUKA（库卡）机器人无疑是工业机器人中的佼佼者。KUKA机器人有限公司是世界领先的工业机器人制造商之一，在全球拥有20多个子公司，拥有丰富的机器人安装及在线运作测试经验。其机器人具有本体刚度好、运动精度高、型号全、应用领域广等优势，可广泛用于物料搬运、加工、堆垛、点焊和弧焊，涉及金属加工、食品和塑料等行业。

本书参照《工业机器人操作与运维》1+X职业技能等级考核标准，结合笔者多年的KUKA机器人相关从业经验编写。全书共7章，主要围绕KUKA机器人的机械、电气、操作、编程、配置软件、维护与保养、故障诊断及典型应用等方面展开。其中，第1章围绕机器人基础知识展开，主要讲述了KUKA机器人分类、应用、本体、控制柜等内容；第2章围绕机器人系统展开，包含机械系统、控制系统、系统线路连接、安全回路、投入运行设置等内容；第3章围绕机器人基本操作展开，内容包含机器人的安全操作规范、示教器的基本操作、坐标系的认识与测量、零点标定方法等；第4章主要围绕机器人编程展开，内容包括运动编程、逻辑信号编程、流程控制、样条运动、KRL流程控制、结构化编程等；第5章介绍机器人周边设备编程，包括西门子1200PLC编程、西门子触摸屏组态、PLC与机器人之间的通信等内容；第6章介绍机器人系统保养与维修，包含机器人本体的保养与维修、机器人控制柜的保养与维修、各零部件的更换、故障诊断等内容；第7章以机器人码垛应用为典型代表，从工作站认识、机器人与PLC的I/O配置到PLC程序编写、触摸屏组态、机器人程序编写，从零到完成任务，完整地展现一个项目，巩固本书知识。

本书内容全面系统、通俗易懂，KUKA机器人知识点的展开条理清晰，适合从事KUKA机器人现场维护、调试应用的工程技术人员学习和参考，也非常适合自动化、工业机器人、机电一体化等相关专业的师生使用，还可作为工业机器人培训用书。

本书涉及实操的部分都配有笔者录制的视频，一边操作一边讲解，有助于读者理解和掌握。

由于笔者的水平有限，难免有不足之处，欢迎广大读者提出宝贵意见和建议。

编著者

扫码下载：配套课件

目录

KUKA

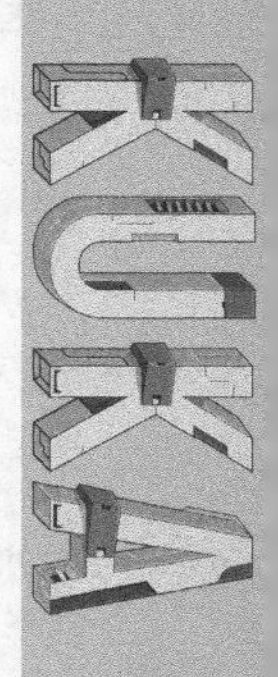
KUKA

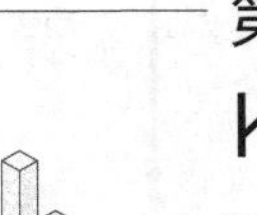

第 4 章
KUKA 工业机器人的示教器编程

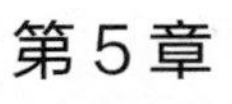

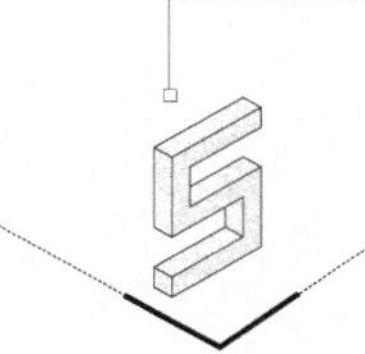

第 5 章 KUKA 机器人周边设备编程

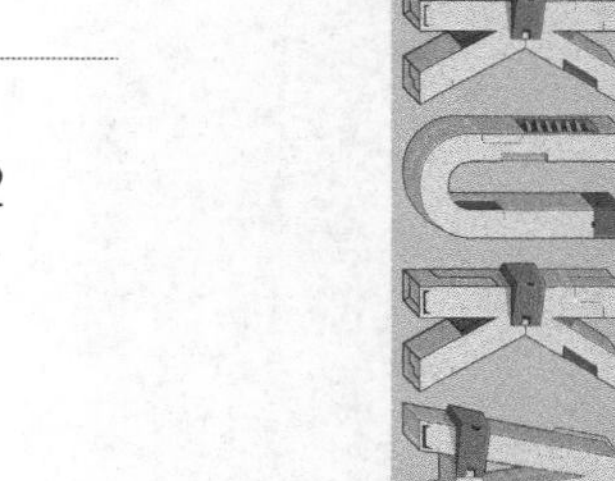

第 6 章

工业机器人系统维护与常见故障处理

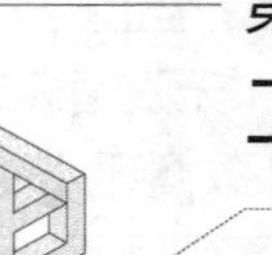

第 7 章

码垛应用案例

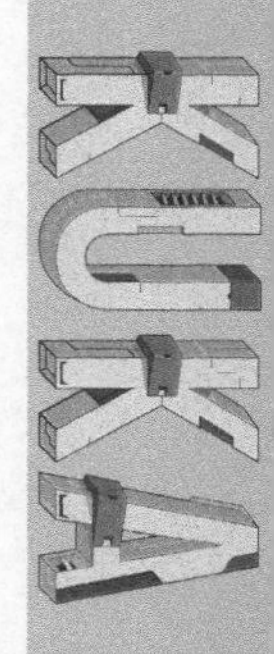

第1章

KUKA工业机器人的基本认识

本章主要介绍KUKA机器人的基础知识，让读者了解KUKA机器人的分类及应用，熟悉KUKA机器人的基本组成，为后面学习打下基础。

知识目标

1. 了解KUKA机器人分类。
2. 熟悉KUKA机器人的各类应用。
3. 熟悉KUKA机器人的组成及各组成部分的作用。

技能目标

1. 能说出KUKA机器人的分类。
2. 能讲述KUKA机器人的应用场所。
3. 能说出KUKA机器人的各组成部件及作用。

1.1 KUKA机器人概述

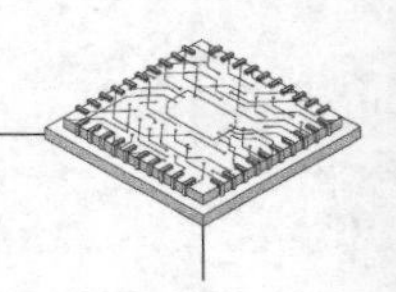

德国KUKA（库卡）公司成立于1898年，自1977年开始系列化生产各种用途的机器人，是目前国际上最大的机器人制造商之一。

KUKA机器人最显著的特点是采用PC BASED控制系统，该系统在微软的Windows界面下操作。PC BASED控制系统的设计，再加上标准化的个人计算机硬件，以及简单的规划设置，使其平均故障间隔时间超越75000h，而机器人的平均使用寿命增加到10～15年。

从第一台纯电动机器人发展到现在，库卡的技术在同行中一直是比较领先的。从最早的专用控制系统，到后期使用工业PC作为控制系统，库卡机器人一直走在该领域的前列。目前，库卡公司工业机器人年产量超过1.8万台，至今已在全球安装了超过15万台工业机器人。由于汽车工业大流水作业的特性，KUKA工业机器人在中国车厂已占有一席之地。图1-1所示为库卡机器人进行汽车车架的焊接。

2014年，库卡在上海建立了亚洲第一个海外工厂，这意味着KUKA机器人在中国将进入更加广阔的产业市场，例如食品工业和饮料行业、物流现场的搬运、激光表面热处理、机械加工等诸多领域。图1-2、图1-3分别为堆垛用KUKA机器人和KUKA机器人专用焊接机焊接特殊部件。在中国，从库卡机器人在汽车产业的销量占总销量50%～60%的情况来看，至少还有一半的销量将覆盖计算机、通信和消费性电子行业等领域。

图1-1　KUKA机器人进行汽车车架的焊接

图1-2　KUKA机器人堆垛

图1-3　KUKA机器人焊接

目前，KUKA机器人有限公司在全球拥有20多个子公司。亚太地区，KUKA机器人有限公司在美国、日本、中国等国家已占据了坚实的市场份额，KUKA机器人的应用覆盖了较广泛的领域。

1.2 KUKA机器人分类

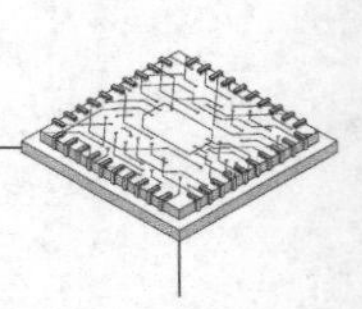

KUKA机器人有多种多样的型号，根据机器人负载量不同，分为轻型承载、中型承载、重型承载和超重型承载。2007年，KUKA公司研发了负载达1000kg的KR 1000 Titan型号的机

器人，是当时最强的6轴工业机器人，被记入了吉尼斯世界纪录。KUKA公司还有一些特殊型号的机器人，如悬臂机器人、码垛机器人、冲压线型机器人和铸造机器人。

（1）轻型承载机器人

轻型承载是指机器人负载量为3～16kg，主要型号为KR 16系列。

典型的型号有KR16-2低负荷工业机器人，如图1-4所示。这种机器人负荷可达16kg，附加负荷为10kg，最大作用范围为1610mm，被应用于加工工业的绝大多数应用领域。无论是汽车配件供应行业还是非汽车领域，均可看到它的身影。

2009年9月，KUKA推出两款新型机器人——KR 16 arc HW（图1-5）和KR 16 L8 are HW机器人。这两款机器人的特殊功能是气体保护焊。这些机器人的显著特点是具有50mm通孔的空心轴结构，由此可集成所有常见的焊接包。同时，这些新型机器人还以其误差低于±0.05mm的高重复精度而出类拔萃。它的负载量是16kg，最大作用范围是1636mm，特别适用于较大的构件（如厚板）的焊接。

KUKA机器人中有一种铸造机器人KR 16-2F，如图1-6所示。它可以轻松胜任玻璃工业要求很高的作业组合，在温度很高的作业环境下，可以出色地完成高温易碎玻璃成型件的操作。它的负荷为16kg，附加负荷为10kg，最大作用范围为1610mm，适用于搬运与装卸、包装及拣选、保护气体焊、钎焊、金属压铸机、铸造设备等场合。

图1-4　KR16-2低负荷工业机器人

图1-5　KR 16 arc HW机器人

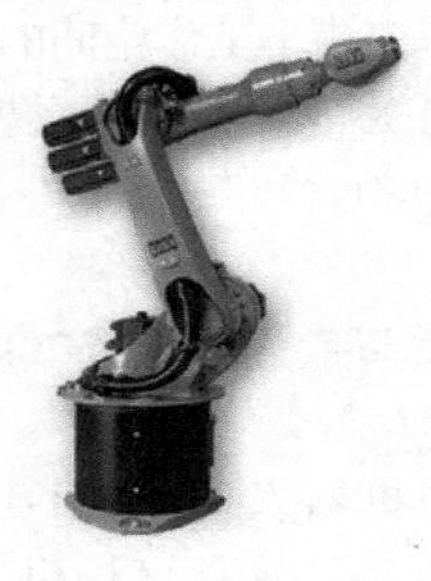
图1-6　KR 16-2F铸造机器人

图1-7　KR 16-2 KS-F机器人

轻型承载机器人中还有一种型号为KR 16-2 KS-F的机器人，如图1-7所示。安装在设备上的KS型架装式增加了作业空间深度，同时缩小了机身尺寸。这项优点在对注塑机进行装卸时表现得尤为突出。因为底座平展，所以行程路径短且作用范围大，这样在设备装料时便可缩短周期。它的负荷是16kg，附加负荷是30kg，最大作用范围是1801mm，适用于搬运与装卸、包装及拣选、气体保护焊、钎焊、金属压铸机、铸造设备、塑料加工设备、金属切削机床、测量、检测或检验、装货盘等场合。

（2）中型承载机器人

中型承载机器人是指负载量为30～60kg的机器人，主要有KR 30和KR 60两种系列。

KUKA KR 30-3机器人就像是一位行为艺术家，如图1-8所示。它形同拳头的工作空间为应用领域提供了节省空间和成本的设备方案。它的负荷是30kg，附加负荷是35kg，最大作用范围是2033mm，适用于搬运与装卸、包装及拣选、表面处理、金属压铸机、铸造设备、涂漆、上釉、涂胶水、密封材料等场合。

中型承载机器人中有一种型号为KR 40 PA的机器人，如图1-9所示，在进行欧洲标准货盘包装时，操作净高度可达1.6m，其采用的新型材料（碳纤维加强材料CFK）使机身极轻，而强度却很高。它的负荷是40kg，附加负荷是20kg，最大作用范围是2091mm，可以应用在搬运与装卸、包装及拣选、操作其他机床、装货盘等领域。

图1-8 KUKA KR 30-3机器人

图1-9 KR 40 PA机器人

图1-10 KR 180 R2500 EXTRA 高负荷机器人机械手

（3）重型承载机器人

重型承载机器人是指负荷量在100～240kg的机器人，主要包括KR 150、KR 180、KR 210和KR 240系列的机器人。

KR 180 R2500 EXTRA是高负荷机器人机械手，如图1-10所示。它适用于搬运与装卸、包装及拣选、焊接及钎焊、气体保护焊、点焊等场合，KR 180 R2500 EXTRA以最小的投资成本实现多样性和灵活性的最大化。它的结构更精致、更紧凑、更稳定。它的负载能力达180kg，是作用半径达2500mm的应用领域中适应狭小工作空间的最佳解决方案，具备多种装配方案备选。

还有一种KR 210 R2700 EXTRA高负荷机械手，如图1-11所示，在210kg/2700mm的应用级别里，同样适用于多种应用场合。

（4）超重型承载机器人

超重型承载机器人是指负荷量为360～570kg的机器人，主要包括KR 360、KR 500、KR 450和KR 570等一系列的机器人。

其中有一种KR 500-3F型机器人，如图1-12所示。它在货车车轴锻造加工、KUKA线性滑轨上安装铸造机器人方面效果良好。这种机器人在锻造时能精确从事对体积庞大的重型部件的操作，负荷是500kg，附加负荷是50kg，最大作用范围是2825mm。

（5）KR-1000 Titan系列机器人

KR-1000 Tian-F属于重负荷铸造机器人机械手，如图1-13所示。它适用于搬运与装卸、包装及拣选、点焊、金属压铸机、铸造设备、安装、固定等场合。如要迅速地跨越6.5m的距离，精确地传送电机组、砖石、玻璃、钢梁、船舶部件、大理石毛块、混凝土制品等，KR-1000 Tian-F是理想的选择。它的负荷是1000 kg，附加负荷是50 kg，最大作用范围是3202mm。

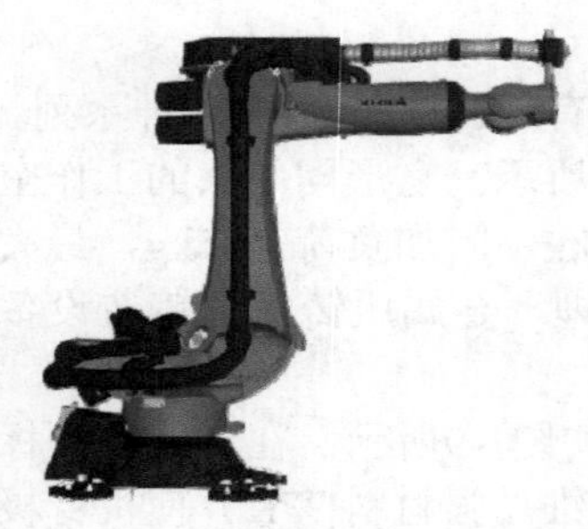

图1-11 KR 210 R2700 EXTRA 高负荷机械手

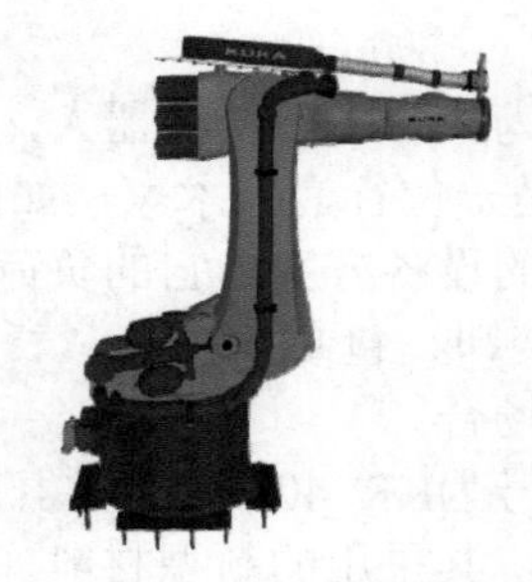

图1-12 KR 500-3F机器人

图1-13 KR-1000 Tian-F 重负荷铸造机器人机械手

1.3 KUKA机器人应用

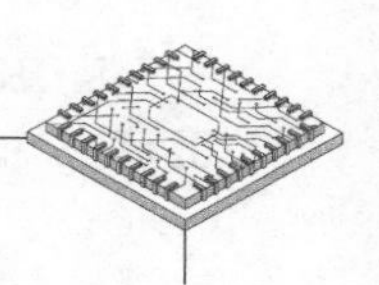

KUKA机器人可用于物料搬运、加工、堆垛、点焊和弧焊，涉及自动化、金属加工、食品、塑料等行业。KUKA机器人的用户包括通用汽车、克莱斯勒、福特、保时捷、宝马、奥迪、奔驰、大众、法拉利、哈雷戴维森、一汽大众、波音、西门子、宜家、施华洛世奇、沃尔玛、百威啤酒、BSN Medical、可口可乐等公司。

（1）物流运输行业

KUKA机器人在运输超重物体中能起到重要作用，主要体现在负重及自由定位。

图1-14所示为机器人进行机械的装载作业。

（2）食品行业

KUKA机器人也可用于食品行业。在这个领域里，KUKA机器人可以进行装卸货物、食品切割、堆垛、卸垛、质量控制等作业，在这些方面都可以很大程度地减轻人或设备的负担。图1-15所示为机器人进行食品的包装及码垛作业。

图1-14　机器人进行机械的装载作业

图1-15　机器人进行食品的包装及码垛作业

（3）建筑行业

KUKA机器人在建筑行业里也有各种应用。例如，在进行原材料的输送、加工及高效率生产过程中，都会用到工业机器人。图1-16所示为利用KUKA机器人进行钢铁建材的切割作业。

（4）玻璃制造行业

在玻璃制造行业里也可运用KUKA机器人进行玻璃及石英玻璃的制造及特定加工。如实验室器皿制造、制胚及变形或制造行业标准产品系列产品，都需要用到机器人，图1-17所示为机器人在玻璃行业中的应用。

（5）铸造和锻造业

工业机器人可以直接安装在铸造机械上，因为它耐高温、耐脏。在去毛刺、打磨及钻孔等加工过程（即指令监控过程）中均可使用KUKA机器人，图1-18所示为在自动化铸造行业中使用的耐高温机械臂。

图1-16　机器人进行钢铁建材的切割作业

（6）汽车产业（综合应用）

KUKA工业机器人在汽车产业应用广泛，其在搬运、码垛、点焊、焊接、喷漆、涂胶等工艺中均可采用，图1-19所示为KUKA机器人在汽车生产线中的应用。

图1-17　机器人在玻璃行业中的应用

图1-18　耐高温机械臂

（a）汽车搬运

（b）汽车码垛

（c）汽车点焊

（d）汽车焊接

（e）汽车喷漆

（f）汽车涂胶

图1-19　KUKA机器人在汽车生产线中的应用

1.4 KUKA机器人组成

工业机器人是面向工业领域的带有多个关节的机器装置，是一种可自由编程并受程序控制的操作机器，它可以按照预先设定的程序运行。工业机器人综合应用了计算机技术、自动控制理论、自动检测及精密机械装置等高新技术，技术密集度及自动化程度都极高，代表了机电一体化的最高成就。

一套完整的工业机器人系统一般包括机械人本体、控制柜、连接线缆、软件及外围设备。KUKA机器人主要由机械系统、控制系统、示教器（即手持操作和编程器）、系统软件、配套电缆等组成，如图1-20所示。其中，机械系统即为机器人本体，是机器人的支承基础和执行机构，包括基座、臂部、腕部、手部；控制系统是机器人的“大脑”，是决定机器人功能和性能的主要因素，它的主要功能是根据作业指令程序及从传感器反馈回来的信号，控制机器人在工作空间中的位置运动、姿态和轨迹规划、操作顺序及动作时间等；示教器是用于对机器人手动操纵、编写程序、配置参数及监控的手持装置。

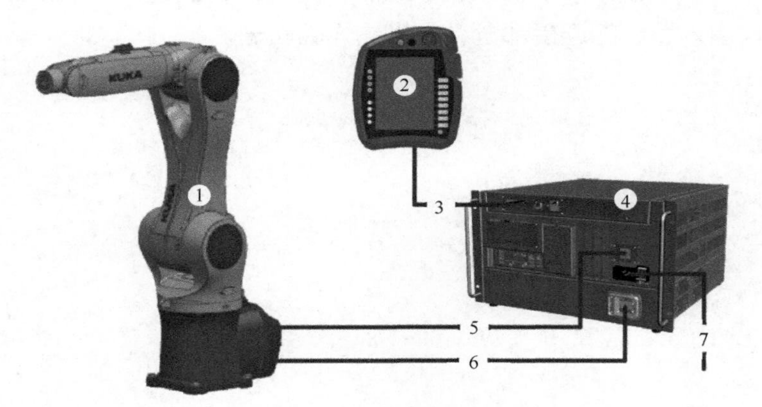

图1-20　KUKA机器人组成

1—机械手；2—手持式编程器；3—连接线缆/smartPAD；4—机器人控制系统；
5—连接线缆/数据线；6—连接线缆/电机导线；7—设备连接线缆

扫码看：KUKA
工业机器人组成

第2章

KUKA工业机器人系统的连接与投入运行

在初步认识KUKA机器人后，需要对KUKA机器人进行全面了解，掌握KUKA机器人控制柜和机器人本体的连接，让KUKA机器人启动起来。本章讲述KUKA机器人的机械系统和控制系统，通过了解机械系统的组成和控制系统的组成，对KUKA机器人有一个基本掌握。再引入系统的连接部分，让机器人动起来。

知识目标

1. 了解KUKA机器人的机械系统组成。
2. 熟悉KUKA机器人的控制系统组成。
3. 理解KUKA机器人的安全接口定义。

技能目标

1. 会连接KUKA机器人的安全接口X11并进行安全防护。
2. 能独立连接KUKA机器人系统。
3. 能在安全操作规范下给KUKA机器人开机。
4. 会使用投入运行模式。

2.1 KUKA机器人的机械系统

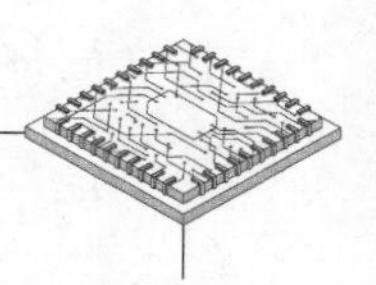

机器人机械系统是工业机器人的机械主体，是用来完成各种作业的执行机构。机械系统包括机械手、机器人足部、法兰，如图2-1所示。其中，机械手是机械系统的主体，通常由众多活动的、相互连接在一起的关节（轴）组成，具有多个自由度。机器人足部即基座，是机器人的基础部分，起支承作用。法兰即机器人最后一个轴的机械接口（习惯上称为末端执行器），可安装不同的机械操作装置，如抓爪、吸盘。

机械系统中的机械零部件主要由铸铝和铸钢制成。为减轻结构重量，有些零部件也使用碳纤维。机械零部件大致包括底座、转盘、连接臂、臂、腕部轴等，如图2-2所示。

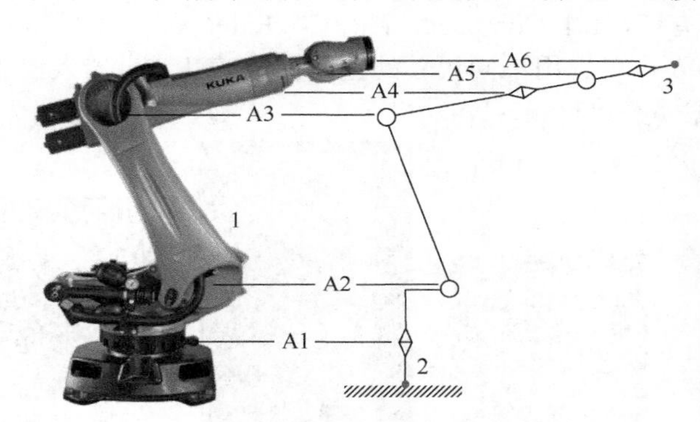

图2-1 机械系统

1—机械手；2—机器人足部；3—法兰

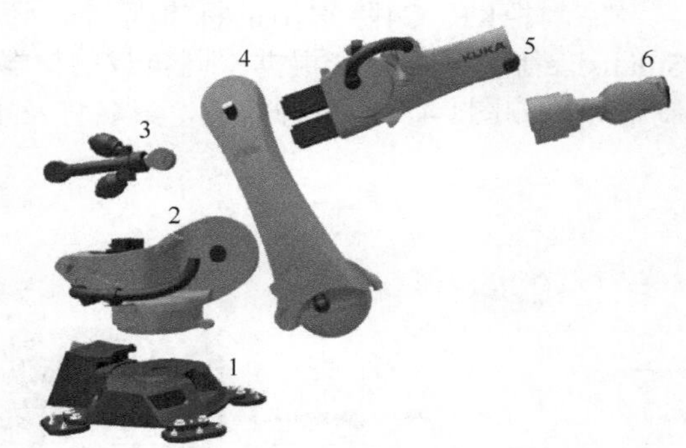

图2-2 机械零部件

1—底座；2—转盘；3—连接臂；4—臂；5—腕部轴；6—手

机械手是机器人机械系统的主体，一般由6根可活动的、相互连接在一起的轴组成，各轴关节运动是通过伺服电机驱动减速机或同步带，调控机器人的机械系统各部件实现的。从机器人足部到法兰共有6个轴，对应的编号分别为A1～A6，其中，A1～A3轴为机器人的主轴，主要确定机器人末端在空间的位置，A4～A6轴是机器人的腕部轴，主要确定机器人末端在空间的姿态。KUKA机器人各轴对应的编号如图2-3所示。

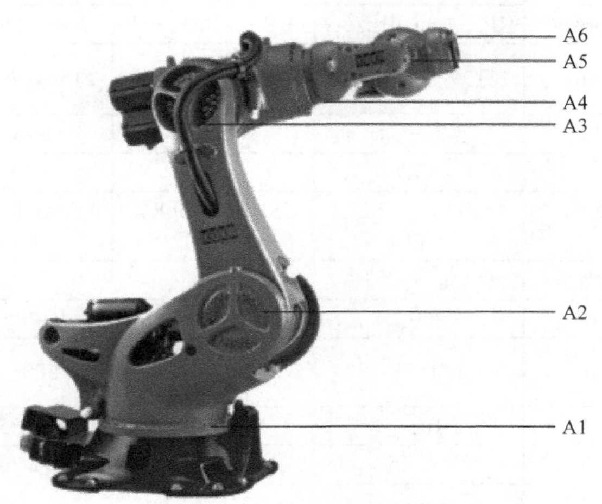

图2-3 KUKA机器人6个轴

扫码看：KUKA机器人机械系统构成

基于安全原因，KUKA机器人A1～A3及A5轴运动范围可能会有带缓冲器的机械终端止挡（简称硬机械限位）限定。

2.2 KUKA机器人控制系统

2.2.1 机器人控制柜分类

控制柜KR C4除常用的标准型外，还有KR C4 Compact、KR C4 Extended、KR C4 Smallsize等尺寸类型。根据不同负载的机器人，可选用不同尺寸的控制器。KUKA机器人控制柜分为如图2-4所示五种类型，其名称及主要参数见表2-1。

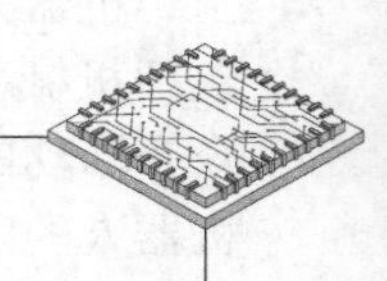

扫码看：KUKA机器人控制柜分类

图2-4　五种控制柜

表2-1　各控制柜参数对应表

编号	1	2	3	4	5
型号	KR C4 Compact	KR C4 Smallsize-2	KR C4 Standard	KR C4 Midsize	KR C4 Extended
尺寸（高×宽×长）/mm	271×483×460	615×580×540	960×792×558	1160×792×558	1600×842×562
处理器	多核技术	多核技术	多核技术	多核技术	多核技术
硬盘	SSD	SSD	SSD	SSD	SSD
接口	USB3.0、GbE、DVI-I	USB3.0、GbE、DVI-I	USB3.0、GbE、DVI-I	USB3.0、GbE、DVI-I	USB3.0、GbE、DVI-I
轴数（最大）	6+2（带附加轴箱）	6+6（带附加轴箱）	9	9	16
电源频率/Hz	50/60±1	50/60±1	49～61	49～61	49～61
额定输入电压AC/V	200～230	3×380～3×575	3×380～3×575	3×380～3×575	3×380～3×575
防护等级	IP20	IP54	IP54	IP54	IP54
环境温度/℃	5～45	5～45	5～45	5～45	5～45
质量/kg	33	60	150	160	240

2.2.2 KR C4控制系统

KUKA KR C4控制系统可降低集成、保养和维护方面的费用，同时还将持续提高系统的效率和灵活性——由于通用的开放式工业标准。

KR C4在软件架构中集成了Robot Control、PLC Control、Motion Control（如KUKA.CNC）和Safety Control。所有控制系统都共享一个数据库和基础设施，因此使自动化变得方便和高效。

控制系统是影响机器人功能和性能的主要因素，也是机器人系统中更新和发展最快的部件。KRC4控制系统有以下几个方面的属性。

① 机器人控制系统（完成轨迹规划）。可控制机器人6个轴及最多2个附加的外部轴（附加轴是指不属于机器人机械系统，但由机器人控制系统控制的运动轴，如KUKA的线性滑轨、双轴转台、Posilex）。

② 流程控制系统。符合IEC61131标准的集成式Soft PLC。

③ 安全控制系统。它是控制系统PC的一个内部单元，主要是将与安全相关的信号和与安全相关的监控联系起来，负责关断驱动器，触发制动，监控制动斜坡，停机监控，T1速度监控，评估与安全相关的信号，触发与安全相关的输出端的工作。

④ 运动控制系统。用于控制机器人各轴的运动等。

⑤ 通过可编程控制器（PLC）、其他控制系统、传感器和执行器来完成总线系统的通信。

⑥ 通过主机或其他控制系统完成网络的通信。

KR C4控制系统能对机械手的6个轴及另外的最多2个附加轴进行控制（6+2），如图2-5所示。控制柜通信支持各式PS/2线、网线，如图2-6所示。

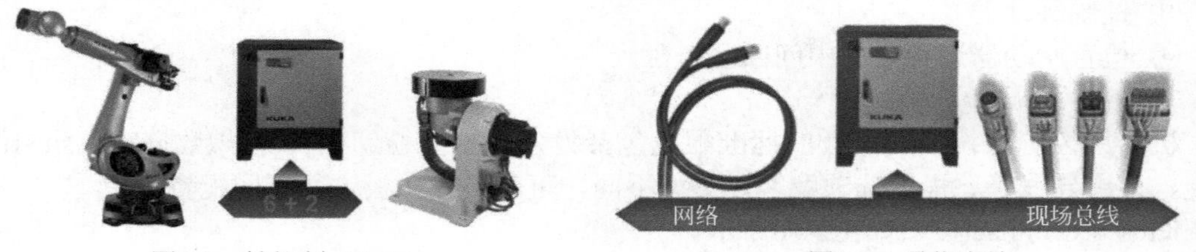

图2-5　轴控制（6+2）　　图2-6　通信支持

2.2.3 控制系统构成

（1）控制系统KR C4 Compact

KR C4 Compact由控制箱和驱动装置箱构成，如图2-7所示。

1）控制箱

控制箱由如图2-8所示元件组成。

控制箱负责机器人控制系统的以下功能。

① 操作界面。

② 程序的生成、修正、存档及维护。

③ 流程控制。

④ 轨道规划。

⑤ 驱动电路的控制。

图2-7　KR C4 Compact构成

1—控制部件（控制箱）；2—电力部件（驱动装置箱）

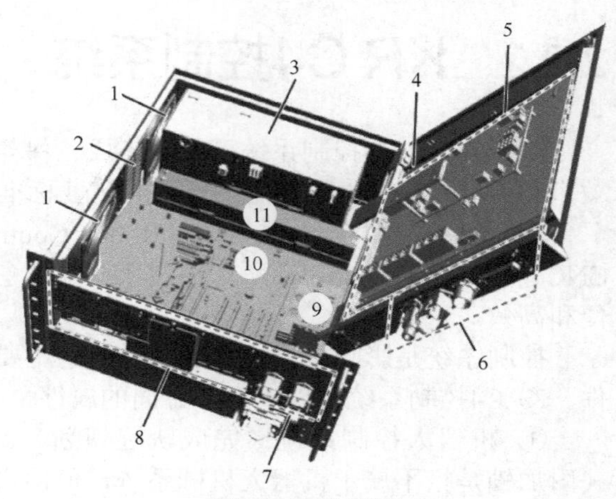

图2-8　控制箱组成

1—风扇；2—硬盘；3—低压电源件；4—电子数据存储卡（EDS）；5—小型机器人控制柜（CCU_SR）；6—接口在盖中；7—主开关；8—接口；9—选项；10—主板；11—蓄电池

⑥ 监控。

⑦ 安全技术。

⑧ 与外围设备［其他控制系统、主导计算机、各种个人计算（PC）机、网络］进行通信。

2）驱动装置箱［驱动配置（DC）］

驱动装置箱由如图2-9所示部分组成。驱动装置箱具有以下功能。

① 产生中间回路电压。

② 控制电机。

③ 控制制动器。

④ 检查制动器运行中的中间回路电压。

3）接线面板

机器人控制系统接线面板的标准配置包括设备连接线缆、电机导线/数据线、smartPAD线缆、外围导线等。根据选项及客户类型不同，可对接线面板进行不同配置。

KR C4 Compact接口如图2-10所示。

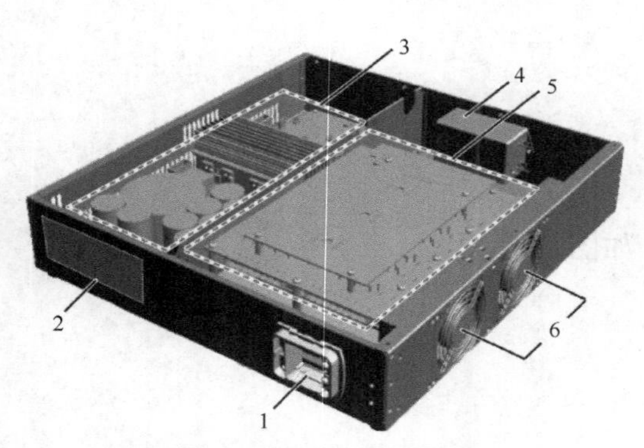

图2-9　驱动装置箱组成

1—电机插头X20；2—制动电阻；3—库卡小型机器人配电箱（KPP_SR）；4—电源滤波器；5—库卡小型机器人伺服包（KSP_SR）；6—风扇

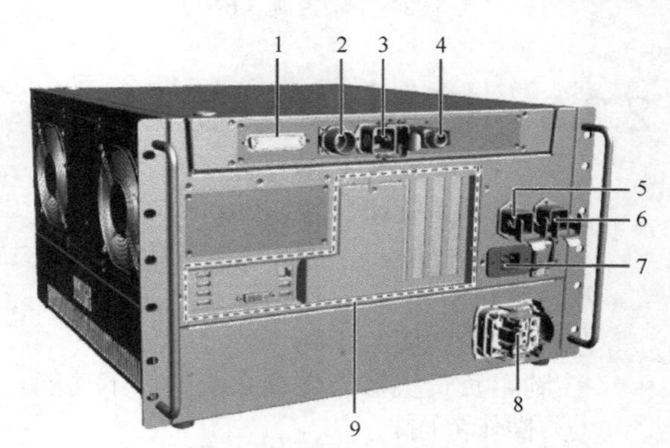

图2-10　KR C4 Compact 接口

1—X11安全接口（选项）；2—X19 smartPAD 接口；3—X65扩展接口；4—X69服务接口；5—X21机械手接口；6—X66以太网安全接口；7—K1网络接口；8—X20电机插头；9—控制系统PC的接口

（2）控制系统KR C4 Smallsize-2

机器人控制系统KR C4 Smallsize-2由如图2-11、图2-12所示部分组成。

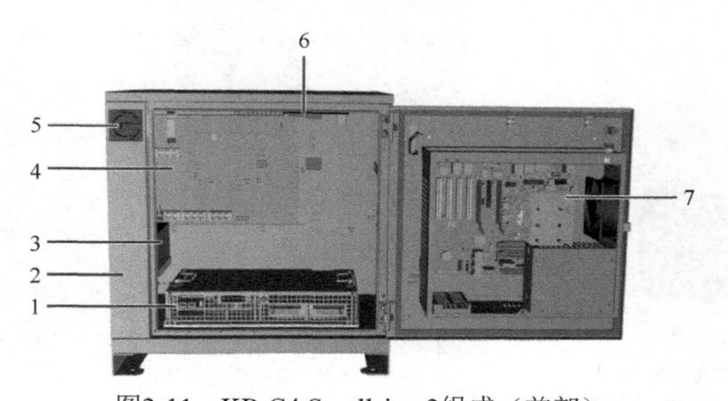

图2-11 KR C4 Smallsize-2组成（前部）
1—驱动单元；2—电源滤波器；3—蓄电池；
4—小型机器人控制柜；5—主开关；
6—扩展型安全接口板（选项）；7—控制系统PC

图2-12 KR C4 Smallsize-2组成（后部）
1—电机插头；2—外部风扇；3—低压电源部件；
4—选项用接线面板；5—电源接口X1；
6—镇流电阻；7—X21数据插头

控制系统主板D3236-K接口面板如图2-13所示。

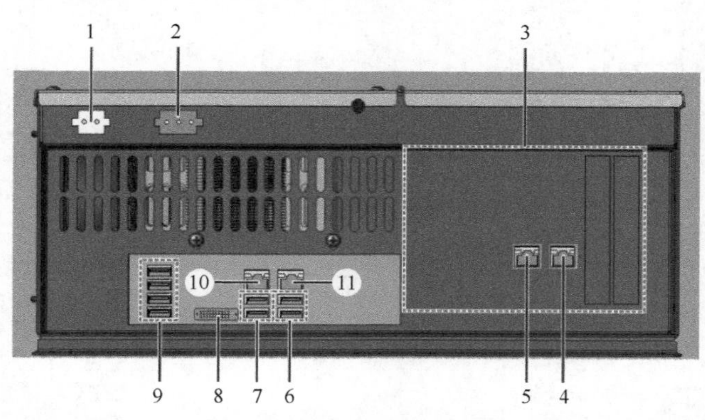

图2-13 主板D3236-K接口
1—插头X961电源DC 24V；2—PC 风扇的X962插头（作为选项，根据PC机内部设计）；
3—现场总线卡插槽1～7；4—KUKA控制器总线主板内建LAN网卡；5—KUKA系统总线主板内建LAN网卡；
6—2个USB 2.0端口；7—2个USB 3.0端口；8—DVI-I；9—4个USB 2.0端口；10—主板内建LAN网卡，
KUKA选项网络接口；11—KUKA Line Interface（KUKA 线路接口）主板内建LAN网卡

（3）控制系统KR C4 Standard

机器人控制系统KR C4 Standard由如图2-14、图2-15所示部分组成。KR C4 Standard机器人控制系统的接线面板包含下列线路的接口：电源线/供电电源、用于机械手的电机导线、用于机械手的数据线路、库卡smartPAD线路、PE线路、外围导线等。视具体选项和客户需求而定，接线面板可附设不同的零部件。

接线面板如图2-16所示。

（4）控制系统KR C4 Extended

机器人控制系统KR C4 Extended由如图2-17、图2-18所示部分组成。KR C4 Extended机器人控制系统的接线面板包含下列线路的接口：电源线/供电线、用于机械手的电机导线、用于机械手的数据线、库卡smartPAD线路、PE线路、外围导线。

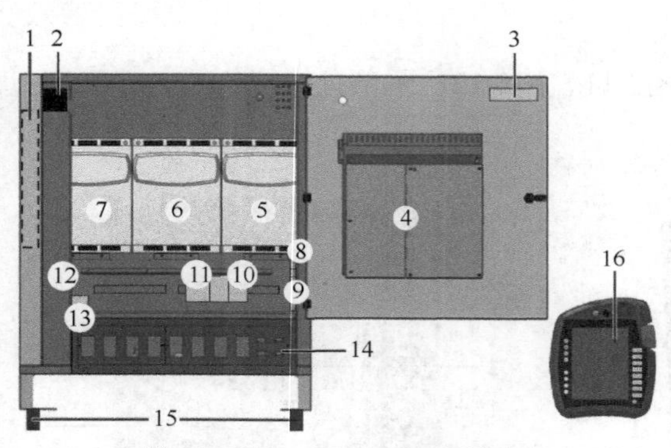

图2-14 KR C4 Standard正视图

1—电源滤波器；2—总开关；3—CSP；4—控制系统计算机；5—带驱动调节器的驱动电源；6—4～6号轴驱动调节器；7—1～3号轴驱动调节器；8—制动滤波器；9—CCU；10—继电器；11—转换器；12—保险元件；13—蓄电池；14—接线板；15—外壳；16—smartPAD

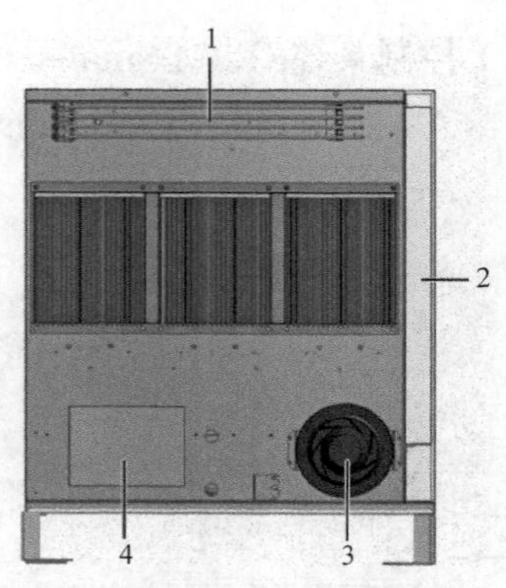

图2-15 KR C4 Standard后视图

1—镇流电阻；2—热交换器；3—外部风扇；4—低压电源件

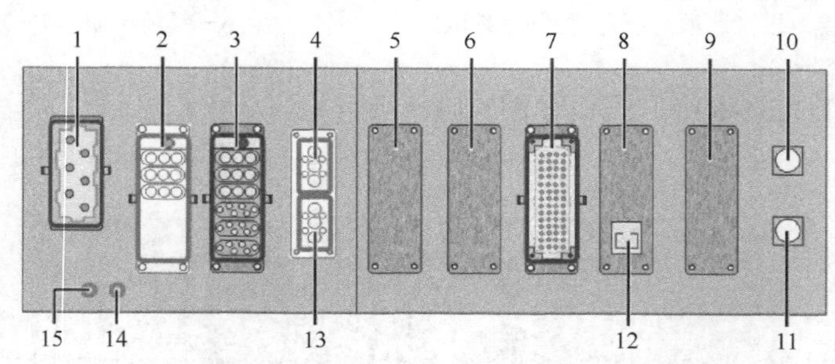

图2-16 KR C4 Standard接线面板

1—XS1电源接口；2—X7.1附加轴（7）电机接口（选项）；3—X20 驱动电机接口（轴1～6）；4～6,8,9,13—选项；7—X11接口（可选）；10—X19 smartPAD-接口；11—X21 RDC—接口；12—网络选项；14—SL1机械手接地导线；15—SL2主电源接地导线

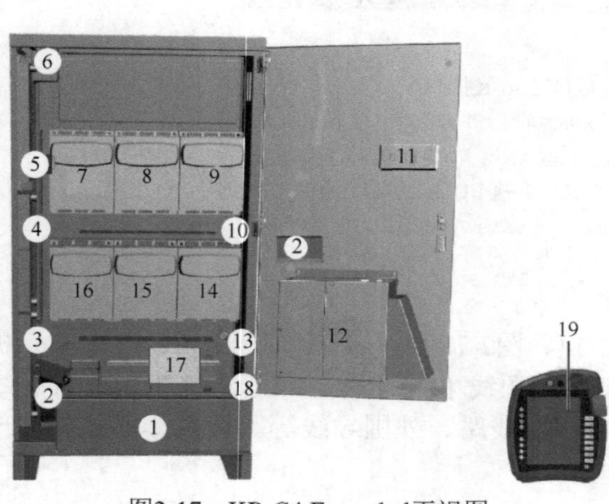

图2-17 KR C4 Extended正视图

1—接线面板；2—蓄电池（根据规格放置）；3,4—保险元件；5—主开关；6—内部风扇；7,8—驱动调节器；9—驱动电源KPP G11；10—制动滤波器；K12；11—CSP；12—控制系统PC机Q3；13—制动滤波器 K2 Q13；14—驱动电源KPP G1；15—驱动调节器KSP T1；16—驱动调节器KSP T2 KSP T12；17—SIB/SIB扩展型KSP T11；18—CCU；19—库卡 smartPAD

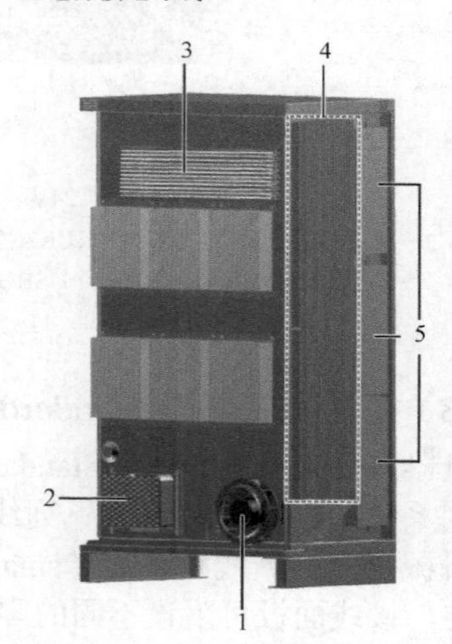

图2-18 KR C4 Extended后视图

1—外部风扇；2—低压电源件；3—制动电阻；4—热交换器；5—电源滤波器

接线面板如图2-19所示。

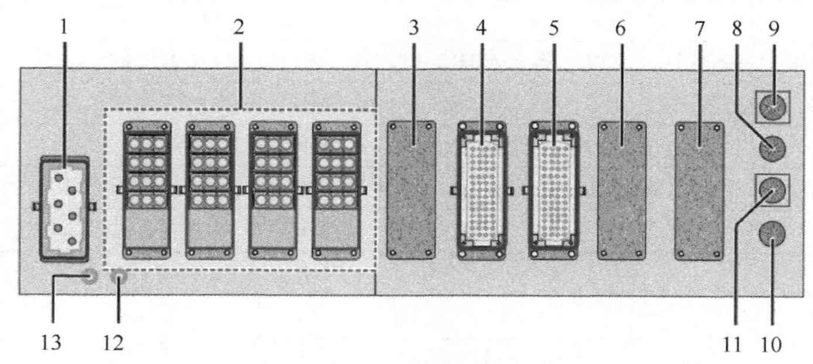

图2-19　接线面板

1—X1电源接口；2—电机插头接口；3,6,7—选项；4—X13接口；5—X11接口；8—X19 smartPAD接口；9—X21.1 RDC接口2；10—X42接口；11—X21 RDC 接口1；12—SL1机械手接地导线；13—SL2主电源接地导线

控制系统PC机接口可以安装：D3076-K、D3236-K、D3445-K三种主板类型，这里以主板D3076-K接口为例进行介绍，如图2-20所示。

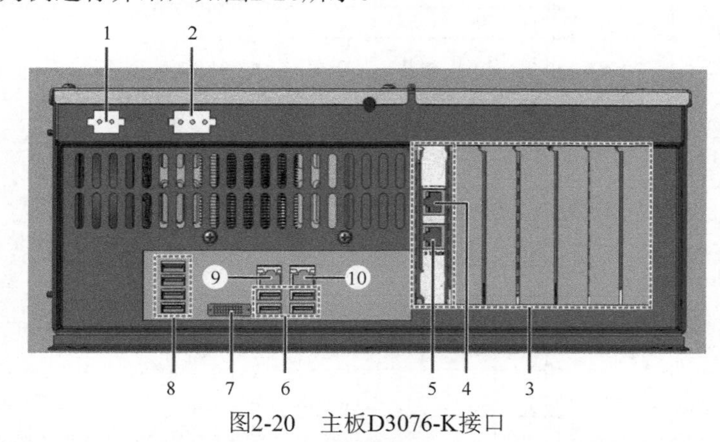

图2-20　主板D3076-K接口

1—插头X961电源DC 24 V；2—PC风扇的X962插头；3—现场总线卡插座1～7；4—LAN 双网卡 DualNIC：库卡控制器总线；5—LAN双网卡DualNIC：库卡系统总线；6—4 USB 2.0端口；7—DVI-I（支持VGA，借助DVI-VGA适配器），只有控制系统未连接任何已激活的控制设备（smartPAD、VRP），才能在一台外部监视器上显示控制系统操作界面；8—4 USB 2.0 端口；9—板载LAN网卡：库卡选项网络接口；10—板载 LAN 网卡：KUKA Line Interface （库卡线路接口）

2.3　KUKA机器人的安全接口X11

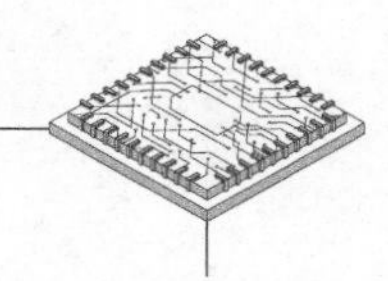

若要正常使用机器人，需正确连接控制柜与机器人的电气部分。控制柜与机器人的电气连接插口因机器人型号不同而略有差异，但插口标签是一样的。

KUKA机器人常见的系统连接接口与说明如表2-2所示。

要确保机器人的操作安全，KUKA机器人设备需配备必要的外部确认开关、紧急停止、安全防护装置和安全门。这些安全装置需接入X11安全接口。X11安全接口从内部被连接在SIB（Safety Interface Board）上，如图2-21所示。

表2-2　KUKA机器人常见的系统连接接口与说明

序号	接口	说　明
1	X20和X30	控制柜接口和机器人本体接口，控制柜到机器人本体的动力线
2	X21和X31	控制柜接口和机器人本体接口，控制柜到机器人本体的数据线
3	X19	控制柜接口，用于接入库卡示教器smartPAD
4	X32	机器人本体接口，用于接入库卡零点校正工具，校正机器人零点
5	X11	机器人安全回路接口，接线图根据控制柜型号不同，接线方式也不一样

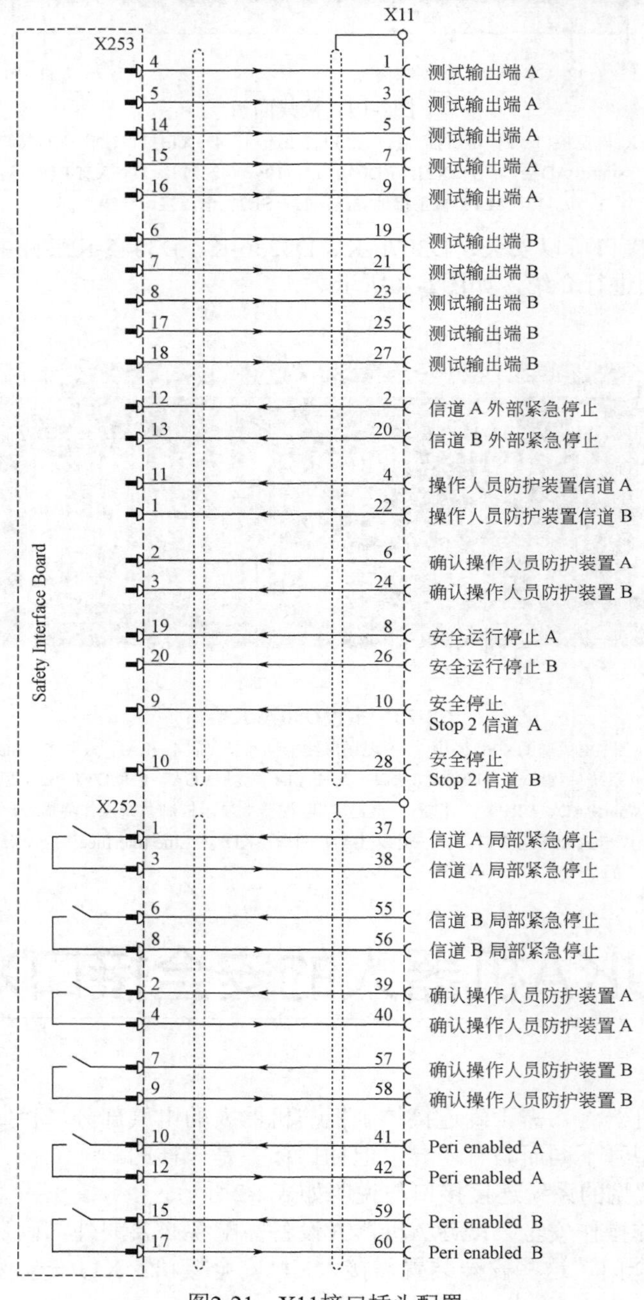

图2-21　X11接口插头配置

安全接口X11各针脚对应功能如表2-3所示。

表2-3　安全接口X11各针脚对应功能

针脚	信号	功　能
1	SIB测试输出端A（测试信号）	向信道A的每个接口输入端供应脉冲电压，此信号仅允许与SIB连接
3		
5		
7		
9		
19	SIB 测试输出端B（测试信号）	向信道B的每个接口输入端供应脉冲电压，此信号仅允许与SIB连接
21		
23		
25		
27		
8	信道A安全运行停止	各轴的安全运行停止输入端激活停机监控，超出停机监控范围时导入停机0
26	信道B安全运行停止	
10	安全停止Stop 2信道A	安全停止Stop 2（所有轴）输入端，各轴停机时触发安全停止2并激活停机监控 超出停机监控范围时导入停机0
28	安全停止Stop 2信道B	
37	信道A局部紧急停止	输出端，内部紧急停止的无电势触点，满足下列条件时，触点闭合 •smartPAD上的紧急停止未操作 •控制系统已接通并准备就绪，如有条件未满足，则触点打开
38		
55	信道B局部紧急停止	
56		
2	信道A外部紧急停止	紧急停止，双信道输入端，在机器人控制系统中触发紧急停止功能
20	信道B外部紧急停止	
6	确认操作人员防护装置A	用于连接带有无电势触点的确认操作人员防护装置的双信道输入端，可通过KUKA系统软件配置确认操作人员防护装置输入端的行为 在关闭防护门（操作人员防护装置）后，可在自动运行方式下，在防护栅外面用确认键接通机械手的运行。该功能在交货状态下不生效
24	确认操作人员防护装置B	
4	操作人员防护装置A	用于防护门闭锁装置的双信道连接，只要该信号处于接通状态，就可以接通驱动装置。仅在自动运行方式下有效
22	操作人员防护装置B	
41	Peri enabled A	输出端，无电势触点
42		
59	Peri enabled B	
60		
39	确认操作人员防护装置A	输出端，确认操作人员防护装置无电势触点，输出端可用于将有保障的操作人员防护装置（BS输入端 =1，如果已配置，则确认了QBS输入端）传递给相同防护栏的其他机器人控制系统
40		
57	确认操作人员防护装置B	
58		

X11接线图根据控制柜型号不同，接线方式也不一样。KR C4 Stand、KR C4 Midsize和KR C4 Extend控制柜如果确定不需要接入急停、安全门信号，将相应的通道短接即可，如图2-22所示。

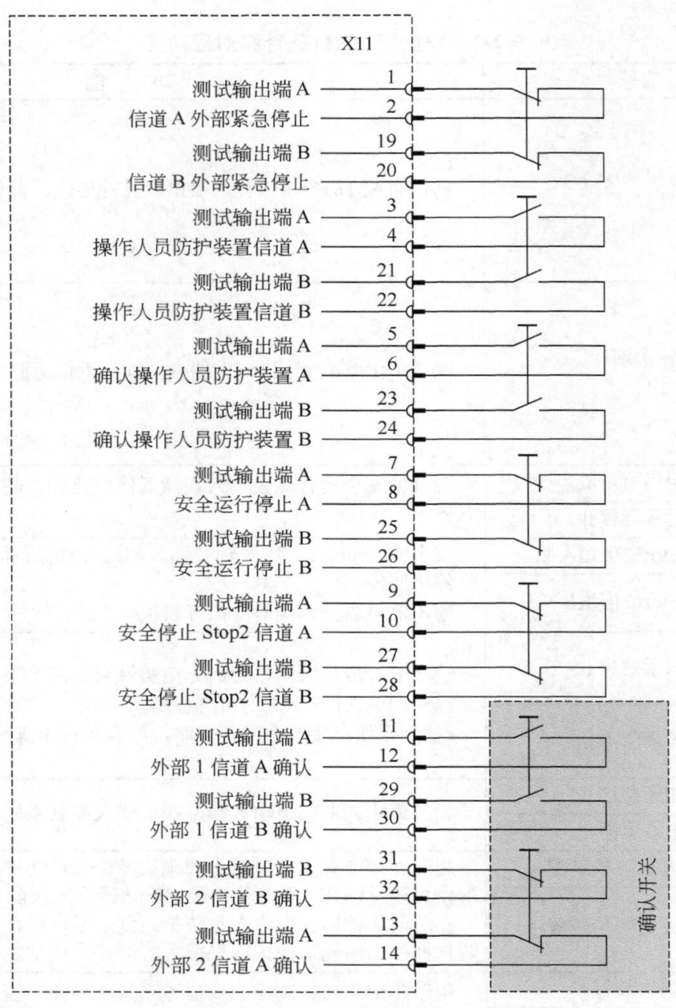

图2-22　X11短接图

KR C4 Compact和KR C4 Smallsize控制柜X11插头如图2-23所示。

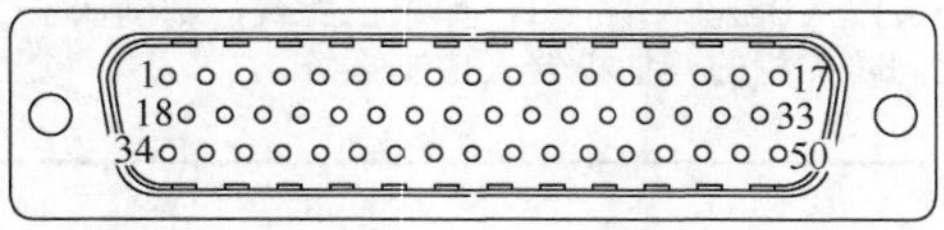

X11插头接线方式：
急停A组：1和2短接
急停B组：10和11短接

安全门A组：3和4短接
安全门B组：12和13短接

通道A组　通道B组
5和6短接，14和15短接
7和8短接，16和17短接
18和19短接，28和29短接
20和21短接，30和31短接
22和23短接，32和33短接

图2-23　X11插头

KR C4 Compact控制柜X11插头安装完成后如图2-24所示。

图2-24　X11插头连接控制柜

2.3.1　外部确认开关

如果设备很大且不能较好地通览，则需要加设一个外部确认机制。KUKA机器人有两种外部确认机制，功能如下。

① 外部确认机制1：运行T1或T2模式时必须按住该键，输入端闭合。

② 外部确认机制2：确认开关未处在紧急位置，输入端闭合。

如果已连接一个smartPAD，则其确认开关与外部确认机制以UND方式耦联。外部确认开关插头配置接口X11如图2-25所示。

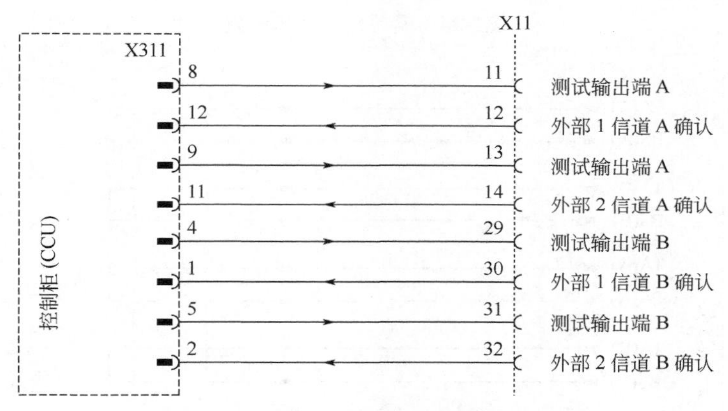

图2-25　外部确认开关插头配置接口X11

倘若没有外部确认机制，必须搭接针脚11—12、13—14、29—30和31—32。如果缺失X311至X11的连接线，则这些输入端在控制柜（CCU）内已桥接（非SIB）。

2.3.2　紧急停止

在机器人控制系统中，X11上可以连接一个紧急停止装置。机器人控制系统的紧急停止装置必须由系统集成商集成到设备的紧急停止回路中。紧急停止接口配置如图2-26所示。

2.3.3　防护门

在隔离性防护装置外必须安装一个双信道确认键。在工业机器人可重新启动自动运行模式之前，必须用确认键确认防护门关闭。机器人控制系统的防护门必须由系统集成商集成到设备的安全防护装置回路中。带防护门的操作人员防护装置接口配置如图2-27所示。

急停、安全门信号说明：建议接入相应的安全装置中，如果确定不需要接入，将相应的通道短接即可。

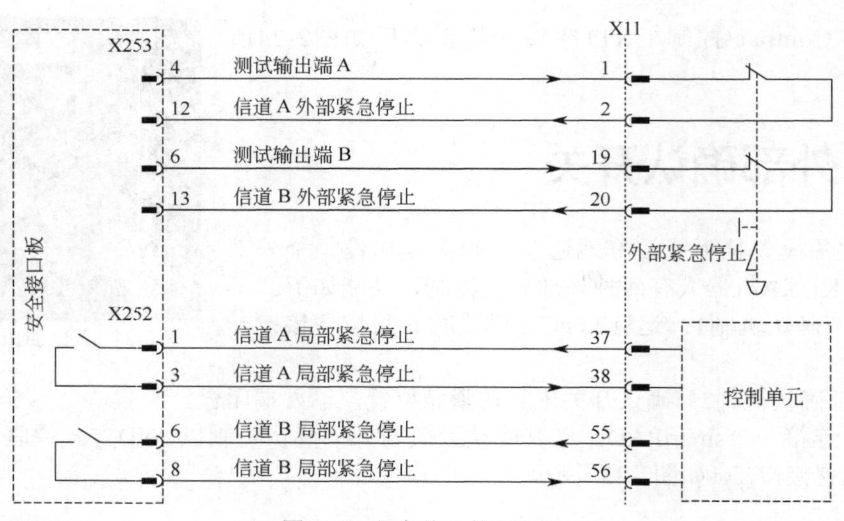

图2-26 紧急停止接口配置

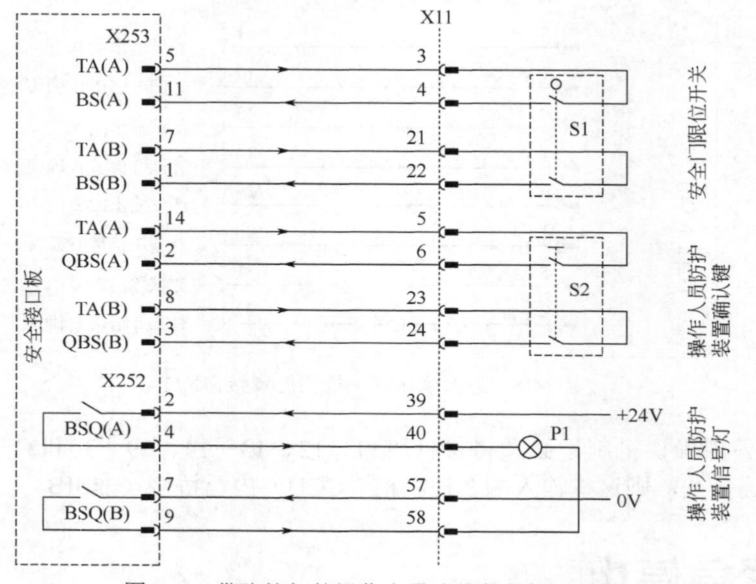

图2-27 带防护门的操作人员防护装置接口配置

2.4 KUKA机器人系统连接

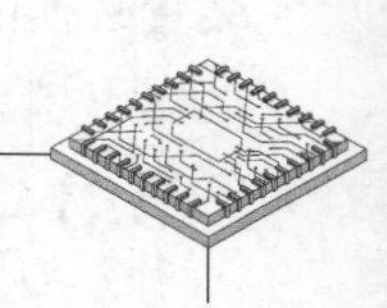

2.4.1 接地电位均衡导线

机器人系统的接地要求为等电位连接，在设备启用之前必须接上下列线路。

① 在机械手/机器人运动系统与机器人控制系统之间连接一条16mm^{2}导线，用作电位均

衡导线，如图2-28所示。

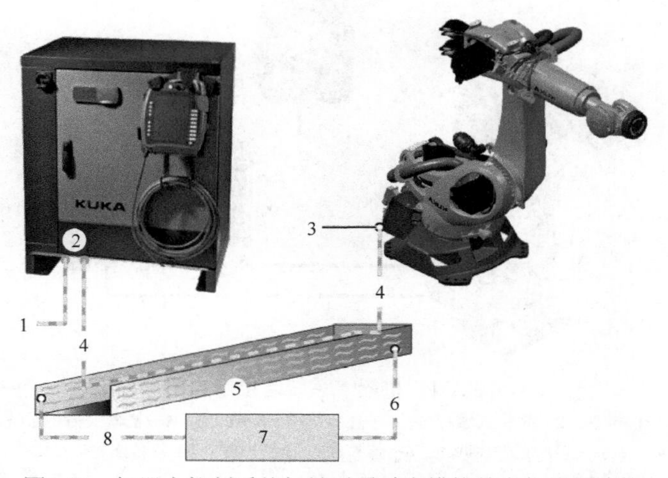

图2-28　机器人控制系统机械手通过电缆槽的电位均衡连接

1—电源柜中心接地导轨接地；2—机器人控制系统接线板；3—机械手上的电位均衡导线接口；
4—从机器人控制系统到机械手的电位均衡导线；5—电缆槽；6—从电缆槽始端到主电位均衡装置的电位均衡导线；
7—主电位均衡装置；8—从电缆槽终端到主电位均衡装置的电位均衡导线

② 在配电柜中心接地导轨与机器人控制系统接地螺栓之间连接附加接地导线。建议采用16mm^{2}的横截面，如图2-29所示。

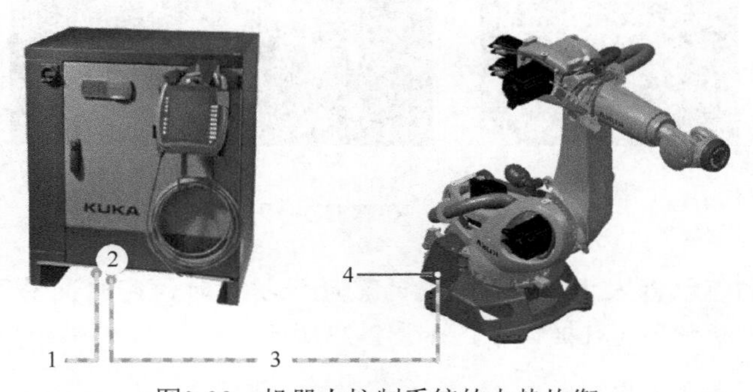

图2-29　机器人控制系统的电势均衡

1—电源柜中心接地导轨接地；2—机器人控制系统接线面板；3—从机器人控制器到机械手的电位均衡导线；
4—机械手上的电位均衡导线接口

机器人配套电缆，在进行现场布线时，必须使用分隔栏将电缆管线包里的电机线缆和焊接线缆与数据电缆分开安装，如图2-30所示。

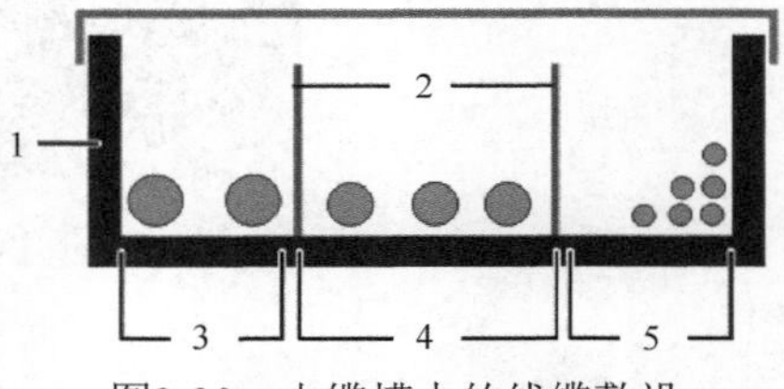

图2-30　电缆槽中的线缆敷设

1—电缆槽；2—分隔栏；3—焊接线；
4—电机线；5—数据线

2.4.2　KUKA机器人系统连接

控制柜型号和机器人型号不一样，对应接口略有差别，但标签是一样的。这里以KR C4 Compact控制系统为例，机器人系统连接示意图如图2-31所示，机器人本体和控制柜的连接操作步骤如下。

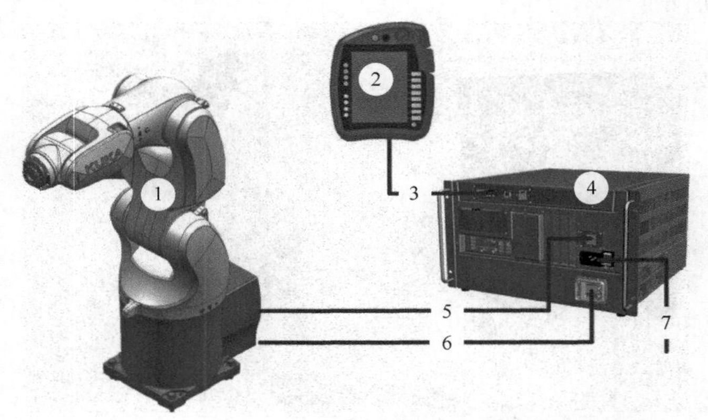

图2-31　机器人系统连接示意图

1—机械手；2—手持式编程器；3—连接线缆/smartPAD；4—机器人控制系统；
5—连接线缆/数据线；6—连接线缆/电机导线；7—设备连接线缆

① 将机器人本体中X31接口与控制柜中的X21接口用数据电缆相连，如图2-32所示。

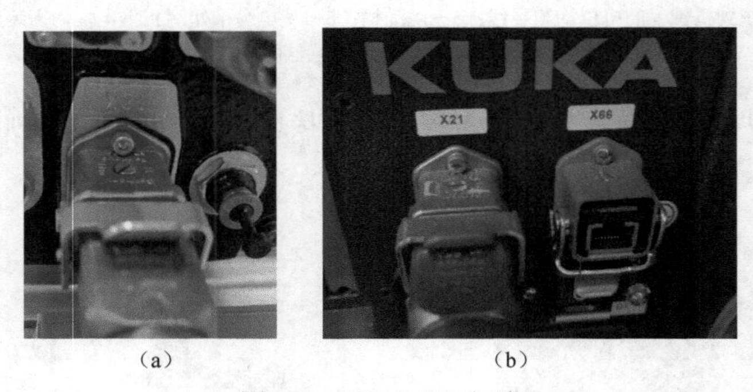

（a）　　　　　　（b）

图2-32　X31与X21相连

注意：此步在取下机器人本体X31接口的黑色保护盖时，密封圈易随着保护盖掉出来，需将密封圈取出并重新插入X31接口中，如图2-33所示。

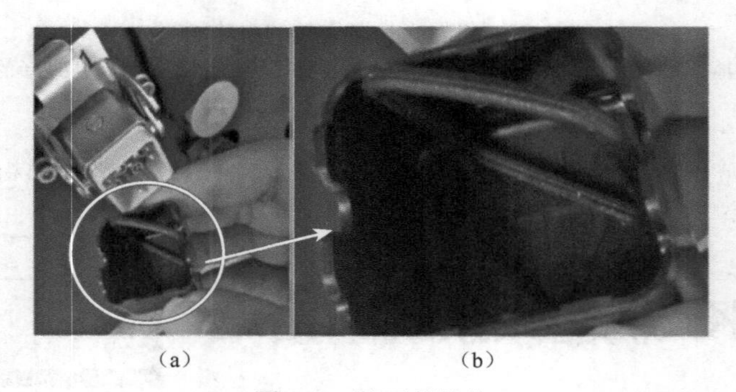

（a）　　　　　　（b）

图2-33　取下保护盖

② 为避免在首次投入运行前将蓄电池放电，在机器人控制系统供货时已拔出了CCU上的X305插头。将控制柜内部蓄电池X305接口接入控制柜控制单元，如图2-34所示。

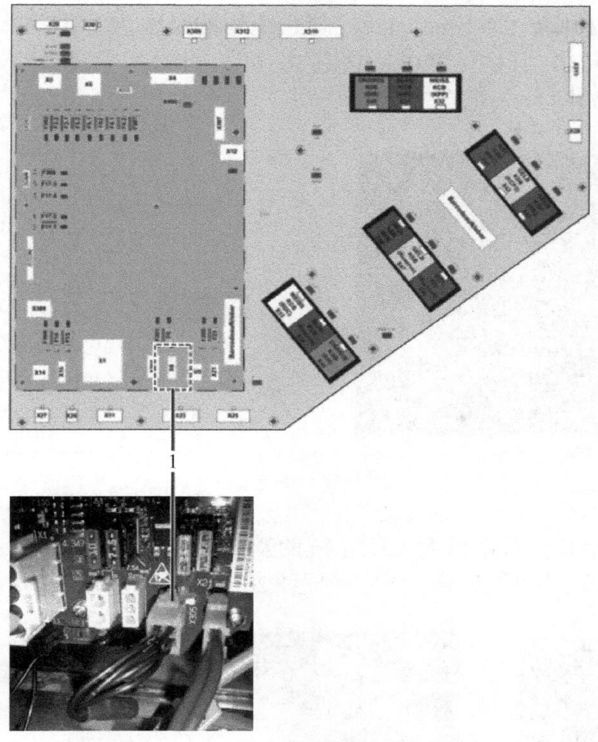

图2-34　将X305插到CCU上

1—X305接口

③ 在机器人控制系统处于关闭状态时，根据设备及安全规划将X11插头接好线，将X11接口插头插到机器人控制系统上，如图2-35所示。

提示：只有当机器人控制系统已关断时，X11插头才能插入或拔出。如果X11插头在有电压时插入或拔出，会导致设备损伤。

④ 用Harting X1插头将机器人控制系统与电源相连接，接在K1标号的下方接口，如图2-36所示。

图2-35　X11安全接口

图2-36　机器人本体连接电源线

注意：机器人控制系统必须处于关闭状态，并且电源线已断电。

不同的控制柜系统，电源电压不一样。KR C4 Stand、KR C4 Midsize和KR C4 Extend控制系统是三相四线制，接入380V AC交流电。KR C4 Stand和KR C4 Midsize的额定功率为13.5kV·A，KR C4 Extend的额定功率根据配置不同而不同。

KR C4 Compact和KR C4 Smallsize控制系统用的是欧洲标准插头，接入220V AC交流电，额定功率为2kV·A。其中，220V AC供电插头已接好，直接接入即可。380V AC供电插头需由用户接入，如图2-37所示。

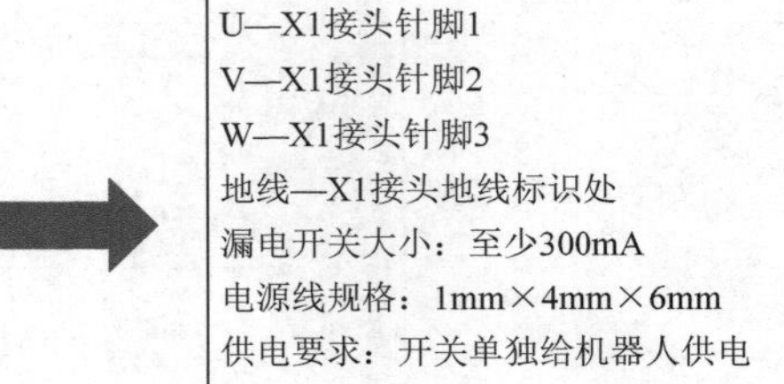

图2-37 供电插头

⑤ 将库卡smartPAD插入机器人控制系统的X19接口，如图2-38所示。

⑥ 将机器人本体动力线X30连接到控制柜X20接口中，如图2-39所示。

图2-38 插入X19

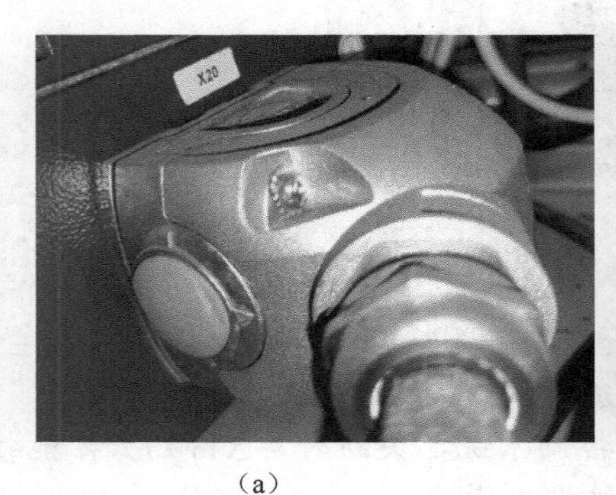

（a）

（b）

图2-39 X30连接X20

⑦ 将接地电缆一端接入控制柜相应位置，另一端接入机器人工作站小控制柜上，如图2-40所示。

⑧ 将机器人工作站中的小控制柜接地，以完成整个机器人工作站的接地，如图2-41所示。

⑨ 将接地电缆一端接入机器人本体相应位置，另一端接到机器人工作站小控制柜上，如图2-42所示。

图2-40 机器人控制柜接地

图2-41 电气控制柜接地

图2-42 机器人本体接地

2.5 首次上电投入运行

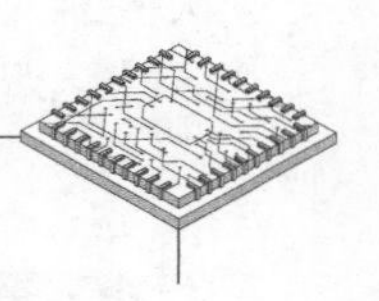

2.5.1 KUKA机器人开机

电气线路和安全回路连接后，将smartPad上的内部急停开关和外部急停开关拔起。在机器人通电前，必须用万用表测量控制柜的供电大小，确认电源没有缺相，电压的等级符合机器人对电源的要求。确保机器人控制系统的门已关闭，不允许有人员或物品留在机械手的危险范围内，所有安全防护装置及防护措施均完整且有效。确认完毕后即可通电。根据控制柜型号差异，电源的上电开关会有不同，如图2-43所示。KUKA机器人开机步骤如下。

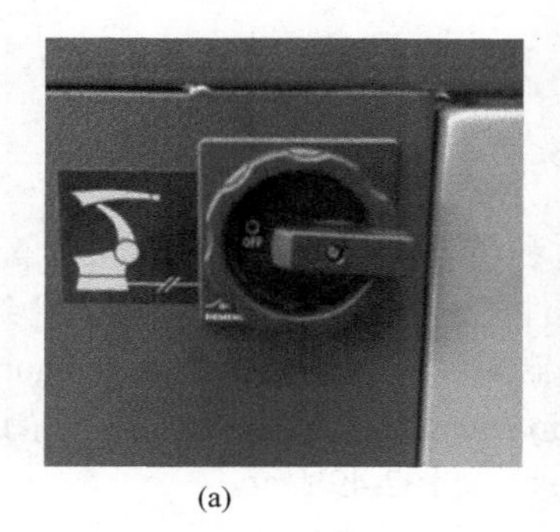

(a)

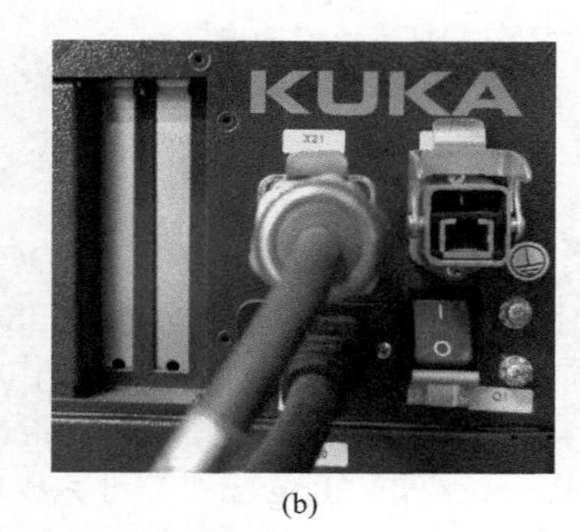

(b)

图2-43　不同控制柜型号电源开关

① 接通机器人控制器电源，顺时针打开主电源开关。

② 解除库卡smartPAD上紧急停止装置的锁定。

③ 控制器PC机开始启动操作系统及控制软件。机器人第一次上电，示教器有时会出现如图2-44所示界面，这时请耐心等待机器人最后的上电完成，而后进入KSS系统。

④ 选择运行方式T1，将钥匙开关拧到如图2-45所示挡位运行（图标：打开的挂锁）。

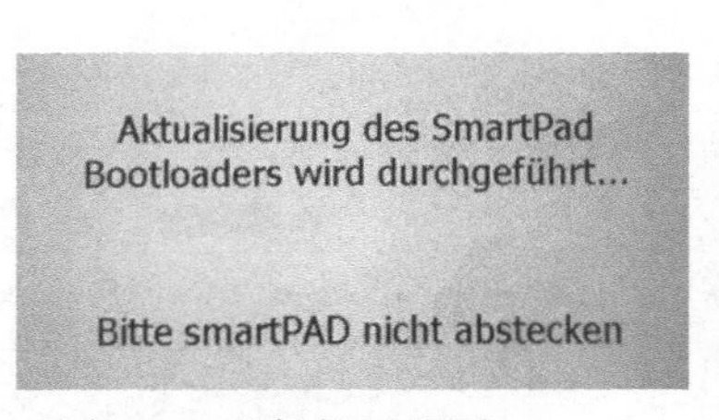

图2-44　开机提示界面

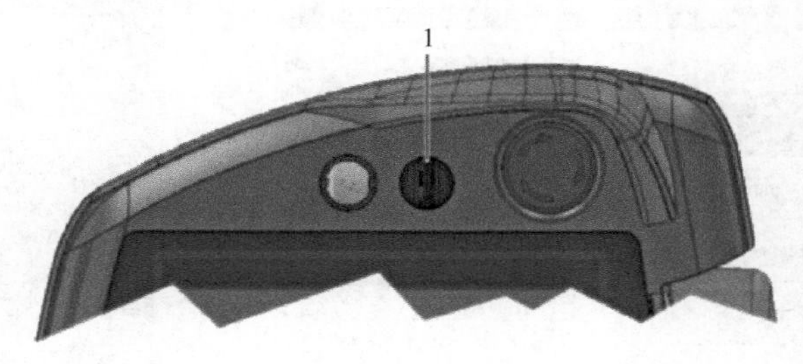

图2-45　钥匙开关

1—钥匙开关

⑤ 进入机器人KSS系统后，会提示选择机器人信息的对话框，点击“机器人”按键确认，如图2-46所示。

⑥ 承接上一步骤，通过示教器确认所有消息，这种消息提示，需要我们确认机器人的安全配置。在某些情况下，配置项目下载到机器人激活时，也会有同样的消息，同样通过确

认机器人安全配置来处理，在smartPAD上，点击信息窗口的“Confirmall”按键确认可确认信息，如图2-47所示。

图2-46　选择机器人

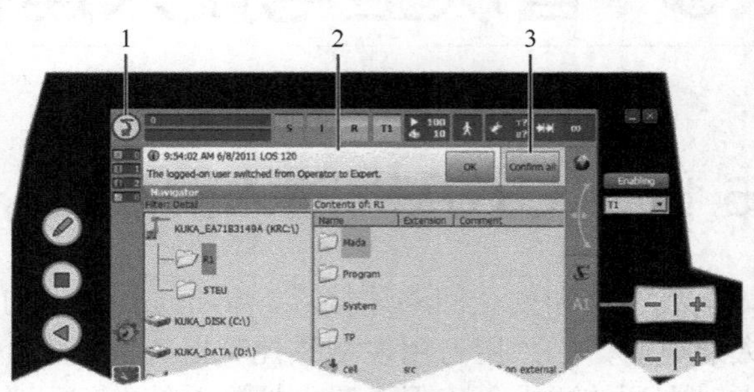

图2-47　信息窗口

1—主菜单按键；2—信息窗口；3—“全部OK”按键

⑦ 以下信息无法确认：

KSS15068　安全配置的校验总和不正确。

KSS12017　未确认操作人员防护装置。

KSS00404　安全停止。

为确认这类信息，必须均衡机器人（RDC）和机器人控制器之间的安全配置。

安全配置的目的是控制柜系统的数据、KSS软件的机器参数与实际机器人一致。对初次上电的机器人，必须对此进行确认，才能正常操作机器人。进入主菜单>“Configuration”>“User group”，如图2-48所示。选中对应用户组“Safety maintenance technician”（安全调试人员），输入登录密码“kuka”，点击“Log on”按键完成登录，如图2-49所示。

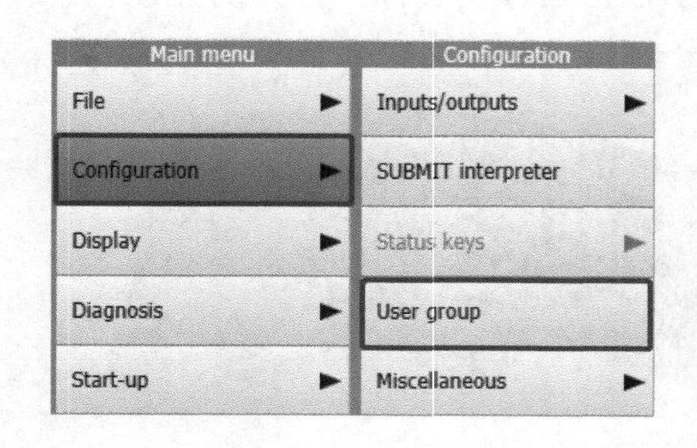

图2-48　选择用户组菜单

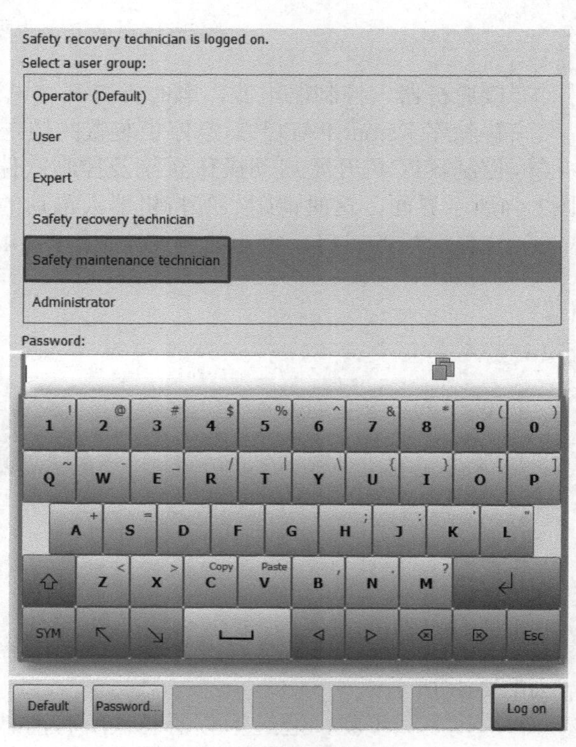

图2-49　登录安全调试员

⑧ 点击主菜单按键，并选择菜单序列“主菜单”>“配置”>“安全配置”，如果弹出“刷新安全数据”对话框，单击“是”按键。

⑨ 完成上述两步，示教器界面会弹出“故障排除助手”对话框，选择“机器人或RDC存储器首次投入运行”字段，然后点击下面的“现在激活”按键，如图2-50所示。

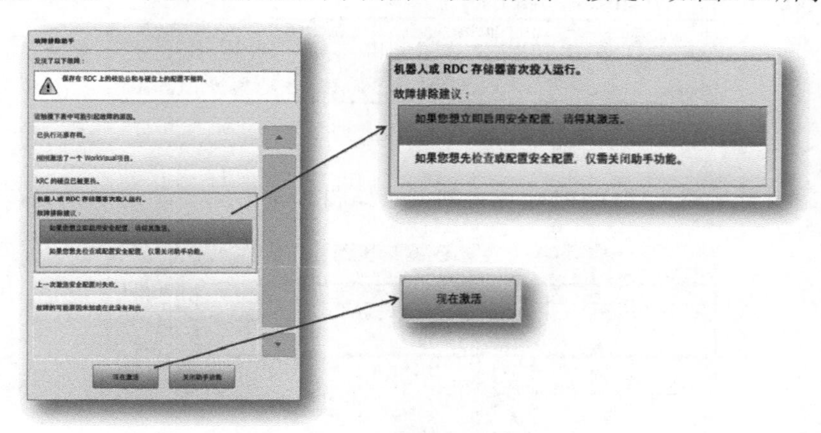

图2-50　故障排除助手

⑩ “通用”窗口自动打开，如图2-51所示，“通用”窗口通过关闭图标关闭。显示以下信息：“已成功保存改动”，用“OK”按键确认。

⑪ 等待安全参数配置完成并返回KSS界面，然后点击“确认所有消息”，即能上电操作机器人。

2.5.2　检查机器人数据

在机器人本体上有机器人的铭牌数据信息，如图2-52所示。在操作机器人前，要检查示教器铭牌数据是否与机器人本体数据一致，检查方法如下。

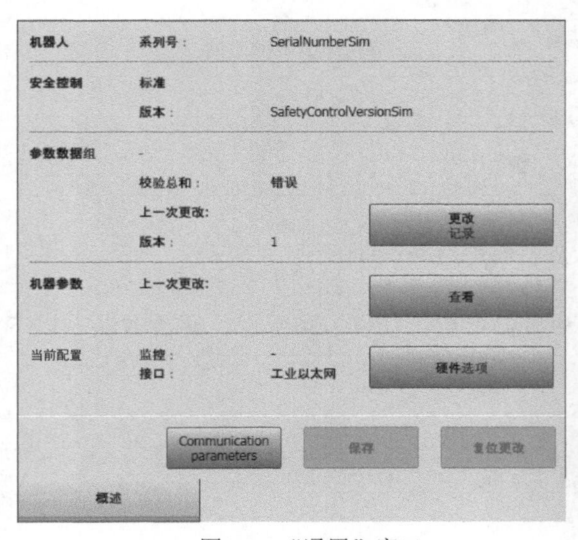

图2-51　“通用”窗口

图2-52　机器人名牌

① 默认状态下，机器人型号参数放置在KRC\R1\MADA\$MACHINE.DAT文件中，变量为$TRAFONAME［］，如图2-53所示。

图2-53　机器人数据文件

② 直接查看变量$TRAFONAME［］的值，如图2-54所示。

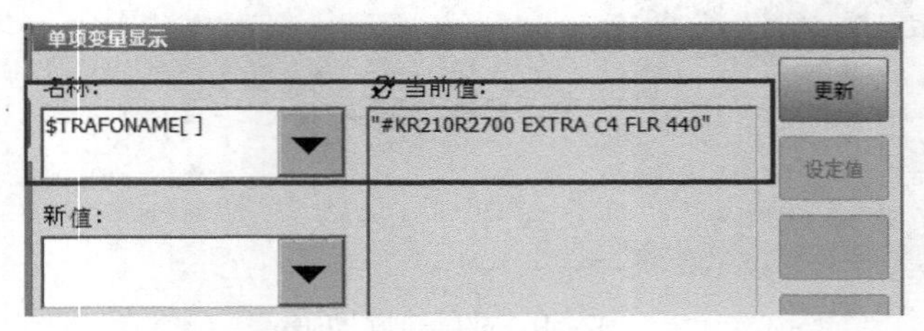

图2-54　查看机器人变量

③ “机器参数不等于机器人类型”的问题。

机器人首次投入运行时，因为出厂设置问题，或机器人本体和控制柜有过更换之后，会出现“KSS00276-机器参数不等于机器人类型”报警，如图2-55所示。

原因：由于机器人的型号名称与存储在RDC的EDS里的不一致，所以系统变量$ROBTRAFO[ ]与$TRAFONAME[ ]的值不一致。

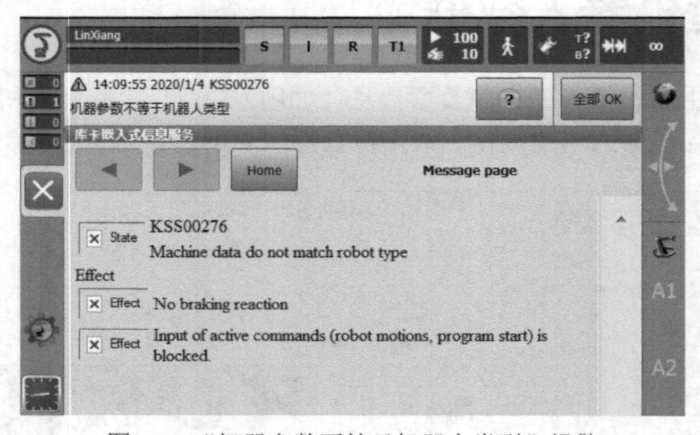

图2-55 “机器参数不等于机器人类型”报警

解决方法：查看变量$ROBTRAFO[ ]值和机器参数，如图2-56所示。解决方法有以下两种。

第一种解决方法的操作步骤如下。

a. 登录“专家”权限，密码为kuka。

b. 打开SmartHMI主菜单，选择“显示”>“变量”>“单个”。

c. 在“名称”里输入“$ROBTRAFO[ ]”。

d. 在“新值”里输入“$TRAFONAME[ ]”或机器人铭牌上的机器人型号参数。

e. 点击右边“设定值”按键，并关闭窗口。这样即完成设置操作，故障信息也会随之消失，如图2-57所示。

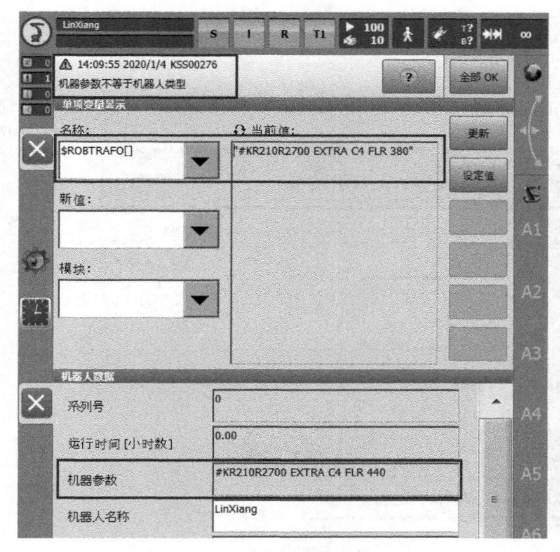

图2-56　查看机器参数

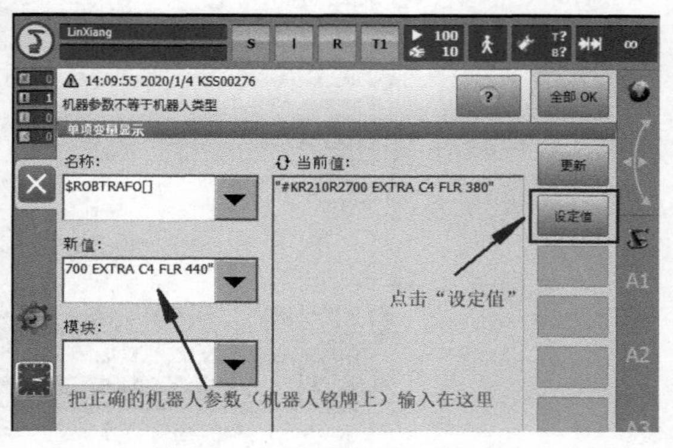

图2-57　设定机器人参数

第二种解决方法的操作步骤如下。

a. 登录“专家”权限，密码为kuka，点击“主菜单”＞“投入运行”“售后服务”“HMI最小化”，进入计算机系统中，如图2-58所示。

b. 打开D：\KRC_Release\INTERNAT\MADA文件，找到机器人对应的参数文件，如图2-59所示。

图2-58　HMI最小化

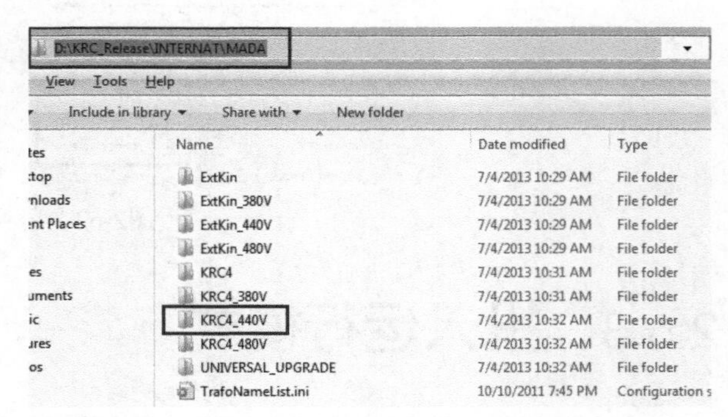

图2-59　机器人参数文件

c. 实际机器人（此处举例）的参数是KR210R2700_EXTRA，如图2-60所示。

d.文件替换。

• 按照路径D：\KRC_Release\INTERNAT\MADA\KRC4_440V\KR210R2700_EXTRA\FLOOR\R1，找到$machine.dat和$robcor.dat文件，如图2-61所示。

• 用与机器人铭牌对应的两个机器人参数文件C：\KRC\ROBOTER\KRC\R1\Mada中的$machine.dat和$robcor.dat替换掉路径文件，如图2-62所示。

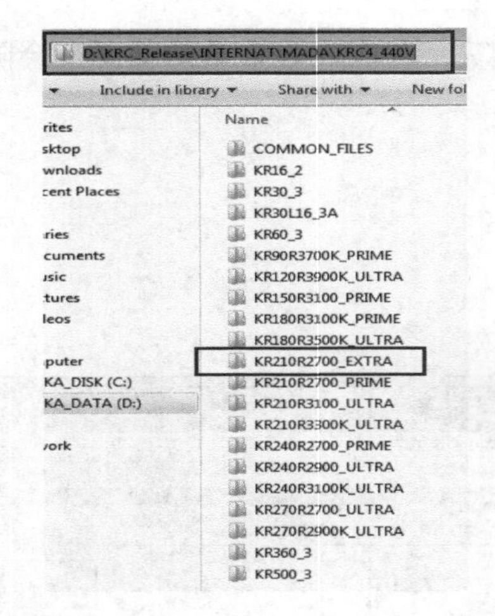

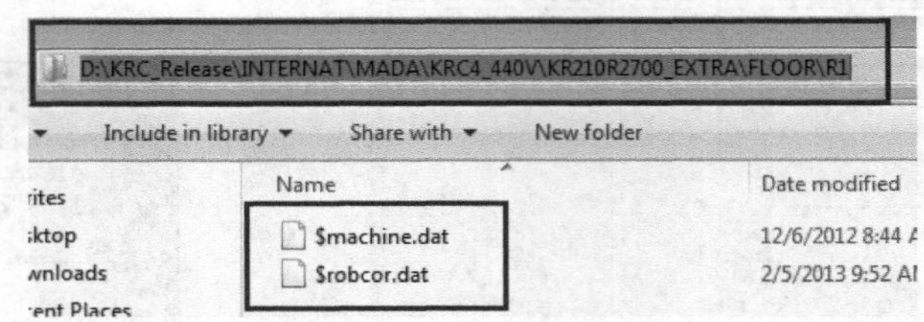

图2-60　实际机器人参数

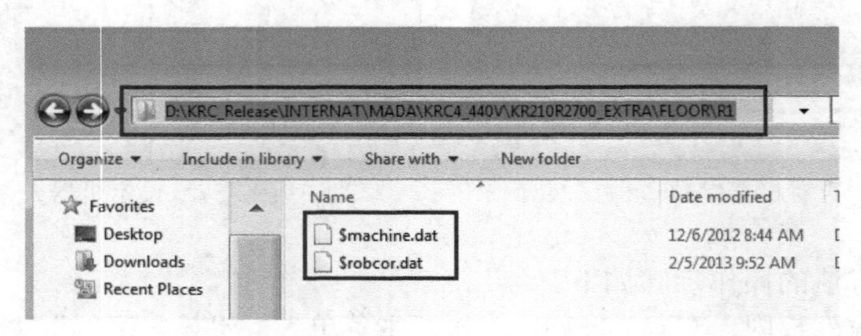

图2-61　参数文件

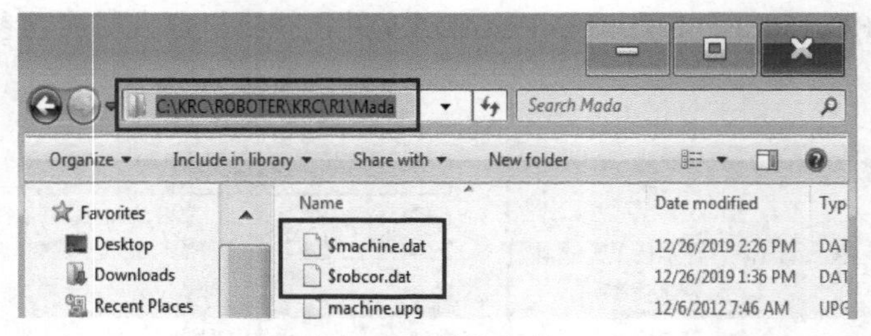

图2-62　替换文件

2.5.3　投入运行模式

在机器人调试期间，外部的安全装置如果没有接好（如外部急停开关没有就位）。此时在T1方式下无法移动机器人，可以让机器人进入T1方式下的投入运行模式，允许机器人执行调试任务，例如零点校正。这也就是表明机器人的运动与X11端子的安全输入信号无关，此方式存在一定的安全风险。待安全装置具备条件后，需立即恢复机器人正常的T1运动方式。进入投入运行模式的步骤如下：

① 按下主菜单按键，在菜单中选择“配置”>“用户组”。然后按下“登录”按键。选择“用户登录”，输入用户名“Safety Recovery Technician”，密码“kuka”。

② 按下主菜单按键，在菜单中选择“投入运行”>“售后服务”>“投入运行方式”，如图2-63所示。

图2-63 选择投入运行模式

③ 此时，机器人处于投入运行模式（IBN-T1），IBN黄色闪烁显示，如图2-64所示。

图2-64 KUKA机器人处于投入运行模式

第3章

KUKA工业机器人的操作基础

工业机器人都有标准的职业规范，在操作机器人前，操作人员需要充分了解并掌握机器人的安全操作规范，熟悉机器人示教器的操作。本章主要介绍机器人的安全操作规范、示教器的基本操作、各坐标系的测量、工具负载数据和机器人零点标定等，掌握本章基本知识和技能后方可进行机器人编程。

知识目标

1. 熟练掌握机器人的安全操作规范。
2. 了解KUKA smartPad各按键的功能。
3. 理解KUKA机器人的各坐标系。
4. 掌握KUKA机器人各坐标系的测量。
5. 理解负载数据的使用。
6. 理解零点标定的意义和使用。

技能目标

1. 能在安全操作规范下操作机器人。
2. 会使用示教器按键。
3. 能使用各种方法测量工具坐标系。
4. 能使用各种方法测量基坐标系。
5. 会进行机器人负载数据的输入。
6. 能对KUKA机器人进行零点标定。

3.1 机器人的安全操作规范

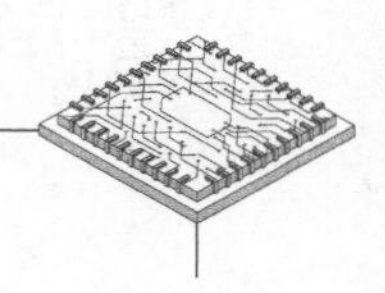

3.1.1 设备安全

机器人系统必须始终装备相应的安全设备，例如隔离性防护装置（防护栅、门等）、紧急停止按钮、制动装置、轴范围限制装置等，如图3-1所示。

在安全防护装置不完善的情况下，运行机器人系统可能造成人员受伤或财产损失，所以在防护装置被拆下或关闭的情况下，不允许运行机器人系统。

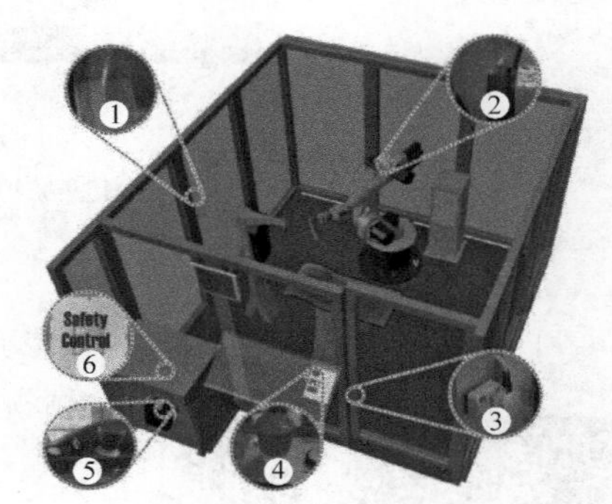

图3-1 安全防护装置

1—防护栅；2—轴1、2和3的机械终端止挡或轴范围限制装置；3—防护门及具有关闭功能监控的门触点；4—紧急停止按钮（外部）；5—紧急停止按钮、确认键、调用连接管理器的钥匙开关；6—内置的（V）KR C4安全控制器

（1）防护栏装置

防护栏是机器人工作时不可缺少的隔离装置。它的作用是防止非机器人操作人员或参观人员进入机器人工作范围内，造成人员损伤或财产损失；操作人员误将机器人冲破防护栏对人员安全造成威胁时，可起到警示作用。

以机器人基础教学工作站中的防护栏为例（图3-2），操作时禁止机器人超出防护栏划定的范围。

（2）外部紧急停止按钮

外部紧急停止按钮是除KCP（KUKA控制面板）上已有的紧急停止按钮之外，客户或供应商通过接口的输入端自行连接的安全按钮，以确保即使在KCP已拔出的情况下也有紧急停止装置可供使用。其状态一直处于TRUE时，机器人才能被重新操作。图3-3所示为通过接口的输入端自行连接的紧急停止按钮。按下外部紧急停止按钮时，机器人的反应是机器人本体及附加轴（可选）以安全停止STOP 0的方式停机。

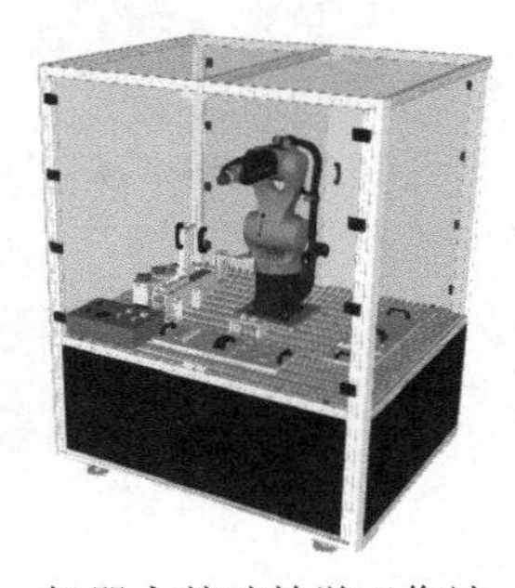

图3-2 机器人基础教学工作站

图3-3 紧急停止按钮

（3）防护门及具有关闭功能和监控的门触点

具有关闭功能和监控的门触点被安装在防护门上，是防止机器人在自动和外部自动运行模式下人员误闯进入而设置的安全防护。图3-4所示为安全门防护装置，门触点与安全门确认指示灯共同组成防护装置。当防护门关闭且安全门确认按钮按下时，指示灯亮绿灯，门触

点防护触发；当防护门被打开时，指示灯熄灭，门触点防护功能被关闭，此时触发安全停止STOP 0，机器人停止运动。

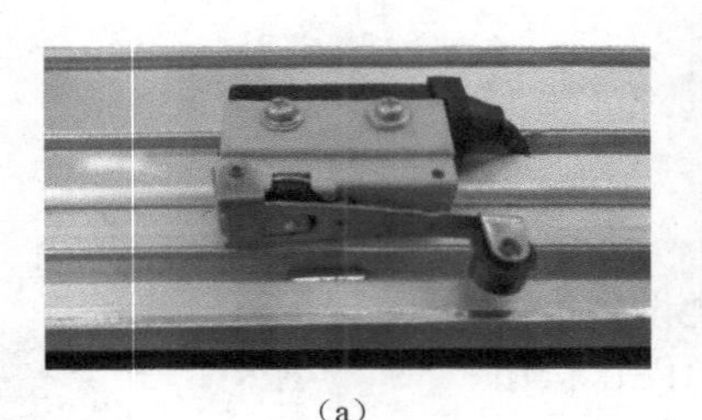

（a）

（b）

图3-4　安全门防护装置

（a）用于防护门状态监控的门触点；（b）安全门指示灯

（4）紧急停止按钮

工业机器人的紧急停止按钮是位于KCP上的按钮，如图3-5所示。在出现危险情况或紧急情况时必须按下此按钮。机器人的反应是机器人本体及附加轴（可选）以安全停止STOP 1的方式停机。若要继续运行，则必须旋转紧急停止按钮以将其解锁，接着对停机信息进行确认。

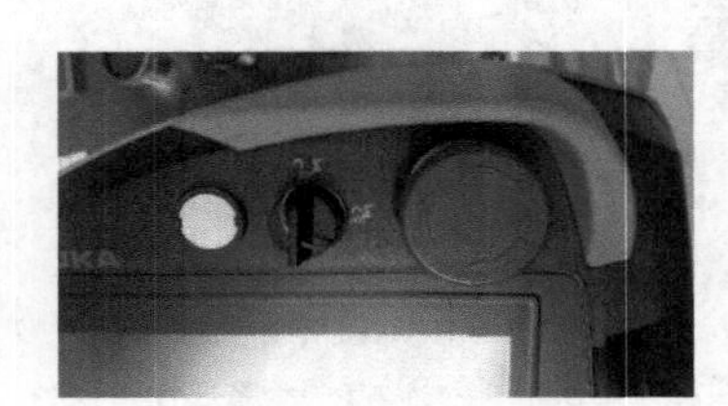

图3-5　示教器紧急停止按钮

（5）轴范围限制装置

基本轴A1～A3及机器人手轴A5的轴范围均由带缓冲器的机械终端止挡限定，如图3-6所示。KUKA机器人除物理限定轴范围外，也可通过软限位来限定轴范围。若机器人或附加轴在行驶中撞到障碍物、机械终端止挡位置或轴范围限制处的缓冲器，则可能导致机器人系统受损。将机器人系统重新投入运行之前，需联系厂家重新调试。

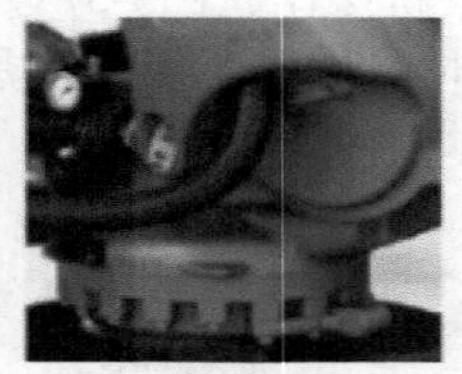

（a）A1轴硬机械限位

（b）A2轴硬机械限位

（c）A3轴硬机械限位

图3-6　KUKA机器人的硬机械限位

3.1.2　安全风险

（1）机器人安装和检修工作期间的安全风险

① 安装和检修过程中的一般风险。紧急停止按钮必须置于易接近处，以便能迅速停止机器人。负责操作的人员必须准备安全说明，以备相关安装之用。负责安装维护机器人的人员必须通过具体设备及所有相关安全事项的适当培训。

② 个人防护设备。始终根据机器人的风险评估情况使用合适的个人防护装备。

③ 国家/地区特定风险。要防止安装机器人期间受伤或受损，必须遵守相关国家/地区

的适用法规和机器人产品的说明。

④ 非电压相关风险。在系统上操作时，确保没有其他人可以打开控制器和机器人的电源。始终用安全锁将主开关锁在控制器机柜中是一个好方法。

机器人工作空间前部必须设置安全区域，并且封闭以防人员擅自进入。配套装置可使用光束或感应垫。

为使操作人员处于机器人的工作空间之外，应当使用转盘或同类设备。

如果机器人采用空中安装、悬挂或其他并非直接坐落于地面的安装方式，则可能会比直接坐落于地面的安装方式有更多的风险。

释放制动闸时，轴会受到重力影响。除被运动的机器人部件撞击的风险外，还可能存在被平行手臂挤压的风险（如有此部件）。

机器人中存储的用于平衡某些轴的电量可能在拆卸机器人或其部件时释放。

拆卸组装机械单元时，请提防掉落的物体。

注意控制器中存有热能。

切勿将机器人当作梯子使用，也就是说在检修过程中切勿攀爬机器人电机或其他部件。由于电机可能产生高温或机器人可能发生漏油，所以攀爬会有严重的人员滑倒以及机器人损坏的风险。

⑤ 完整系统的供应商应注意事项。当将机器人与外部设备和机器集成时，必须确保安全功能中使用的所有电路均已按照该功能的适用标准互锁，必须确保紧急停止功能中使用的所有电路均已按照该功能的适用标准安全互锁。

⑥ 完整机器人存在的安全风险。完整机器人存在的安全风险如表3-1所示。

表3-1　完整机器人存在的安全风险

安全风险	描　述
高温部件	运行机器人后，电机和齿轮箱会出现“灼热”现象，因此触碰电机和齿轮箱可能导致灼伤。环境温度越高，操纵器的表面越容易变热，触碰后也可能造成灼伤
卸除部件可能导致机器人倒塌	卸除部件时，应采取任何必要的措施确保机器人不会倒塌。例如，当卸除伺服电机时，应根据修理说明固定机器人下臂
拆除通往测量系统的电缆	如已在维修或维护过程中断开测量系统内部电缆的连接，则必须更新转数计数器

⑦ 电缆存在的安全风险。电缆存在的安全风险如表3-2所示。

表3-2　电缆存在的安全风险

安全风险	描　述
电缆包装易受机械损坏	由于电缆包装易受机械损坏，因此必须小心处理电缆包装，尤其是连接器，以避免损坏电缆包装

⑧ 齿轮箱和电机存在的安全风险。齿轮箱和电机存在的安全风险如表3-3所示。

表3-3　齿轮箱和电机存在的安全风险

安全风险	描　述
如果施加的压力过大，可能会损坏齿轮	无论何时分离连接的电机和齿轮箱，如施加的压力过大，都可能会损坏齿轮

（2）热部件可能会造成灼伤

在正常运行期间，许多机器人部件都会发热，尤其是驱动电机和齿轮箱。某些时候，这些部件周围的温度也会很高。触摸它们可能会造成不同程度的灼伤。环境温度越高，机器人的表面越容易变热，从而可能造成灼伤。

1）排除危险

① 在实际触摸之前，务必用手在一定距离感受可能会变热的组件是否有热辐射。

② 如果要拆卸可能会发热的组件，请等到它冷却，或采用其他方式处理。

2）安全处理

① 应该可以安全关闭工具，如切削工具等。确保保护装置在切削工具停止旋转前保持关闭。

② 应当可以手动操作释放部件（闸门）。

3）安全设计

① 夹具/末端执行器的设计必须使其在发生电源故障或控制器混乱的情况下夹持住工件。

② 严禁对初始交付的机器人进行未经授权的修改。未经机器人本体生产商同意，禁止通过焊接、铆接或在铸件上钻取新孔等方式连接附加的零部件。这样做可能影响设备强度。

注意： *若使用了夹具，请确保夹具不会跌落工件。*

（3）气压/液压系统相关的安全风险

应用于气压和液压系统的特殊安全规定：对所有在断电后仍将保持加压状态的组件，必须提供清晰可辨的泄放装置和警告标志，指明在对机器人系统进行调整或实施任何维护之前需要先进行减压操作。

1）残余电量

这些系统中可能存在残留电能，关机后请特别小心。

开始维修前，必须释放整个气动或液压系统内的压力。

操作液压设备的人员必须具备液压方面的专业知识和相关经验。

必须检查所有管道、软管和连接是否有泄漏和损坏。如有损坏，必须立即修复。溅出的油料可能会引起人员伤害或火灾。

2）安全设计

重力可能导致这些系统支承的某些部件或对象掉落。

紧急情况下应使用安全闸。

应使用弹式螺栓防止工具等由于重力影响而坠落。

（4）操作干扰期间的安全风险

工业机器人是一款可用于多种不同工业应用的灵活工具。

必须专业地执行所有工作且遵守适用安全规定。

必须始终保持谨慎。

1）合格人员

必须由熟知整个安装过程以及不同部件所伴随的特殊风险的合格人员执行正确的维护工作。

2）意外风险

如果工作进程中断，必须格外小心除那些常规操作的相关风险以外的其他风险。该中断必须手动矫正。

（5）与带电部件相关的风险

1）电压相关风险概述

必须由合格的电气技师按电气规定操作机器人的电气设备。

尽管有时需要在通电时进行故障排除，但维修故障、断开电线以及断开或连接单元时必须关闭机器人（将主开关设为OFF）。

必须按照能够从机器人工作空间外部关闭主电源的方式连接机器人的主电源。当在系统上操作时，确保没有其他人可以打开控制器和机器人的电源。始终用安全锁将主开关锁在控制器机柜中是一个好方法。

如果遵循了适用的有效规定，将可以保证电气设备和机器人系统在安装、调试和维护期间受到必要保护。所有操作必须：

① 由合格人员执行；

② 在处于死锁状态的计算机/机器人系统上进行；

③ 在隔离状态下进行，同时切断电源并避免发生重新连接。

2）电压相关的风险——控制器

注意以下部件伴随有高压危险：控制器（直滴链路、超级电容器设备）存有电能、I/O模块之类的设备可从外部电源供电、动力/主开关、变压器、电源单元、控制电源、整流器单元、驱动单元、驱动系统电源、维修插座、用户电源；机械加工过程中的额外工具电源单元或特殊电源单元；即使机器人已断开与主电源的连接，控制器连接的外部电压仍存在；附加连接。

3）电压相关风险——机器人

机器人的以下部件伴有高压危险：

① 电机电源。

② 工具或系统其他部件的用户连接。

4）电压相关风险、工具、材料处理装置等

即使机器人系统处于关闭位置，工具、材料处理装置等也可能带电。在工作过程中处于运动状态的电源电缆也可能受损。

3.1.3 操作规范

只允许在机器装备技术情况完好的状态下按规定且有安全意识地使用工业机器人，不正确的使用会导致人员伤害及财产损失。

即使在机器人控制系统已关断且已进行安全防护的情况下，仍应考虑工业机器人可能进行的运动。错误的安装（例如超载）或机械性损坏（例如制动闸故障）会导致机械手或附加轴向下沉降。如在已关断的工业机器人上作业，则需先将机械手及附加轴行驶至一个无论在有负载或无负载情况下都不会自行运动的位置。如没有这种可能，则必须对机械手及附加轴做相应的安全防护。

（1）运输

① 机械手。务必注意遵守规定的机械手运输方式，务必按照机械手操作指南或安装指南进行运输。

② 机器人控制器。务必注意遵守规定的机械手运输方式，务必按照机器人控制系统操作指南或安装指南进行运输。运输过程中要避免震动或碰撞，以防止对机器人控制系统造成损伤。

③ 附加轴。务必注意对附加轴（例如库卡线性滑轨、双轴转台、定位设备）所规定的

运输方式。务必按照附加轴操作指南或安装指南进行运输。

（2）投入运行和重新投入运行

设备和装置第一次投入运行前必须进行一次检查，以确保设备和装置完整且功能完好，可以安全运行并识别出故障。

必须遵守所在国家和地区的劳动保护规定来进行检查。此外还必须测试所有安全电路的安全性能。

用于在库卡系统软件中以专家和管理者身份登录的密码必须在投入运行前更改，且只允许通知经授权的人员。

机器人控制系统已就各个工业机器人做了预配。如果缆线安装错误，机械手和附加轴（可选）可能会接收到错误数据，导致人员伤害或设备损坏。如果一个设备由多个机械手组成，连接缆线应始终与机械手和对应的机器人控制系统连接。

如果要在工业机器人中集成不属于库卡公司的供货范围的附加部件（例如线缆），则应由运营商确保这些部件不会影响安全功能或将这些部件停用。

如机器人控制系统的柜内温度与环境温度相差较大，则可能会因形成凝结水而导致电气元件受损。只有在柜内温度与环境温度相适应的情况下，方可将机器人控制系统投入运行。

在调试和重新调试之前必须进行下列检查。

① 确保按照文献中的说明正确地放置和固定工业机器人。

② 确保机器人上不存在由于外力作用而产生的损伤。

例如，可能由于击打或碰撞而产生的凹坑或摩擦脱色。

如果存在这样的损坏，必须更换相应的组件，必须特别注意检查电机和平衡配重。

外部作用力不会造成明显的损坏。例如，对电机会造成动力传输的缓慢损失。这会导致机械手发生意外运动。否则会造成死亡、身体伤害或巨大的财产损失。

③ 确保工业机器人内没有异物或损坏、脱落、松散的部件。

④ 确保所有必需的防护装置已正确安装且功能完好。

⑤ 确保工业机器人的设备功率与当地的电源电压和电网制式相符。

⑥ 确保接地安全引线和电位平衡导线设计容量充足并已正确连接。

⑦ 确保连接电缆已正确连接，插头已闭锁。

（3）手动运行

手动运行用于调试工作，调试工作是指所有为使工业机器人可以进行自动运行而必须执行的工作。调试工作包括点动运行、示教、编程和程序检证。

进行手动运行时应注意如下事项。

① 如不需要驱动装置，则必须将其关闭，由此可保证不会无意中开动机械手或附加轴（可选）。

② 对新的或经过更改的程序必须始终先在手动慢速运行方式（T1）下进行测试。

③ 工具、机械手或附加轴（可选）绝不允许碰触隔栅或伸出隔栅之外。

④ 不允许因工业机器人开动而造成工件、工具或其他部件卡住、短路或掉落。

⑤ 所有调试工作必须尽可能在由防护装置隔离的区域之外进行。

如果调试工作必须在由防护装置隔离的区域内进行，则必须注意以下事项。

① 在手动慢速（T1）运行方式下。在不必要的情况下，不允许其他人员在由防护装置隔离的区域内停留。如果需要有多个工作人员在由防护装置隔离的区域内停留，则必须注意以下事项。

a. 每个工作人员必须配备一个确认装置。

b. 所有人员必须能够不受妨碍地看到工业机器人。

c. 必须保证所有人员之间可以有目光接触。

操作人员必须选定一个合适的操作位置，使其可以看到危险区域并避开危险。

② 在手动快速（T2）运行方式下。只有在必须以大于运行方式T1的速度进行测试时，才允许使用此运行方式。

a. 在此运行方式下不允许进行示教和编程。

b. 在测试前，操作人员必须确保确认装置的功能完好。

c. 操作人员的操作位置必须处于危险区域之外。

d. 不允许其他人员在防护装置隔离的区域内停留，操作人员必须对此负责。

（4）自动运行

只有在遵守了以下安全措施的前提下，才允许使用自动运行模式。

对较小的机器人型号可手动移动机器人手臂，但移动较大型号可能需要使用高架起重机或类似设备。

在释放制动闸前，先确保手臂重量不会增加对受困人员的压力进而增加任何受伤风险。

① 已安装了所有必需的防护装置且防护装置的功能完好。

② 不得有人员在设备内逗留。

③ 务必遵守规定的工作规程。

如机械手或附加轴（选项）停机原因不明，则只允许在已启动紧急停止功能后才可进入危险区。

（5）保养和维修

保养和维修工作结束，必须检查其是否符合必要的安全要求。必须遵守所在国家和地区的劳动保护规定来进行检查。此外，还必须测试所有安全功能的安全性能。

通过维修和保养应确保设备的功能正常或在出现故障时使其恢复正常功能。维修包括故障查找和修理。

操作工业机器人时应采取以下安全措施。

① 在危险区域之外进行操作。如果必须在危险区域内进行操作时，运营商必须采取附加防护措施，以确保人员安全。

② 关断工业机器人并采取措施（例如用挂锁锁住）防止重启。如果必须在机器人控制系统接通的情况下进行操作，运营商必须采取附加防护措施，以确保人员安全。

③ 如果必须在机器人控制系统接通的情况下作业，则只允许在T1运行方式下进行操作。

④ 在设备上悬挂标牌用于指示正在执行的作业，暂时停止作业时也应将此标牌留在原位。

⑤ 紧急停止装置必须处于激活状态。若因保养或维修工作需要，可将安全功能或防护装置暂时关闭，在此之后必须立即将其重启。

在机器人系统的导电部件上作业前必须将主开关关闭并采取措施以防重新接通，之后必须确定其无电压。

在导电部件上作业前不允许只触发紧急停止、安全停止或关断驱动装置，因为在这种情况下并不会关断机器人系统的电源，有些部件仍带电，由此会造成人员死亡或重伤。

已损坏的零部件必须采用具有同一部件编号的备件来更换，或采用经库卡公司认可的同质外厂备件来替代。

必须按操作指南进行清洁养护工作。

（6）机器人控制器

即使机器人控制系统已关断，与外围设备连接的部件也可能带电。因此，如需在机器人控制系统上作业，必须关断外部电源。

关断机器人控制系统后，不同的部件上仍可在长达几分钟的时间内载有超过50V（最高600V）的电压。为避免造成致命伤害，不允许在此期间操作工业机器人。必须防止水和灰尘进入机器人控制系统。

（7）平衡配重

一些机器人类型配有用于重量平衡的液压气动式平衡器、弹簧平衡器或平衡气缸。

液压气动式平衡器和平衡气缸属于压力设备。必须对其进行监控，同时这些压力设备服从于压力设备指令。

操作重量平衡系统时应采取以下安全措施。

① 对由重量平衡系统支持的机械手组件必须采取保护措施。

② 只允许具有专业资格的人员对重量平衡系统进行操作。

（8）危险性物品

使用危险性物品时应采取以下安全措施。

① 避免皮肤长时间且频繁与之接触。

② 避免吸入油雾和油气。

③ 注意皮肤的清洗和护理。

为确保产品的安全使用，建议定期向危险性物品的制造商索取安全数据说明。

（9）停止运转、仓储和废料处理

工业机器人的停止运转、仓储和废料处理必须按照各国的法律、规定及标准进行。

3.1.4 操作要求

（1）安全操作前提

操作设备前必须按要求穿戴好劳动保护用品，操作前安全准备工作如表3-4所示。

表3-4 操作前安全准备工作

序号	操作步骤	图示
1	穿好安全防护鞋，防止零部件掉落砸伤操作人员	
2	戴安全帽和穿安全工作服，防止工业机器人系统零部件尖角或操作工业机器人末端工具动作时划伤操作人员	
3	根据任务的需要戴好相应的防护手套	
4	根据任务的需要准备相应的工具套装	

（2）安全操作要求

1）关闭总电源

在进行机器人的安装、维修和保养时切记要关闭总电源。带电作业可能会产生致命性后果。如不慎遭高压电击，可能会导致心跳停止、烧伤或其他严重伤害。

2）与机器人保持足够安全距离

在调试与运行机器人时，它可能会执行一些意外的或不规范的运动，而且所有运动都会产生很大的力量，会严重伤害个人或损坏机器人工作范围内的任何设备，所以要时刻警惕与机器人保持足够安全的距离。

3）静电放电危险

静电放电（ESD）是电势不同的两个物体之间的静电传导，它可以通过直接接触传导，也可以通过感应电场传导。搬运部件或部件容器时，未接地的人员可能会传导大量的静电荷。这一放电过程可能会损坏敏感的电子设备。所以在有此标识的情况下，要做好静电放电防护。

4）紧急停止

紧急停止优先于任何其他机器人控制操作，它会断开机器人电机的驱动电源，停止所有运转部件，并切断由机器人系统控制且存在潜在危险的功能部件的电源。出现下列情况时应立即按下紧急停止按钮。

① 机器人运行中，工作区域内有工作人员。

② 机器人伤害了工作人员、工件或损伤了其他周边配套机器设备。

5）灭火

发生火灾时，请确保全体人员安全撤离后再进行灭火，应首先处理受伤人员。当电气设备（例如机器人或控制器）起火时，使用二氧化碳灭火器，切勿使用水或泡沫灭火剂灭火。

6）工作中的安全

机器人速度慢，但是很重并且力度很大，运动中的停顿或停止都会有危险。即使可以预测到运动轨迹，但外部信号有可能改变操作，会在没有任何警告的情况下，产生预想不到的运动。因此，当进入机器人作业区域时，务必遵循以下安全条例。

① 如果在机器人工作区域内有工作人员，请手动操作机器人系统。

② 当进入工作区域时，请准备好示教器，以便随时控制机器人。

③ 注意旋转或运动的工具，例如转盘、喷枪。确保人在接近机器人之前，这些工具已经停止运动。

④ 注意工件和机器人系统的高温表面，机器人电机长时间运转后温度会很高。

⑤ 注意夹具并确保夹好工件。如果夹具打开，工件会脱落并导致人员伤害或设备损坏。夹具非常有力，如果不按照正确方法操作，也会导致人员伤害。

⑥ 注意液压、气压系统及带电部件。即使断电，这些电路上的残余电量也很危险。

7）自动模式下的安全

自动模式（100%）用于在生产中运行机器人程序。在自动模式操作情况下，如果出现机器人碰撞、损坏周边设备或有人擅自进入机器人作业区域内的情况，操作人员必须立即按下急停按钮。

8）其他提示

① 在开机运行前，必须知道机器人根据所编程序将要执行的全部任务。

② 必须知道所有会影响机器人移动的开关、传感器和控制信号的位置和状态。

③ 必须知道机器人控制器和外围控制设备上的紧急停止按钮的位置，随时准备在紧急

情况下使用这些按钮。

④ 永远不要认为机器人没有移动就意味着机器人的程序已经结束。因为机器人很有可能是在等待让它继续移动的信号。

3.1.5 安全符号

从事机器人系统安装、调试、操作、维护的人员都必须事先阅读和理解KUKA机器人相关操作手册的内容，特别是“安全”章节，以及加注安全标志的部分，并遵循各种规程，以保证机器人和操作人员的安全。不管是KUKA工业机器人的操作说明和手册，还是机器人设备周围，都要对一些安全操作进行说明和警示，机器人的安全符号对应意义如表3-5所示。

表3-5 机器人的安全符号对应意义

符号	意义
⚠	如果不严格遵守操作说明、工作指示规定的操作和诸如此类的规定，可能会导致人员伤亡事故
	如果不严格遵守操作说明、工作指示规定的操作和诸如此类的规定，可能会导致机器人系统的损坏
	一般来说，遵循这个提示将使工作更容易完成

3.2 示教器的介绍

KUKA机器人示教器又叫手持操作器（KUKA smartPAD），或称KCP（KUKA控制面板），smartPAD是用于KUKA工业机器人的手持编程器，它具有工业机器人操作和编程所需的各种操作和显示功能。smartPAD配备了一个触摸屏——smartHMI（人机接口），可用手指或指示笔进行操作，无需外部鼠标和外部键盘。

图3-7 KUKA smartPAD

smartPAD是进行KUKA工业机器人的手动操纵运动、程序编写调试、参数配置以及系统状态监测用的手持装置，是常用的工业机器人控制装置。KUKA工业机器人示教器有smartPAD和smartPAD-2两种模型，smartPAD的实物如图3-7所示。

3.2.1 示教器按键

扫码看：示教器按键的功能和作用

（1）smartPAD

smartPAD正面如图3-8所示，对应按键说明如表3-6所示。

表3-6　smartPAD正面按键说明

序号	说　明
1	用于拔下smartPAD的按钮
2	运行方式选择开关，开关可按以下选型进行设计 •带钥匙：只有在插入钥匙的情况下才能更改运行方式 •不带钥匙：通过运行方式选择开关可以调用连接管理器。通过连接管理器可以切换运行方式
3	紧急停止装置：用于在危险情况下关停机器人。按下紧急停止装置时，它将会自行闭锁
4	空间鼠标：用于手动移动机器人
5	移动键：用于手动移动机器人
6	设定程序倍率POV的按键
7	设定手动倍率HOV的按键
8	主菜单按键：用来在smartHMI上将菜单项显示出来。此外，可以通过它创建屏幕截图
9	状态键：主要用于设定备选软件包中的参数。其确切的功能取决于所安装的备选软件包
10	启动键：按下启动键，可启动一个程序
11	逆向启动键：按下逆向启动键，可逆向启动一个程序。程序将逐步执行
12	停止键：可暂停运行中的程序
13	键盘按键：显示键盘。通常不必特意将键盘显示出来，因为 smartHMI 可识别需要通过键盘输入的情况并自动显示键盘

smartPAD背面如图3-9所示，对应按键说明如表3-7所示。

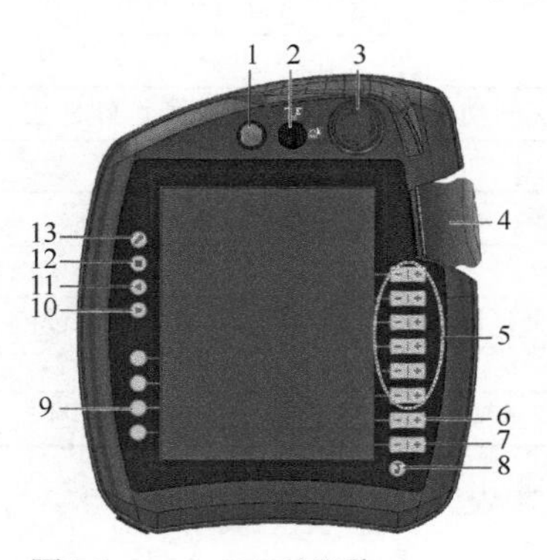

图3-8　smartPAD正面

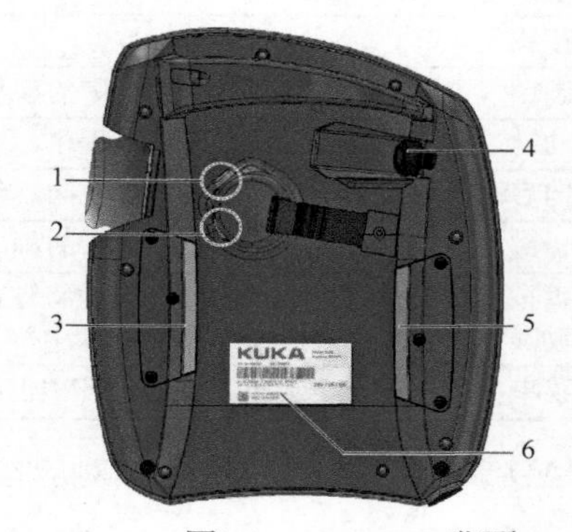

图3-9　smartPAD背面

表3-7　smartPAD背面按键说明

序号	说　明
1	确认开关。确认开关具有3个位置： •未按下 •中位 •完全按下（紧急位置） 只有当至少一个确认开关保持在中间位置时，方可在测试运行方式下运行机械手。 在采用自动运行模式和外部自动运行模式时，确认开关不起作用
2	启动键（绿色）：按下启动键，可启动一个程序
3	确认开关
4	USB 接口：用于存档/恢复等 仅适于FAT32格式化的U盘
5	确认开关
6	铭牌型号

扫码看：示教器按键功能和热插拔介绍

（2）smartPAD-2

smartPAD-2 配备一个电容式触摸屏——smartHMI，可用手指或电容式输入笔进行操作，无需外部鼠标和外部键盘，smartPAD-2正面如图3-10所示，对应按键说明如表3-8所示。

表3-8　smartPAD-2正面按键说明

序号	说　明
1	2个有盖子的USB 2.0接口 USB接口可用于存档等，用于NTFS和FAT32格式化的U盘
2	用于拔下smartPAD的按钮
3	运行方式选择开关：可按以下选型进行设计 •带钥匙 只有在插入钥匙的情况下才能更改运行方式 •不带钥匙 通过运行方式选择开关可以调用连接管理器，通过连接管理器可以切换运行方式
4	紧急停止装置：用于在危险情况下关停机器人。按下紧急停止装置时，它将会自行闭锁
5	空间鼠标（6D鼠标）：用于手动移动机器人
6	移动键：用于手动移动机器人
7	有尼龙搭扣的手带：如果不使用手带，则手带可能完全被拉入
8	用于设定程序倍率的按键
9	用于设定手动倍率的按键
10	连接线
11	状态键：主要用于设定备选软件包中的参数，其确切的功能取决于所安装的备选软件包
12	启动键：按下启动键，可启动一个程序
13	逆向启动键：按下逆向启动键，可逆向启动一个程序。程序将逐步执行
14	停止键：按下停止键，暂停正在运行的程序
15	键盘按键：显示键盘。通常不必特地将键盘显示出来，因为smartHMI可识别需要通过键盘输入的情况并自动显示键盘
16	主菜单按键：用于显示和隐藏smartHMI上的主菜单。此外，可以通过它创建屏幕截图

smartPAD-2背面如图3-11所示，对应按键说明如表3-9所示。

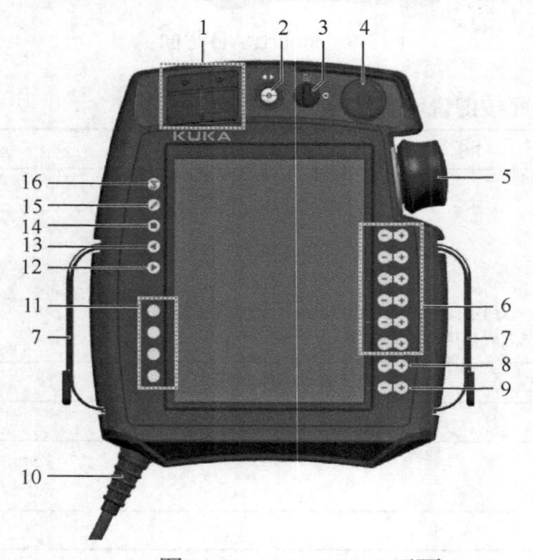

图3-10　smartPAD-2正面

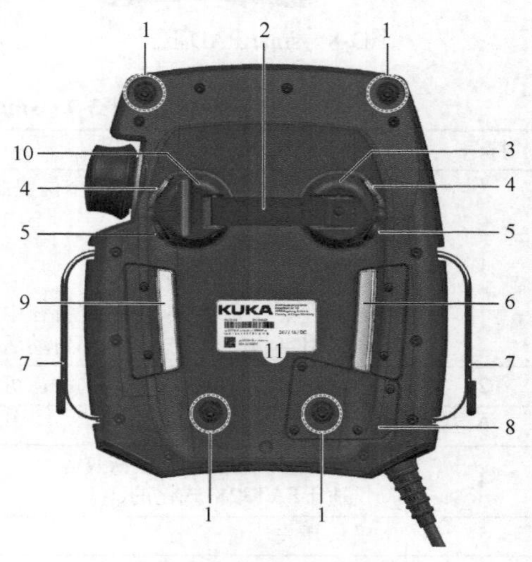

图3-11　smartPAD-2背面

表3-9　smartPAD-2背面按键说明

序号	说　明
1	用于固定（可选）背带的按钮
2	拱顶座支承带
3	左侧拱顶座：用右手握smartPAD
4	确认开关。确认开关具有3个位置 • 未按下 • 中位 • 完全按下（紧急位置） 只有当至少一个确认开关保持在中间位置时，方可在测试运行方式下运行机械手。在采用自动运行模式和外部自动运行模式时，确认开关不起作用
5	启动键（绿色）：按下启动键，可启动一个程序
6	确认开关
7	有尼龙搭扣的手带：如果不使用手带，则手带可能完全被拉入
8	盖板（连接电缆盖板）
9	确认开关
10	右侧拱顶座：用左手握smartPAD
11	型号铭牌

（3）插拔smartPAD

smartPad插拔解耦按钮用来取下和插入smartPAD，如图3-12所示。

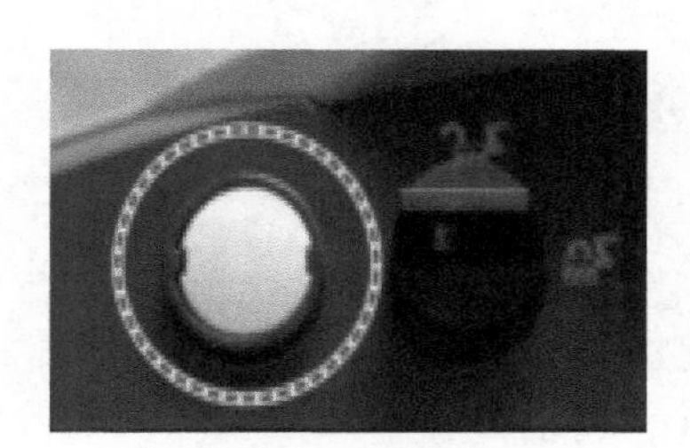

图3-12　smartPAD插拔解耦按钮

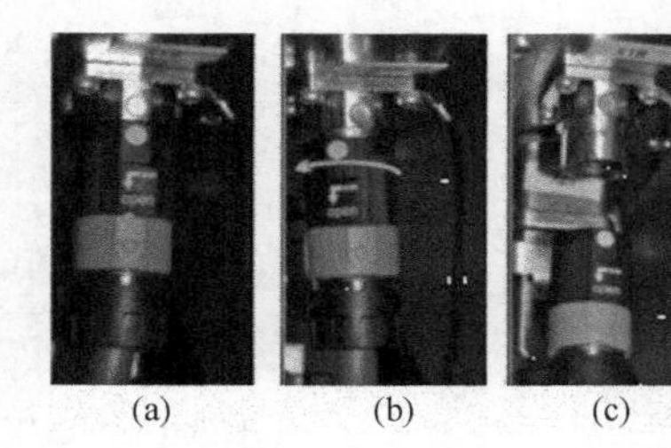

(a)　(b)　(c)

图3-13　smartPAD拔下示意图

smartPAD拔下的步骤如下。

① 按下示教器smartPAD上的插拔解耦按钮，smartHMI上会显示一条提示信息和一个计时器，计时器会计时30s，在此时间内可从机器人控制器上拔出smartPAD。

② 如图3-13（a）所示：插头处于插接状态。

③ 如图3-13（b）所示：沿箭头方向将上部的黑色部件旋转约25°。

④ 如图3-13（c）所示：向下拔出插头。

smartPAD插接的步骤如图3-14所示，示教器插接到机器人控制器步骤如下。

① 确保使用相同规格的示教器smartPAD。

② 如图3-14（a）所示：插头处于拔下状态（注意标记）。

③ 如图3-14（b）所示：向上推插头，推上时，上部的黑色部件自动旋转25°。

④ 如图3-14（c）所示：插头自动卡止，即标记相对。

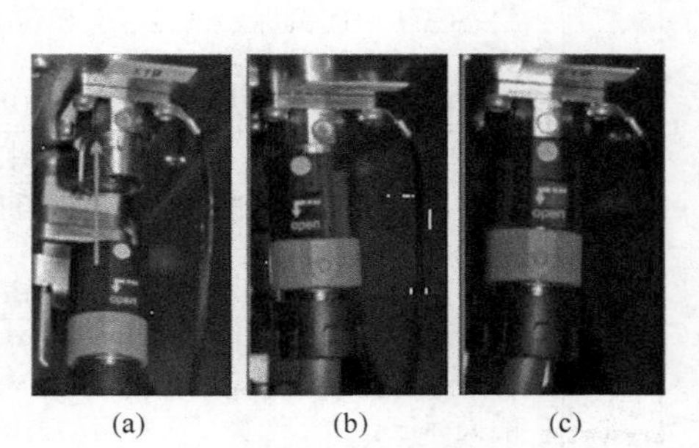

(a)　(b)　(c)

图3-14　smartPAD插接示意

3.2.2 KUKA smartHMI

KUKA smartPAD配备一个触摸屏smartHMI，其可以识别到什么时候需要输入字母或数字并自行显示软键盘。smartHMI触摸屏可用手指或指示笔进行操作，可通过其进行一系列的操作设置、程序编写及运行。KUKA smartHMI显示界面如图3-15所示，界面说明如表3-10所示，该显示界面是以KSS 8.6.2系统为例。

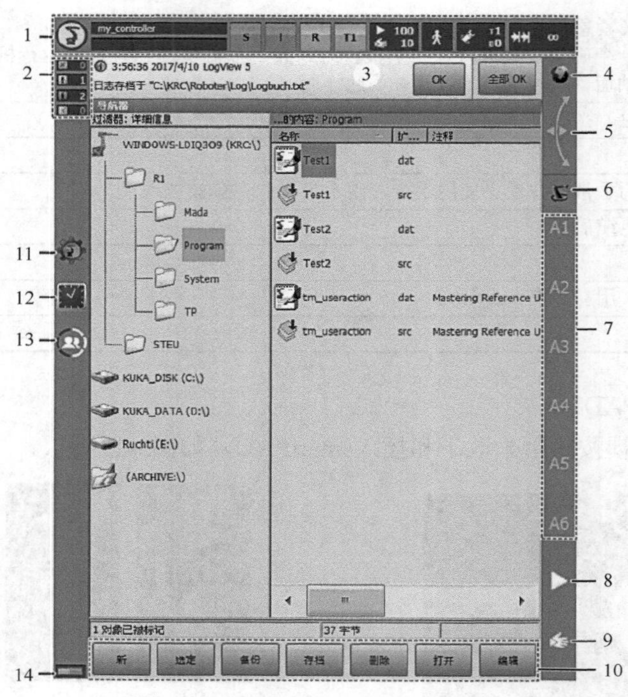

图3-15　KUKA smartHMI显示界面

表3-10　KUKA smartHMI显示界面说明

序号	说　明
1	状态栏
2	信息提示计数器：显示每种提示信息类型各有多少条提示信息，触摸提示信息计数器可放大显示
3	信息窗口：根据默认设置将只显示最后一条提示信息。触摸提示信息窗口可放大该窗口并显示所有待处理的提示信息 用“OK”按键可以确认一条可确认的信息。用“全部OK”按键可以一次性确认所有可确认的信息
4	状态显示空间鼠标：该显示会显示用空间鼠标手动移动的当前参考系。触摸该显示就可以显示所有参考系并可以选择另一个坐标系 所需的用户权限：功能组常规手动运行设置
5	显示空间鼠标定位：触摸该显示会打开一个显示空间鼠标当前定位的窗口，在窗口中可以修改定位
6	状态显示移动键：该显示可显示用移动键手动移动的当前参考系。触摸该显示就可以显示所有参考系并可以选择另一个坐标系 所需的用户权限：功能组常规手动运行设置
7	运行键标记：如果选择了与轴相关的移动，这里将显示轴号（A1、A2等）。如果选择了笛卡儿式移动，这里将显示参考系的方向（X、Y、Z、A、B、C） 触摸标记会显示选择了哪种运动系统组

续表

序号	说　明
8	程序倍率
9	手动倍率
10	按钮栏。这些按钮自动进行动态变化，并总是针对smartHMI上当前激活的窗口。 最右侧是“编辑”按钮。用这个按钮可以调用导航器的多个命令
11	“WorkVisual”图标：通过触摸图标可至窗口项目管理
12	时钟：显示系统时间。触摸时钟就会以数码形式显示系统时间以及当前日期
13	“用户组”图标：圆上的白色弧段数量表明当前选择了哪个用户组。 通过触摸该图标，打开“用户组选择”窗口。8.3及以下版本的系统没有该图标
14	显示存在信号：如果显示如下闪烁，则表示smartHMI激活。左侧和右侧小灯交替发绿光，交替缓慢（约3s）而均匀

3.2.3 示教器语言设定

KUKA工业机器人配置的smartPAD出厂时默认的显示语言是英语或德语，为方便操作，有时需要把显示语言设置为其他语种，其中，将smartPAD显示语言设定为中文的操作步骤如下。

① 切换到“专家”模式，点击“用户组”图标，选择“Expert”（专家），输入密码kuka，点击“Log on”（登录）按键，如图3-16所示。

② 点击页面中的“Main menu”（主菜单）>“Configuration”（配置）>“Miscellaneous”（其他）>“Language”（语言），如图3-17所示。

③ 选中所需的语种。按“OK”键确认，如图3-18所示。

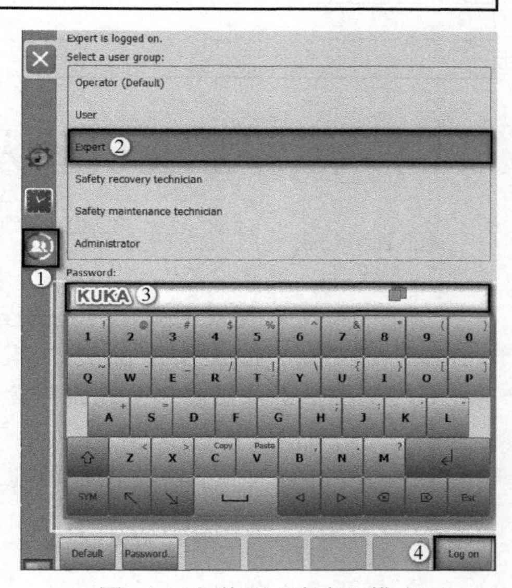

图3-16　切换到“专家”模式

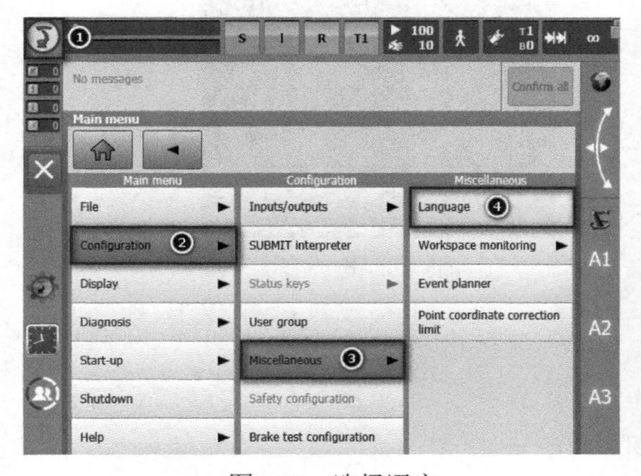

图3-17　选择语言

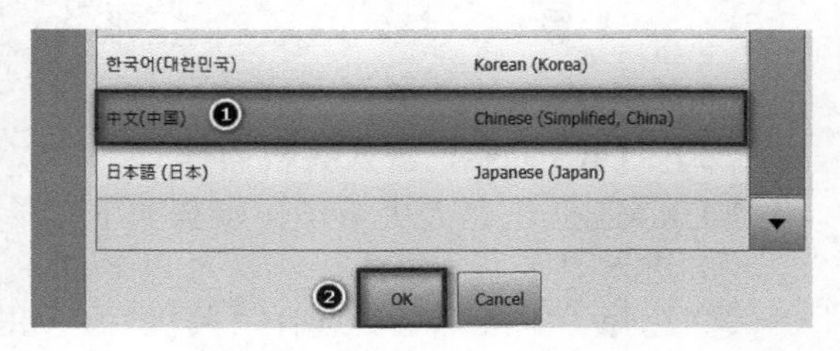

图3-18　选择中文语言

KUKA机器人示教器可供选择的语言如表3-11所示。

表3-11　可选语言

类别	类别
中文（简体）	波兰文
丹麦文	葡萄牙文
德语	罗马尼亚文
英语	俄罗斯文
芬兰文	瑞典文
法语	斯洛伐克文
希腊语	斯洛文尼亚文
意大利语	西班牙语
日文	捷克文
韩文	土耳其文
荷兰文	匈牙利文
	越南语

3.2.4　启停工业机器人系统

KUKA工业机器人系统通电之前，请确认机器人本体运动范围内没有人员，并确认安全防护门已关闭。断电之后，至少等30s才能重新打开控制单元电源。

任何情况下，建议遵循软件关机程序，提高UPS寿命。

KUKA工业机器人系统通电与关机由控制柜中的主开关来控制。

（1）KUKA工业机器人系统通电操作

① 关闭机器人控制柜的门。

② 检查电源电缆X01、电机电缆X20-X30、数据线X21-X31、控制（smartPAD）电缆X19是否连接好。

③ 将控制柜上主开关接通电源，如图3-19所示。

④ 打开工业机器人基础工作站右边电源开关，将开关转向右边，如图3-20所示。

图3-19　接通主开关

图3-20　电源开关

（2）KUKA工业机器人关机操作

KUKA工业机器人关节操作步骤如下。

① 进入“专家”模式。

② 选择“主菜单”，选择“关机”，如图3-21所示。

③ 点击“关闭控制系统PC”按键，如图3-22所示。

④ 点击“是”按键，再等待片刻，至示教器完全熄灭。将工业机器人基础工作站右边电源开关关闭，即完成关机。

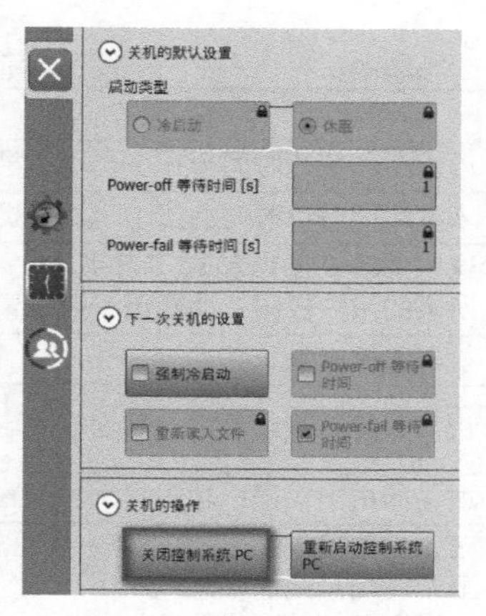

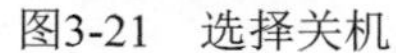

图3-21　选择关机　　　　图3-22　关闭控制系统PC

KUKA机器人关机窗口各选项（图3-22）说明如表3-12所示。

表3-12　关机窗口各选项说明

选项	说　明
关机的默认设置	**所需的用户权限：功能组临界配置**
冷启动	冷启动之后机器人控制系统显示导航器。没有选定任何程序。机器人控制系统将重新初始化，例如，所有用户输出端均被设置为FALSE 提示：如果直接更改了XML文件，即用户打开了文件并进行了更改，则在具有重新读入文件的冷启动时，这些更改将被考虑。该冷启动即“初始冷启动” 在无重新读入文件的冷启动时，这些更改将不被考虑
休眠	以休眠方式启动后可以继续执行先前选定的机器人程序。基础系统的状态，例如程序、语句显示器、变量内容和输出端，均全部得以恢复 此外，所有与机器人控制系统同时打开的程序又重新打开并处于关机前的状态。Windows也重新恢复到之前的状态。休眠为标准启动类型
Power-off 等待时间[s]	如果机器人控制系统通过主开关关断，则该系统在此处确定的等待时间结束后才关闭。在等待期间，通过其电池给机器人控制系统供电 •0～1000s 提示：针对控制系统形式“KR C4 Compact”，Power-off 等待时间不起作用。通过主开关关断时，这里同样以 Power-fail 等待时间为准
Power-fail 等待时间[s]	断电时，机器人停止。然而机器人控制系统并不立即关闭，而是在Power-fail 等待时间过后才关闭。因此，短暂的断电可借助于这一等待时间被桥接。之后仅需确认故障信息并且程序可继续进行。在等待期间，通过其电池给机器人控制系统供电 •0～1000s 如果断电时间长于Power-fail等待时间且机器人控制系统关闭，则窗口关机中确定的标准启动类型适用于重新启动
下一次关机的设置	**所需的用户权限：功能组临界配置，除了强制冷启动**
强制冷启动	已激活：下一次启动为冷启动 只有当选择了休眠时才可用 所需的用户权限：功能组一般配置
重新读入文件	已激活：下一次启动为初次冷启动 在以下情况下必须选择该选项 •如果直接更改了XML文件，即用户打开了文件并进行了更改 （在XML文件上可能出现的其他更改，例如机器人控制系统在后台对该文件进行了更改，则无关紧要） •如果关机后要更换硬件组件 只有选择了冷启动或强制冷启动时才可用 根据硬件的不同，初次冷启动会比正常冷启动长30～150s

续表

选项	说　明
Power-off等待时间	已激活：等待时间会在下一次关机时遵守
Power-fail等待时间	未激活：等待时间会在下一次关机时被忽略
关机的操作	**这些选项只在T1和T2下可用** **所需的用户权限：功能组一般配置**
关闭控制系统PC	机器人控制系统关机
重新启动控制系统PC	机器人控制系统关机，然后以冷启动方式重新启动
驱动总线	所需的用户权限：功能组一般配置
关闭/接通	可以关闭或接通驱动总线 显示驱动总线的状态 • 绿色：驱动总线接通 • 红色：驱动总线关闭 • 灰色：驱动总线状态未知

3.3 KUKA机器人坐标系的认识与操作

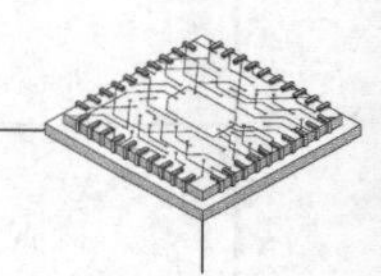

3.3.1 KUKA机器人坐标系的认识

KUKA机器人的基本运动在坐标系下进行，与此同时，KUKA机器人的编程和投入运行也在坐标系下进行。因此，坐标系在KUKA机器人的运行过程中具有重要意义。在KUKA机器人控制系统中定义了下列笛卡儿坐标系：WORLD、ROBROOT、BASE、TOOL，如图3-23所示。

扫码看：与KUKA机器人运动相关的坐标系介绍

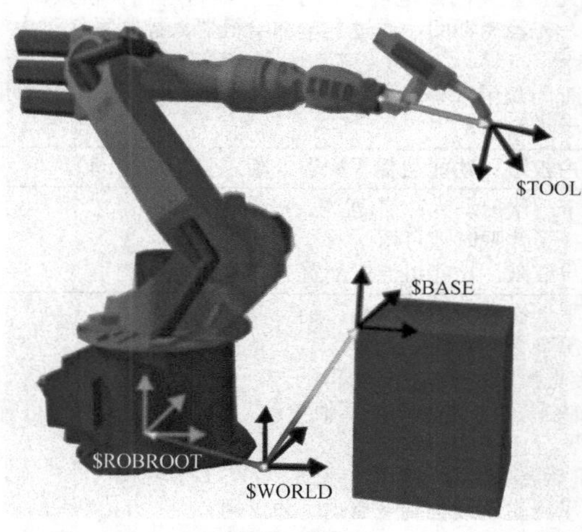

图3-23　KUKA机器人坐标系

各坐标系的说明如表3-13所示。

表3-13 各坐标系说明

坐标系	说 明
WORLD	WORLD坐标系是一个固定定义的笛卡儿坐标系，是用于 ROBROOT坐标系和BASE坐标系的原点坐标系。默认情况下，WORLD坐标系位于机器人足部中
ROBROOT	ROBROOT坐标系是一个笛卡儿坐标系，固定位于机器人足部。它以WORLD坐标系为参照说明机器人的位置。在默认配置中，ROBROOT坐标系与WORLD坐标系是一致的。用$ROBROOT可以定义机器人相对于WORLD坐标系的位移
BASE	BASE坐标系是一个笛卡儿坐标系，用来说明工件的位置。它以 WORLD坐标系为参照基准。在默认配置中，BASE坐标系与 WORLD坐标系是一致的。由用户将其移入工件
TOOL	TOOL坐标系是一个笛卡儿坐标系，位于工具的工作点。在默认配置中，TOOL坐标系的原点在法兰中心点上（因而被称作FLANGE坐标系）TOOL坐标系由用户移入工具的工作点

3.3.2 手动移动机器人各轴

扫码看：机器人轴的手动操作

手动移动机器人分为两种方式：笛卡儿式移动和轴特定移动。

笛卡儿式移动是将机器人TCP 沿着一个坐标系的轴正向或反向移动，如图3-24所示。轴特定移动是每根轴均可以独立地正向或反向运行，如图3-25所示。

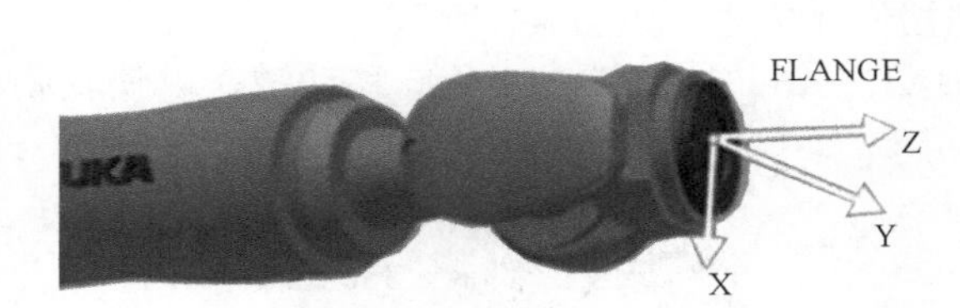

图3-24 笛卡儿式移动

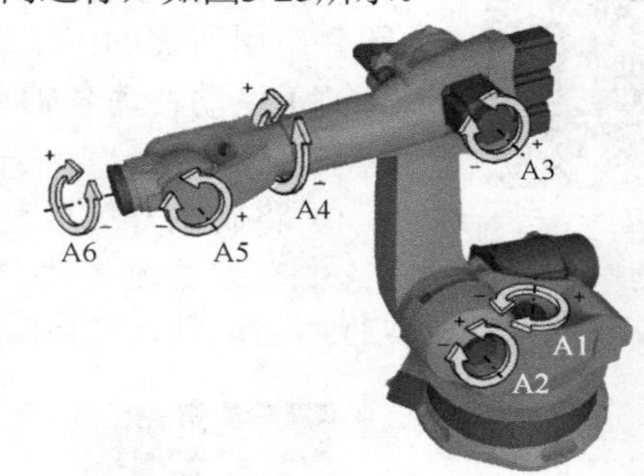

图3-25 轴移动

两种操作方式可以用来移动机器人：运行键和6D鼠标。用运行键移动机器人时，6D鼠标被禁用，直至机器人再次静止。使用6D鼠标时，运行键被禁用。

单独运行机器人各轴的操作步骤如下。

（1）设置手动倍率

手动倍率决定手动运动时机器人的速度。在手动倍率为100%时，机器人实际上能达到的速度与许多因素有关，主要与机器人类型有关。但该速度不会超过250mm/s。

① 在KCP上转动运行方式选择开关，转到右侧带锁图标位置，如图3-26所示。

② 选择T1运行方式，如图3-27所示。

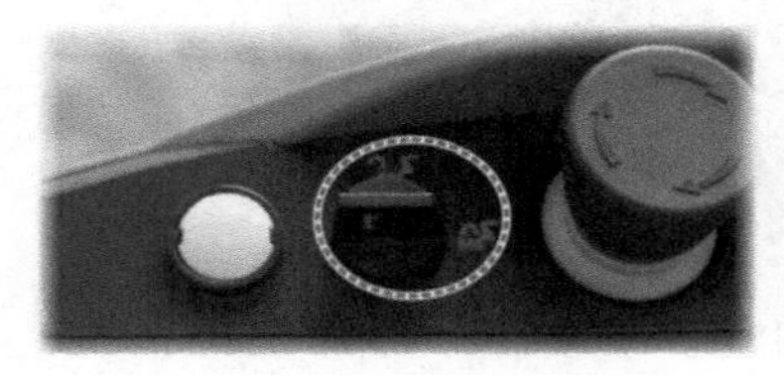

图3-26 转动运行方式选择开关

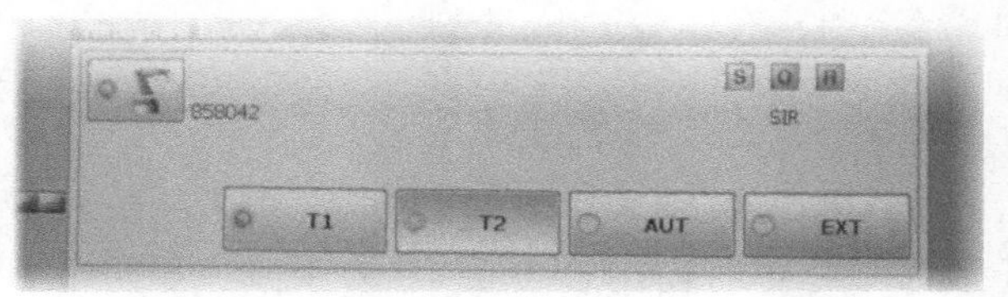

图3-27 选择运行方式

③ 运动方式会显示在smartPAD的状态栏中，如图3-28所示。

图3-28　运行方式显示

④ 点触状态显示调节量。打开“调节量”窗口。如图3-29所示，设定手动倍率，在不熟悉机器人之前最好不要超过10%。

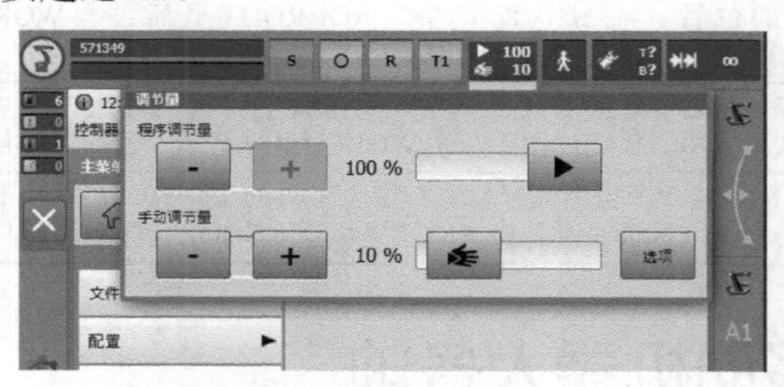

图3-29　设置手动倍率

- 正负键：可以100%、75%、50%、30%、10%、5%、3%、1%步距为单位进行设定。
- 调节器：倍率可以1%步距为单位进行更改。

扫码看：增量手动操作

⑤ 再次点触状态显示调节量（或触摸窗口外的区域），“调节量”窗口关闭并应用所需的倍率。

（2）手动移动各轴单独运动

① 选择“轴”作为运行键的选项，如图3-30所示。

② 将确认开关按至中间挡位并按住，如图3-31所示。

③ 在运行键旁将显示轴A1～A6，按下正向或负向移动键，以使轴朝正向或负向运动，执行所需运动，如图3-32所示。

图3-30　选择“轴”

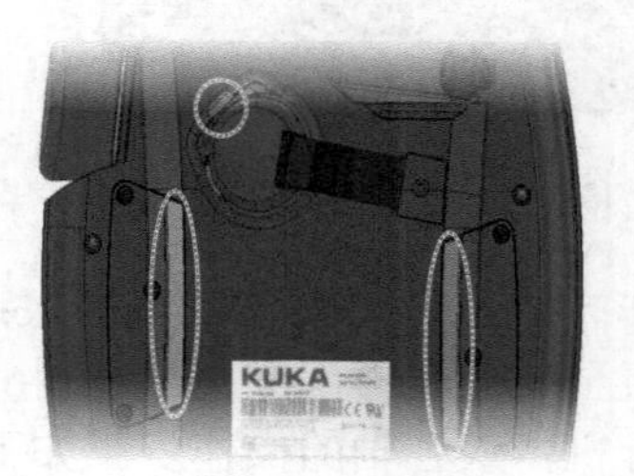

图3-31　按住确认键

图3-32　显示轴A1～A6

④ 通过按确认键激活驱动装置。只要按动移动键或6D鼠标，机器人轴的调节装置便启动，机器人执行所需的运动。运动可以是连续的，也可以是步进的，因此要在状态栏中选择增量值。在这里，运动是单轴的，如图3-33所示。

图3-33　各轴运动示意

3.3.3　在世界坐标系下移动机器人

在标准设置下，机器人的世界坐标系与足部坐标系一致，在特定情况下也可以移出。在坐标系中可以沿两种不同的方式移动机器人。

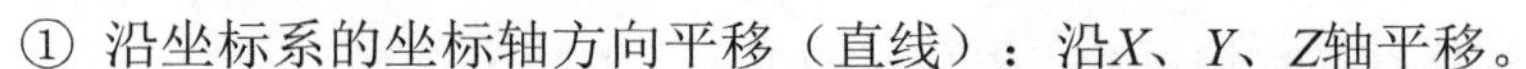

① 沿坐标系的坐标轴方向平移（直线）：沿*X*、*Y*、*Z*轴平移。

② 环绕着坐标系的坐标轴方向转动（旋转/回转）：角度*A*、*B*、*C*。

扫码看：全局坐标系的*ABC*角度介绍及操作

在世界坐标系下移动机器人和移动按键对应的笛卡儿坐标系，如图3-34、图3-35所示。

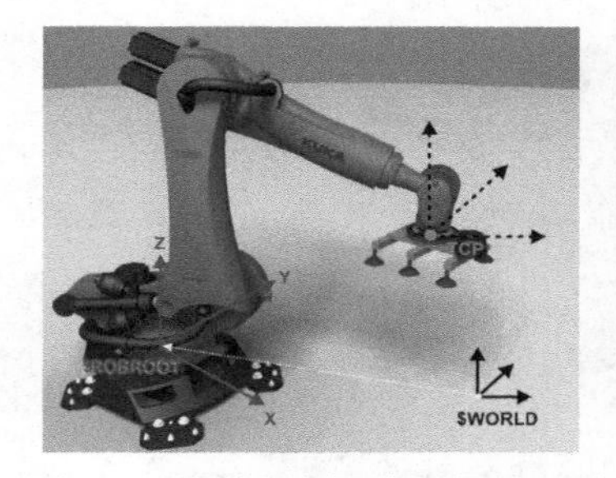

图3-34　在世界坐标系下移动机器人

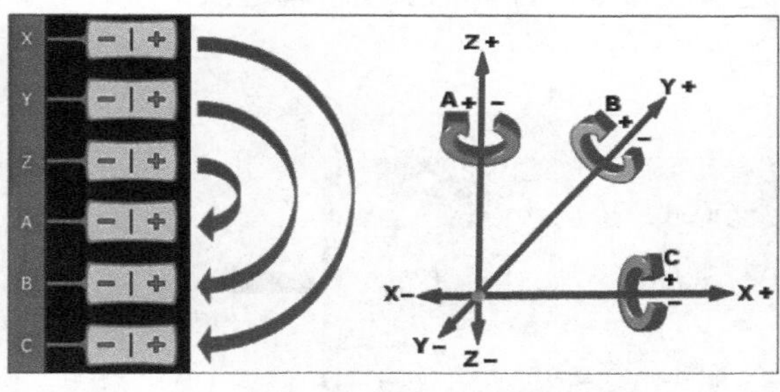

图3-35　笛卡儿坐标系

扫码看：全局坐标系介绍及*XYZ*方向操作

在世界坐标系下移动机器人过程说明如下。

① 机器人工具TCP可以根据世界坐标系的坐标方向运动，在此过程中，所有机器人轴也会移动。

② 使用运行键或KUKA smartPAD的6D鼠标。

③ 机器人运行速度可以更改。

④ 仅在T1运行模式下才能手动运行。

⑤ 运动时，必须按下并按住确认键。

⑥ 使用6D鼠标可以使机器人的运动变得直观明了，是机器人在世界坐标系下移动的不二之选。

⑦ 使用6D鼠标时，鼠标位置和自由度两者均可更改。

使用运行键操作机器人在世界坐标系下运动步骤如下。

a. 选择在世界坐标系下移动机器人，如图3-36所示。

b. 设定手动倍率。

c. 将确认键按至中间挡位并按住。

d. 使用运行键或6D鼠标操作机器人使TCP按某轴正向或负向运动，如图3-37所示。

扫码看：全局坐标系坐标方向移动、旋转展示

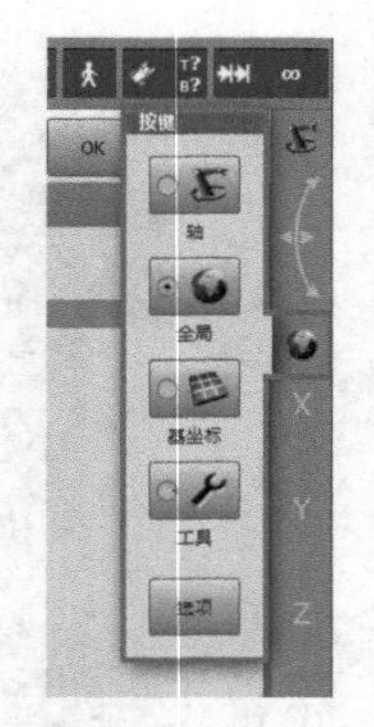

图3-36　选择世界坐标系

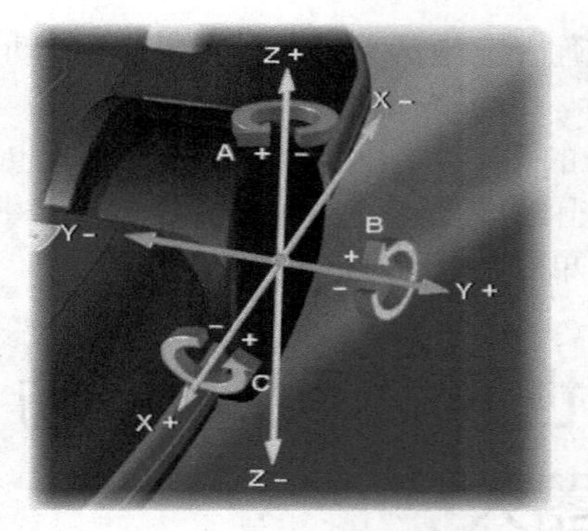

图3-37　用6D鼠标移动机器人

3.3.4　“手动移动选项”窗口

用于手动移动机器人的所有参数均可在“手动移动选项”窗口中设置。

（1）打开“手动移动选项”窗口

① 在smartHMI上打开一个状态显示，例如打开“调节量”窗口。

② 点击“选项”按键，打开“手动移动选项”窗口，如图3-38所示。

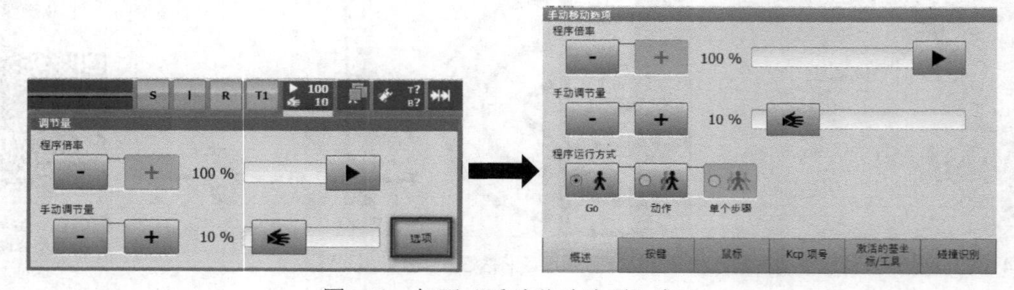

图3-38　打开“手动移动选项”窗口

对大多数参数来说，无需专门打开“手动移动选项”窗口，可以直接通过smartHMI的状态显示来设置。

（2）选项卡概述

“手动移动选项”窗口组成如图3-39所示。

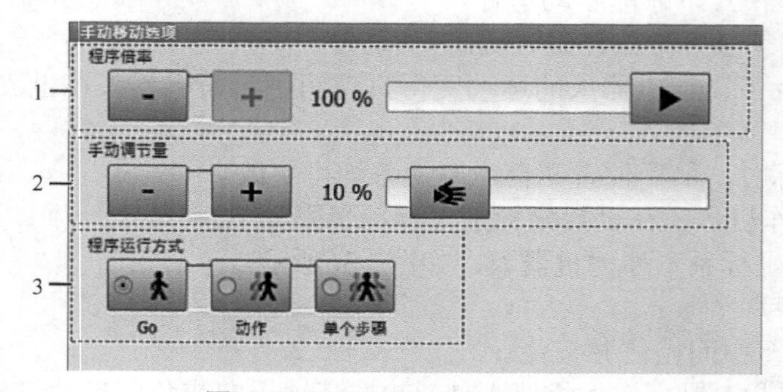

图3-39　“手动移动选项”窗口

1—设定程序倍率；2—设定手动倍率；3—选择程序运行方式

（3）“按键”选项卡

点击“按键”，显示“按键”选项卡，如图3-40所示。“按键”选项卡参数对应说明如表3-14所示。

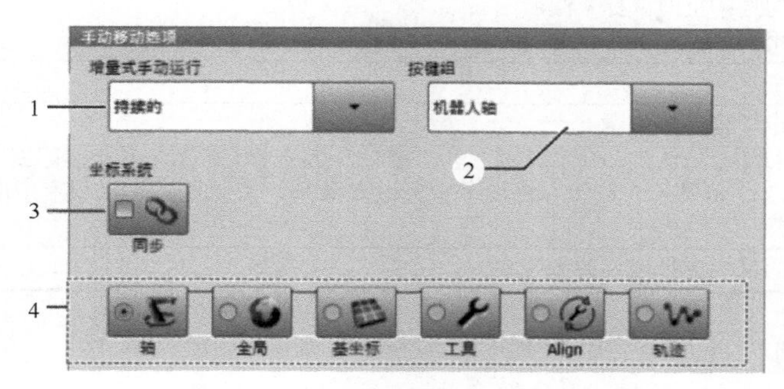

图3-40 “按键”选项卡

表3-14 “按键”选项卡参数对应说明

序号	说明
1	增量式手动运行。如果选择了“轨迹”选项，则用于增量式手动运行的设置将自动更改为持续的（如果尚未设置）。如果取消“轨迹”，则设置变回原值
2	选择运动系统组。运动系统组定义了运行键针对哪个轴默认设置是机器人轴（=A1…A6）。根据不同的设备配置，可能还有其他的运动系统组可选 • 如果选择了“校准”选项，则无法更改运动系统组 • 如果选择了“轨迹”选项，则运动系统组会自动更改为无选择。如果取消了“轨迹”，则设置变回原值
3	“同步”复选框 • 未勾选（默认）：在“按键”选项卡和“鼠标”选项卡中可以选择不同的参考系（轴、全局、基坐标或工具） • 勾选：如果在“按键”选项卡中更改参考系，则“鼠标”选项卡中的设置会自动调整；反之亦然
4	• 选择用运行键移动的坐标系：轴、全局、基坐标或工具 • Align（校准）：为使工具轻松对准底座，对卸码垛机器人校准不可用 • 轨迹：为了反向执行最后所做的运动

（4）“鼠标”选项卡

点击“鼠标”按键，显示“鼠标”选项卡，如图3-41所示。“鼠标”选项卡参数对应说明如表3-15所示。

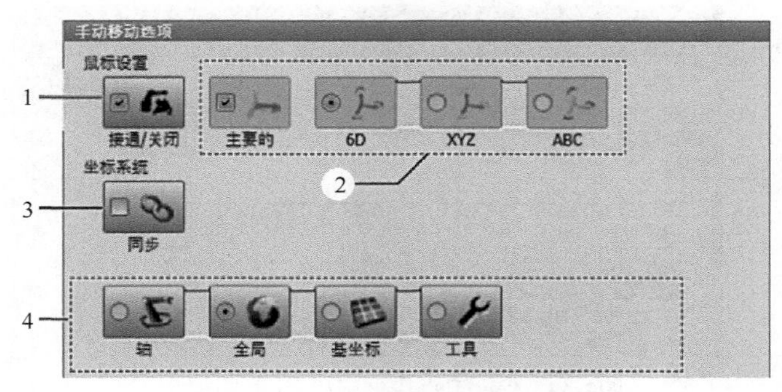

图3-41 “鼠标”选项卡

表3-15 “鼠标”选项卡参数对应说明

序号	说　明
1	• 勾选（默认）：空间鼠标已激活 • 未勾选：空间鼠标未激活 切换用户组时，空间鼠标自动恢复为默认状态，即“激活”
2	配置空间鼠标
3	“同步”复选框 • 未勾选（默认）：在“按键”和“鼠标”选项卡中可以选择不同的参考系 • 勾选：如果在“按键”选项卡中更改参考系，则“鼠标”选项卡中的设置会自动调整；反之，亦然
4	用空间鼠标选择运行的参考系

（5）“Kcp项号”选项卡

点击“Kcp项号”按键，显示“Kcp项号”选项卡，如图3-42所示。

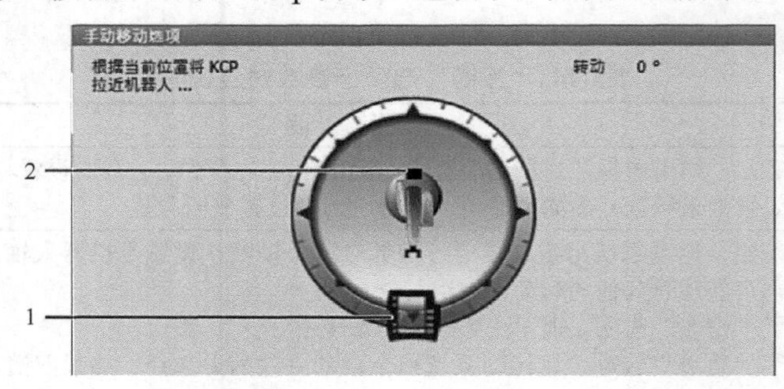

图3-42 “Kcp项号”选项卡

“Kcp项号”选项卡对应说明如表3-16所示。

表3-16 “Kcp项号”选项卡对应说明

序号	说　明
1	将smartPAD图标拖到用户所在地与接线盒相对应的位置
2	参考点：底座上的接线盒

（6）“激活的基坐标/工具”选项卡

点击“激活的基坐标/工具”按键，选项卡如图3-43所示。“激活的基坐标/工具”选项卡对应说明如表3-17所示。

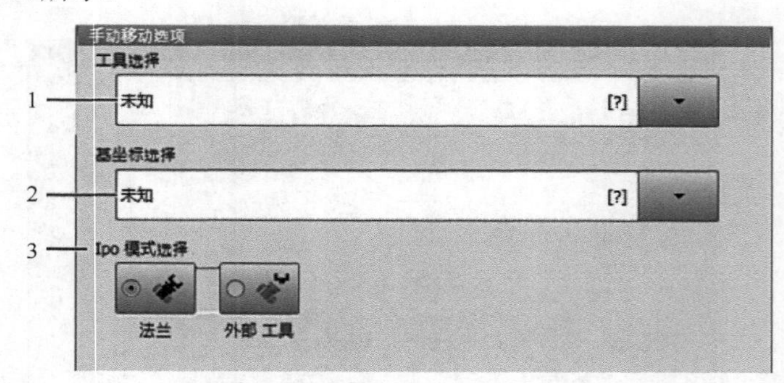

图3-43 “激活的基坐标/工具”选项卡

表3-17 “激活的基坐标/工具” 选项卡对应说明

序号	说 明
1	此处显示当前的工具，可选择另一个工具。显示未知 ［？］表示还没有测量过工具
2	此处显示当前的基础系。可选择另一个基础系 显示未知［？］表示还没有测量过基础系
3	选择插补模式 • 法兰：该工具已安装在连接法兰处 • 外部工具：该工具为一个固定工具

（7）“碰撞识别”选项卡

点击“碰撞识别”按键，出现的选项卡如图3-44所示。

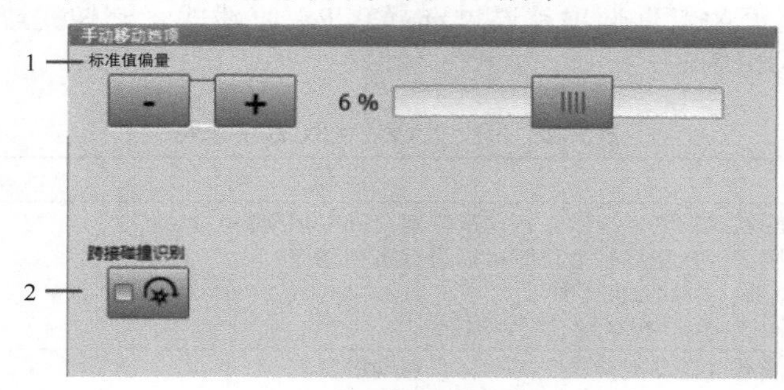

图3-44 “碰撞识别”选项卡

“碰撞识别”选项卡对应说明如表3-18所示。

表3-18 碰撞识别选项卡对应说明

序号	说 明
1	在此可更改碰撞识别的灵敏度，可通过正负键或通过调节器进行更改。百分比数据基于“配置”>“碰撞识别”>“手动运行配置”，列出默认值下的值 • 值 0%：不对默认值进行更改 • 负值：更高的灵敏度，即更早地识别到 • 正值：更低的灵敏度
2	在碰撞之后，作用力和力矩对机器人轴的作用很强，使识别功能可以持续地防止继续运行。用户必须手动退回机器人，即从碰撞位置移出。为进行此操作，用户可以跨接碰撞识别。在用户将其取消之前，跨接将一直保持 • 勾选：碰撞识别已跨接。可以从碰撞位置移出机器人。显示以下提示信息：手动运行的碰撞识别已禁用 • 不勾选：碰撞识别未跨接 所需的用户权限：功能组关键手动运行设置 提示：此外，还可以用运行方式轨迹退回机器人。应该优先使用轨迹。在无法使用轨迹时才使用跨接碰撞识别，例如在碰撞后卡住机器人时

3.3.5 配置6D鼠标

打开“手动移动选项”窗口，并选择“鼠标”选项卡，如图3-45所示。鼠标设置有“接通/关闭”，“主要的”复选框，“6D”“XYZ”“ABC”选项。

根据主要模式，可以用空间鼠标仅运行一个轴或同时运行几个轴。复选框“主要的”模式说明如表3-19所示。

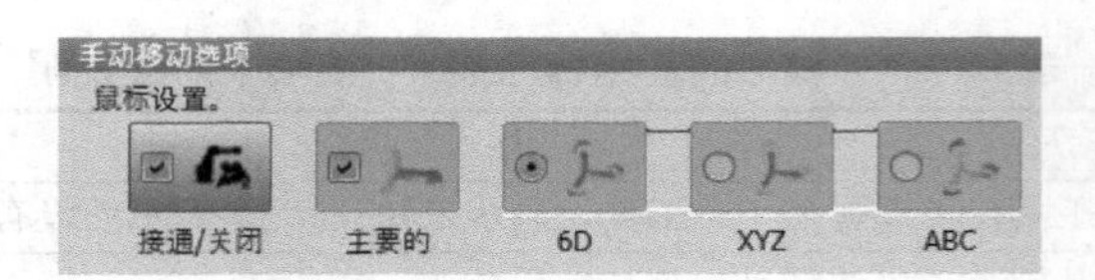

图3-45　鼠标设置

表3-19　复选框“主要的”模式说明

复选框	说　明
激活	主要模式已接通。只运行通过空间鼠标达到最大偏移的轴
未激活	主要模式已关闭。根据轴的选择，可以同时运行3或6个轴

“6D”“XYZ”“ABC”选项是通过选择TCP以直线式、旋转式或两者并用的方式运动，选项说明如表3-20所示。

表3-20　6D、XYZ、ABC选项说明

选项	说　明
6D	只能通过拉动、按压、转动或倾斜空间鼠标来移动机器人 采用笛卡儿坐标系运行时可以进行下列动作 • 沿*X*、*Y*和*Z*方向平移 • 围绕 *X*、*Y*和*Z*轴的旋转动作
XYZ	只能通过拉动或按压空间鼠标来移动机器人 采用笛卡儿坐标系运行时可以进行下列动作 • 沿*X*、*Y*和*Z*方向平移
ABC	只能通过转动或倾斜空间鼠标来移动机器人 采用笛卡儿坐标系运行时可以进行下列动作 • 围绕*X*、*Y*和*Z*轴的旋转动作

空间鼠标操作示意图如图3-46所示。

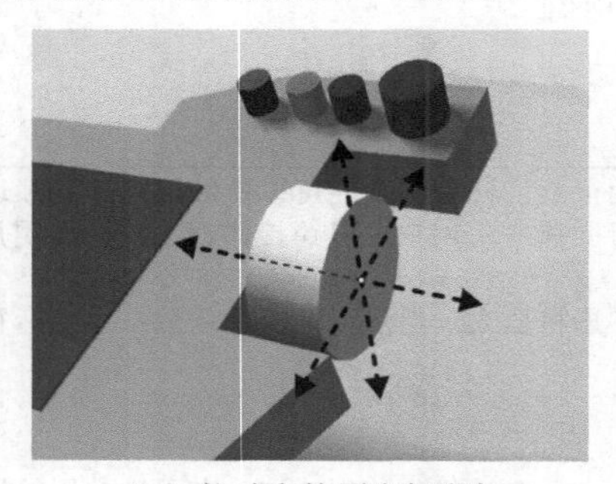

（a）拉动和按压空间鼠标

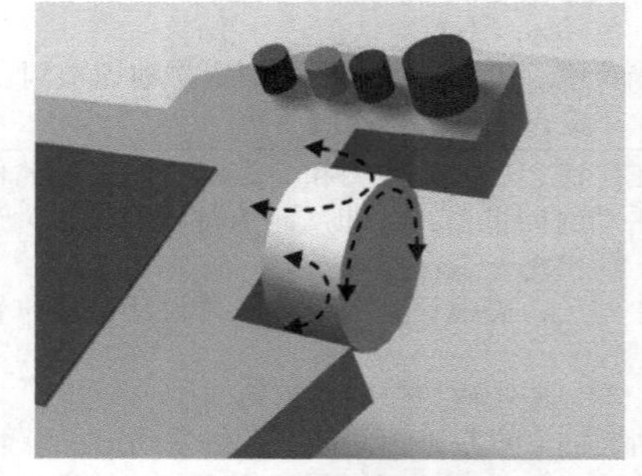

（b）转动或倾斜空间鼠标

图3-46　空间鼠标操作示意图

6D鼠标可按用户所在地进行调整适配，以使TCP的移动方向与6D鼠标的偏转动作相适应。用户所在地以角度为单位给出。该角度数据的参照点是机床基座上的接线盒。机器人或轴的位置无关紧要。默认设置为0°。这相当于一位操作人员站在接线盒的对面。在切换成自动化外部运行方式时，6D鼠标自动定位为0°。

可根据人和机器人的位置调整6D鼠标的位置，如图3-47所示。

调整6D鼠标位置的操作步骤如下。

① 打开“手动移动选项”窗口并选择“Kcp项号”选项卡，如图3-48所示。

② 将smartPAD拉到用户所在地相应的位置上（步距刻度=45°）。

③ 关闭“手动移动选项”窗口。

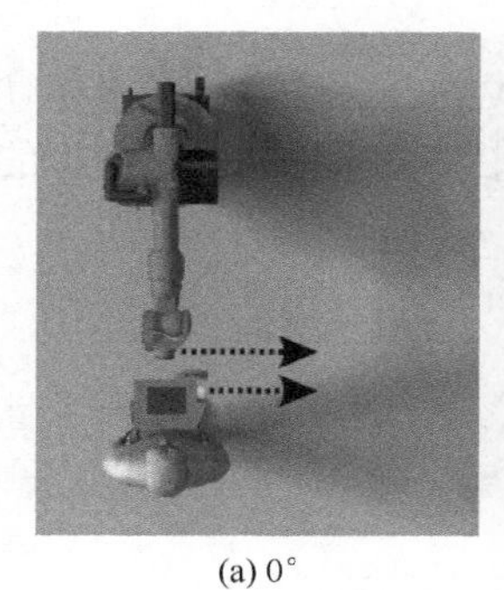

(a) 0°

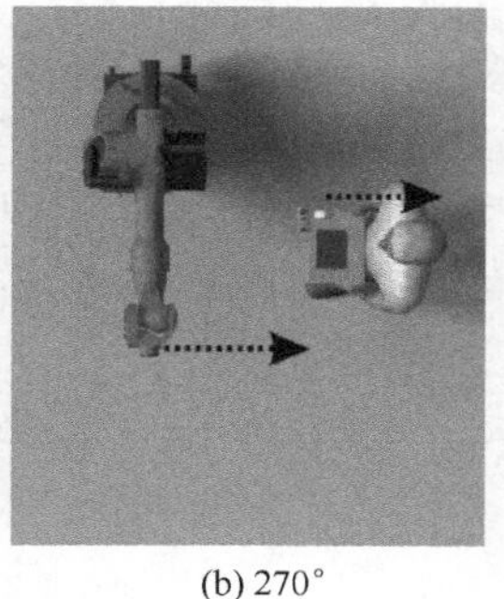

(b) 270°

图3-47　6D鼠标：0°和270°

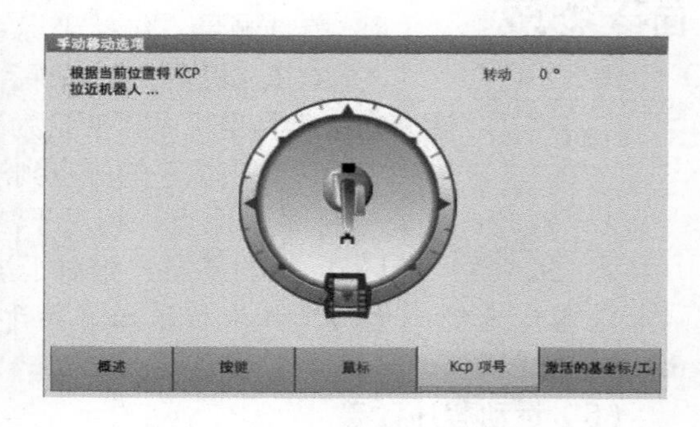

图3-48　确定空间鼠标定位

3.4 工具坐标系的测量

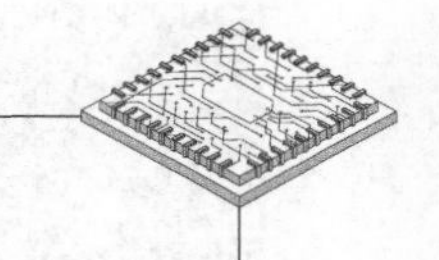

3.4.1 工具坐标系测量介绍

扫码看：工具坐标系的含义及方向

（1）工具坐标系的定义

工具（TOOL）坐标系是以参照点创建一个坐标系，这个参照点称为TCP，这个坐标系称为工具坐标系。它是一个直角坐标系（笛卡儿坐标系），其坐标系的*X*轴与工具工作方向一致，随着工具的移动而移动。

（2）工具坐标系测量的定义

工具坐标系的测量是指机器人控制系统通过测量工具（工具坐标系）识别工具顶尖（TCP）相对于法兰中心点位于何处以及其方向如何，如图3-49所示。

进行TOOL测量时，用户给　（直接或间接）安装在连接法兰上的一个工具或工件分配一个笛卡儿坐标系。该坐标系被称为TOOL坐标系。TOOL坐标系以用户设定的一个点作为其原点。此点称作TCP（Tool Center Point，工具中心点）。通常，TCP落在工具的工作点上。

（3）TOOL测量的优点

① 工具或工件可以直线移动。这对工具来说特别重要，它们因此以沿作业方向直线移动。

② 工具或工件可环绕TCP旋转，无须更改TCP的位置。

③ 在程序运行中，沿着TCP上的轨道保持已编程的运行速度。

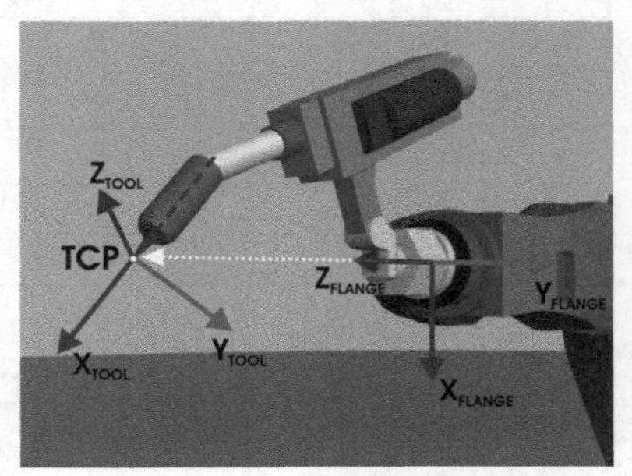

图3-49　工具坐标系测量

扫码看：工具坐标系特点及测量的意义

（4）工具坐标系的建立及工具测量

① 工具坐标系在工具测量的过程中形成。

② 工具测量，包括TCP点（工具坐标系原点）的测量。

③ 工具测量，包括坐标系姿态/朝向的测量。

④ KUKA机器人可以保存多少工具坐标系取决于WorkVisual中的配置，默认为16个工具坐标系。变量为TOOL_DATA［1 … 16］。变量以笛卡儿坐标的形式表示工具坐标系的原点到法兰坐标系的距离。下列数据将被储存：

X、*Y*、*Z*：工具坐标系的原点，相对于法兰（FLANGE）坐标系；

A、*B*、*C*：工具坐标系的姿态，相对于法兰坐标系。

注意：未经测量的工具坐标系始终等于法兰坐标系，将工具坐标系从法兰转移到工具上，需通过测量。

（5）运动程序改善

可使工具末端TCP沿着一定的轨迹运行，从而改善编程过程，如图3-50所示。

如图3-51所示，在设置好TCP的工具坐标系下，工具可以固定姿态完成工艺动作，避免因工具姿态改变干涉工艺过程。

扫码看：TCP测量方法及工具坐标系的确定

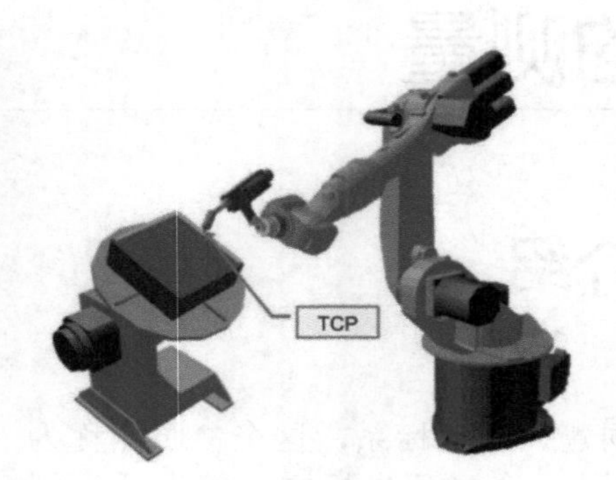

图3-50　TCP沿工件运行

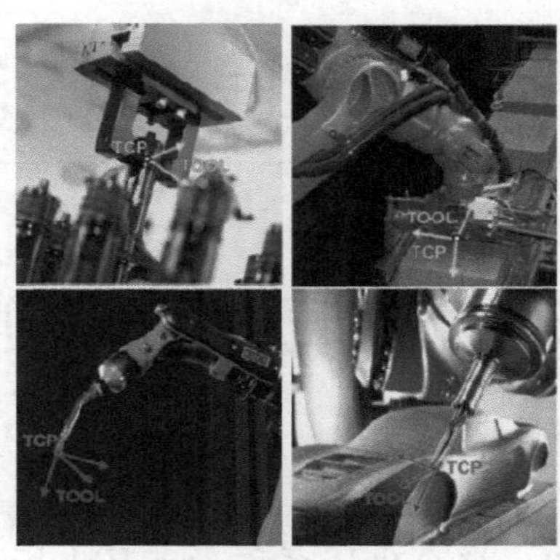

图3-51　固定姿态完成工艺

不同坐标系所使用的测量方法和相应的测量内容如表3-21所示。

表3-21　测量方法和测量内容

测量方法	工具在法兰上	固定工具	说　明
XYZ 4点法	*X*、*Y*、*Z*	—	确定工具坐标系的原点
XYZ参照法	*X*、*Y*、*Z*	—	
XYZ	—	*X*、*Y*、*Z*	测量某个固定工具的*X*、*Y*、*Z*
ABC世界	*A*、*B*、*C*	*A*、*B*、*C*	确定工具坐标系的姿态
ABC 2点法	*A*、*B*、*C*	*A*、*B*、*C*	
数字输入法	*A*、*B*、*C* *X*、*Y*、*Z*	*A*、*B*、*C* *X*、*Y*、*Z*	直接输入至法兰中心点的距离值（*X*，*Y*，*Z*）和转角（*A*，*B*，*C*），即数字输入

3.4.2　工具的TCP测量

工具的TCP测量有XYZ 4点法和XYZ参照法两种方法，下面是KSS 8.3版本的操作步骤。

（1）TCP测量的XYZ 4点法

将待测工具的TCP从4个不同方向移向一个参照点。参照点可以任意选择。机器人控制系统从不同的法兰位置值中计算出TCP，操作步骤如下。

① 选择菜单序列“投入运行”＞“测量”＞“工具”＞“XYZ 4点法”，如图3-52所示。

主菜单	投入运行	测量	工具
文件 ▶	投入运行助手	工具 ③ ▶	XYZ 4 点法 ④
配置 ▶	测量 ② ▶	基坐标 ▶	XYZ 参照法
显示 ▶	调整 ▶	固定工具 ▶	ABC 2 点法
诊断 ▶	软件更新 ▶	附加负载数据	ABC 世界坐标系
投入运行 ① ▶	售后服务 ▶	外部运动装置 ▶	数字输入
关机	机器人数据	测量点 ▶	更改名称

图3-52　选择XYZ 4点法

扫码看：XYZ 4点法测量工具坐标系原点

扫码看：工具坐标系原点验证操作

② 为待测量的工具给定一个号码和一个名称，如TOOL_DATA1。

③ 将TCP移至任意一个参照点。按下“测量”按键，对话框提示“是否应用当前位置？继续测量”，选择“是”加以确认，如图3-53（a）。

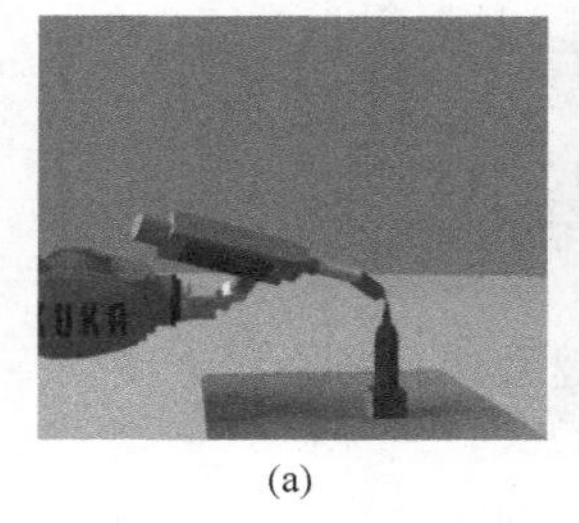

(a)

(b)

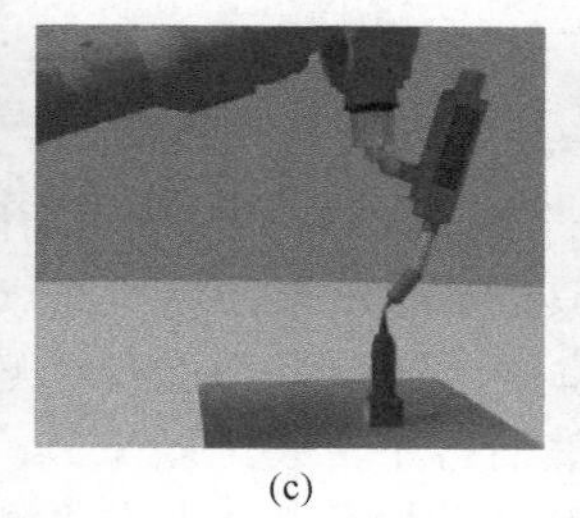

(c)

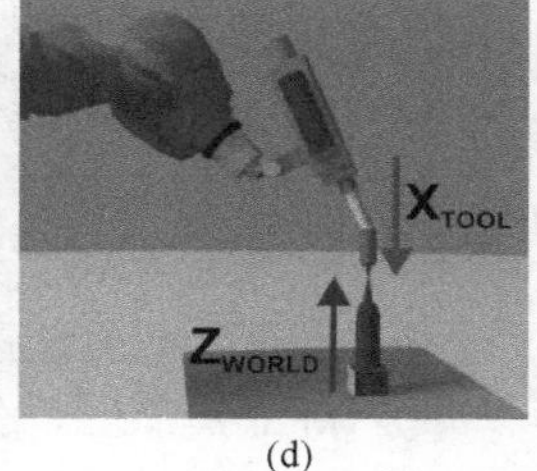

(d)

图3-53　XYZ 4点法

④ 用TCP从一个其他方向朝参照点移动。重新按下“测量”，选择“是”加以确认，如图3-53（b）。

⑤ 在图3-53（c）、（d）所示过程中将图3-53（d）重复两次。

⑥ 自动打开“负载数据输入”窗口。正确输入负载数据，然后按下“继续”按键。

⑦ 自动打开包含测得的TCP *X*、*Y*、*Z*值的窗口，测量精度可在误差项中读取。数据可通过“保存”按键直接保存。

注意：4个测量位置的轴位置应尽量不同。它们越不同，之后TCP在真正的重新定向时可以越精确地保持其位置。4个法兰位置不允许在一个平面上。

（2）TCP测量的XYZ参照法

对一件新工具与已测量过的工具进行比较测量，机器人控制系统自动比较法兰位置，并对工具的TCP进行计算。此种方法是用于几何体相类似的同类工具，如图3-54所示。

扫码看：XYZ参照法测量工具坐标系原点

采用XYZ参照法时，首先将已知的工具移向一个参照点，然后将待测工具移向一个参照点。机器人控制系统自动比较法兰位置，并对新工具的TCP进行计算。操作步骤如下。

① 前提条件是在连接法兰上装有一个已测量过的工具，并且TCP的数据已知。

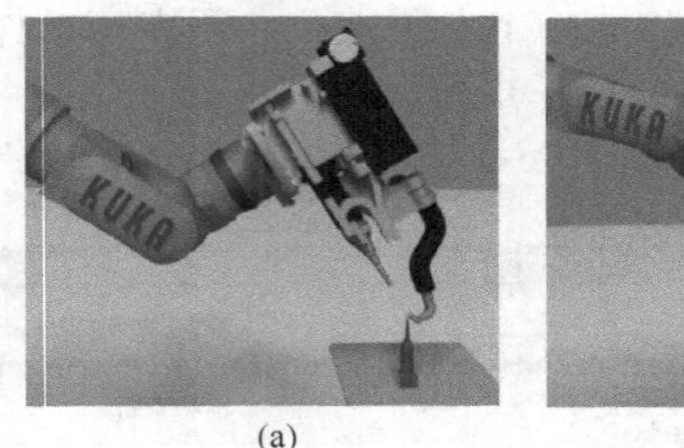
(a)

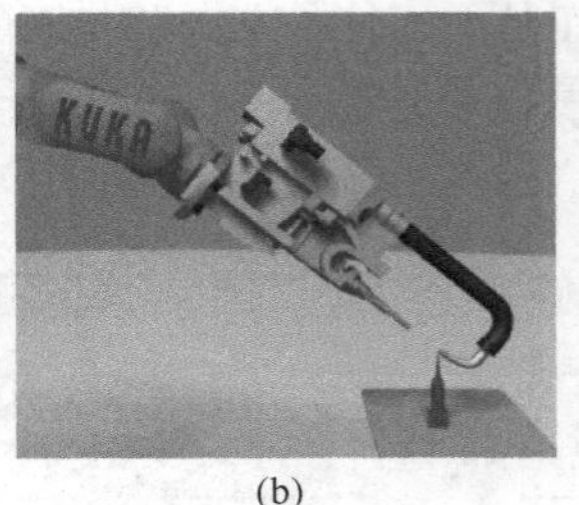
(b)

图3-54　XYZ参照法

② 在主菜单中选择“投入运行”>“测量”>“工具”>“XYZ参照法”，如图3-55所示。

主菜单	投入运行	测量	工具
文件 ▶	投入运行助手	工具 ③ ▶	XYZ 4 点法
配置 ▶	测量 ② ▶	基坐标 ▶	XYZ 参照法 ④
显示 ▶	调整 ▶	固定工具 ▶	ABC 2 点法
诊断 ▶	软件更新 ▶	附加负载数据	ABC 世界坐标系
投入运行 ① ▶	售后服务 ▶	外部运动装置 ▶	数字输入
关机	机器人数据	测量点 ▶	更改名称

图3-55　选择XYZ参照法

③ 为新工具指定一个编号和一个名称，用“继续”按键确认。
④ 输入已测量工具的TCP数据，用“继续”按键确认。
⑤ 用TCP移至任意一个参照点，点击“测量”，用“继续”按键确认。
⑥ 将工具撤回，然后拆下，装上新工具。
⑦ 将新工具的TCP移至参照点，点击“测量”，用“继续”按键确认。
⑧ 按下“保存”键。数据被保存，窗口自动关闭。或按下“负载数据”按键，数据被保存，一个窗口将被自动打开，可以在此窗口中输入负载数据。

图3-56　选择菜单

（3）TCP测量的XYZ 4点法（KSS 8.5版本及以上）

操作步骤如下。

① 切换到“专家”模式。

② 进入主菜单，选择“投入运行”>“工具/基坐标管理”，如图3-56所示。

③ 选择“工具工件”，点击“添加”按键，如图3-57所示。

④ 选择坐标系编号，给坐标系编号命名，选择“工具”，点击“测量”>“XYZ 4点法”，如图3-58所示。

图3-57　添加工具

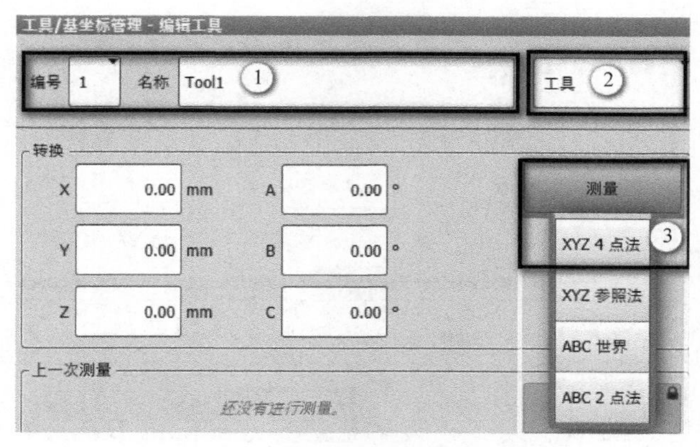

图3-58　选择坐标系和XYZ 4点法

⑤ 将待测工具的TCP从4个不同方向移向一个参照点，参照点可以任意选择。每移动一个参照点，点击“Touch-Up”按键，如图3-59所示。

⑥ 测量好后点击“保存”>“退出”。

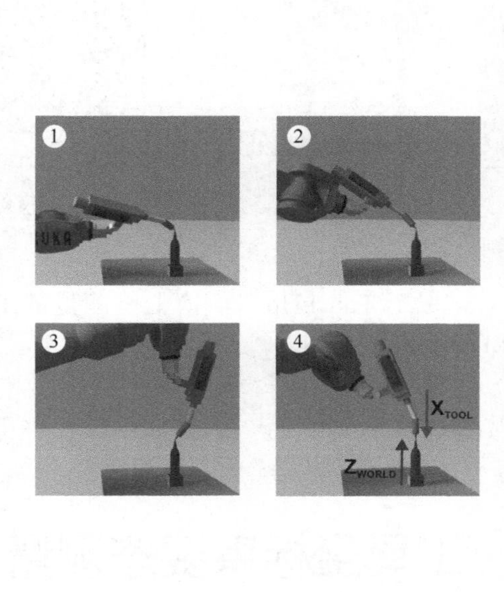

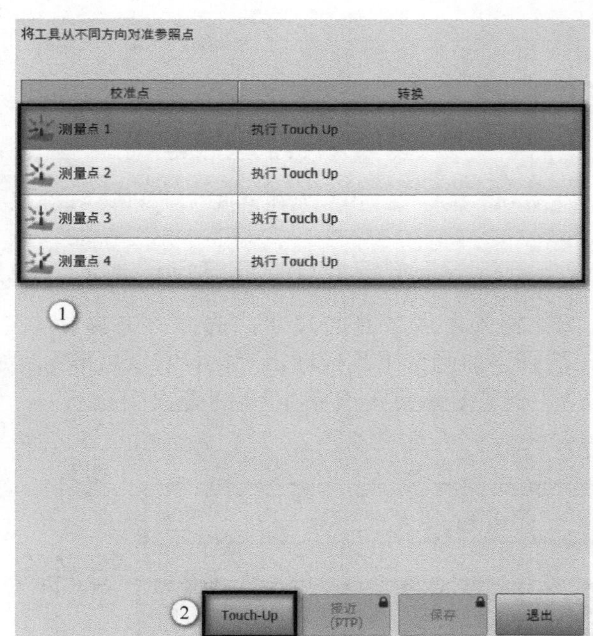

图3-59　机器人移动到不同的点

⑦ 输入“负载数据”，点击“保存”按键即可，如图3-60所示。

（4）TCP测量的XYZ参照法（KSS 8.5版本及以上）

扫码看：KSS 8.3和KSS 8.5及以上版本坐标系测量的区别

操作步骤如下。

① 切换到“专家”模式。

② 进入主菜单，选择“投入运行”>“工具/基坐标管理”。

③ 选择“工具工件”，点击“添加”按键。

④ 选择坐标系编号，给坐标系编号命名，选择“工具”，点击“测量”>“XYZ 参照法”，如图3-61所示。

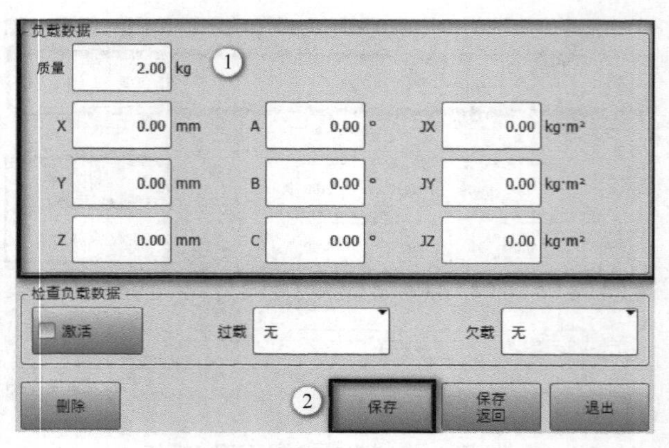

图3-60　输入“负载数据”

扫码看：尖点工具和夹具工具的测量实例

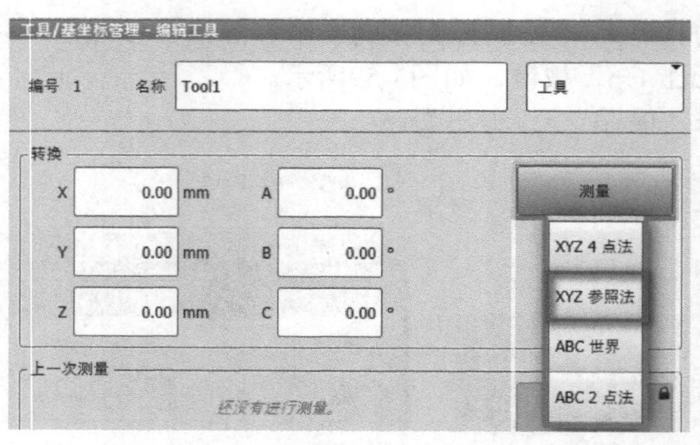

图3-61　选择“XYZ参照法”

扫码看：ABC世界坐标法测量工具坐标系的姿态

⑤ 输入参考工具的尺寸，选择“工具参考”，“执行TouchUp”，换上待测量的工具，选择当前测量工具坐标，“执行TouchUp”，如图3-62所示。

⑥ 测量好后点击“保存”>“退出”。

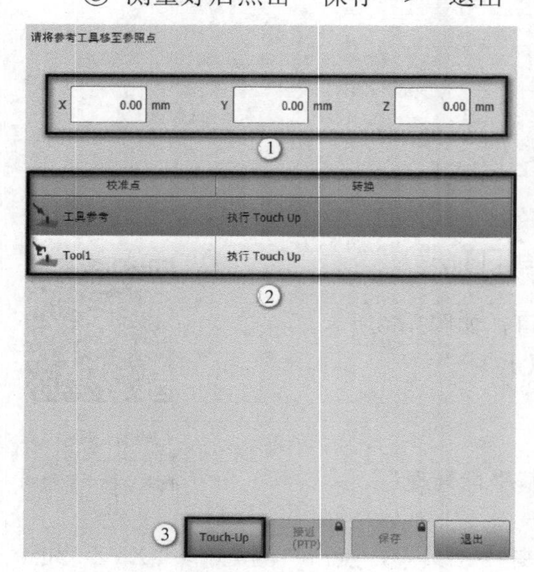

图3-62　校准点

⑦ 输入“负载数据”，点击“保存”按键即可。

3.4.3　工具坐标系姿态测量

（1）ABC世界法

ABC世界坐标系法（简称ABC世界法）是将工具的坐标系的轴平行于世界坐标系的轴进行校准，机器人控制系统从而得知工具坐标系的姿态。ABC世界法主要用来工具的作业方向和固定工具的作业方向。通常，只在要确定作业方向和其他轴方向不相关时，才适用ABC世界法。此方法有两种方式。

5D法：只确定作业方向。该作业方向被默认为*X*轴，即+X工具坐标系平行于–Z世界坐标系。

其他轴的姿态将由系统确定，用户无法改变。系统总是为其他轴确定相同的姿态。如果之后必须对工具重新进行测量，例如在发生碰撞后，仅需要重新确定碰撞方向。而无需考虑作业方向的转度。

6D法：将所有3根轴的方向均告知机器人控制系统，即+X工具坐标平行于–Z世界坐标、+Y工具坐标平行于+Y世界坐标、–Z工具坐标平行于+X世界坐标。原则上，可用6D类型确定所有轴方向，而非仅作业方向。但是，其精度与ABC2点法方法不同。因此，通常在要确定所有轴方向时使用ABC2点法。

1）工具在法兰上

用户将工具坐标系的轴调整为与世界坐标系的轴平行。机器人控制器从而得知工具坐标系的取向。

2）固定工具

用户使已经测量过的工具的法兰坐标系平行于新的坐标系，以此将固定工具的坐标系方向告知机器人控制系统。

下面以KSS 8.3版本为例进行讲解，ABC世界法测量操作步骤如下。

① 前提条件：待测量的工具已安装在法兰上，工具的TCP已测量，机器人处于T1方式。

② 按下主菜单按键，在菜单中选择“投入运行”>“测量”>“工具”>“ABC世界坐标系”，如图3-63所示。

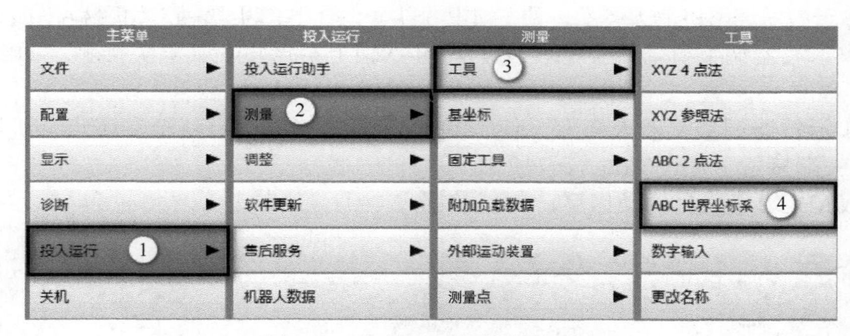

图3-63 选择ABC世界坐标系法

③ 为待测定的工具输入“工具号”，用“继续”按键确认。

④ 如果选择“5D”法，用“继续”按键确认，将工具坐标+X调整至平行于世界坐标–Z的方向（工具坐标+*X*=作业方向），如图3-64所示，点击“测量”按键。

如果选择“6D”法，将+X工具坐标平行于–Z世界坐标、+Y工具坐标平行于+Y世界坐标、–Z工具坐标平行于+X世界坐标。

⑤ 出现提示信息“要采用当前位置么”时，点击“是”按键确认。

⑥ 在弹出的窗口中输入工具的重量和重心等数据，按下“继续”按键确认，点击“保存”按键，结束过程。

（2）ABC2点法

ABC2点法用来测量一个工具的*A*、*B*、*C*和测量一个固定工具的*A*、*B*、*C*，在要确定所有轴方向而非仅作业方向时，使用该方法。

ABC2点法是通过移至*X*轴上一个点和*XY*平面上一个点的方法，机器人控制系统即可得知工具坐标系的各轴。当轴方向要求特别精确时，可采用此方法。

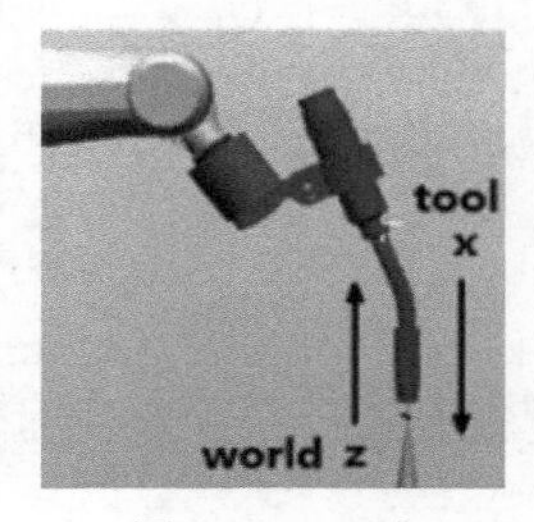

图3-64 5D法

下述操作步骤适用于工具碰撞方向为默认碰撞方向（=*X*向）的情况。如果碰撞方向改为*Y*向或*Z*向，则操作步骤也必须相应地进行更改。另外，TCP已测得。

下面以KSS 8.3版本为例进行讲解，ABC 2点法测量操作步骤如下。

① 前提条件：待测量的工具已安装在法兰上，工具的TCP已测量，机器人处于T1方式。

② 按下主菜单按键，在菜单中选择“投入运行”>“测量”>“工具”>“ABC 2点法”，如图3-65所示。

扫码看：ABC 2点法测量工具坐标系姿态

主菜单	投入运行	测量	工具
文件 ▶	投入运行助手	工具 ③ ▶	XYZ 4 点法
配置 ▶	测量 ② ▶	基坐标 ▶	XYZ 参照法
显示 ▶	调整 ▶	固定工具 ▶	ABC 2 点法 ④
诊断 ▶	软件更新 ▶	附加负载数据	ABC 世界坐标系
投入运行 ① ▶	售后服务 ▶	外部运动装置 ▶	数字输入
关机	机器人数据	测量点 ▶	更改名称

图3-65　选择“ABC 2点法”

③ 选择工具号和工具名。

④ 操作示教器调整机器人姿态，使工具某个尖点与工具笔尖接触，如图3-66（a）所示。

⑤ 操作示教器调整机器人姿态，使工具的–*X*轴上某点与工具笔尖接触，如图3-66（b）所示。

⑥ 操作示教器调整机器人姿态，使工具的*XY*平面+*Y*轴一点移至参照点，机器人将气爪与笔形工具尖端接触，如图3-66（c）所示。

⑦ 完成ABC 2点法测量操作后，测试数据。

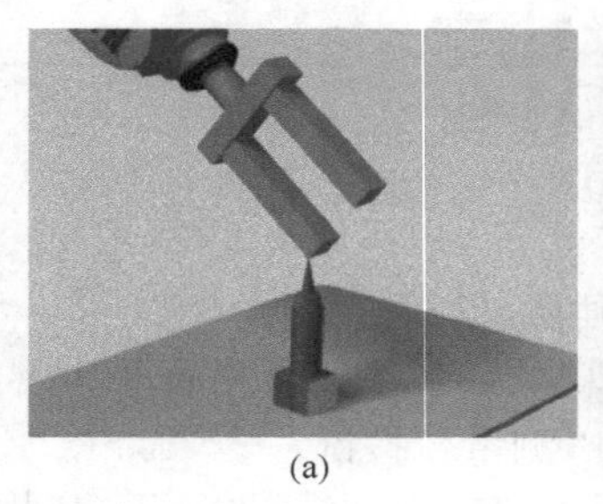

(a)

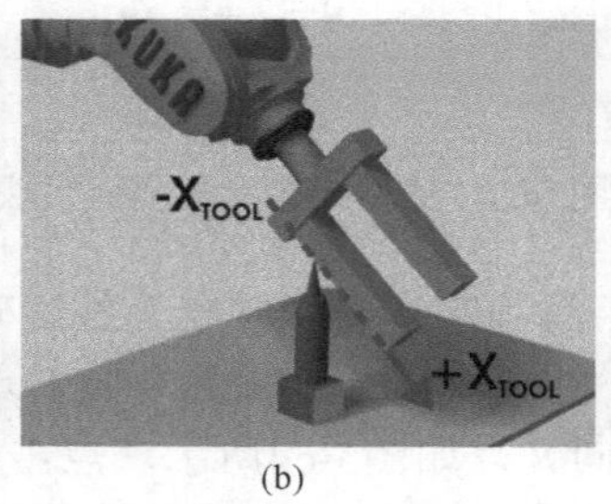

(b)

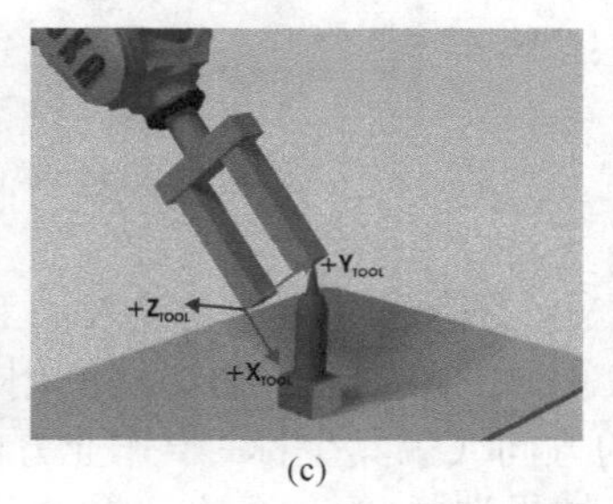

(c)

图3-66　调整机器人姿态

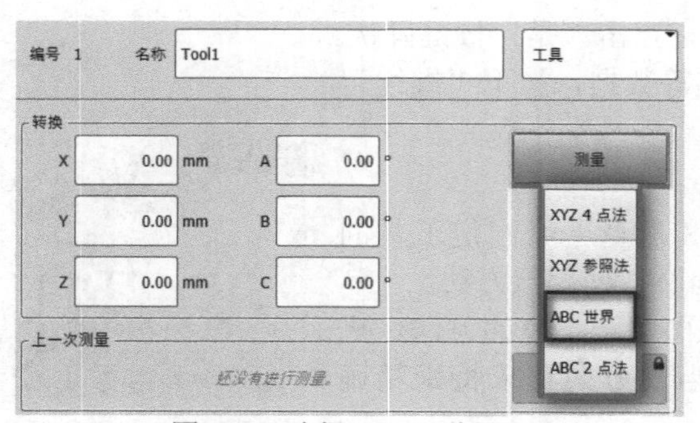

图3-67　选择“ABC世界”

（3）ABC世界法（KSS 8.5版本及以上）

操作步骤如下。

① 切换到“专家”模式。

② 进入主菜单，选择“投入运行”>“工具/基坐标管理”。

③ 选择“工具工件”，点击“添加”按键。

④ 选择坐标系编号，给坐标系编号命名，选择“工具”，点击“测量”>“ABC世界”，如图3-67所示。

⑤ 选择5D法，选择“ABC姿态”，将机器人工具的加工方向调整为与世界坐标系的Z轴平行，“执行TouchUp”。

若选择6D法，选择“ABC姿态”，将机器人工具的加工方向调整为与世界坐标系的Z轴平行，“执行TouchUp”，如图3-68所示。

⑥ 测量好后点击“保存”>“退出”。

⑦ 输入“负载数据”，点击“保存”按键即可。

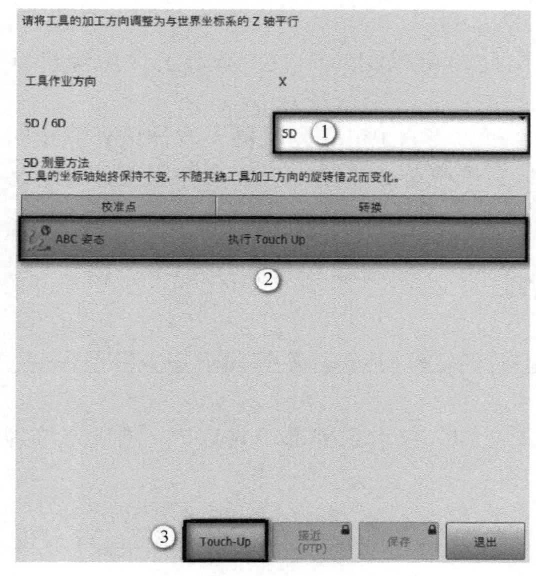

图3-68 校准点

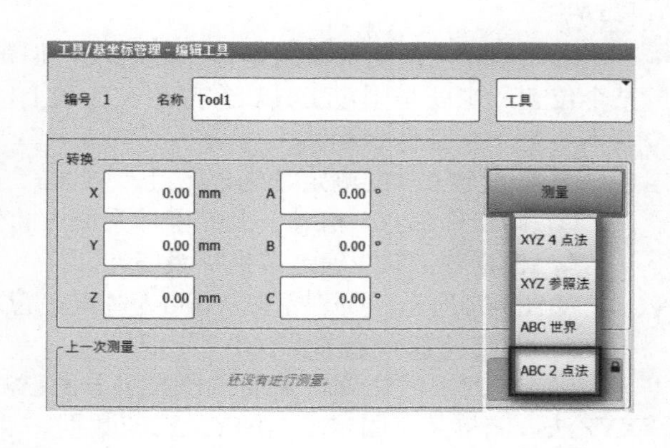

图3-69 选择ABC 2点法

（4）ABC 2点法（KSS 8.5版本及以上）

操作步骤如下。

① 切换到“专家”模式。

② 进入主菜单，选择“投入运行”>“工具/基坐标管理”。

③ 选择“工具工件”，点击“添加”按键。

④ 选择坐标系编号，给坐标系编号命名，选择“工具”，点击“测量”>“ABC 2点法”，如图3-69所示。

⑤ 将待测量的TCP移动到参考点，“执行TouchUp”。将待测量工具的X轴负方向（加工方向）上的一点移到参照点，“执行TouchUp”。将Y值（待测工具XY平面上）为正的某点移到参照点，如图3-70所示。

⑥ 测量好后点击“保存”>“退出”。

⑦ 输入负载数据，点击“保存”按键即可。

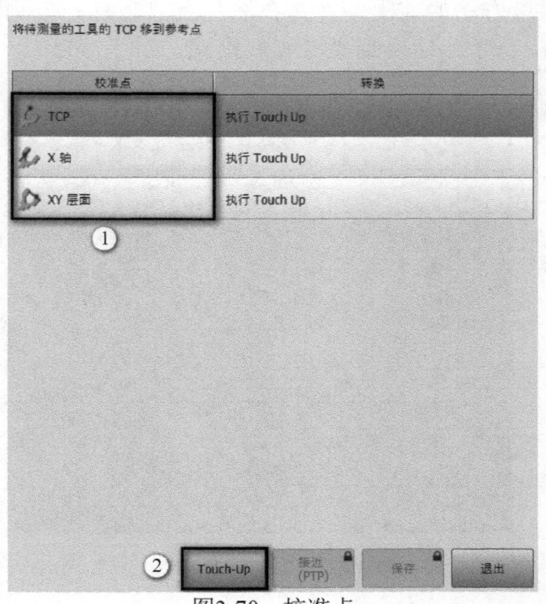

图3-70 校准点

3.4.4 外部固定工具测量

某些生产和加工过程要求机器人操作工件而不是工具。优点是，部件无需先放置好便能加工，因此可节省夹紧工装。这适用于以下情况：粘接、焊接等。

虽然工具是固定（不运动）对象，但是工具还是有一个所属坐标系的工具参照点。 此时该参照点被称为外部TCP。由于这是一个不运动的坐标系，所以数据可以如同基坐标系一样进行管理，并可以作为基坐标储存。

运动着的工件又可以作为工具坐标储存。由此，可以相对于TCP沿着工件边缘进行移动。

通常TCP是跟随机器人本体一起运动，但是也可以将TCP定义为机器人本体以外静止的某个位置，也就是固定工具。常应用在涂胶上，胶罐喷嘴静止不动，机器人抓取工件移动。其本质是一个工件坐标系。

外部固定工具的测定分为以下几个方面。

① 确定外部TCP相对于世界坐标系原点的位置。

② 根据外部TCP确定该坐标系姿态。

如图3-71所示，①表示以World为基准，管理外部TCP，其坐标系等同于基坐标系。

1）确定外部固定工具TCP

确定TCP点的位置，需要机器人引导的已测工具顶尖移动至外部工具TCP，测量方法为XYZ法，测量某个固定工具的*X*、*Y*、*Z*数据。

2）确定外部工具坐标系姿态

确定外部固定工具坐标系的方向有ABC世界法和ABC 2点法，这两种方法用来测量一个固定工具的*A*、*B*、*C*数据。

（1）XYZ法（KSS 8.5及以上版本系统才有）

用户将固定工具的TCP告知机器人控制系统，为此将已经测量过的工具移至TCP。该测量方法的前提条件是在法兰上已装有一个测量过的工具，测量方法如下。

① 切换到“专家”模式。

② 进入主菜单，选择“投入运行”>“工具/基坐标管理”，如图3-72所示。

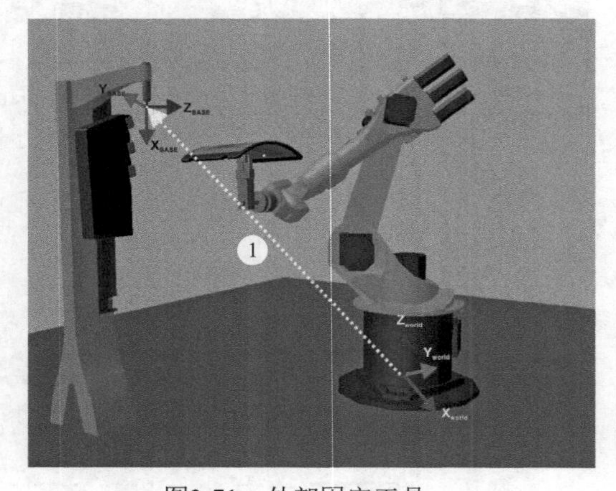

图3-71 外部固定工具

图3-72 选择菜单

③ 选择“基坐标固定工具”，点击“添加”按键，如图3-73所示。

④ 选择坐标系编号，给坐标系编号命名，选择“固定工具”，点击“测量”>“XYZ”，如图3-74所示。

图3-73 添加固定工具

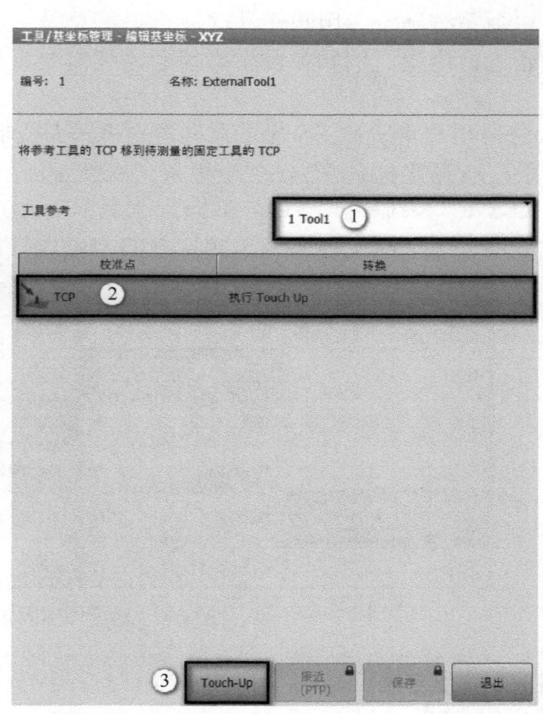

图3-74 选择坐标系和XYZ法

⑤ 选择测量好的工具坐标系，将已经测量过的工具移至TCP点，点击校准点“TCP”，点击“Touch-Up”按键，如图3-75所示。

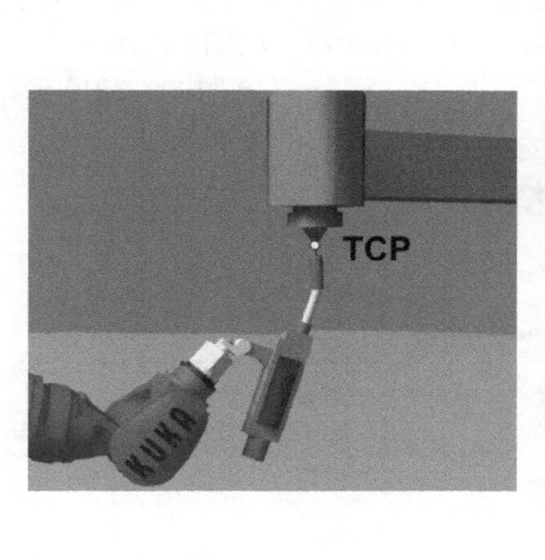

图3-75 测量TCP

⑥ 显示测量结果，可以看出已经测试XYZ数据，如图3-76所示。

（2）ABC世界法

用户使已经测量过的工具的法兰坐标系平行于新的坐标系，以此将固定工具的坐标系方向告知机器人控制系统。此方法有2种方式。

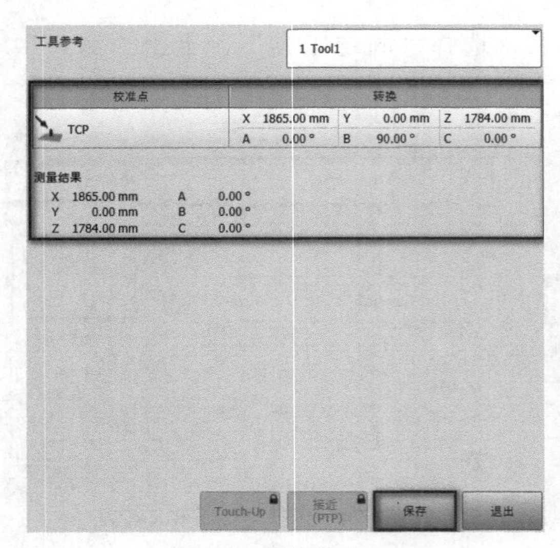

图3-76 测量结果

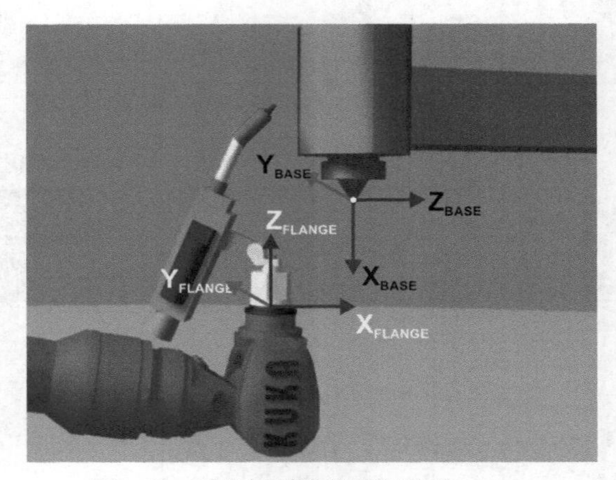

图3-77 对坐标系进行平行校准

5D法：用户将工具的作业方向告知机器人控制系统。该作业方向被默认为*X*轴。其他轴的姿态将由系统确定，用户无法改变。系统总是为其他轴确定相同的姿态。如果之后必须对工具重新进行测量，例如在发生碰撞后，仅需要重新确定碰撞方向，而无需考虑作业方向的转度。

6D法：用户将所有三个轴的取向告知机器人控制系统，即将坐标系调至+X新坐标系//–Z法兰坐标系、+Y新坐标系//+Y法兰坐标系、+Z新坐标系//+X法兰坐标系，如图3-77所示。

在KSS 8.3系统中，测量外部固定工具只有ABC世界法，选择菜单如图3-78所示，具体操作步骤可参考工具坐标系姿态测量中的ABC世界法。

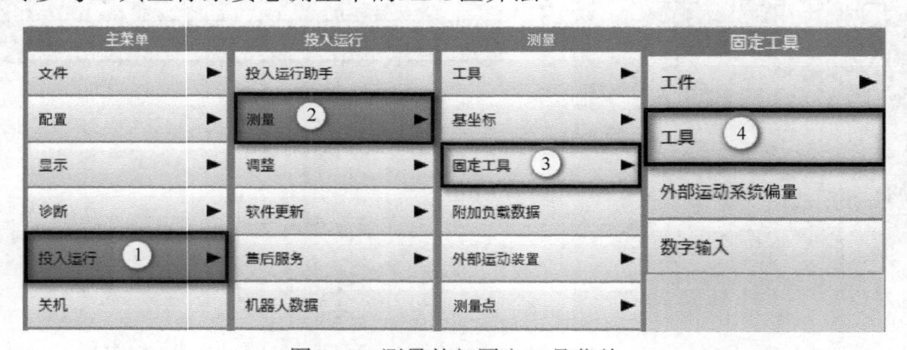

图3-78 测量外部固定工具菜单

（3）ABC 2点法

只有在KSS 8.5及以上系统中才能采用ABC 2点法测量外部固定工具，在KSS 8.3系统中没有该方法。这种方法必须在轴的方向特别精准确定之后才可使用，ABC 2点法的具体操作步骤可参考工具坐标系姿态测量中的ABC 2点法。

（4）用一个固定工具进行手动移动法

固定工具示例如图3-79所示。用固定工具手动移动的操作步骤如下。

① 在工具选择窗口中选择由机器人导引的工件。

② 在基坐标选择窗口中选择固定工具，如图3-80所示。

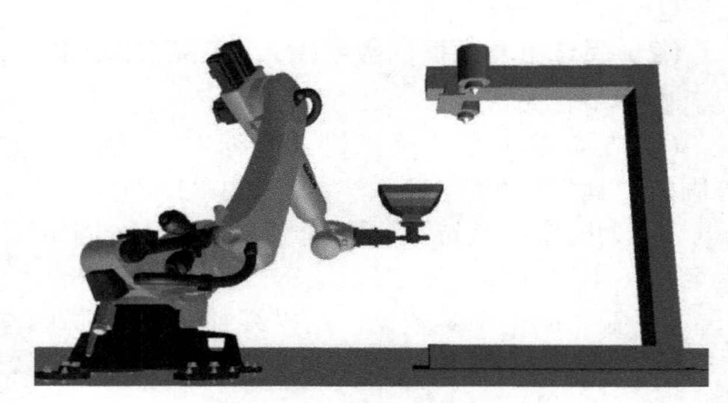
图3-79　固定工具示例

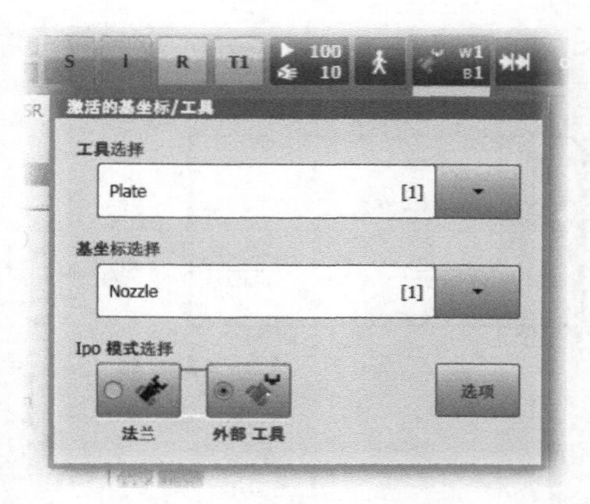

图3-80　选择外部工具

③ 将 IpoMode(Ipo模式)选择设为外部工具。

④ 作为移动键/6D鼠标选项设定工具：设定工具，以便在工件坐标系中移动设定基坐标，以便在外部工具坐标系中移动。

⑤ 设定手动倍率。

⑥ 按下“确认”开关的中间位置并保持按住。

⑦ 用移动键/6D鼠标朝所需方向移动。

通过在手动移动选项窗口中选择外部工具控制器切换：所有运动现在均相对外部TCP，而不是由机器人导引的工具。

3.4.5　数字输入（工具/固定工具）

（1）工具数据的数字输入（KSS 8.3版本）

操作步骤如下。

① 在主菜单中选择“投入运行”>“测量”>“工具”>“数字输入”，如图3-81所示。

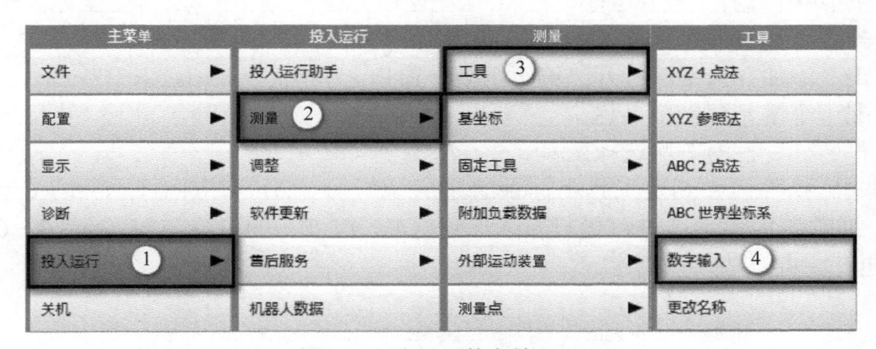

图3-81　选择“数字输入”

② 为工具选择一个编号并给定一个工具名称，用“继续”按键确认。

③ 输入工具数据，用“继续”按键确认，如图3-82所示。

④ 输入“负载数据”（如果要单独输入负载数据，则可以跳过该步骤）。

⑤ 如果在线负载数据检查可供使用（这与机器人类型有关），根据需要配置。

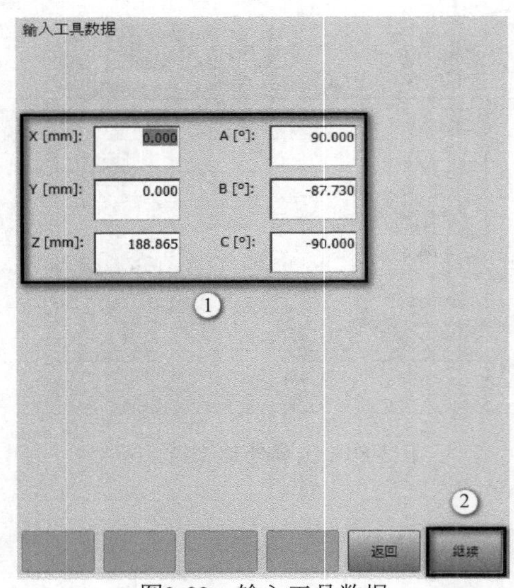

图3-82 输入工具数据

⑥ 用“继续”按键确认。

⑦ 点击“保存”按键。

（2）固定工具数据的数字输入（KSS 8.3版本）

操作步骤如下。

① 在主菜单中选择“投入运行”>“测量”>“固定工具”>“数字输入”，如图3-83所示。

② 为固定工具选择一个编号并给定一个固定工具名称，用“继续”按键确认。

③ 输入固定工具数据，用“继续”按键确认。

④ 输入“负载数据”（如果要单独输入负载数据，则可以跳过该步骤）。

⑤ 如果在线负载数据检查可供使用（这与机器人类型有关），根据需要配置。

⑥ 用“继续”按键确认。

⑦ 点击“保存”按键。

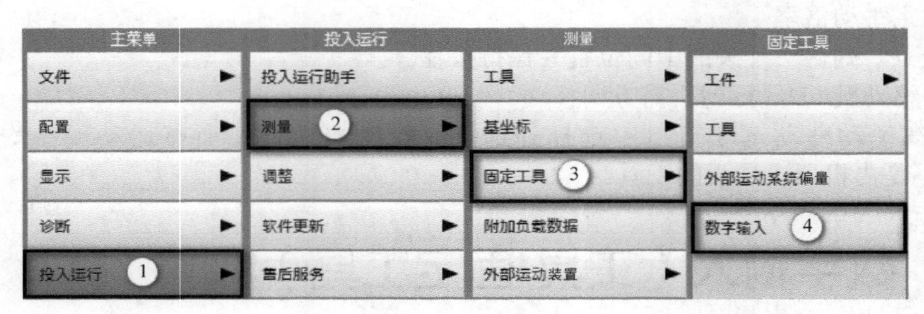

图3-83 选择数字输入

（3）工具数据的数字输入（KSS 8.5及以上版本）

操作步骤如下。

① 在主菜单中选择“投入运行”>“工具/基坐标管理”，打开“工具/基坐标管理”窗口。

② 选择“工具工件”选项卡。

③ 点击“添加”按键，打开“编辑工具”窗口。

④ 分配一个编号和一个名称。

⑤ 在“名称”栏的右侧选择工具。

⑥ 在“转换”区中规定工具坐标系的原点（X，Y，Z）和方向（A，B，C），将数值输入栏中，如图3-84所示。也可以只输入原点（X，Y，Z）的值或方向（A，B，C）的值，剩下的值通过测量方法加以确定。

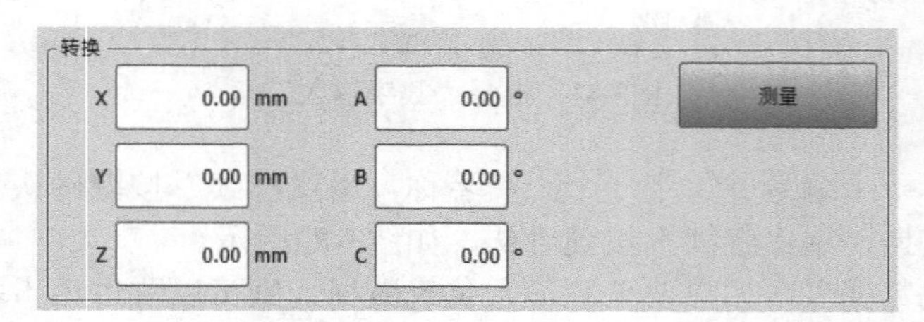

图3-84 输入坐标数据

⑦ 点击“保存”按键，这时在上一次测量区中显示该测量的信息。

（4）固定工具数据的数字输入（KSS 8.5及以上版本）

操作步骤如下。

① 在主菜单中选择“投入运行”>“工具/基坐标管理”，打开“工具/基坐标管理”窗口。

② 选择“工具工件”选项卡。

③ 点击“添加”按键，打开“编辑工具”窗口。

④ 分配一个编号和一个名称。

⑤ 在“名称”栏的右侧选择固定工具。

⑥ 在“转换”区中规定固定工具坐标系的原点（X，Y，Z）和方向（A，B，C），将数值输入栏中。

⑦ 点击“保存”按钮，这时在上一次测量区中显示该测量的信息。

3.5 基坐标系的测量

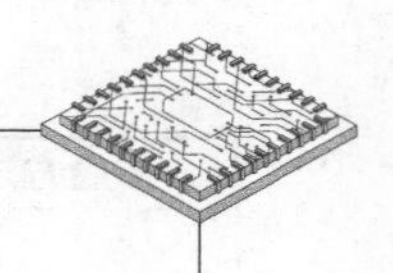

3.5.1 基坐标介绍

基（BASE）坐标系测定表示根据世界坐标系在机器人周围的某一个位置上创建坐标系，其目的是使机器人的手动运行运动以及编程设定的位置均以该坐标系为参照。因此，例如设定的工件支座和抽屉的边缘、货盘或机器的外缘均可作为基坐标系中合理的参照点，如图3-85所示。

BASE测量的意义如下。

① TCP可以沿工作面/工件或沿固定工具手动移动，如图3-86所示。

扫码看：基坐标系测量的意义

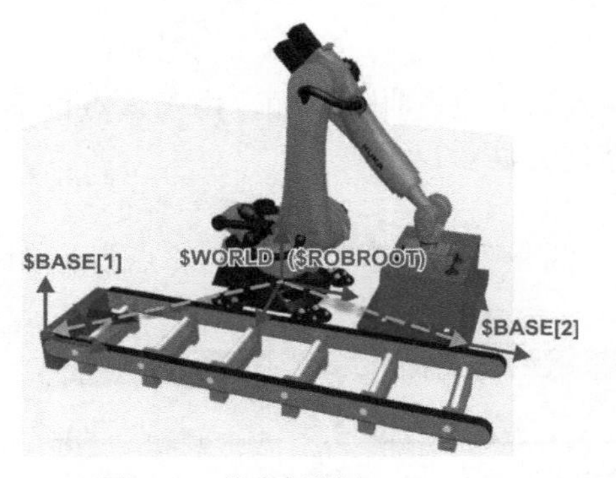

图3-85　基坐标测定

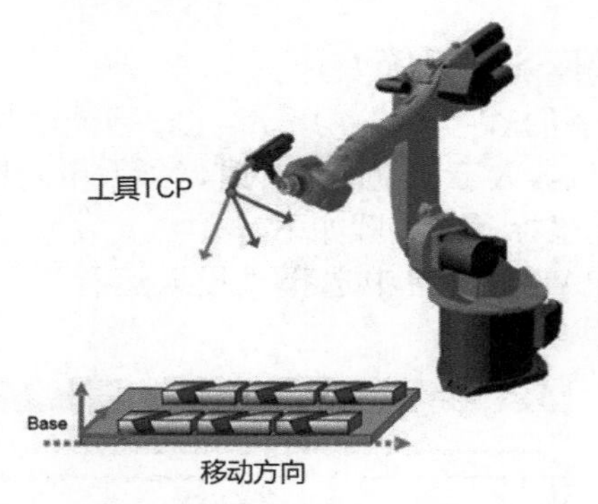

图3-86　沿工作面移动

扫码看：认识KUKA 机器人基坐标

② 可以参照BASE对这些点示教。如果必须移动BASE，例如由于工作面被移动，这些点也随之移动，但不必重新进行示教，如图3-87所示。

③ 坐标系的修正/推移。如果基坐标系发生偏移，那么已示教完成的轨迹会跟着移动，并不会因为偏移发生变化，如图3-88所示。

扫码看：基坐标系的测量方法

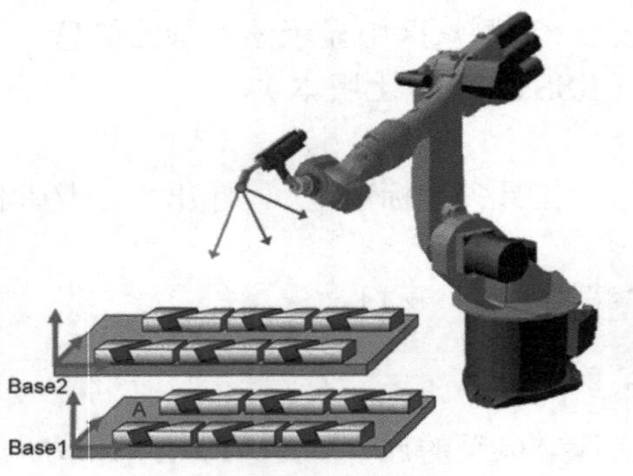

图3-87　参照BASE点示教

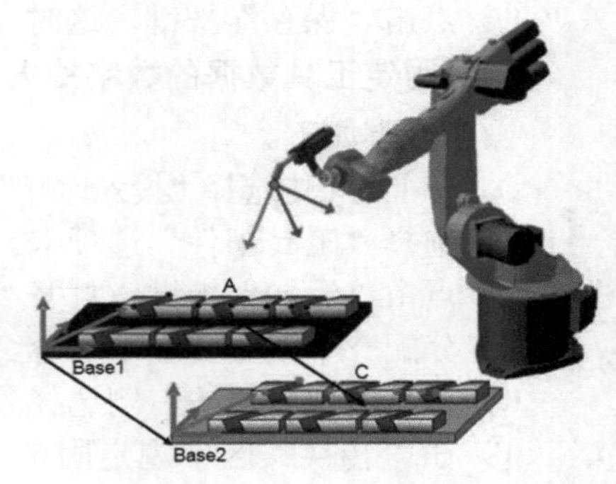

图3-88　坐标系的修正

④ KUKA机器人最多可保存多少基坐标系取决于WorkVisual中的配置。机器人系统默认的是32个不同的基坐标系，变量为BASE_DATA［1 … 32］，最多支持128个基坐标系，方便其根据程序流程完成流水线动作。

基坐标系的测量方法和测量内容如表3-22所示。

表3-22　基坐标系的测量方法和测量内容

测量方法	基坐标	工件在法兰上	说　　明
3点法	*X*、*Y*、*Z* *A*、*B*、*C*	*X*、*Y*、*Z* *A*、*B*、*C*	① 定义原点 ② 定义*X*轴正方向 ③ 定义*Y*轴正方向（*XY*平面）
间接法	*X*、*Y*、*Z* *A*、*B*、*C**	*X*、*Y*、*Z* *A*、*B*、*C*	① 当无法逼近基坐标系原点时，须采用间接法 ② 此时逼近4个相对于待测量的基坐标的坐标值是已知的；机器人的控制系统将以这些点为基础对基准进行计算
数字输入法	*A*、*B*、*C* *X*、*Y*、*Z*	*A*、*B*、*C* *X*、*Y*、*Z*	直接输入至数字坐标系的距离（*X*，*Y*，*Z*）和转角（*A*，*B*，*C*）

3.5.2　基坐标测量操作

（1）3点法（KSS 8.3系统）

测量一个基座的*X*、*Y*、*Z*、*A*、*B*、*C*，当无法移入基座原点时，例如，由于该点位于工件内部，或位于机器人工作空间之外时，须采用间接的方法。

3点法测量基坐标操作步骤如下。

① 在smartPAD主菜单中选择“投入运行”>“测量”>“基坐标”>“3点”，如图3-89所示。

扫码看：3点法测量基坐标的操作步骤

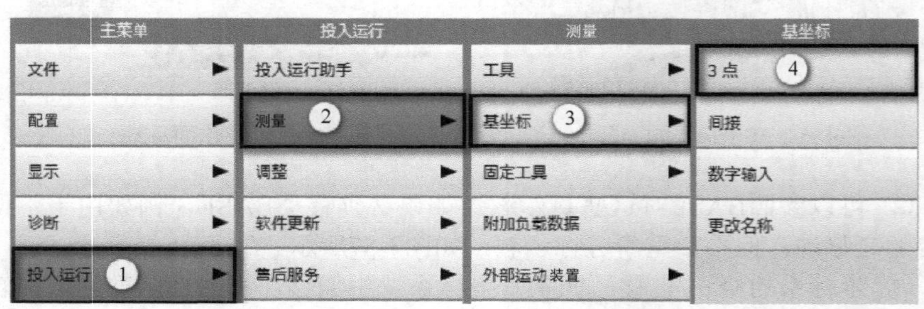

图3-89　选择3点法

② 为基坐标分配一个号码和一个名称，如图3-90所示。

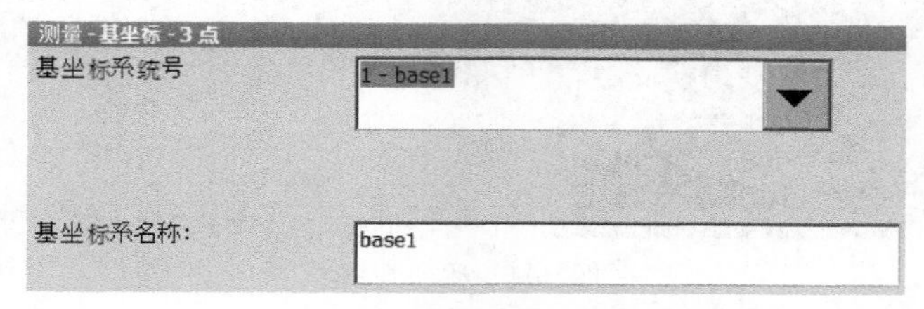

图3-90　分配号码和名称

③ 点击“继续”按键，输入需要用其TCP测量基坐标的工具的编号，如图3-91所示。

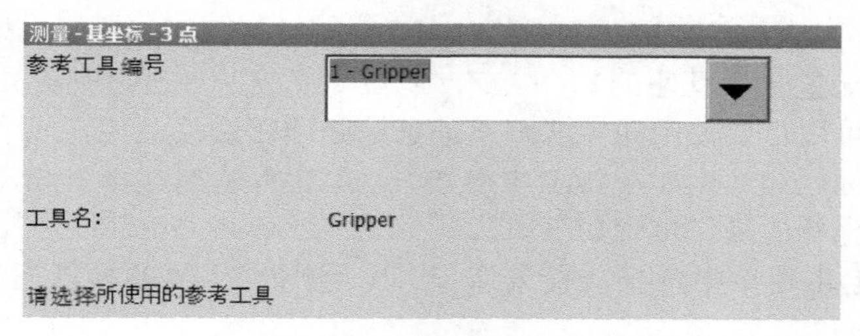

图3-91　选择参考工具

④ 点击“继续”按键，将TCP移到新基坐标系的原点如图3-92所示。点击“测量”按键并点击“是”按键确认位置。

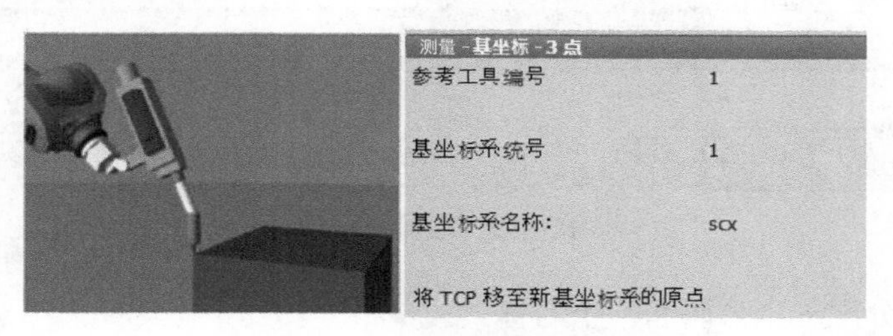

图3-92　将TCP移动到原点

⑤ 将TCP移至新基座正向X轴上的一个点。点击“测量”按键并点击“是”按键确认位置，如图3-93所示。

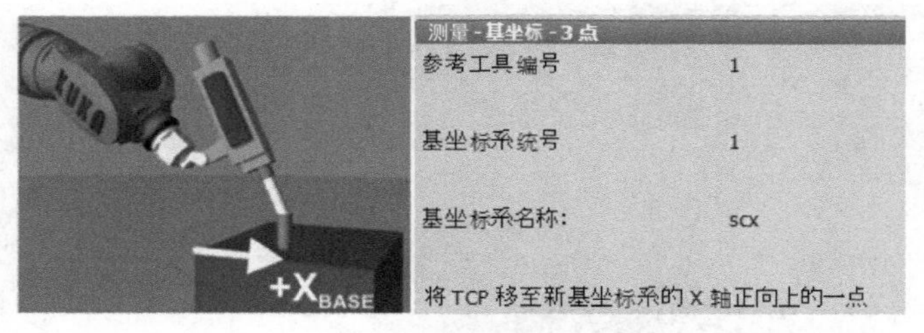

图3-93　移动到X轴

⑥ 将TCP移至XY平面上一个带正Y值的点。点击“测量”按键并点击“是”按键确认位置，如图3-94所示。

⑦ 按下“保存”按键，关闭菜单。

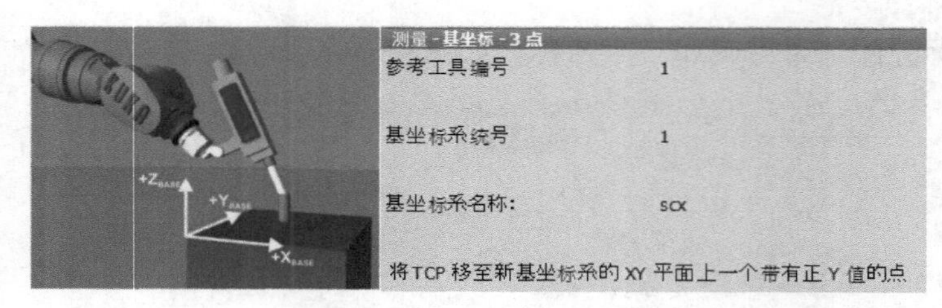

图3-94　移动到Y轴

注意：在3点法测量基坐标过程中，3个测量点不允许位于一条直线上，3点间有不小于2.5°的夹角。

（2）间接法（KSS 8.3系统）

间接法是用来测量一个基座的X、Y、Z、A、B、C数据，在没有给外部运动系统分配基坐标时，间接法不可用。要使用间接法测量基坐标必须在法兰上装有一个测量过的工具。新基座的 4 个点的坐标已知（例如从CAD中得知），TCP可达到这 4 个点。

间接法测量基坐标的操作步骤如下。

① 在smartPAD主菜单中选择“投入运行”>“测量”>“基坐标”>“间接”，如图3-95所示。

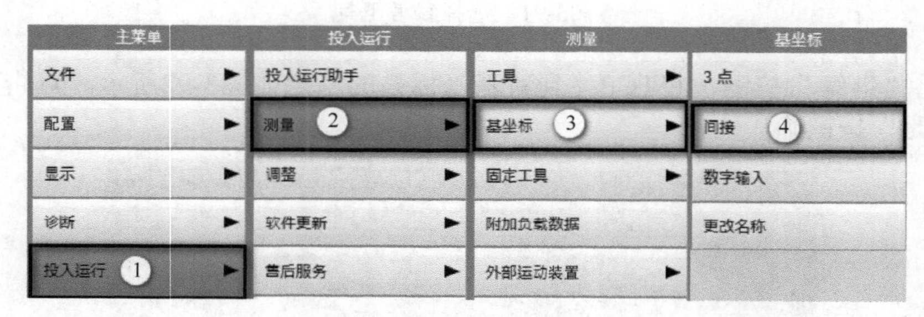

图3-95　选择间接法

② 为基坐标分配一个号码和一个名称。

③ 点击“继续”按键，输入需要用TCP测量基坐标的工具的编号。

④ 点击“继续”按键，在基坐标系中输入已知点的坐标并通过TCP移动到该点（点1），点击“测量”按键并点击“是”按键确认位置，如图3-96所示。

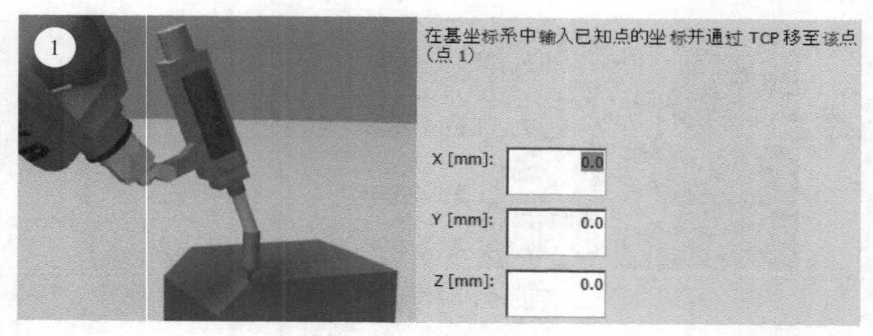

图3-96　TCP移动到点1

⑤ 在基坐标系中输入已知点的坐标并通过TCP移动到该点（点2），点击“测量”按键并点击“是”按键确认位置，如图3-97所示。

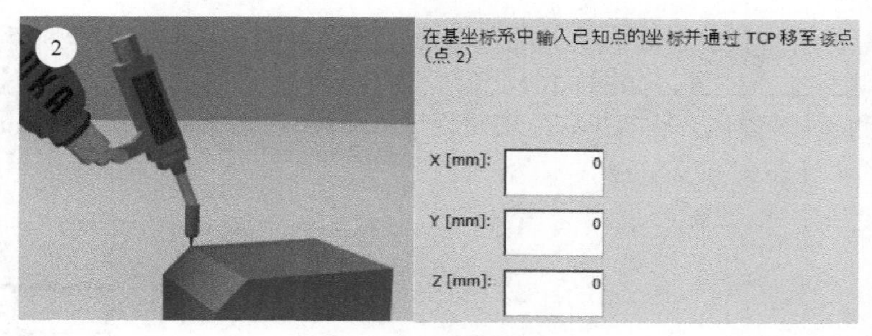

图3-97　移动到点2

⑥ 在基坐标系中输入已知点的坐标并通过TCP移动到该点（点3），点击“测量”按键并点击“是”按键确认位置，如图3-98所示。

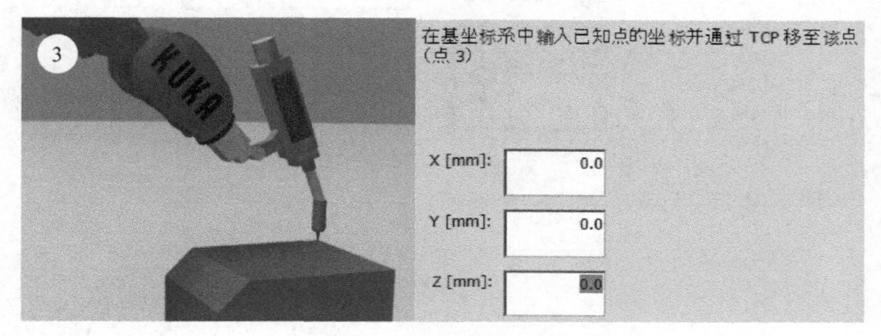

图3-98　移动到点3

⑦ 在基坐标系中输入已知点的坐标并通过TCP移动到该点（点4），点击“测量”按键并点击“是”键确认位置，如图3-99所示。

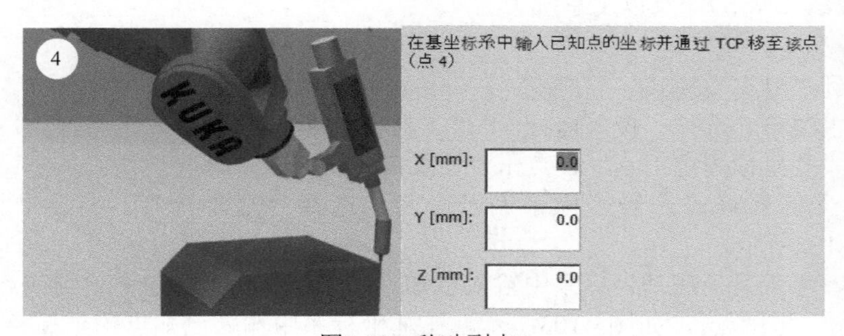

图3-99　移动到点4

⑧ 按下“保存”按键，关闭菜单。

（3）3点法（KSS 8.5及以上系统）

操作步骤如下。

① 切换到“专家”模式。

② 进入主菜单，选择“投入运行”>“工具/基坐标管理”。

③ 选择“基坐标固定工具”，点击“添加”按键。

④ 选择坐标系编号，给坐标系编号命名，选择“基坐标”，点击“测量”>“3点”，如图3-100所示。

⑤ 选择需要用其TCP测量基坐标的工具的编号，将TCP移到新基坐标系的原点。点击“Touch-Up”测量原点位置，如图3-101所示。将TCP移至新基座正向*X*轴上的一个点，点击“Touch-Up”测量*X*轴方向。将TCP移至*XY*平面上一个带正*Y*值的点，点击“Touch-Up”测量*Y*轴方向。

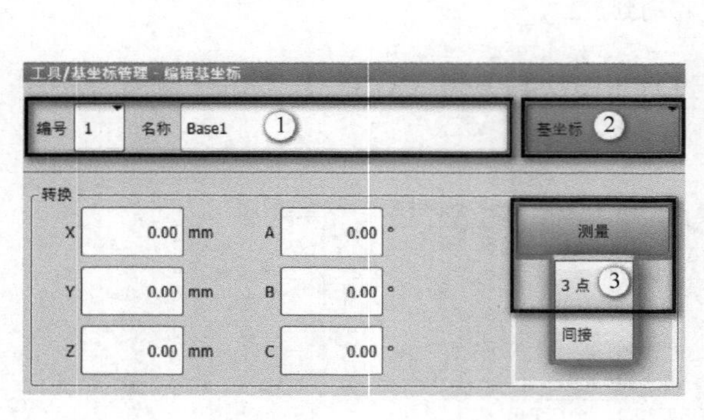

图3-100 选择“3点”

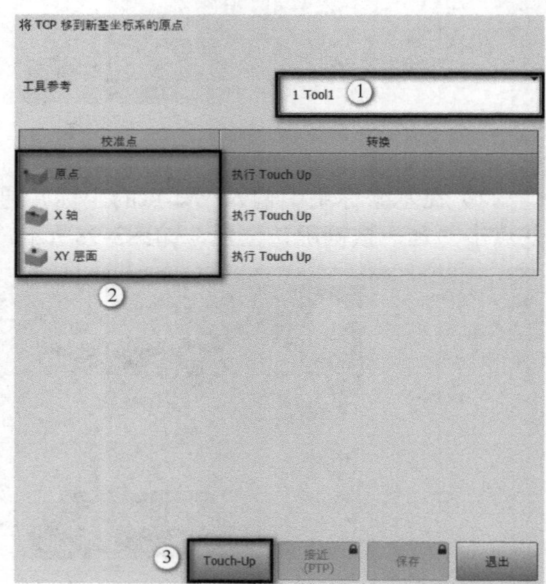

图3-101 校准点

⑥ 测量好后点击“保存”>“退出”按键。

（4）间接法（KSS 8.5及以上系统）

操作步骤如下。

① 切换到“专家”模式。

② 进入主菜单，选择“投入运行”>“工具/基坐标管理”。

③ 选择“基坐标固定工具”，点击“添加”按键。

④ 选择坐标系编号，给坐标系编号命名，选择“基坐标”，点击“测量”>“间接”，如图3-102所示。

⑤ 选择参考工具，在基坐标系中输入已知点的坐标并通过TCP移动到该点（点1），点击“Touch-Up”测量点1，如图3-103所示。在基坐标系中输入已知点的坐标并通过TCP移动到该点（点2），点击“Touch-Up”测量点2，在基坐标系中输入已知点的坐标并通过TCP移动到该点（点3），点击“Touch-Up”测量点3，在基坐标系中输入已知点的坐标并通过TCP移动到该点（点4），点击“Touch-Up”测量点4。

⑥ 测量好后点击“保存”>“退出”。

3.5.3 活动工件测量

活动工件的测量有两种方法：一种是直接法（3点法）；另一种是间接法，KSS 8.3系统里叫直接法，KSS 8.5及以上系统叫3点法。

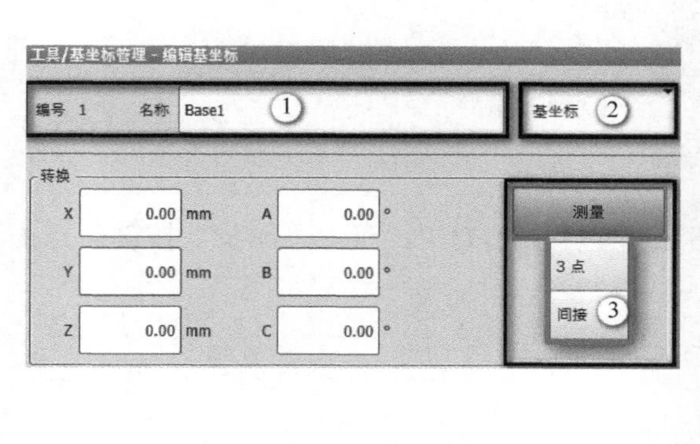

图3-102　选择“间接”

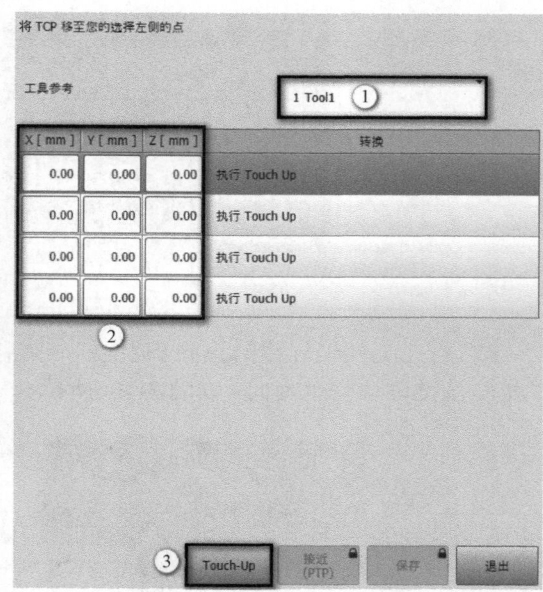

图3-103　校准点

直接法是测量法兰上一个工件的X、Y、Z、A、B、C数据，直接法使用的前提条件是在法兰上已经安装了待测量的工件，机器人法兰盘安装了一个已经测量过的固定工具。直接法的原理是移至工件的原点和其他2个点。此3个点将该工件清楚地定义出来。

间接法是机器人控制系统在4个点（其坐标必须已知）的基础上计算工件，将不用移至工件原点。在没有给外部运动系统分配基坐标时，间接法不可用。间接法使用的前提条件是法兰上已经安装了待测量的工件，机器人安装了一个已经测量过的固定工具，且新工件的 4 个点坐标已知，例如从CAD中得知，这4个点应确保通过它们可以移至固定工具。

（1）直接法（KSS 8.3系统）

直接法操作步骤如下。

① 在主菜单中选择“投入运行”>“测量”>“固定工具”>“工件”>“直接测量”，如图3-104所示。

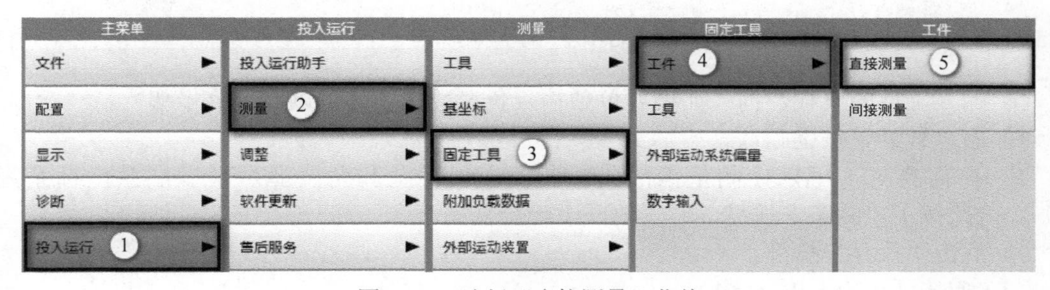

图3-104　选择“直接测量”菜单

② 为需测量的工具选择一个编号并给定一个工具名称。用“继续”按键确认。

③ 选择固定工具的编号，用“继续”按键确认。

④ 将工件坐标系的原点移至固定工具的TCP，点击“测量”按键，点击“是”按键确认安全询问，如图3-105所示。

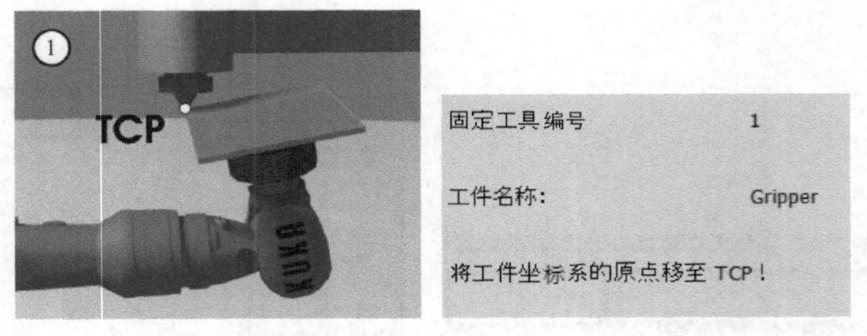

图3-105　移到第1个点

⑤ 将在工件坐标系的正向X轴上的一点移至固定工具的TCP。点击“测量”按键。点击“是”按键确认安全询问，如图3-106所示。

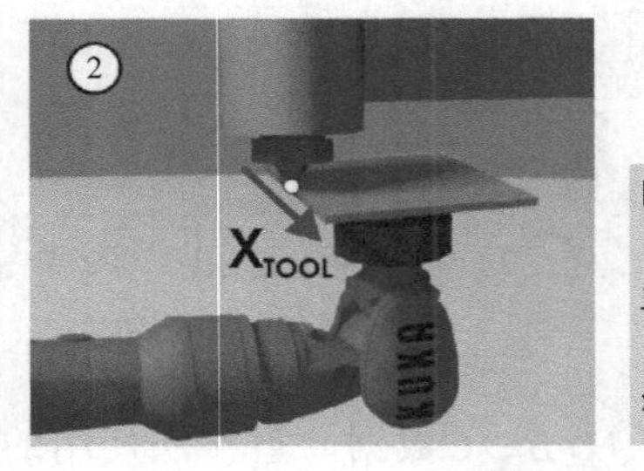
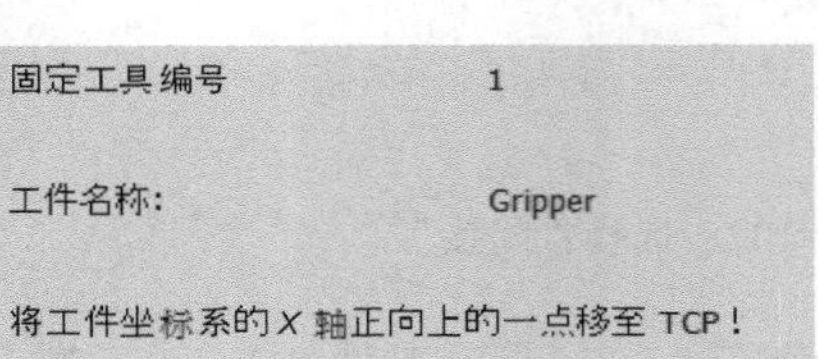

图3-106　移到第2个点

⑥ 将一个位于工件坐标系的XY平面上且Y值为正的点移至固定工具的TCP。点击“测量”按键。点击“是”按键确认安全询问，如图3-107所示。

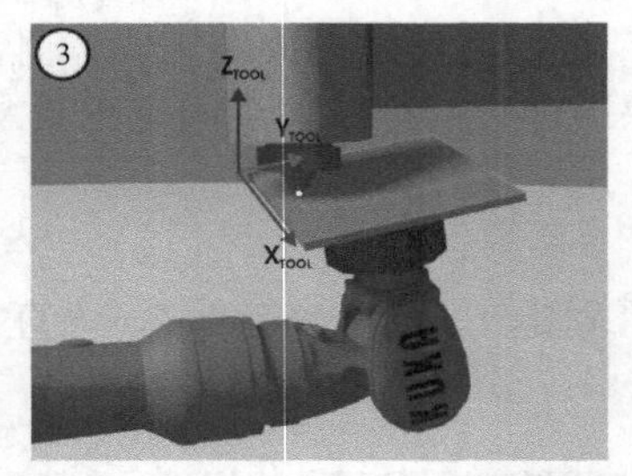
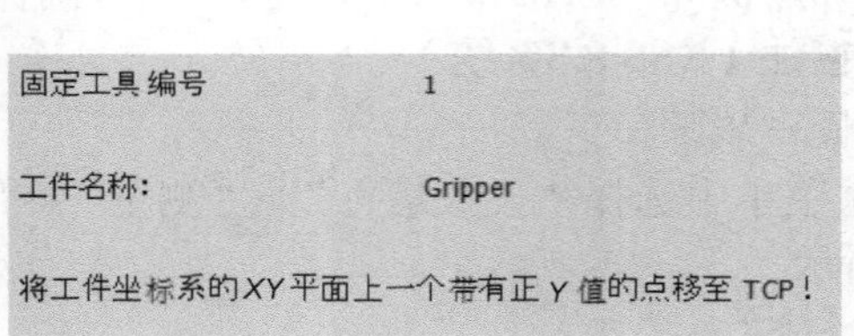

图3-107　移到第3个点

⑦ 输入工件的负载数据（如果要单独输入负载数据，则可以跳过该步骤）。

⑧ 用“继续”按键确认。

⑨ 在需要时，可以让测量点的坐标和姿态以增量和角度显示（以法兰坐标系为基准）。为此按下“测量”按键，然后返回上一个视图。

⑩ 点击“保存”按键。

（2）间接法（KSS 8.3系统）

间接法操作步骤如下。

① 在主菜单中选择“投入运行”>“测量”>“固定工具”>“工件”>“间接测量”，如图3-108所示。

② 为需测量的工具选择一个编号并给定一个工具名称，用“继续”按键确认。

③ 选择固定工具的编号，用“继续”按键确认。

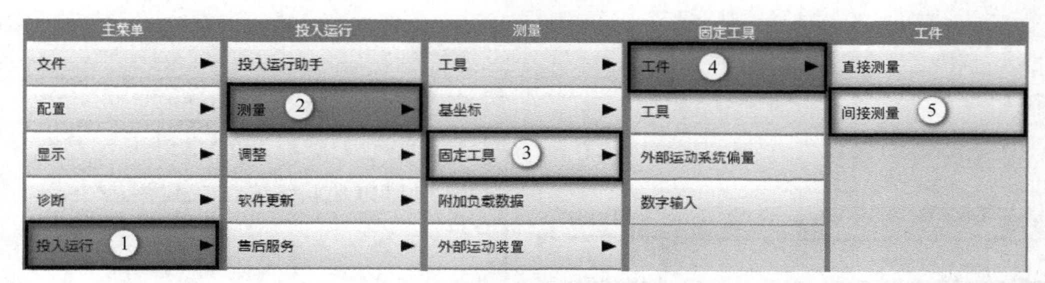

图3-108　选择“间接测量”

④ 输入工件的一个已知点的坐标，用此点移至固定工具的TCP，如图3-109所示。点击“测量”按键，点击“是”按键确认安全询问，示教器操作步骤与基坐标测量的间接法相同。

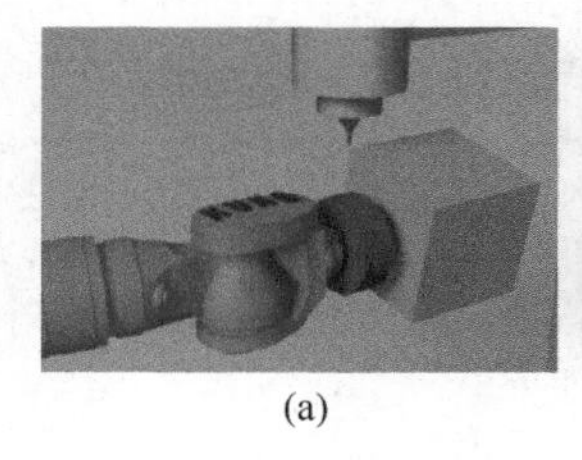
(a)
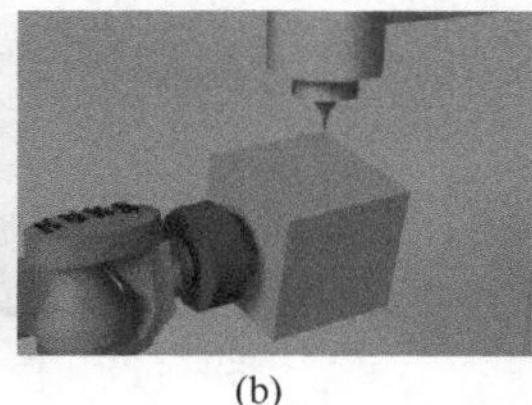
(b)
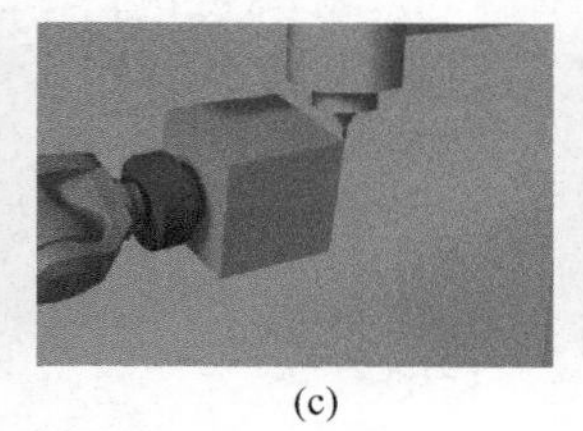
(c)
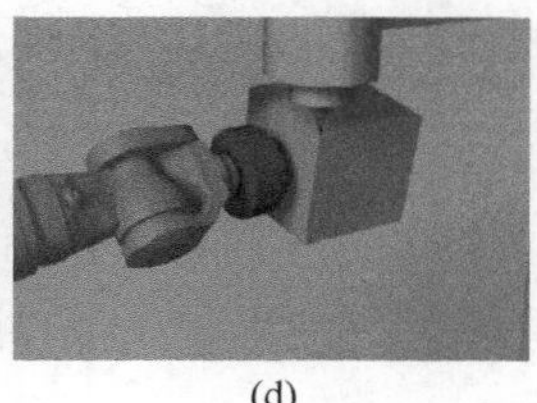
(d)

图3-109　间接法

⑤ 重复第④步三次。

⑥ 输入工件的负载数据（如果要单独输入负载数据，则可以跳过该步骤）。

⑦ 用“继续”按键确认。

⑧ 在需要时，可以让测量点的坐标和姿态以增量和角度显示（以法兰坐标系为基准）。为此按下“测量”按键，然后返回上一个视图。

⑨ 点击“保存”按键。

（3）3点法（KSS 8.5及以上系统）

① 切换到“专家”模式。

② 进入主菜单，选择“投入运行”>“工具/基坐标管理”。

③ 选择“工具工件”，点击“添加”按键。

④ 选择坐标系编号，给坐标系编号命名，选择“工件”，点击“测量”>“3点”，如图3-110所示。

⑤ 选择固定工具的编号，将工件坐标系的原点移至固定工具的TCP，点击“Touch-Up”按键测量，如图3-111所示。将在工件坐标系的正向*X*轴上的一点移至固定工具的TCP。点击“Touch-Up”按键测量，将一个位于工件坐标系的*XY*平面上且*Y*值为正的点移至固定工具的TCP，点击“Touch-Up”按键测量。

⑥ 测量好后点击“保存”>“退出”。

（4）间接法（KSS 8.5及以上系统）

① 切换到“专家”模式。

② 进入主菜单，选择“投入运行”>“工具/基坐标管理”。

③ 选择“工具工件”，点击“添加”按键。

④ 选择坐标系编号，给坐标系编号命名，选择“工件”，点击“测量”>“间接”，如图3-112所示。

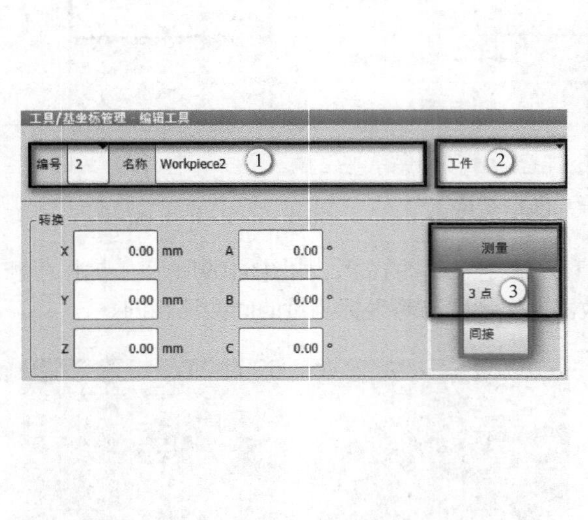

图3-110　选择3点法

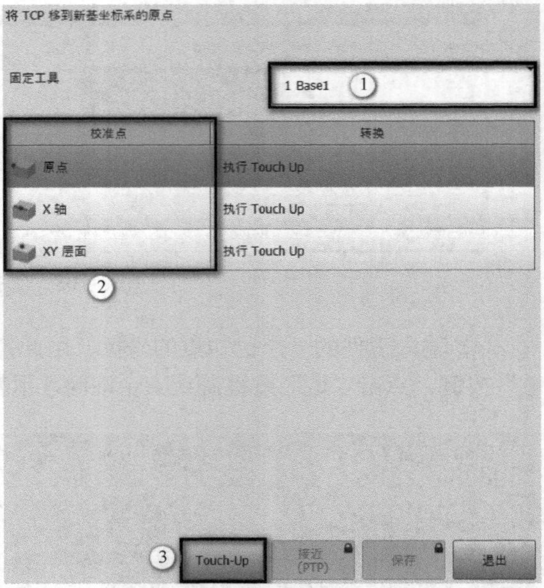

图3-111　校准3点

⑤ 选择固定工具的编号，输入工件的一个已知点的坐标，将TCP移到你选择的左侧的点，点击“Touch-Up”按键测量，如图3-113所示。示教器操作步骤与基坐标测量的间接法相同。

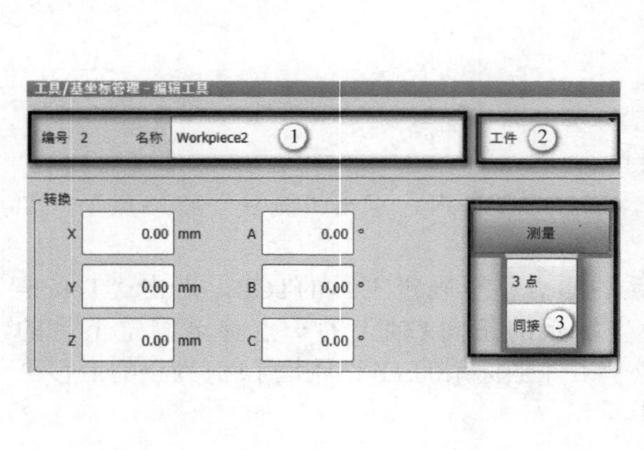

图3-112　选择间接法

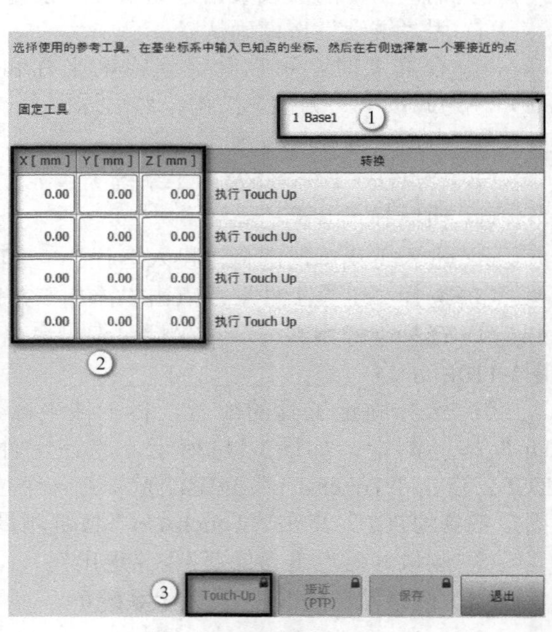

图3-113　间接法测量

⑥ 重复第⑤步三次。点击“Touch-Up”按键测量。

⑦ 测量好后点击“保存”>“退出”。

3.5.4 数字输入（基座/工件）

（1）基坐标数据的数字输入（KSS 8.3系统）

操作步骤如下。

① 在主菜单中选择“投入运行”>“测量”>“基坐标”>“数字输入”，如图3-114所示。

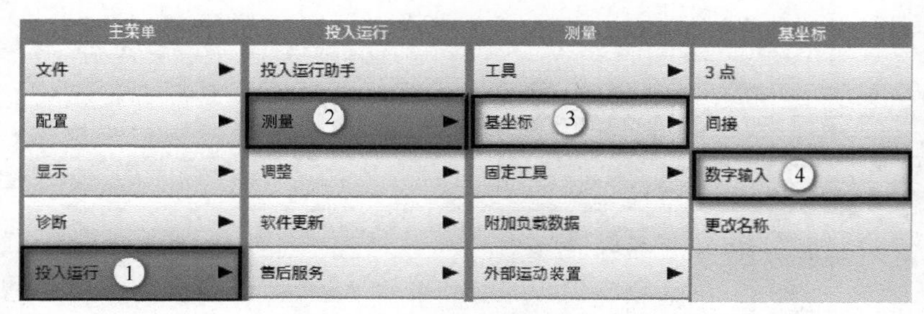

图3-114　选择基坐标数字输入

② 为待测定的基坐标系选择一个号码并给定一个名称，用“继续”按键确认。

③ 输入数据，用“继续”按键确认。

④ 点击“保存”按键。

（2）基坐标数据的数字输入（KSS 8.5及以上系统）

① 在主菜单中选择“投入运行”>“工具/基坐标管理”，打开“工具/基坐标管理”窗口。

② 选择“基坐标固定工具”选项卡。

③ 点击“添加”按键，打开“编辑基坐标”窗口。

④ 分配一个编号和一个名称，在“名称”栏的右侧选择“基坐标”，在“转换”区中规定基坐标系的原点（X，Y，Z）和方向（A，B，C），将数值输入栏中，如图3-115所示。

⑤ 点击“保存”按键。

（3）工件数据的数字输入（KSS 8.5及以上系统）

操作步骤如下。

① 在主菜单中选择“投入运行”>“工具/基坐标管理”，打开“工具/基坐标管理”窗口。

② 选择“工具工件”选项卡。

③ 点击“添加”按键，打开“编辑基坐标”窗口。

④ 分配一个编号和一个名称，在“名称”栏的右侧选择“工件”，在“转换”区中规定基坐标系的原点（X，Y，Z）和方向（A，B，C），将数值输入栏中，如图3-116所示。

⑤ 点击“保存”按键。

3.5.5 “工具/基坐标管理”窗口

（1）“工具/基坐标管理”窗口——“概览”区

“概览”区中显示所有现有的TOOLS、BASES和外部运动系统，分别在单独的选项卡中。下面以选项卡工具工件为例对“概览”区进行说明，如图3-117所示，其他选项卡的结构类似。

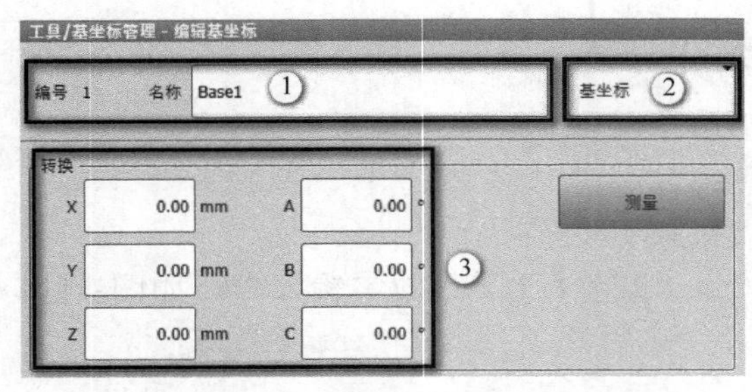

图3-115　基坐标数字输入框

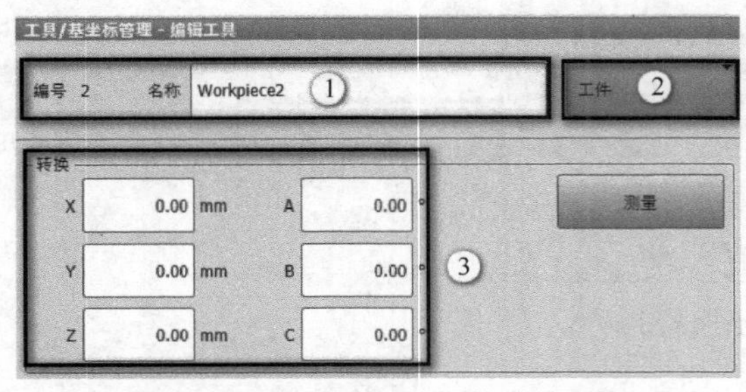

图3-116　工件坐标数据数字输入框

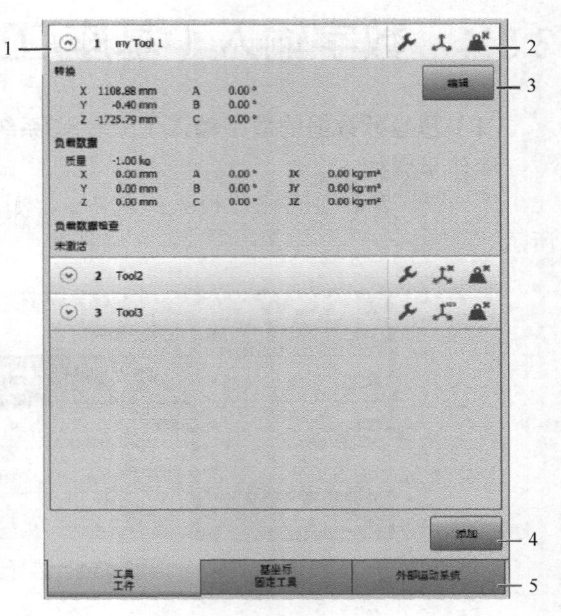

图3-117　“概览”区

“概览”区的说明如表3-23所示。

表3-23　“概览”区说明

序号	说　明
1	含有所有已创建的工具和工件的列表，条目可以通过触摸加以展开
2	图标显示关于测量状态的信息，触摸某个图标时，也会显示文本信息
3	打开该工具/工件的“编辑”视图，数据可以编辑
4	新建对象并打开“编辑”视图，在那里规定新对象应该是工具还是工件
5	用于在TOOLS、BASES和外部运动系统之间切换的选项卡 提示：外部运动系统中添加不可用。在机器人控制系统上不能直接添加外部运动系统，它们只能通过WorkVisual 添加

（2）“概览”区中的图标

“概览”区中的图标如表3-24所示。

表3-24　“概览”区中的图标说明

图标	图标类型	说　明
	Frame 类型	Frame 是一个工具或一个固定工具
		Frame 是一个基座或一个工件
［空显示］		在以下情况下，显示可能是空的 • 工具或基坐标不是通过WorkVisual或通过“工具/基坐标”窗口管理创建的，而是通过其他方式（例如在程序中赋值）创建的 • 以及：相关变量TOOL_TYPE［］或BASE_TYPE［］未设定 提示：在该情况下，还必须设定TOOL_TYPE［］或BASE_TYPE［］
	测量	Frame已测量
		Frame的测量数据已用数字输入
		该坐标系相当于$NULLFRAME

续表

图标	图标类型	说　明
	负载数据	负载数据已自动确定
		负载数据已用数字输入
		没有负载数据。使用默认负载数据
	基座分配	基座已经分配给 WORLD坐标系
		基座已经分配给一个外部运动系统
	外部运动系统类型	本地外部运动系统
		机器人作为RoboTeam用户，右侧的编号是RoboTeam的索引
		输送器

（3）“工具/基坐标管理”窗口——“编辑”区

下面以“工具工件”选项卡为例对“编辑”区进行说明，如图3-118所示。

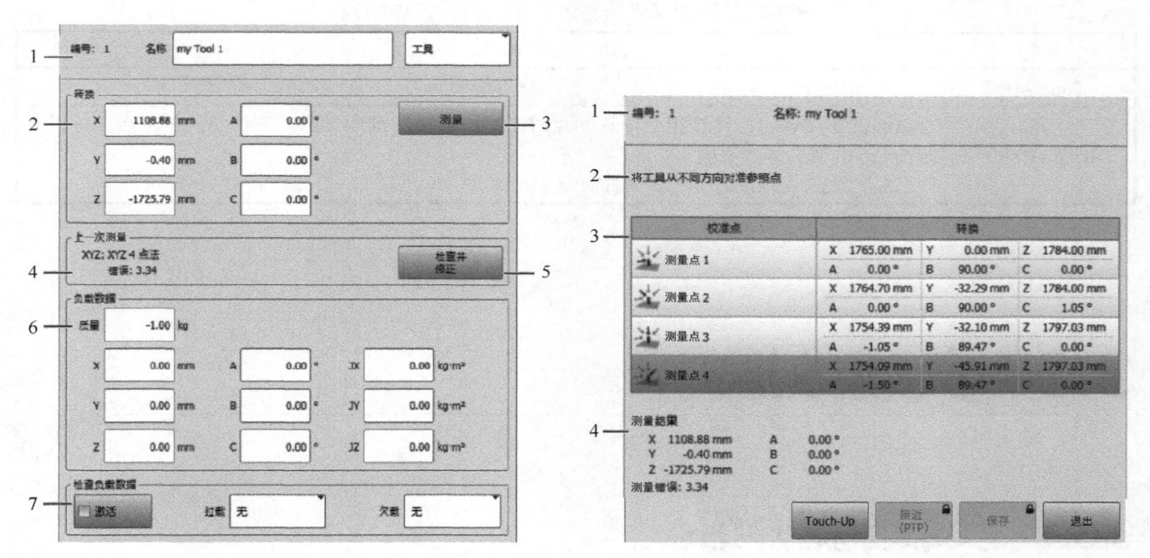

图3-118 “编辑”区　　图3-119 XYZ 4点法测量视图

“编辑”区的说明如表3-25所示。

表3-25 “编辑”区说明

序号	说　明
1	对象的索引和名称，在名称的右侧可以选择对象的类型
2	测量后在这里显示转换值，它们也可以用数字输入
3	显示可能的测量方法，触摸一个方法即打开“测量”区。在那里可以开始（新的）测量
4	上一次的测量信息
5	打开该工具/工件的“测量”区，当前值可以在详细信息中查看。如有需要，可再次移向测量点，必要时可更改和重新保存测量点
6	“工具工件”选项卡：负载数据 “基座固定工具”选项卡：将BASE分配给WORLD坐标系或某个外部运动系统
7	检测负载数据

（4）“工具/基坐标管理”窗口——“测量”区

下面以XYZ 4点法为例对“测量”区进行说明，如图3-119所示。

XYZ 4点法测量视图对应说明如表3-26所示。

表3-26　XYZ 4点法测量视图说明表

序号	说　明
1	对象信息，例如索引、名称
2	对当前惯量的说明，视测量方法而定，此外还有其他信息或设置，例如参照工具选择栏
3	含有必要测量点的列表，这里显示已经保存的点的数值
4	当前测量的状态，如果测量结果在公差范围内，则也会在此显示测量结果 只有采用XYZ 4点法时，才能在此显示可能的测量误差（显示仅供参考）在测量误差小于最大允许的测量误差5mm时，可以保存该测量结果

XYZ 4点法测量视图对应按钮说明如表3-27所示。

表3-27　XYZ 4点法测量视图对应按钮说明表

按钮	说　明
Touch-Up	保存测量点
接近（PTP）	按键仅在列表中已经选出已保存的点时激活，触摸按键即显示以下信息：按下启动键以开始PTP运动或选择“取消” 已经到达该点时，该信息隐藏并且显示出来

3.6 负载数据

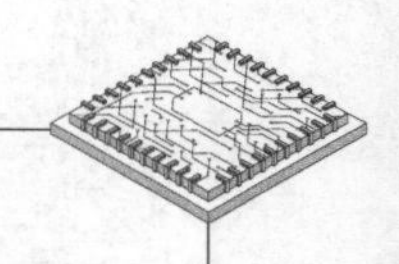

3.6.1 负载数据介绍

（1）工具负载的定义

工具负载数据是指所有装在机器人法兰上的负载。它是另外装在机器人上并由机器人一起移动的质量。需要输入的值有质量、重心位置、质量转动惯量及所属的主惯性轴。

负载数据必须输入机器人控制系统，并分配给正确的工具。另外，如果负载数据已经传输到机器人控制系统中，则无需再手工输入。

工具负载数据的可能来源包括软件KUKA.Load Data Determination选项、生产厂商数据、人工计算及CAD程序。

（2）工具负载数据的影响

输入的负载数据会影响许多控制过程，包括节拍时间、轨迹规划、机器人磨损、控制算法（计算加速度）、速度和加速度监控、力矩监控、碰撞监控、能量监控等，所以正确输入负载数据是非常重要的。

当然，如果机器人以正确输入的负载数据执行其运动，则可以从它的高精度中收益，使运动过程具有最佳的节拍时间，最终使机器人达到长的使用寿命。

（3）KUKA机器人的负载

KUKA机器人的负载分为工具负载和附加负载，不同的负载可安装在机器人的不同位置。工具负载是安装在法兰盘上的部件，例如夹具、焊枪。附加负载是在基座、小臂或大臂上附加安装的部件，例如供能系统、阀门、上料系统、材料储备，如图3-120所示。

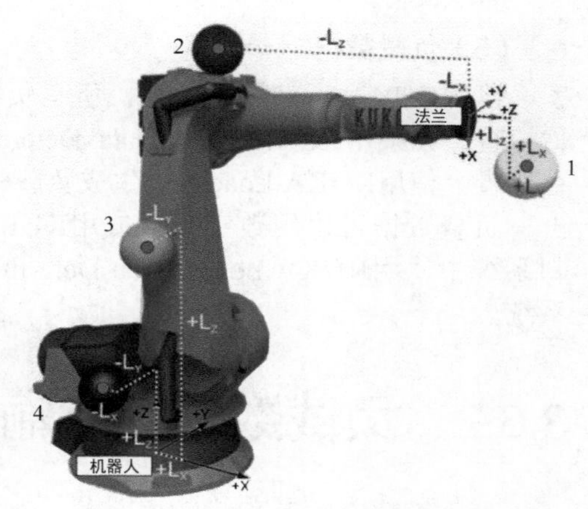

图3-120　KUKA机器人的负载

1—工具负载；2—轴3附加负载；3—轴2附加负载；4—轴1附加负载

（4）负载数据参数

① 参数。负载数据参数如表3-28所示。

表3-28　负载数据参数

参数/单位		说　明
M	kg	负载质量
X、*Y*、*Z*	mm	质量重心在参考系中的位置
A、*B*、*C*	（°）	主惯性轴相对于法兰的姿态 • *A*：绕参考系*Z*轴的旋转 结果：坐标系CS′ • *B*：绕CS′ *Y*轴的旋转 结果：CS″ • *C*：绕CS″ *X*轴的旋转
质量惯性矩：		
JX	$kg•m^2$	绕主轴系统*X*轴的惯量
JY	$kg•m^2$	绕主轴系统*Y*轴的惯量
JZ	$kg•m^2$	绕主轴系统*Z*轴的惯量

X、*Y*、*Z*和*A*、*B*、*C*明确地定义了主轴系统：

• 主轴系统的原点为质量重心；

•主轴系统表示的特征是围绕3个坐标轴的其中一个出现可能的最大惯性。

② 每个负载的参考系。每个负载的参考系如表3-29所示。

表3-29　每个负载的参考系

负载	参考系
负载	法兰（FLANGE）坐标系
附加负载A3	法兰（FLANGE）坐标系 A4＝0°，A5＝0°，A6＝0°
附加负载A2	机器人（ROBROOT）坐标系 A2＝−90°
附加负载A1	机器人（ROBROOT）坐标系 A1＝0°

（5）负载数据

可用KUKA.Load检测负载，所有负载数据（负载及附加负载）都必须用KUKA.Load软件检查。如果用KUKA.Load Data Determination进行负载检查，则无需再使用KUKA.Load进行检查。使用KUKA.Load可以生成负载验收记录（Sign Off Sheet）。

负载数据可以用数字输入或用KUKA.Load Data Determination确定并传输到机器人控制系统中，用KUKA.Load Data Determination可以精确确定负载并将其传输至机器人控制系统。

3.6.2 负载数据数字输入

在执行数字输入负载数据之前，必须确保负载数据已用KUKA.Load或UKA.Load Data Determination进行检查，机器人适合于该负载。

（1）数字输入负载数据操作步骤（KSS 8.3系统）

① 在主菜单中选择“投入运行”>“测量”>“工具”>“工具负荷数据”，如图3-121所示。

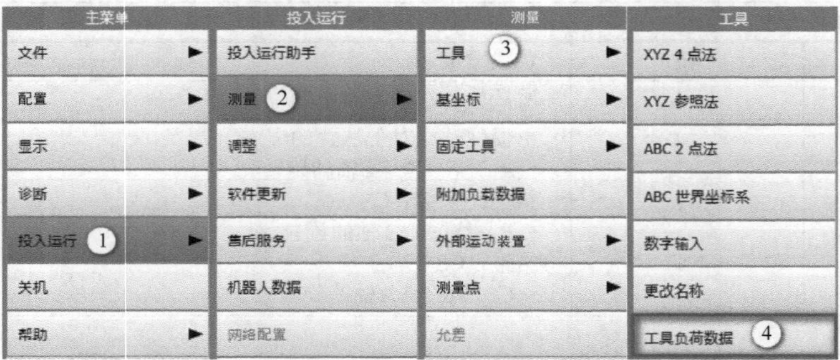

图3-121 选择“工具负荷数据”

② 在工具号框中选择工具的编号，用“继续”按键确认。

③ 在页面中输入负载数据，如图3-122所示。

④ 如果在线负载数据检查可供使用（这与机器人类型有关），根据需要配置。

⑤ 用“继续”按键确认。

⑥ 点击“保存”按键。

（2）数字输入负载数据操作步骤（KSS 8.5及以上版本系统）

① 在主菜单中选择“投入运行”>“工具/基坐标管理”。打开“工具/基坐标管理”窗口。

② 在“工具工件”选项卡中展开工具或工件条目，然后触碰“编辑”按键。

③ 在“负载数据”下输入数值，如图3-123所示。

④ 如果可以使用负载数据检查（这与机器人类型有关），根据需要配置。

⑤ 输入完成后点击“保存”按键。

⑥ 数字输入附加负载数据。在进行数字输入附加负载数据之前，必须确保附加负载数据已知，且附加负载数据已由KUKA.Load进行检查，并适合于该机器人类型。

（3）数字输入附加负载数据操作步骤（KSS 8.3系统）

① 选择主菜单“投入运行”>“测量”>“附加负载数据”，如图3-124所示。

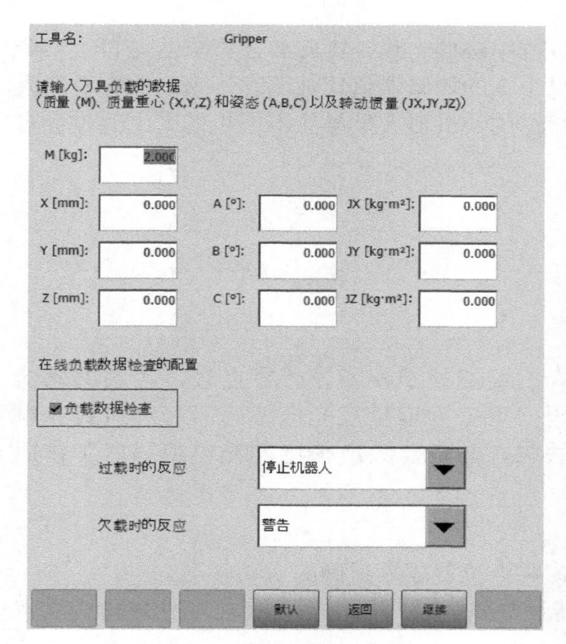

图3-122　输入负载数据

图3-123　负载数据框

② 输入其上将固定附加负荷的轴编号，用“继续”按键确认。

③ 输入负载数据，用“继续”按键确认。

④ 按下“保存”铵键。

（4）数字输入附加负载数据操作步骤（KSS 8.5及以上版本系统）

① 在主菜单中选择“投入运行”>“附加负载数据”，如图3-125所示。

② 其他操作步骤与KSS 8.3系统相同。

图3-124　选择“附加负载数据”

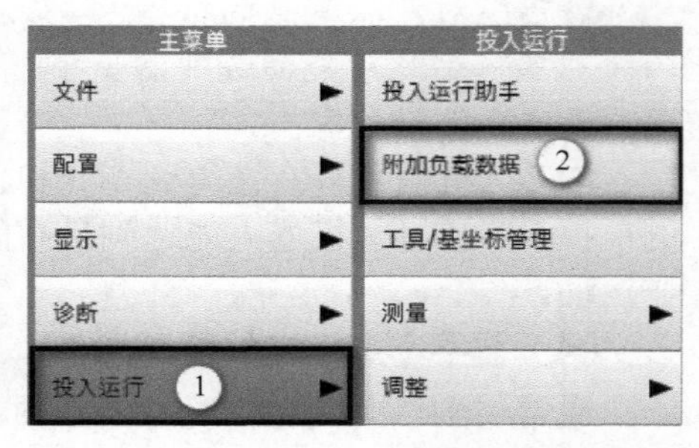

图3-125　选择“附加负载数据”

3.7　零点标定

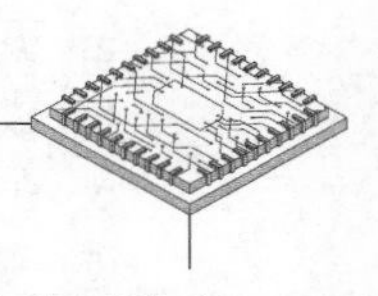

每个机器人都必须进行调整。机器人只有在调整之后，方可进行笛卡儿运动并移至编程

位置。机器人的机械位置和电子位置会在调整过程中协调一致。为此必须将机器人置于一个已经定义的机械位置（即调整位置）。然后，每个轴的传感器值均被储存下来。所有机器人的调整位置都相似，但并不完全相同。精确位置在同一机器人型号的不同机器人之间也会有所不同。

3.7.1 零点标定介绍

（1）零点位置信息的含义

机器人各轴的零点位置信息指的是机器人的姿态处于模型设计零点时，各轴编码器的单圈信息和多圈信息读数。常见的光电编码器可分为增量式光电编码器和绝对式光电编码器。编码器断电会导致机器人零点位置丢失，与机器人所使用的光电编码器工作原理有关。

（2）零点标定

零点标定指的是修改轴的零点位置信息，使零点位置成为正确的运动基准。

① 对一些对零点位置没有要求的轴（如普通导轨），可以适当选择一个位置作为零点进行回零操作。

② 对一些对零点位置有要求的轴，如串联六轴工业机器人，一般必须精确回零（将机器人模型零点位置对应的编码器信息记为轴零点信息），来保证机器人的轨迹精度。

（3）零点标定丢失的影响

如果机器人轴未经零点标定，则会严重限制机器人的功能。

① 无法编程运行。不能沿编程设定的点运行。

② 无法在手动运行模式下手动平移。不能在坐标系中移动。

③ 软件限位开关关闭。

警告： 对删除零点的机器人，软件限位开关是关闭的。机器人可能会驶向终端止挡上的缓冲器，由此可能使缓冲器受损，以至于必须更换。尽可能不运行删除零点的机器人，或尽量减小手动倍率。

KUKA机器人只有在得到充分和正确标定零点时，它的使用效果才会最好。在标定零点的前提下，KUKA机器人能达到最高的点精度和轨迹精度，继而能够精确地以编程设定的动作运动。

（4）需要零点标定的情况

通常遇到以下几种情况时，必须进行零点标定。

① 在投入运行时。

② 在对参与定位值感测的部件（如带分解器或TDC的电机）采取了维护措施之后。

③ 当未用控制器移动了机器人轴（如借助于自由旋转装置）时。

④ 进行机械修理之后，必须先删除机器人的零点，然后才可标定零点。

a. 更换齿轮箱（即减速机）。

b. 以高于250mm/s的速度上行移至一个终端止挡之后。

c. 在机器人碰撞后。

⑤ 更换本体底座中的RDC板卡之后。

注意： 在进行维护前，一般应检查当前的零点标定。

3.7.2 零点标定方式

KUKA机器人在多种情况下需要进行零点标定，在一般负载情况或精度较低时，KUKA机器人首次投入运行需要执行零点标定，在重新投入运行时需要检查零点标定。在多种负载情况或高精度要求时，KUKA机器人首次投入运行时需要进行首次零点标定，安装工具后需要带偏量学习。在重新投入运行时，需要带负载进行零点标定，如图3-126所示。

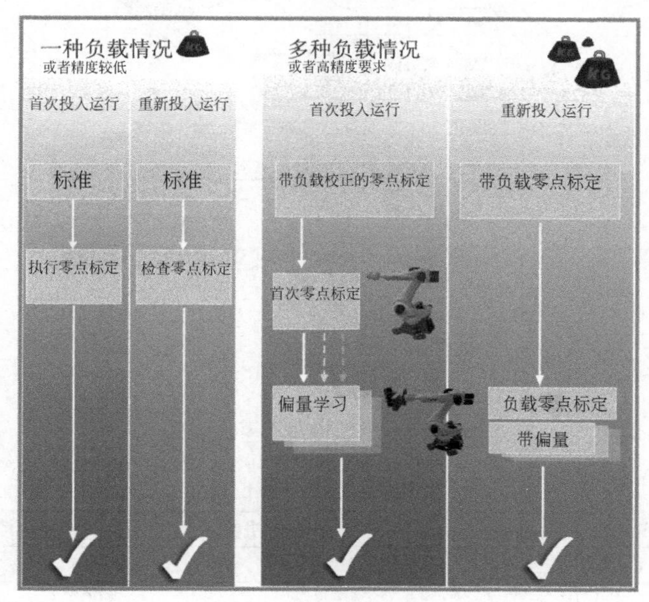

图3-126　零点标定途径

完整的零点标定过程中需为每一个轴标定零点。

哪些零点标定方法可以用于机器人，取决于机器人配备了哪种类型的测量筒。各种类型在防护盖的尺寸方面有所区别。

KUKA机器人的零点标定方式主要有两种：千分表和EMD。

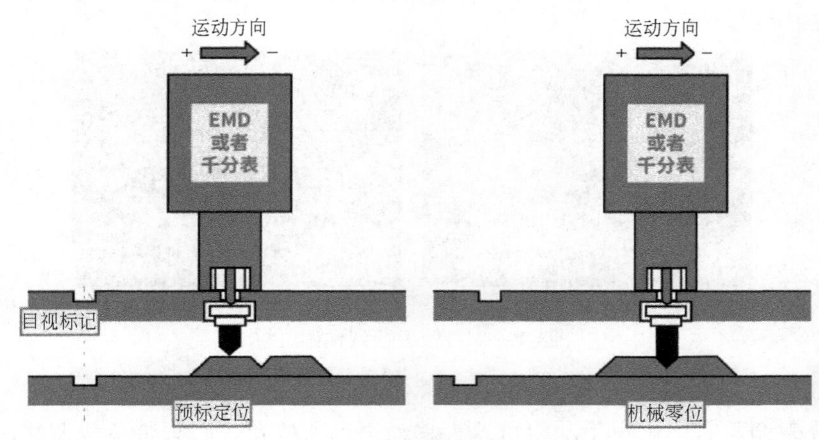

图3-127　机械零点

用EMD零位校正，机器人各轴会自动移动到机械零位。如果用千分表，必须在轴坐标系运动模式下手动移动各轴至机械零点位置，机械零点如图3-127所示。

所有机器人都有零点标定位置，但并不完全相同。精确位置在同一机器人型号的不同机器人之间也会有所不同。例如图3-128中Quantec机器人和KR系列机器人，它们各轴的零点位置如表3-30所示。

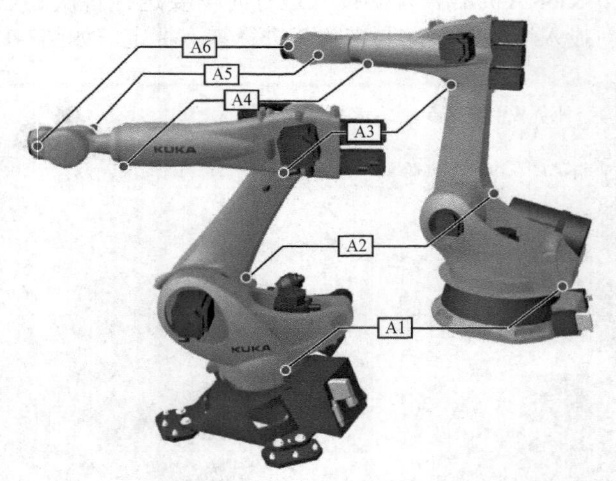

图3-128　不同机器人零点位置

表3-30　各轴零点位置

轴	“Quantec”代机器人	其他机器人型号（例如2000、KR 16系列等）
A1	−20°	0°
A2	−120°	−90°
A3	+120°	+90°
A4	0°	0°
A5	0°	0°
A6	0°	0°

在每次零点标定之前都必须将轴移至预零点标定位置。移动各轴，使零点标定标记重叠，如图3-129所示。

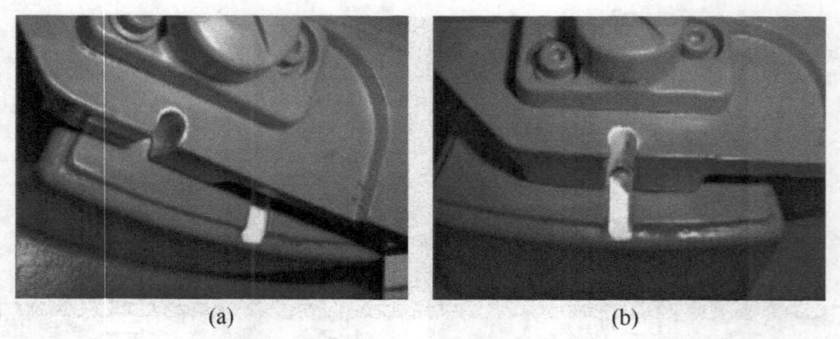

(a)　(b)

图3-129　将轴运行到预调位置

（1）千分表

采用千分表调整时由用户手动将机器人移动至调整位置。必须带负载调整，此方法无法将不同负载的多种调整都储存下来。

千分表进行零点标定的操作步骤如下。

① 在主菜单中选择“投入运行”>“调整”>“千分表”，如图3-130所示。自动打开一个窗口。所有未经调整的轴均会显示，其中必须首先调整的轴被标记出来。

② 从轴上取下测量筒的防护盖，将千分表装到测量筒上，如图3-131所示。用内六角扳手松开千分表颈部的螺栓。转动表盘，直至能清晰读数。将千分表的螺栓按入千分表直至止挡处，用内六角扳手重新拧紧千分表颈部的螺栓。

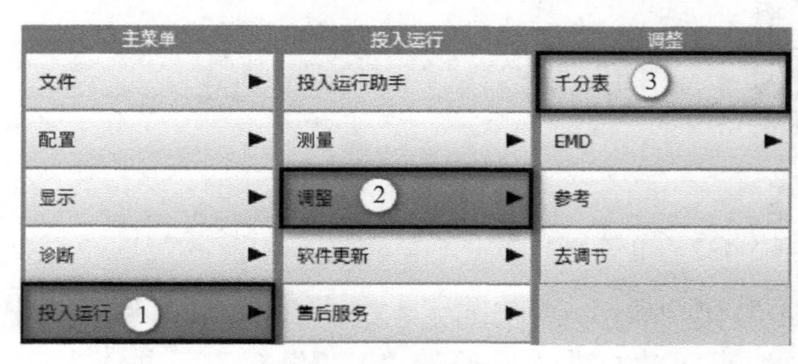

图3-130 选择千分表

图3-131 安装千分表

③ 将手动倍率降低到1%。

④ 将轴由“+”向“–”运行。在测量切口的最低位置即可以看到指针反转处，将千分表置为零位。如果无意间超过了最低位置，则将轴来回运行，直至达到最低位置。至于是由“+”向“–”或由“–”向“+”运行，则无关紧要。

⑤ 重新将轴移回预调位置。

⑥ 将轴由“+”向“–”运动，直至指针处于零位前5～10个分度。

⑦ 切换到增量式手动运行模式。

⑧ 将轴由“+”向“–”运行，直至到达零位。如果超过零位，重复步骤⑤～⑧。

⑨ 点击“零点标定”，已调整过的轴从选项窗口中消失。

⑩ 从测量筒上取下千分表，将防护盖重新装好。

⑪ 由增量式手动运行模式重新切换到普通正常运行模式。

⑫ 对所有待零点标定的轴重复步骤②～⑪。

⑬ 关闭窗口。

（2）EMD

EMD零点标定可以通过确定轴的机械零点方式进行，通过零点标定辅助工具EMD（Electronic Mastering Device，电子控制仪）可以为任何一根轴在机械零点位置指定一个基准值，小型机器人用MEMD进行零点标定，这样就可以使轴的机械位置和电气位置保持一致，每一根轴都有一个唯一的角度值。

KUKA机器人电子控制仪包含X32.1线缆、X32.2线缆、通用调节箱、SEMD和MEMD，如图3-132所示。

细电缆是测量电缆，它将SEMD或MEMD与零点标定盒相连接。粗电缆是EtherCAT电缆，它将零点标定盒与机器人上的X32连接起来。大型的KUKA机器人，选择SEMD，对工业机器人进行零位校准；小型的KUKA机器人，选择MEMD，对工业机器人进行零位校准。

1）“EMD”工具线缆连接

① 找到调节箱的“X32.1”标识的接口，再找对应的“X32.1”标识的线缆，然后将线缆的插头对准调节箱接口连接好。

② 找到调节箱的“X32.2”标识的接口，再找对应的“X32.2”标识的线缆，然后将线缆的插头对准调节箱接口，并连接好。

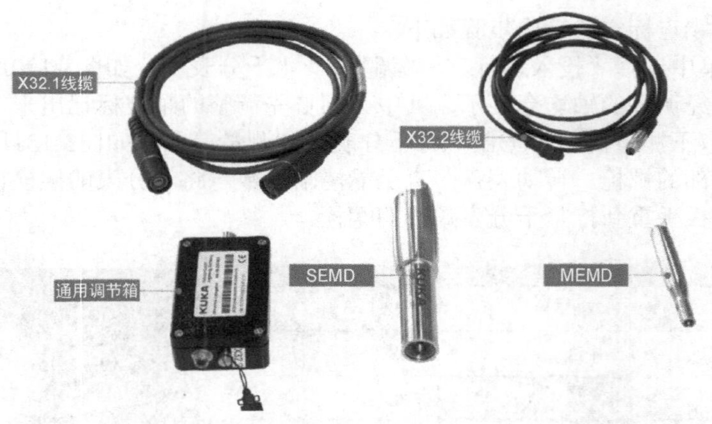

图3-132　电子控制仪

③ 查看KUKA工业机器人底座线缆接口，找到标识为“X32”的接口，移走该接口处的防尘盖。将“X32.1”的另一端插头对准工业机器人底座的“X32”接口，并连接好。

④ 查看示教器界面信息，发现“轴1”零位需要调节。

⑤ 在工业机器人本体上，找到“轴1”的零点校正位置，先借助“MEMD”移除零点校正位置的防尘盖，然后将“MEMD”有内螺纹的一端旋入轴1的零点校正位置。

⑥ 将“X32.2”的另一端插头对准“MEMD”接口，并连接好。

2）执行EMD标准零点标定

① 操作示教器，在用户组中，先上“专家”权限。

② 在示教器界面中，选择“投入运行”>“调整”>“EMD”>“标准”>“执行零点校正”，如图3-133所示。

图3-133　选择“执行零点校正”

③ 在手动模式下，点击“A1”轴的“+”向，使“SEMD”正向远离“轴1”的零点校正位置，直到示教器中“在零点标定区域内的EMD”（EMD in reference notch）的灯为红色，如图3-134所示。

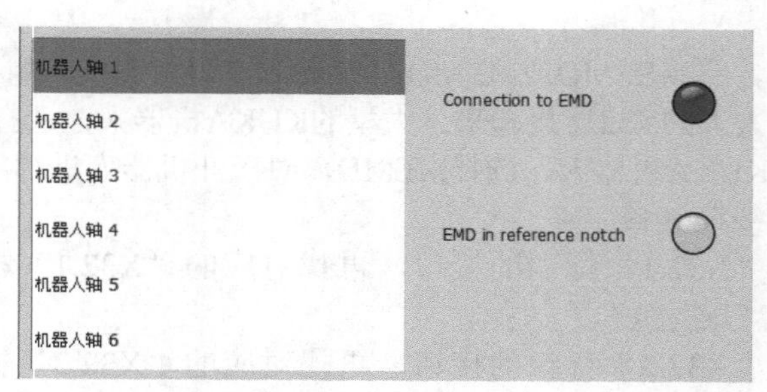

图3-134　零点标定LED指示灯

零点标定LED指示灯说明如表3-31所示。

表3-31　零点标定LED指示灯说明

LED	说　明
与 EMD 连接	红色：测头没有与接口X32相连接 绿色：测头与接口X32相连接 如果该LED显示红色，则在零点标定区域内的EMD LED显示为灰色
在零点标定区域内的EMD	灰色：测头没有与接口X32相连接 红色：测头位于无法进行零点标定的位置上 绿色：测头直接位于用于零点标定的槽口旁或在凹口中

④ 点击“A1”轴的“-”向，使“SEMD”靠近“轴1”的零点校正位置，直到示教器中“在零点标定区域内的EMD”的灯刚好由红色转为绿色。

⑤ 按住使能器和示教器上的“程序开始”按键，直到示教器界面显示“无轴可校”，此时完成对“轴1”的零点标定。

3）进行首次零点标定（用SEMD）

执行首次零点标定的前提条件如下。

① 机器人无负载，即没有装载工具、工件或附加负载。所有轴都处于预零点标定位置。

② 没有选定任何程序。

③ 运行方式T1。

操作步骤如下。

① 在主菜单中选择“投入运行”>“调整”>“EMD”>“带负载校正”>“首次调整”，如图3-135所示。自动打开一个窗口。所有待零点标定轴都显示出来，其中编号最小的轴已被选定。

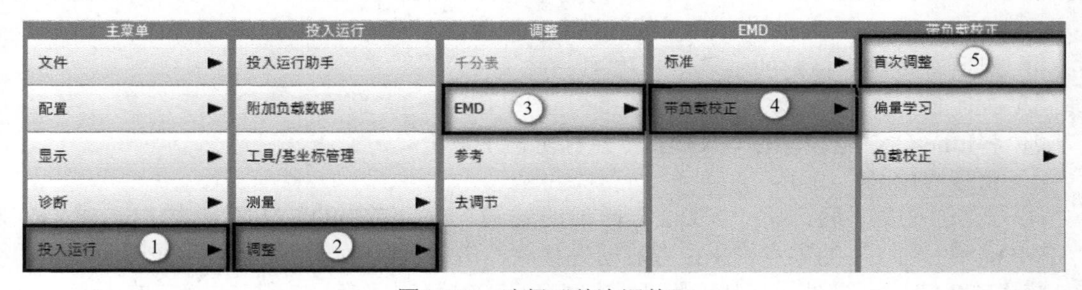

图3-135　选择“首次调整”

② 取下接口X32上的盖子，如图3-136所示。

③ 将EtherCAT电缆连接到X32（图3-137）和零点标定盒上。

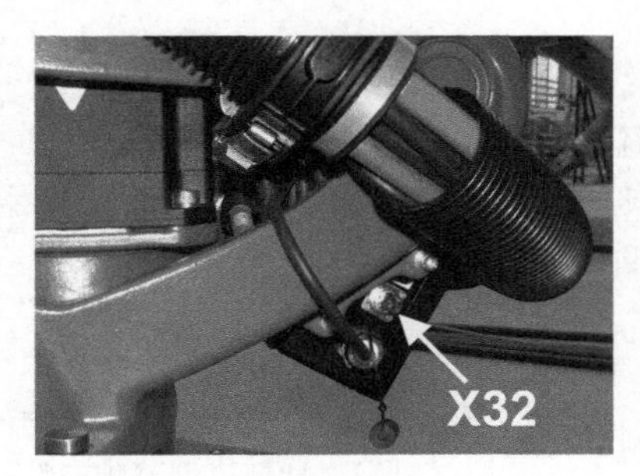

图3-136　取下X32上的盖子

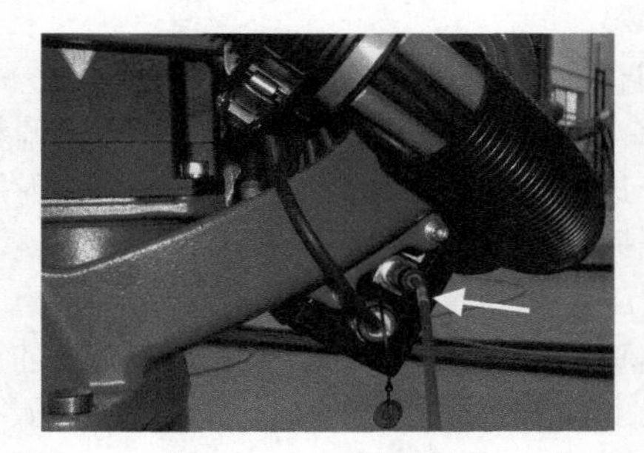

图3-137　将EtherCAT电缆接到X32上

④ 从窗口中选定的轴上取下测量筒的防护盖，如图3-138所示（翻转过来的SEMD可用作螺丝刀）。

⑤ 将SEMD拧到测量筒上，如图3-139所示。

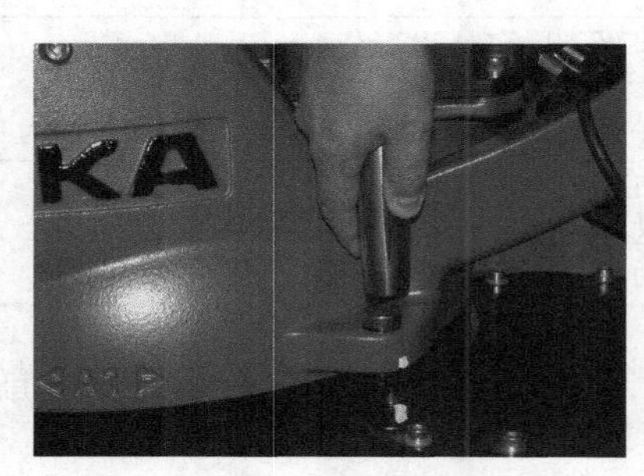

图3-138　取下测量筒的防护盖

图3-139　将SEMD拧到测量筒上

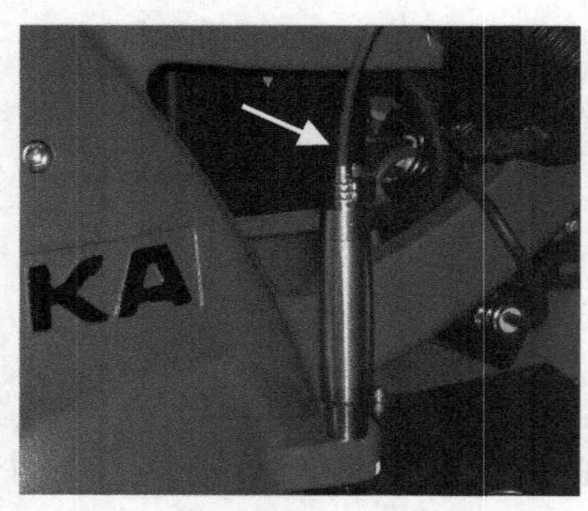

图3-140　将测量导线接到SEMD上

⑥ 将测量导线接到SEMD上，可以在电缆插座上看出导线是如何绕到SEMD插脚上的，如图3-140所示。

⑦ 如果未进行连接，则将测量电缆连接到零点标定盒上。

⑧ 点击“校正”按键。

⑨ 按下“确认”开关和“启动”按键。

如果SEMD已经通过了测量切口，则零点标定位置将被计算，机器人自动停止运行，数值被保存，该轴在窗口中消失。

⑩ 将测量导线从SEMD上取下，然后从测量筒上取下SEMD，并将防护盖重新装好。

⑪ 对所有待零点标定的轴重复步骤④～⑩。

⑫ 关闭窗口。

⑬ 将EtherCAT电缆从接口X32和零点标定盒上取下。

4）整理“EMD”工具

① 标定完成之后，将“X32.2”标识的线缆，从“SEMD”上垂直拔出，然后，将“SEMD”从“轴1”的零点校正位置旋松并移除，借助“MEMD”安装零点校正位置的防尘盖，将“X32.1”标识的线缆，从工业机器人底座的X32接口中移除，安装X32接口的防尘盖。

② 将“SEMD”和“MEMD”放入工具盒中指定的位置。

③ 松开调节箱接口处“X32.1”和“X32.2”标识的线缆。

④ 将调节箱及线缆放入工具盒中指定的位置，并合上工具箱。

5）调整附加轴

KUKA附加轴不仅可以通过测头进行调整，还可以用千分表进行调整，非KUKA公司出品的附加轴则可使用千分表调整。如果希望使用测头进行调整，则必须为其配备相应的测量筒。

附加轴的调整过程与机器人轴的调整过程相同。轴选择列表上除了显示机器人轴，现在也显示所设计的附加轴，如图3-141所示。

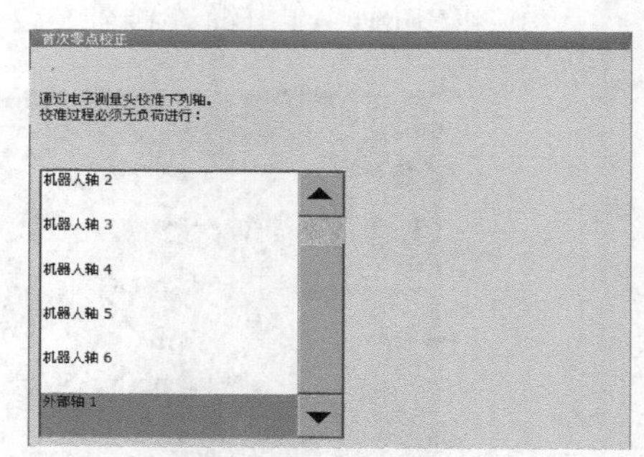

图3-141　待调整轴的选择列表

3.7.3 手动删除轴的零点

KUKA机器人轴的零点值可手动删除，取消调节时轴不动。轴A4、A5和A6以机械方式相连。即当轴A4数值被删除时，轴A5和A6的数值也被删除。当轴A5数值被删除时，A6的数值也被删除。

手动删除轴的零点的前提条件是需切换到“专家”模式，示教器运行方式为T1，并且没有选定任何程序。

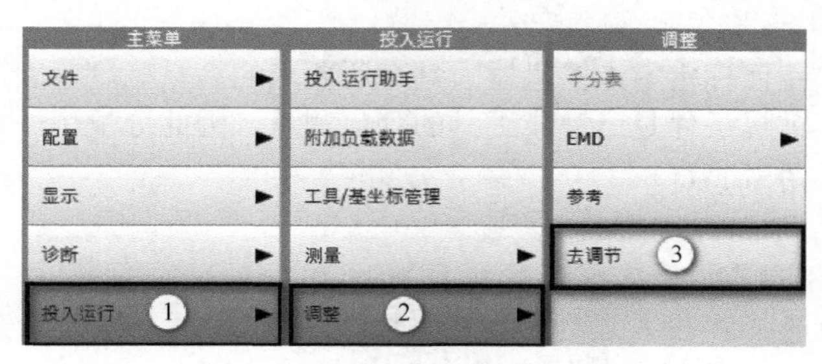

图3-142　选择去调节

操作步骤如下。

① 在主菜单中选择“投入运行”>“调整”>“去调节”，如图3-142所示，打开一个窗口。

② 标记需进行取消调节的轴。

③ 点击取消校正按键，轴的调整数据被删除，如图3-143所示。

④ 对所有需要取消调整的轴，重复步骤②、③。

⑤ 关闭窗口。

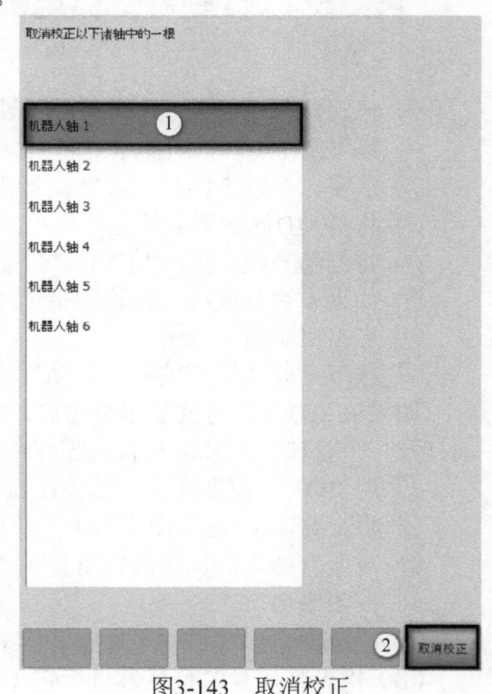

图3-143　取消校正

3.7.4 偏量学习

（1）学习偏量的原因

通过固定在法兰处的工具重量，机器人承受着静态载荷。由于部件和齿轮箱上的材料固有的弹性，未承载的机器人与承载的机器人相比，其位置会有所区别。这些相当于几个增量的区别将影响机器人的精确度。

如果机器人以各种不同负载工作，则必须对每个负载进行“偏量学习”。对抓取沉重部件的抓爪来说，则必须对抓爪分别在不带部件和带部件时进行“偏量学习”，其原理在于以不带负载的首次零点标定为参照，机器人负载进行首次零点标定，从而计算与首次零点标定（无负载）的差值并储存，如图3-144所示。

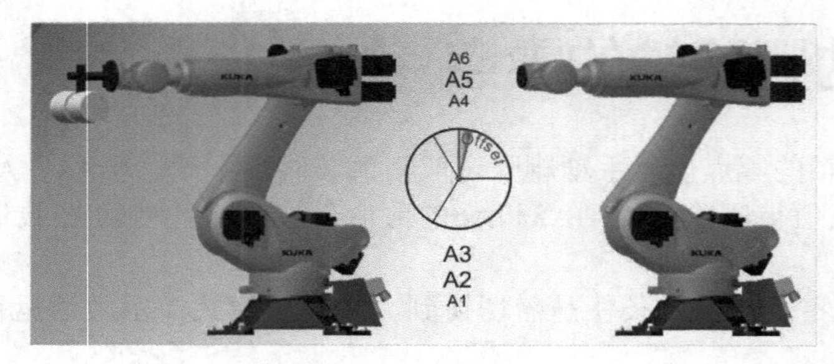

图3-144　偏量学习

只有经带负载校正而标定零点的机器人具有所要求的高精确度，因此必须针对每种负荷情况进行偏量学习，前提条件是已完成工具的几何测量，因此分配了一个工具编号。

（2）偏量学习（用SEMD）

操作步骤如下。

① 将机器人置于预零点标定位置。

② 在主菜单中选择“投入运行”>“调整”>“EMD”>“带负载校正”>“偏量学习”，如图3-145所示。输入工具编号，用“OK”按键确认。

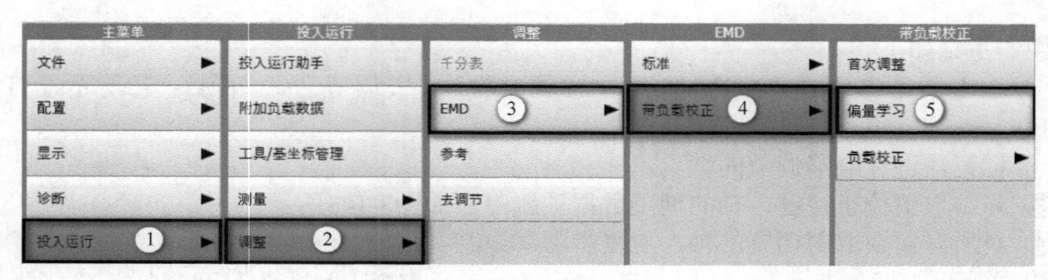

图3-145　选择“偏量学习”

③ 自动打开一个窗口，所有未学习工具的轴都显示出来，其中编号最小的轴已被选定。

④ 取下X32接口上的盖子，将EtherCAT电缆连接到X32和零点标定盒上。

⑤ 从窗口中选定的轴上取下测量筒的防护盖（翻转过来的SEMD可用作螺丝刀）。

⑥ 将SEMD拧到测量筒上。

⑦ 将测量导线接到SEMD上，在电缆插座上可看出其与SEMD插针的对应情况。

⑧ 如果未进行连接，则将测量电缆连接到零点标定盒上。

⑨ 点击“学习”按键。

⑩ 按下“确认”开关和“启动”按键。

如果SEMD已经通过了测量切口，则零点标定位置将被计算，机器人自动停止运行，自动打开一个窗口，该轴上与首次零点标定的偏差以增量和度的形式显示出来。

⑪ 用“OK”按键确认，该轴在窗口中消失。

⑫ 将测量导线从SEMD上取下，然后从测量筒上取下SEMD，并将防护盖重新装好。

⑬ 对所有待零点标定的轴重复步骤④～⑪。

⑭ 关闭窗口。

⑮ 将EtherCAT电缆从X32接口和零点标定盒上取下。

（3）检查带偏量的负载零点标定（用SEMD）

检查带偏量的负载零点标定主要用于首次调整的检查，如果首次调整丢失（如在更换电机或碰撞后），则还原首次调整。由于学习过的偏差在调整丢失后仍然存在，所以机器人可以计算出首次调整。

执行带偏量的负载零点标定检查/设置的前提条件如下。

① 专家模式。

② 与首次零点标定时同样的环境条件（温度等）。

③ 在机器人上装有一个负载，并且此负载已进行过偏量学习。

④ 所有轴都处于预零点标定位置。

⑤ 没有选定任何程序。

⑥ 运行方式T1。

操作步骤如下。

① 在主菜单中选择“投入运行”>“调整”>“EMD”>“带负载校正”>“负载校正”>“带偏量”，如图3-146所示。

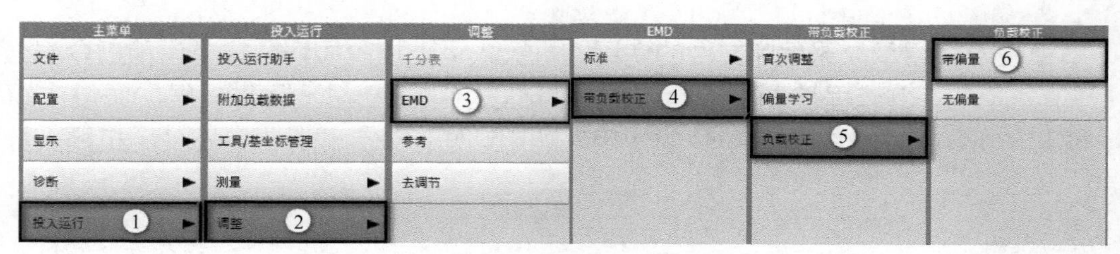

图3-146 选择带偏量

② 输入工具编号，用“OK”按键确认，自动打开一个窗口，所有已用此工具对其进行了偏差学习的轴都显示出来，其中编号最小的轴已被选定。

③ 取下X32接口上的盖子，将EtherCAT电缆连接到X32和零点标定盒上。

④ 从窗口中选定的轴上取下测量筒的防护盖（翻转过来的SEMD可用作螺丝刀）。

⑤ 将SEMD拧到测量筒上。

⑥ 将测量导线接到SEMD上，可以在电缆插座上看出导线是如何绕到SEMD插脚上的。

⑦ 如果未进行连接，则将测量电缆连接到零点标定盒上。

⑧ 点击“检验”按键。

⑨ 按住“确认”开关并按下“启动”按键。

如果SEMD已经通过了测量切口，则零点标定位置将被计算，机器人自动停止运行，与“偏差学习”的差异被显示出来。

⑩ 需要时，使用备份来储存这些数值，旧的零点标定值会被删除。如果要恢复丢失的首次零点标定，必须保存这些数值。

注意： 轴A4、A5和A6以机械方式相连。即当轴A4数值被删除时，轴A5和A6的数值也被删除；当轴A5数值被删除时，A6的数值也被删除。

⑪ 将测量导线从SEMD上取下，然后从测量筒上取下SEMD，并将防护盖重新装好。

⑫ 对所有待零点标定的轴重复步骤④～⑪。

⑬ 关闭窗口。

⑭ 将EtherCAT电缆从X32接口和零点标定盒上取下。

第4章

KUKA工业机器人的示教器编程

本章主要介绍示教器程序文件的使用、机器人运动指令编程、样条运动指令编程、变量的创建、KRL流程控制指令、结构化编程、用KRL进行运动编程。通过本章学习，熟悉KUKA机器人各编程指令的使用，能用这些指令完成大部分KUKA机器人控制编程。

知识目标

1. 理解程序文件的结构。
2. 了解KRL程序结构。
3. 理解PTP、LIN、CIRC运动指令的各参数。
4. 理解样条运动的参数和编程。
5. 掌握KUKA机器人编程指令的使用。
6. 掌握变量的使用。

技能目标

1. 会创建文件夹和程序模块。
2. 能对系统文件进行存档和还原。
3. 能使用运动指令编程实现轨迹规划。
4. 会声明、初始化、使用变量。
5. 能灵活运用流程控制指令。
6. 会使用逻辑功能指令实现I/O信号控制。
7. 能使用KRL进行运动编程。

4.1 程序文件的使用

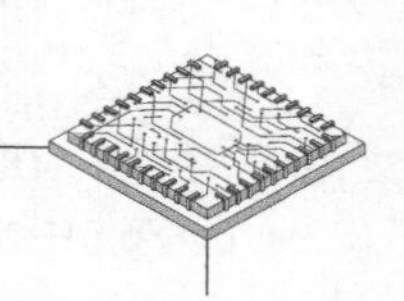

4.1.1 程序模块结构

扫码看：KUKA的程序模块介绍

编程模块应始终保存在文件夹“Program”（程序）中。也可建立新的文件夹并将程序模块存放在文件夹里。模块用字母“M”表示，一个模块中可以加入注释，此类注释中可含有程序的简短功能说明。导航器中的模块如图4-1所示。

程序模块的源代码和数据列表由两个部分组成，如图4-2所示。

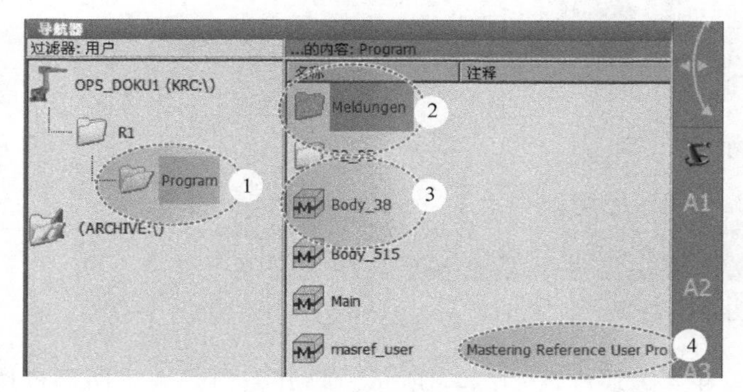

图4-1 导航器中的模块

1—程序的主文件夹：“程序”；2—其他程序的子文件夹；3—程序模块/模块；4—程序模块的注释

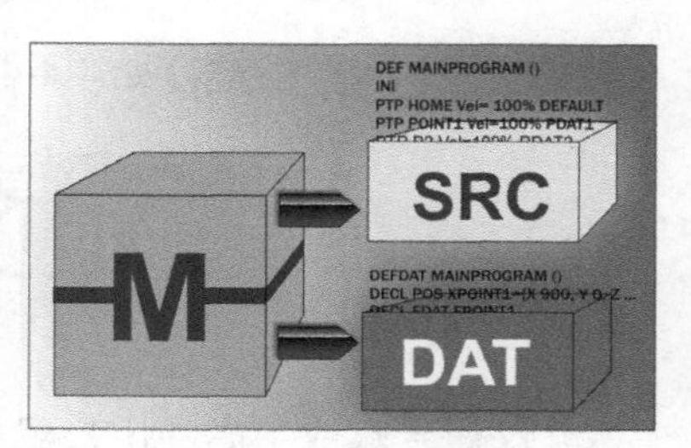

图4-2 程序模块

源代码：SRC文件中含有程序源代码。

```
DEF MAINPROGRAM ( )
INI
PTP HOME Vel= 100% DEFAULT
PTP POINT1 Vel=100% PDAT1 TOOL[1] BASE[2]
PTP P2 Vel=100% PDAT2 TOOL[1] BASE[2]
...
END
```

数据列表：DAT文件中含有固定数据和点坐标，DAT文件在专家或更高权限用户组登录状态下可见。

```
DEFDAT MAINPROGRAM ()
DECL E6POS XPOINT1={X 900, Y 0, Z 800, A 0, B 0, C 0, S 6, T 27, E1 0, E2 0, E3 0, E4 0, E5 0, E6 0}
DECL FDAT FPOINT1 ...
...
ENDDAT
```

4.1.2 创建新程序

扫码看：管理模式下操作程序模块

创建编程模块的操作步骤如下。

① 切换到“专家”模式（KSS 8.5版本及以上需要）。

② 在导航器的左侧区域中，选中要在其中创建程序的文件夹，例如Program文件夹。

③ 在导航器的右侧区域中，选中文件夹中的任意一个元素，如图4-3所示。不能用鼠标直接选中文件夹，否则创建的就是文件夹。

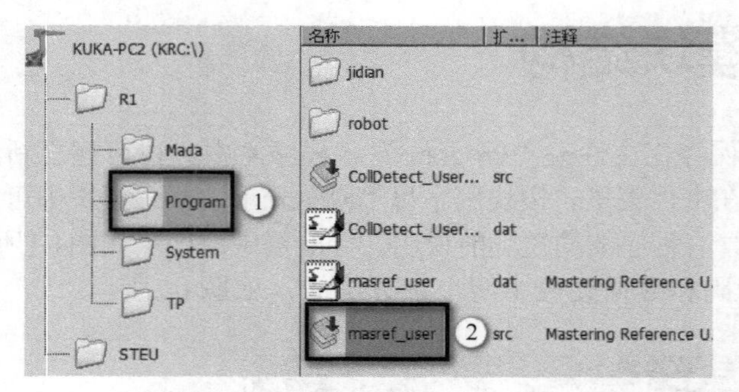

图4-3　选中文件夹下的元素

④ 按下“新”按键，如图4-4所示。

图4-4　按下“新”按键

⑤ 仅在专家或更高的用户组中选择“模块”，如图4-5所示。打开窗口，选定所需模块并按“OK”按键确认。

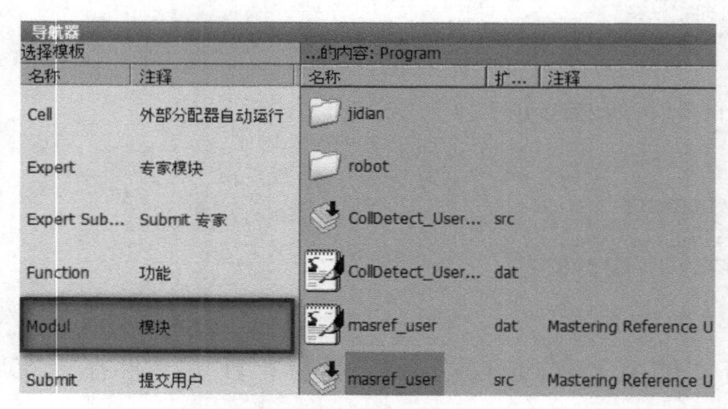

图4-5　选择“模块”

⑥ 输入程序名称，并按“OK”按键确认。

注意： *不是在所有文件夹中都可创建程序，例如在Mada文件夹中就不可创建程序，“新”按键保持灰色。*

4.1.3　程序文件的编辑

在smartPad按键栏中，点击“编辑”按键，可以对文件进行剪切、删除、重命名等操作，如图4-6所示。

（1）程序文件删除的步骤

① 选中文件。

② 选择“编辑”>“删除”。

③ 点击“是”按键确认安全询问，模块即被删除。

（2）程序文件重命名的步骤

① 选中文件。

② 选择“编辑”>“改名”。

③ 用新的名称覆盖原文件名，并确认。

（3）程序文件剪切的步骤

① 登录专家用户组。

② 选中文件。

③ 选择“编辑”>“剪切”。

④ 选择“编辑”>“添加”，将文件添加到所需的位置。

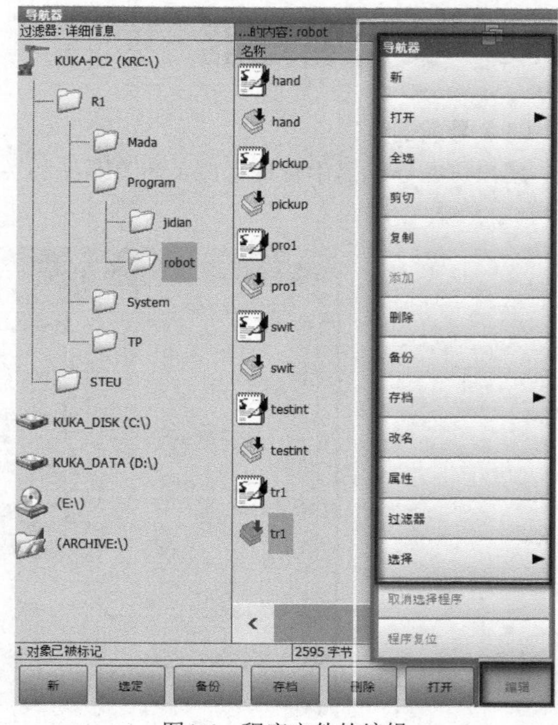

图4-6 程序文件的编辑

4.1.4 创建新文件夹

操作步骤如下。

① 进入“专家”模式。

② 在导航器的左侧区域中，选中要在其中创建新文件夹的文件夹，例如R1\Program文件夹，选中后文件夹会变成蓝色，如图4-7所示。

③ 在按键栏，点击“新”按键。

④ 给出文件夹的名称，如MyTest，如图4-8所示，并按“OK”按键确认。

扫码看：创建自己的程序文件夹和程序模块

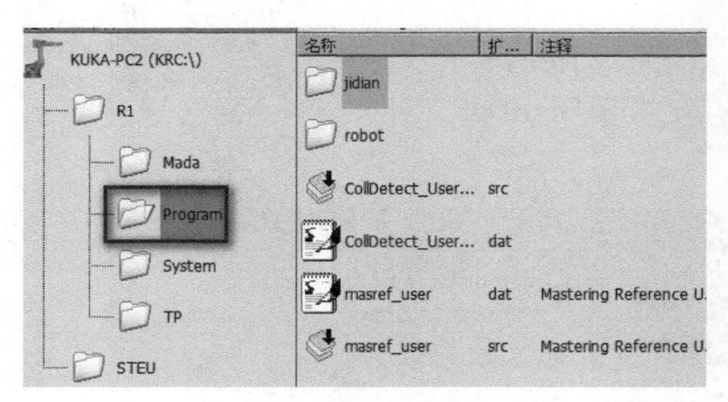

图4-7 选中文件夹

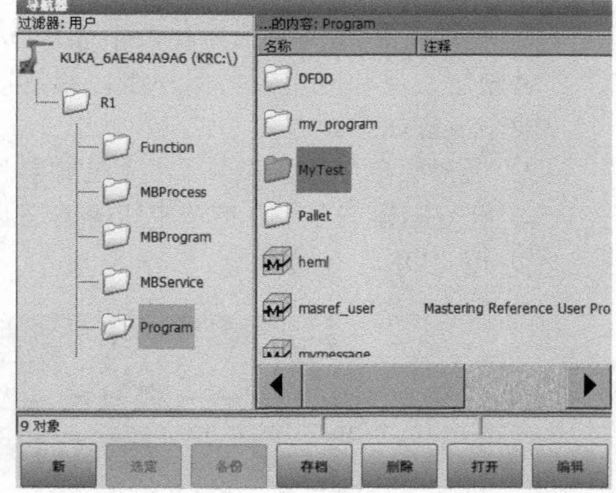

图4-8 创建文件夹

注意： 不是在所有文件夹中都可创建子文件夹，例如在Mada文件夹中不可创建子文件夹。“新”按键保持灰色。

4.1.5 文件管理器

（1）导航器

用户可在导航器中管理程序及所有系统相关文件，如图4-9所示。

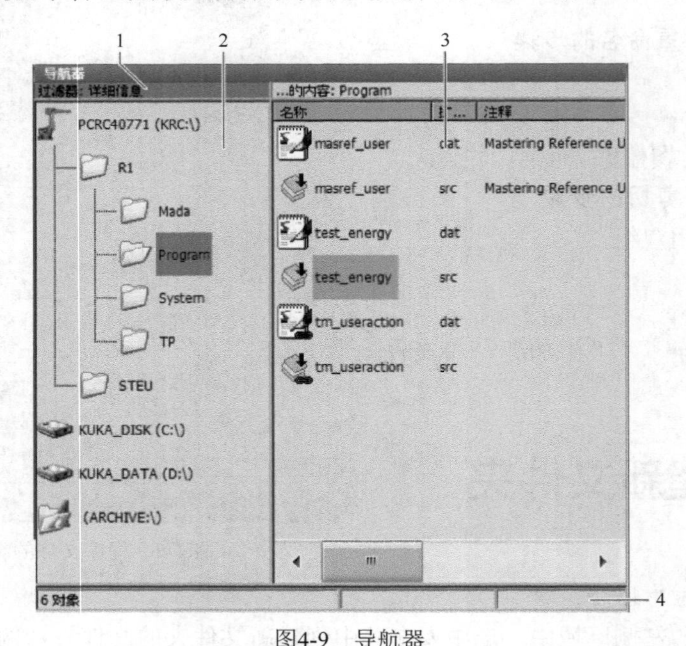

图4-9 导航器

1—标题行；2—目录结构；3—文件清单；4—状态行

（2）过滤器

过滤器决定了在文件列表里如何为专家或更高的用户组显示程序，可选择以下过滤器。

① 详细信息：程序以SRC和DAT文件形式显示（默认设置）。

② 模块：程序仅显示模块，不显示DAT文件。

对操作人员和应用人员用户组，始终以模块形式显示程序。

操作步骤如下。

① 选择菜单序列“编辑”>“过滤器”，如图4-10所示。

② 在导航器的左侧区域选中所需的过滤器，如图4-11所示。

③ 按“OK”按键确认。

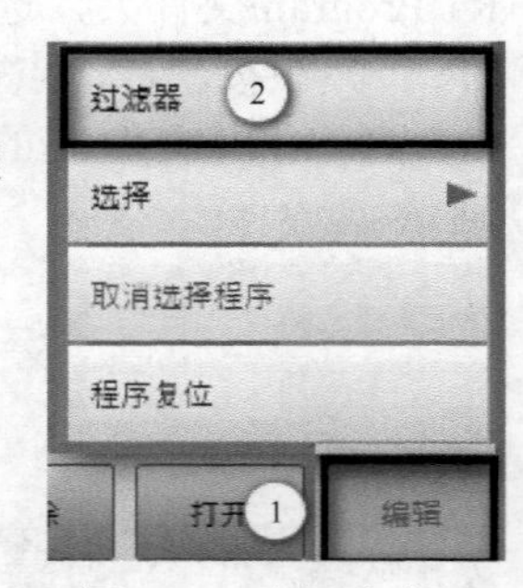

图4-10 选择过滤器

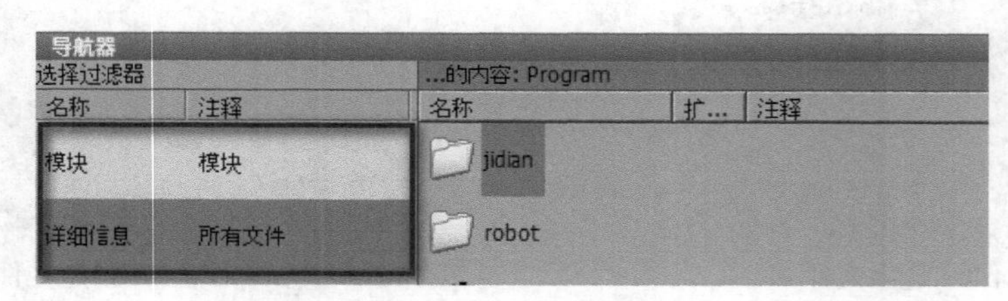

图4-11 选择过滤器

4.1.6 选择或打开程序

可以选择或打开一个程序，之后将显示出一个编辑器和程序，而不是导航器。在程序显示和导航器之间可以来回切换，“选定”和“打开”位于导航器下面，如图4-12所示。

图4-12　选择和打开

扫码看：示教器操作程序模块

程序的选择和打开的区别有以下几点。

1）程序已选定

① 语句指针将被显示。

② 程序可以启动。

③ 可以有限地对程序进行编辑。例如不允许使用多行的KRL指令（例如 LOOP … ENDLOOP）。

④ 在取消选择时，无需回答安全提问即可应用更改。如果对不允许的更改进行了编程，则会显示出一则故障信息。

2）程序已打开

① 程序不能启动。

② 程序可以编辑。

③ 关闭时会弹出一个安全询问，可以应用或取消更改。

（1）选择和取消选择程序

在运行模式T1、T2或AUT模式下可以选定和取消选择程序。选定和取消选择程序操作步骤如下。

① 在导航器中选定程序并按“选定”按键。在编辑器中显示该程序，至于选定的是一个模块、还是一个SRC文件或一个DAT文件则无关紧要，编辑器中始终显示SRC文件。

② 选定后可以启动或编辑程序。

③ 重新取消选择程序：选择“编辑”>“取消选择程序”，如图4-13（a）所示。

或在状态栏中触摸状态显示机器人解释器，打开一个窗口，选择“取消选择程序”，如图4-13（b）所示。

如果程序正在运行，则在取消选择程序前必须将程序停止。程序选择后程序编辑器如图4-14所示。

（2）打开程序

在运行方式T1、T2或AUT模式下可以正常打开编辑程序，在外部自动运行（AUT EXT）方式下可以打开一个程序，但是不能对其进行编辑。

程序打开操作步骤如下。

① 在导航器中选定程序并打开。编辑器中将显示该程序。如果选定了一个模块，SRC文件将显示在编辑器中。如果选定了一个SRC或DAT文件，则相应的文件会显示在编辑器中。

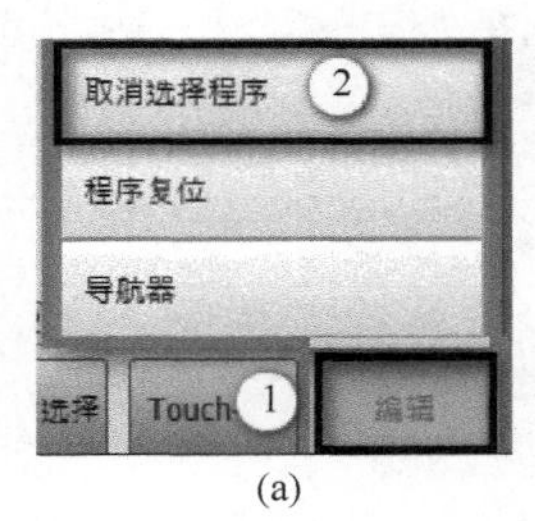

(a)

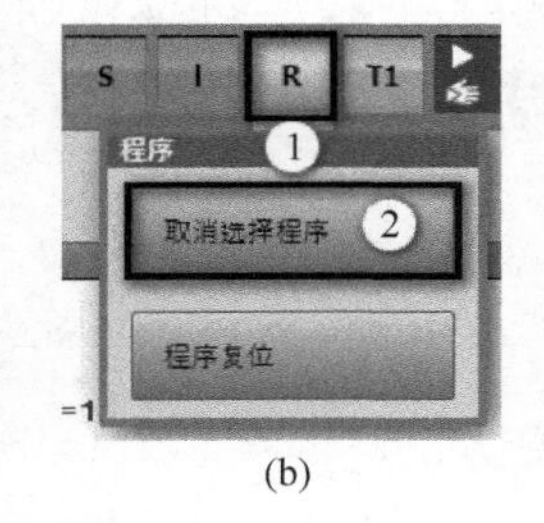

(b)

图4-13　编辑取消

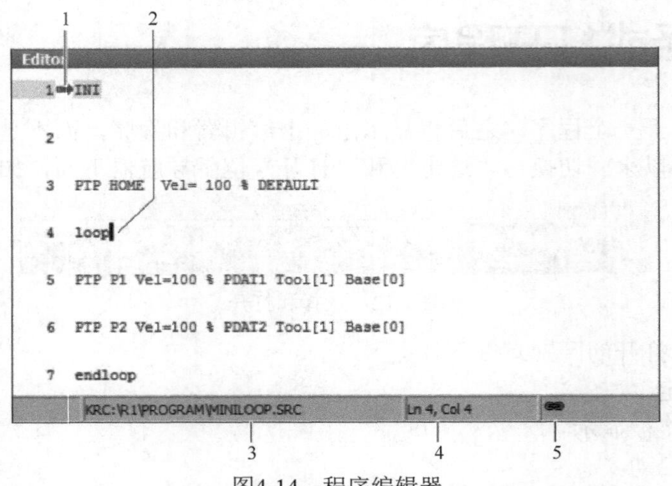

图4-14　程序编辑器

1—语句指针；2—光标；3—程序的路径和文件名；4—程序中光标的位置；5—图标显示程序已被选定

② 可在编辑器中编辑程序。

③ 关闭程序是点击编辑器左侧的×，不再像取消选择程序那样，如图4-15所示。

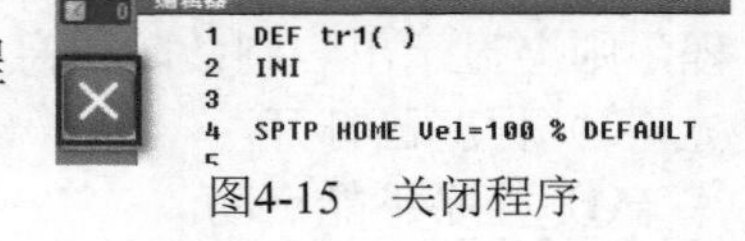

图4-15　关闭程序

④ 为应用更改，点击“是”回答安全询问。

（3）在导航器和程序之间切换

如果已选定或打开了一个程序，则仍可以重新显示导航器，而不必取消选择程序或关闭程序，然后可以重新返回程序。

操作步骤如下。

1）程序已选定

① 从程序切换到导航器：选择菜单序列“编辑”>“导航器”，如图4-16所示。

② 从导航器切换到程序：点击“程序”按键，如图4-17所示。

2）程序已打开

① 从程序切换到导航器：选择菜单序列“编辑”>“导航器”。

② 从导航器切换到程序：点击“编辑器”按键，如图4-18所示。

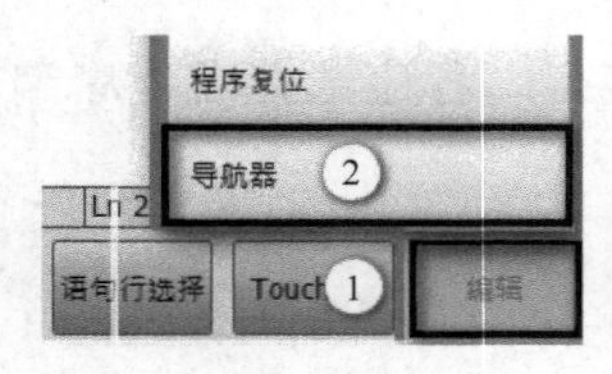

图4-16　选择“导航器”

图4-17　选择“程序”

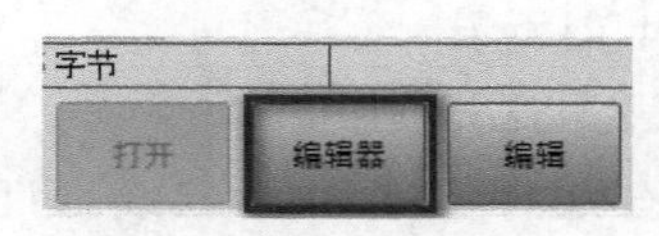

图4-18　选择“编辑器”

4.1.7　KRL程序的结构

（1）程序结构

下面以图4-19所示程序为例对程序结构进行说明。

程序说明如表4-1所示。

```
1  DEF my_program( )
2  INI
3
4  PTP HOME   Vel= 100 % DEFAULT
   ...
8  LIN point_5 CONT Vel= 2 m/s CPDAT1 Tool[3] Base[4]
   ...
14 PTP point_1 CONT Vel= 100 % PDAT1 Tool[3] Base[4]
   ...
20 PTP HOME  Vel= 100 % DEFAULT
21
22 END
```

图4-19　程序案例

表4-1　程序说明

行	说　明
1	DEF行显示程序名称。如果程序是一个函数，则DEF行以“DEFFCT”开头并包括其他说明。DEF行可以显示或隐藏
2	INI行包括内部变量和参数初始化的内容
4	起始位置，机器人原点
8	LIN运动
14	PTP运动
20	起始位置
22	END行是各程序的最后一行。如果程序是一个函数，则END行为“ENDFCT”。END行不得删除

KRL程序中的第一个运动指令必须定义一个明确的初始位置。当起始位置存储为机器人控制系统的默认设置时，这一点得到了保证。如果第一个运动指令不是默认起始位置或该位置被修改，则必须使用下列指令中的一个。

① POS型或E6POS型的完整PTP指令。

② AXIS型或E6AXIS型的完整PTP指令。

（2）原点

原点是一个在整个程序范围内均有效的位置。原点一般用作程序的开头和末尾位置，因为它定义明确并且未处于临界状态。在默认设置下，原点通过以下数值保存在机器人控制系统中：A1轴0°、A2轴–90°、A3轴+ 90°、A4轴0°、A5轴0°、A6轴0°。

也可以示教其他原点，原点必须满足下列条件。

① 对程序运行有利的起始位置。

② 有利的停机位置，例如，机器人在停机后不会成为阻碍。

警告：如果变更了起始位置，则将对所有使用它的程序产生影响。可能导致受伤和财产损失。

扫码看：存档机器人程序路径有哪些

4.1.8　存档和还原数据

扫码看：机器人存档的数据有哪些

（1）存档介绍

存档就是将机器人的系统数据、程序、日志文件、故障信息等做一个备份。存档可保存到以下目标位置。

① USB（KCP）——从示教器上插入U盘。

② USB（控制柜）——从机器人控制柜上插入U盘。

③ 网络——在一个网络路径上存档，所需的网络路径必须在机器人数据下配置。

KUKA机器人可选择存储的数据有以下五种。

① 应用。所有用户自定义的KRL模块和相应的系统文件均被存档。

② 系统数据。将系统的参数和数据存档。

③ Log。将Log日志文件存档。

④ KrcDiag。将数据存档，以便进行故障分析。

⑤ 所有。将还原当前系统所需的数据存档。

注意事项：

① 如果通过“所有”方式进行存档，并且已有一个档案，则原有档案被覆盖。

② 如果没有选择“所有”而选择了其他菜单项或KrcDiag进行存档，并且已有一个档案，则机器人控制系统将机器人名与档案名进行比较，如果两个名称不同，则会弹出一个安全询问。

③ 如果多次用KrcDiag进行存档，则最多能创建10个档案，档案再增加时则覆盖最老的档案。

④ 此外，还可以将运行日志进行保存。

⑤ 在KUKA机器人中，通常情况下，只允许载入具有相应软件版本的文档，如果载入其他文档，则可能出现以下后果。

a. 故障信息。

b. 机器人控制器无法运行。

c. 人员受伤或财产损失。

（2）存档及还原的操作步骤

1）存档的操作步骤

① 选择菜单序列“文件”>“存档”>“USB（KCP）”或“USB（控制柜）”以及所需的选项，如图4-20所示。

图4-20 选择“存档”

② 点击“是”按键确认安全询问，当存档过程结束时，将显示信息提示窗口。

③ 当文件存档完成后，将U盘取下。

2）还原的操作步骤

① 打开菜单序列“文件”>“还原”，然后选择所需的子项。

② 点击“是”按键确认安全询问，已存档的文件在机器人控制系统里重新恢复，当恢复过程结束时，smartPAD信息栏提示“还原成功”。

③ 如果已从U盘完成还原，则拔出U盘。

④ 重新启动机器人控制系统，为此需要进行一次冷启动。

（3）加载机器人程序

KUKA机器人除可以使用自身编辑的程序之外，还可以直接通过USB导入由离线编程方式生成的程序代码并运行，具体的操作步骤如下。

① 将机器人设成在“专家”模式下，即可查看外部USB上的程序文件。

② 将USB上的.src文件和.dat文件全部复制到机器人R1文件夹下。

复制方法：

① 选中文件，点击“编辑”按键，选择“复制”选项。

② 将光标定位在相应的文件夹下，单击“编辑”按键，选择“添加”选项。

③ 以选定方式进入程序编辑器，运行程序。

扫码看：KUKA程序有哪几种运行方式?

4.1.9 smartPAD面板系统状态

smartPAD面板系统状态如图4-21所示。

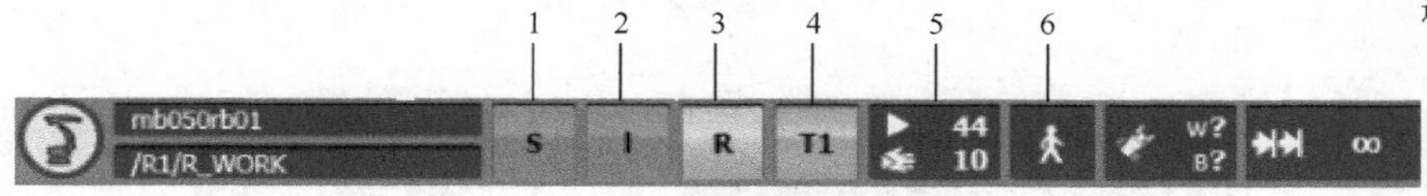

图4-21 smartPAD面板系统状态

1—提交解释器处于运行状态；2—移动条件满足运行要求；3—用选定方式打开SRC程序文件，程序指针在首行；4—机器人处于T1运行方式；5—在smartPad的速度倍率调节量的窗口中，调节“手动调节量”，来设置程序处于T1方式时的手动速度倍率，机器人在T1方式的运动速度≤250mm/s；6—设置需要的程序运行方式

（1）提交解释器的功能

KSS8.5之前的机器人系统中，默认情况下机器人控制系统上平行执行着2个任务。

① 机器人解释器。运动程序通过机器人解释器执行。

② 提交解释器。提交程序（SUB-Programm）通过提交解释器执行。SUB程序可以执行操作或监控任务。例如监控防护装置；监控冷却循环回路。如果是简单应用，则无需使用PLC，机器人控制系统即可执行此类工作。

SUBMIT解释器在机器人控制系统接通时自动启动，此时启动程序SPS.SUB。也可以在专家组级别，通过解释器的状态栏直接进行操作，包括启动/选择、停止和取消选择，如图4-22所示。SUB程序始终是带扩展名*.SUB的文件。可以编辑程序SPS.SUB，也可以创建其他SUB程序。

SUBMIT控制的提交解释器共有三种状态，如图4-23所示。

扫码看：KUKA机器人的运行方式

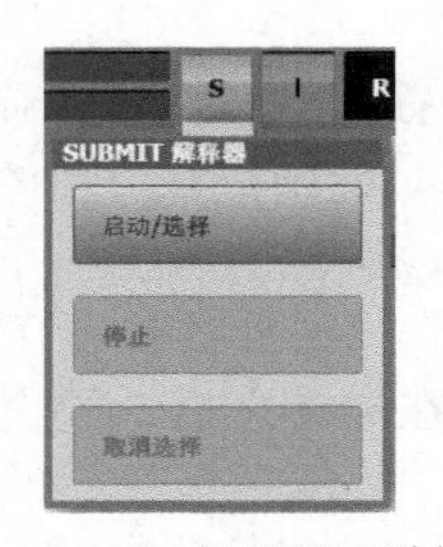

图4-22 SUBMIT解释器三种操作

运行状态　停止状态　未选择状态

图4-23 SUBMIT解释器状态

程序SPS.SUB位于目录R1\System中。该目录从专家用户组起可见，在导航器中已通过符号标记了SUB程序。

默认情况下，不显示所选SUB程序的过程。这可通过系统变量$INTERPRETER进行更改。但是，只有同时选择了运动程序时，才能显示SUB程序，$INTERPRETER变量说明如表4-2所示。

表4-2　$INTERPRETER变量说明

$INTERPRETER	说　明
1	在编辑器中显示所选的运动程序（默认）
0	在编辑器中显示所选的SUB程序

（2）手动停止或取消选择提交解释器

要手动停止或取消选择提交解释器，必须切换到专家用户组，运行方式为T1或T2。

操作步骤如下。

① 在主菜单中选择“配置”>“SUBMIT 解释器”>“停止”或“取消选择”（KSS 8.3系统），如图4-24所示。

图4-24　选择解释器

② 在主菜单中选择“配置”>“SUBMIT解释器”（KSS 8.5及以上系统），打开一个窗口，选择“停止”或“取消”，如图4-25所示。

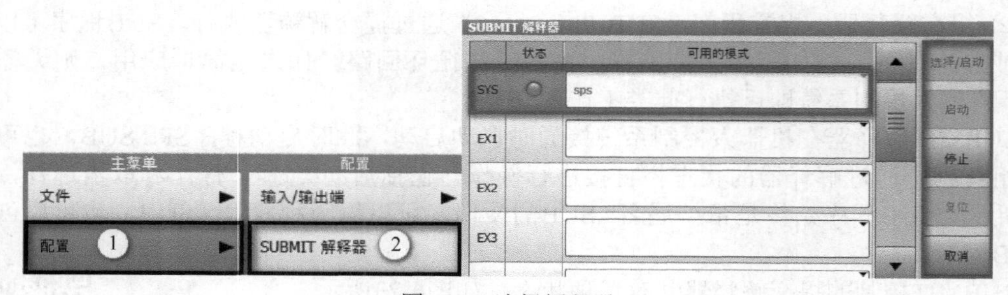

图4-25　选择解释器

选择“停止”操作后，提交解释器被停止，如果重新启动提交解释器，则提交程序将从其中断位置起继续运行，选择“取消”操作后，提交解释器被取消选择。在停止或取消选择之后，提交解释器在状态栏中的图标显示为红色或灰色。

如果提交解释器已取消，命令启动/选择程序SPS.SUB。如果此前停止了提交解释器，则启动/选择命令将会在中断位置继续运行所选择的程序。在启动之后，提交解释器在状态栏中的图标显示为绿色。

提交解释器图标对应颜色说明如表4-3所示。

表4-3　提交解释器图标对应颜色说明

符号	颜色	说　　明
 S	红色	提交解释器被停止
 S	灰色	选择了提交解释器
 S	黄色	选择了提交解释器。语句指针位于所选 SUB程序的首行
 S	绿色	已选择SUB程序并且正在运行

（3）驱动装置

驱动装置可显示如图4-26所示状态。

图4-26　驱动装置状态

驱动装置的图标和颜色的含义如表4-4所示。

表4-4　驱动装置说明

项目	说　　明
符号：I	驱动装置已接通（$PERI_RDY == TRUE） • 中间回路已充满电
符号：○	驱动装置已关断（$PERI_RDY == FALSE） • 中间回路未充电或没有充满电
颜色：绿色	$COULD_START_MOTION == TRUE • 确认开关已按下（中间位置），或不需要确认开关 • 防止机器人移动的提示信息不存在
颜色：灰	$COULD_START_MOTION == FALSE • 确认开关未按下或没有完全按下 • 防止机器人移动的提示信息存在

触摸驱动装置的状态显示会打开“移动条件”窗口，如图4-27所示，可在此处接通或关断驱动装置，对应说明如表4-5所示。

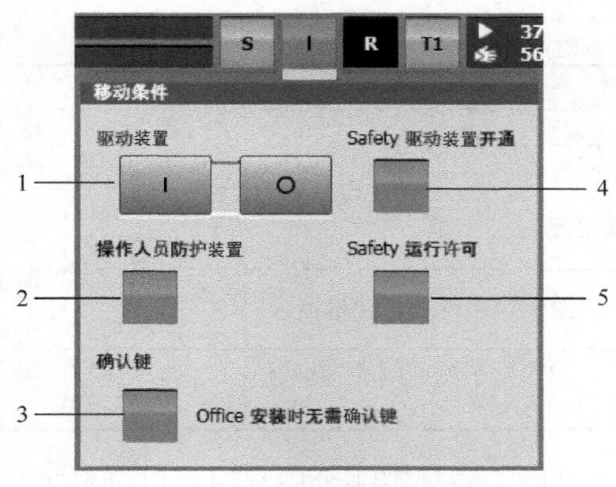

图4-27　移动条件窗口

表4-5 “移动条件”窗口对应说明

编号	项目	解　析
1	I ○	触摸以接通驱动装置，显示I表示驱动装置已接通 触摸以关断驱动装置，显示○表示驱动装置已关闭
2	绿色 灰色	AUT/AUT EXT运行方式：操作人员防护装置信号闭合；T1/T2运行方式：确认开关在中间位置 AUT/AUT EXT运行方式：操作人员防护装置信号断开；T1/T2运行方式：确认开关未在中间位置
3	绿色 灰色	T1/T2运行方式：确认开关被按下且在中间位置；AUT/AUT EXT运行方式：无需确认键 T1/T2运行方式：确认开关未按下或未在中间位置
4	绿色 灰色	安全控制系统允许驱动装置启动 安全控制系统触发了安全停止0或结束安全停止1；驱动装置不允许启动，即KSP不在受控状态且不给电机供电
5	绿色 灰色	安全控制系统发出允许运行信号 无运行许可，安全控制系统触发了安全停止1或安全停止2

（4）机器人解释器状态显示

机器人解释器状态显示颜色对应的解析如表4-6所示。

表4-6 机器人解释器状态显示

图标	颜色	说　明
R	灰色	未选定程序
R	黄色	语句指针位于所选程序的首行
R	绿色	已经选择程序，而且程序正在运行
R	红色	选定并启动的程序被暂停
R	黑色	语句指针位于所选程序最后

（5）运行模式

KUKA工业机器人可以在下列四种模式下操作运行机器人：手动慢速运行（T1）、手动快速运行（T2）、自动运行（AUT）、外部自动运行（AUT EXT）。

注意：在程序运行期间，请勿更换运行方式。如果在程序运行过程中改变了运行方式，则工业机器人会由安全停止2停止。

四种运行模式对应说明如表4-7所示。

表4-7 四种运行模式对应说明

运行模式	使用	速　度
T1（手动慢速）	测试运行、编程和示教	• 程序验证：编程的速度，最高250mm/s • 手动运行：手动运行速度，最高250mm/s
T2（手动快速）	测试运行	• 程序验证：编程设定的速度 • 手动运行：不可行
AUT（自动）	不带上级控制系统的工业机器人	• 程序运行：编程设定的速度 • 手动运行：不可行
AUT EXT（外部自动）	带有上级控制系统（例如 PLC）的工业机器人	• 程序运行：编程设定的速度 • 手动运行：不可行

在系统软件中已用默认对应关系规定哪个用户组可以选择哪种运行方式。每个用户都可以显示当前的对应关系。管理员可以更改对应关系。

表4-8所示为运行方式与用户组的默认对应关系，原则上在某个系统上不可用的运行方式不会显示在权限管理中。因此，显示内容可能会与此处所示的表格不同。

表4-8　运行方式与用户组的默认对应关系

用户组	T1	T2	Aut	外部
操作人员	✓	✗	✓	✓
用户	✓	✗	✓	✓
专家	✓	✓	✓	✓
安全维护人员	✓	✗	✓	✓
安全调试员	✓	✓	✓	✓
管理员	✓	✓	✓	✓

注：✓表示用户组有权选择该运行方式；✗表示用户组无权选择该运行方式。

（6）程序倍率

程序调节量是程序进程中机器人的速度。程序倍率以百分比形式表示，以已编程的速度为基准。在运行方式T1中，最大速度为250mm/s，与所设定的值无关。

操作步骤如下。

① 点触状态显示调节量，打开“调节量”窗口。

② 通过正负键或调节器，设定所希望的“程序倍率”，如图4-28所示。

• 正负键：可以在规定的阶段中更改倍率。

• 调节器：倍率可以1% 步距为单位进行更改。

③ 再次点触状态显示调节量（或触摸窗口外的区域），窗口关闭并应用所需的倍率。也可使用smartPAD右下方的正负按键来设定倍率，可以100%、75%、50%、30%、10%、5%、3%、1%步距为单位进行设定。

（7）程序运行方式

如图4-29所示，运行选定的机器人程序，有三种程序运行方式可供选择，但机器人运行方式有四种。

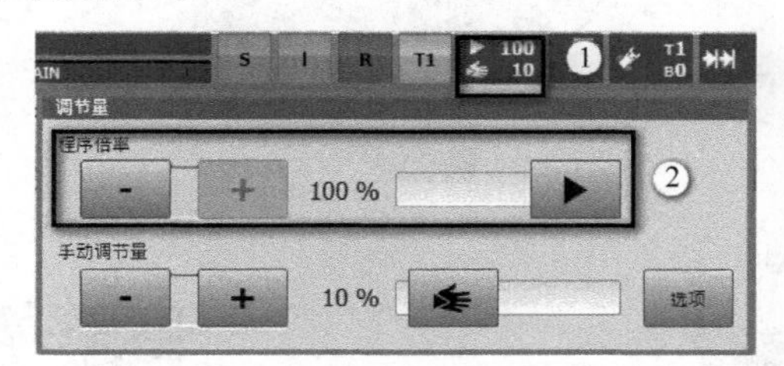

图4-28　调节程序倍率

图4-29　程序运行方式

程序的四种运行方式说明如表4-9所示。

表4-9　程序运行方式说明

名称	状态显示	说　明
Go #GO		程序不停顿地运行，直至程序结尾
动作 #MSTEP		程序运行过程中在每个点上暂停，包括在辅助点和样条段点上暂停。对每一个点都必须重新按下启动键。程序没有预进就开始运行

续表

名称	状态显示	说　明
单个步骤 #ISTEP		程序在每一程序行后暂停。在不可见的程序行和空行后也要暂停。对每一个行都必须重新按下启动键，程序没有预进就开始运行，用户组“专家”才能使用
返回 #BSTEP		如果按下启动反向键，则会自动选择这种程序运行方式。不得通过其他方式选择。特性与动作时相同，有以下例外情况：CIRC 运动回退，与最后的前行情况相同。也就是说，如果前行时在辅助点没有停止，则回退时在那里也不会停止。这种例外情况不适用于 SCIRC 运动。在这种运动中，反向运行时始终在辅助点上暂停

4.1.10　程序运行操作

程序运行操作步骤如下。

① 选定程序，如图4-30所示。

② 设定程序速度，如图4-31所示。

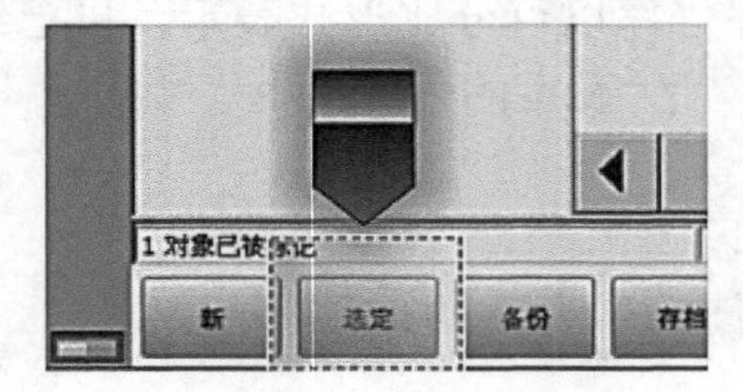

图4-30　选定程序

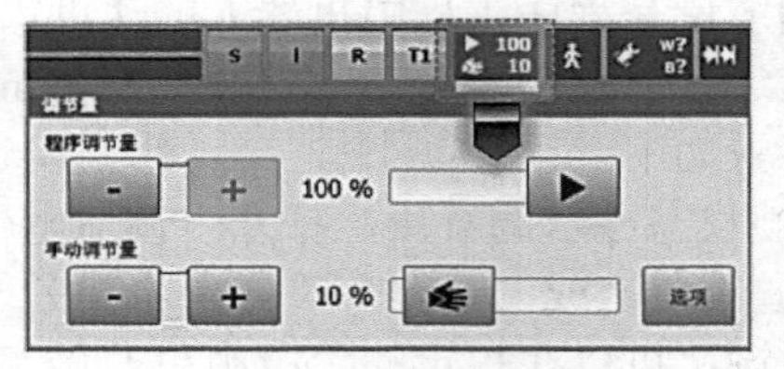

图4-31　设定程序速度

③ 按“确定”键（使能键），如图4-32所示。

④ 按下启动键（+）并按住，由INI行程序可知机器人执行BCO运行，如图4-33所示。

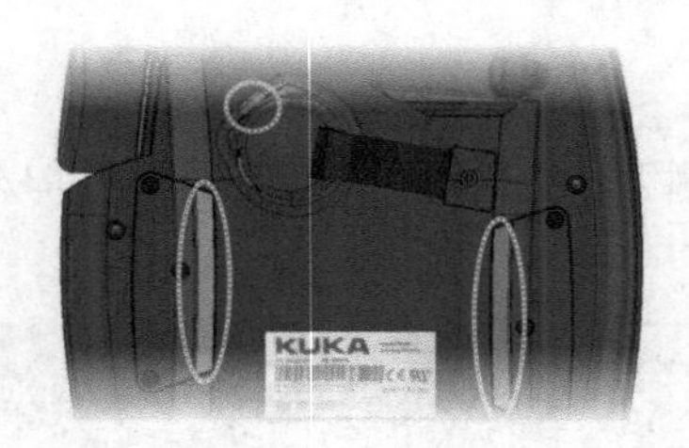

图4-32　确定键

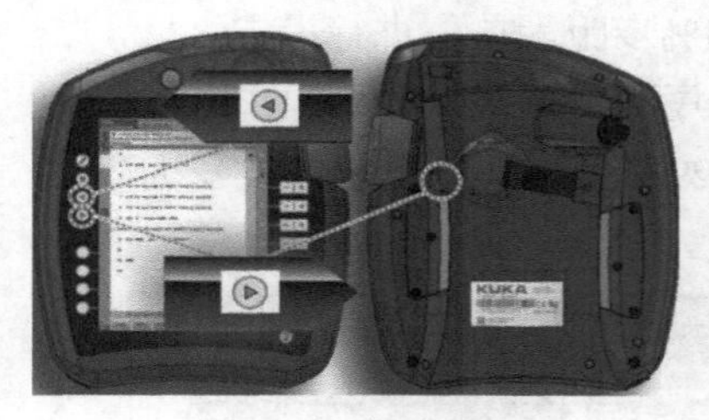

图4-33　启动键

⑤ 到达目标位置后运行停止，如图4-34所示。

图4-34　程序停止

扫码看：什么是BOD运动？什么时候会执行？

4.1.11　初始化运行

（1）BCO运行

机器人的初始化运行叫BCO运行，为使机器人现在位置与机器人程序中的当前点位置保持一致，必须执行BCO运行。仅当机器人现在位置与编程设定的位置相同时才可进行轨迹规划。因此，首先必须将TCP置于轨迹上。

如图4-35所示，机器人的运行轨迹是HOME→P1→P2→P3，选定程序并执行BCO运行后，机器人的TCP运行至HOME点位置。

以下情形需要运行BCO。

① 选定程序后。

② 程序复位后。

③ 程序在执行时，手动移动了机器人的位置。

④ 更改了程序行内容。

⑤ 语句行进行了选择。

BCO运行执行举例：

① 选定程序或程序复位后BCO运行至初始位置。

② 更改运行指令后执行BCO运行重新示教的点。

③ 进行语句行选择后执行BCO运行。

在选择或复位程序后BCO运行至HOME位置，如图4-36所示。

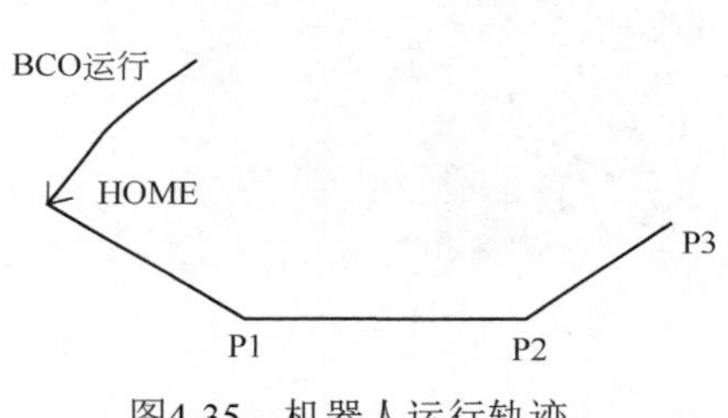

图4-35 机器人运行轨迹

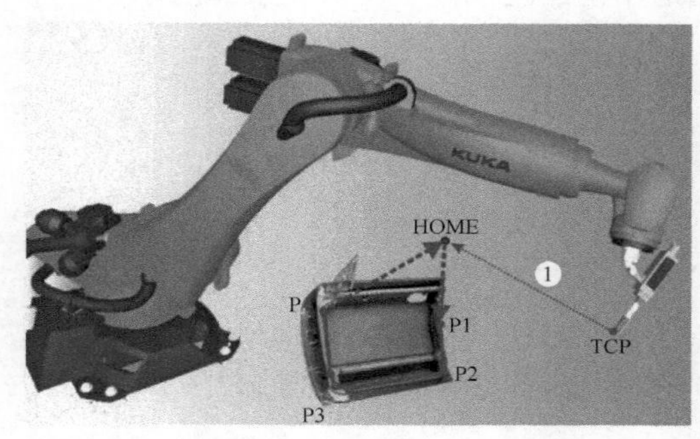

图4-36 BCO运行至HOME位置

（2）BCO运行的必要性

为使当前的机器人位置与机器人程序中的当前点位置保持一致，必须执行BCO运行。仅在当前的机器人位置与编程设定的位置相同时才可进行轨迹规划。因此，必须首先将TCP置于轨迹上。

4.2 PTP、LIN、CIRC运动指令编程

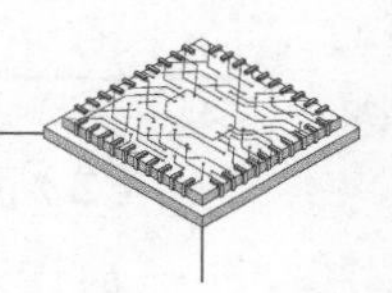

4.2.1 KUKA机器人的运动方式

一般情况下，对机器人所要通过的所有空间里的点进行逐个示教，并用轨迹运动方式命令（直线LIN或圆弧CIRC）将示教点连接起来，从而创建一个新的运动指令，

如图4-37所示。

KUKA机器人有不同的运动指令供编程使用，可根据对机器人工作流程的要求来进行运动编程。

① 按轴坐标的运动：PTP，Point-To-Point，即点到点。

② 沿轨迹的运动：LIN（线性）和CIRC（圆周形）。

③ 样条运动：SPLINE即样条，是一种适用于复杂曲线轨迹的运动方式。与常规的PTP、LIN和CIRC运动相比，样条运动具有很多优点。LIN、CIRC、CP样条组、SLIN、SCIRC运动被统称为“CP运动”（连续轨迹，Continuous Path）。

扫码看：PTP 指令的插入和程序的选定打开

4.2.2 PTP运动指令

机器人沿最快的轨道将TCP引至目标点。一般情况下最快的轨道并不是最短的轨道，也就是说并非直线。因为机器人轴进行回转运动，所以曲线轨道比直线轨道进行更快。无法事先知道精确的运动过程，如图4-38所示。

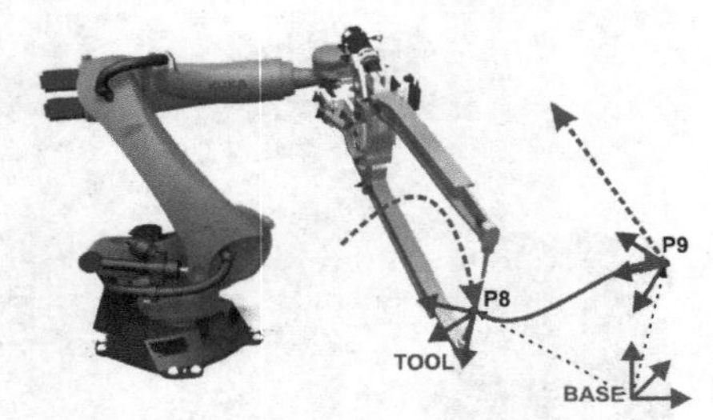

图4-37 机器人运动

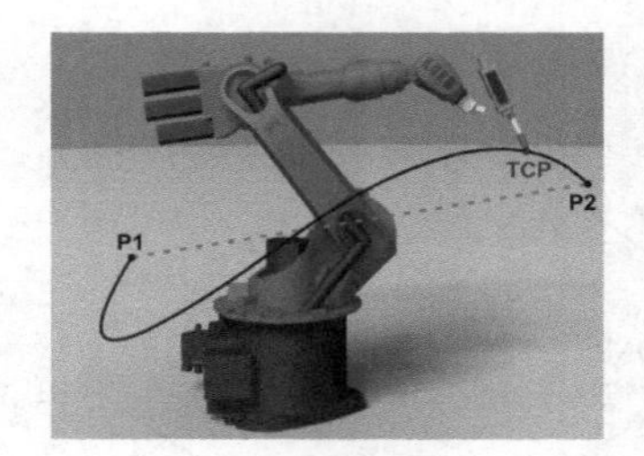

图4-38 PTP运动

（1）PTP运动指令介绍

PTP运动指令即Point-To-Point（点到点）运行方式，PTP运动指令的说明和应用如表4-10所示。

表4-10 PTP运动指令的说明和应用

运动方式	含 义	应用举例
P1 PTP P2	① 按轴坐标的运动：机器人将TCP沿最快速轨迹送到目标点。最快速的轨迹通常并不是最短的轨迹，因而不是直线。由于机器人轴的旋转运动，弧形轨迹会比直线轨迹更快 ② 运动的具体路径是不可预见的 ③ 导向轴是达到目标点所需时间最长的轴 ④ SYNCHRO PTP：所有轴同时启动并且也同步停下 ⑤ 程序中的第一个运动必须为PTP运动，因为只有在此运动中才评估状态和转向	点焊、运输、测量辅助位置： ① 位于中间的点 ② 空间中的自由点

（2）创建PTP运动的操作

扫码看：机器人的点到点运动介绍

前提条件：已设置运行方式T1，机器人程序已选定。

操作步骤如下：

① TCP依序移向被示教为目标点的位置，如图4-39所示。

② 将光标置于其后应添加运动指令的那一行中。

③ 选择菜单序列“指令”>“运动”>“PTP”，如图4-40所示。

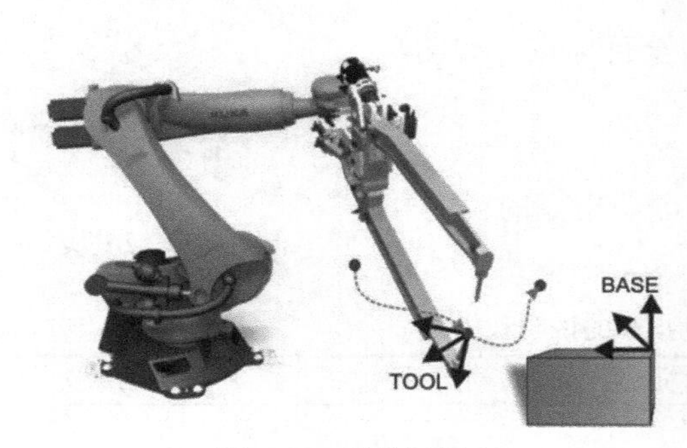

图4-39　示教目标点

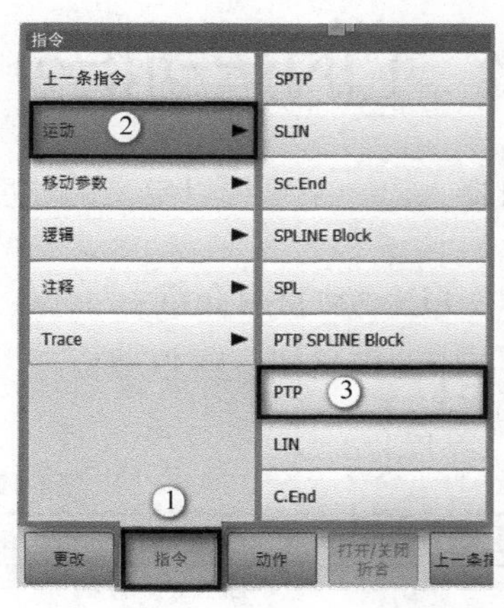

图4-40　选择PTP

④ 在行指令中设置参数。

⑤ 用“指令OK”按键保存指令。

（3）PTP参数说明

扫码看：PTP运动指令的参数介绍

在行指令中可以输入数据组名称。其中包括点名称、运动数据组名称等。但名称必须满足如下限制。

- 最大长度23个字符，22个字符用于全局点的名称。
- 不允许使用除$以外的特殊字符。
- 第一位不允许是数字。

此限制不适用于输出端名称。对工艺数据包中的行指令，可能有另外的限制。

PTP运动指令的参数需在联机表格中输入，如图4-41所示，其对应说明如表4-11所示。

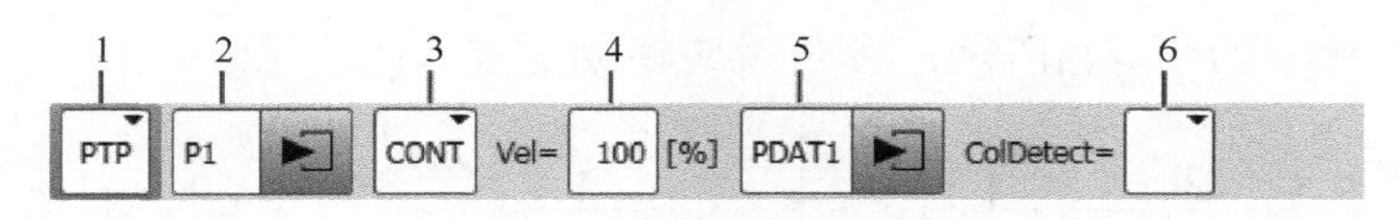

图4-41　PTP运动指令

表4-11　PTP联机表格

序号	说　明
1	运动方式PTP
2	目标点名称。系统自动赋予一个名称，名称可以被改写。需要编辑点参数时请按箭头，相关选项窗口即自动打开，通过该箭头也可以对设置全局点进行编辑
3	CONT：目标点被轨迹逼近 [空白]：将精确地移至目标点
4	速度：1%～100%
5	运动数据组的名称，系统自动赋予一个名称。名称可以被改写。需要编辑点参数时请按箭头，相关选项窗口即自动打开
6	该运动的碰撞识别 • [空]：该运动没有自己的碰撞识别设置。如果接通了通用碰撞识别，则其值适用。如果未接通，则碰撞识别关闭 • CDSet_Set［编号］：碰撞识别已开启。为了识别将使用数据组编号中的数值 如果同时激活了通用碰撞识别，则不为该运动考虑其值

4.2.3　LIN运动指令

机器人沿一条直线以定义的速度将TCP引至目标点，如图4-42所示。

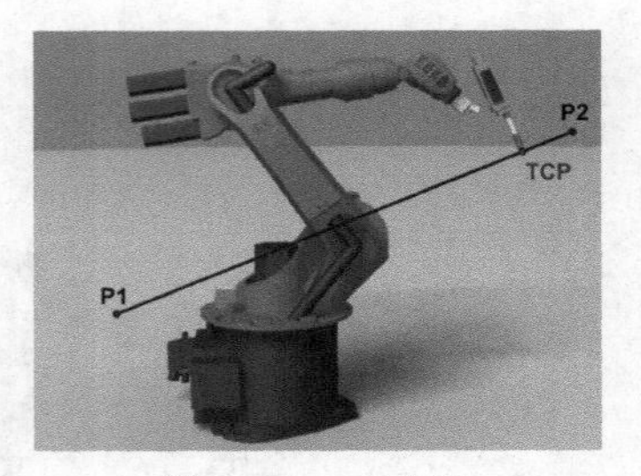

图4-42　LIN运动

（1）LIN运动指令介绍

LIN运动指令即直线移动运行方式，LIN运动指令的说明和应用如表4-12所示。

表4-12　LIN运动指令的说明和应用

运动方式	含　义	应用举例
	Linear：直线 ① 直线型轨迹运动 ② 工具的TCP按设定的姿态从起点匀速移动到目标点 ③ 速度和姿态均以TCP为参照点	轨迹应用，例如：轨迹焊接、贴装、激光焊接/切割

（2）创建LIN运动的操作

前提条件：已设置运行方式T1，机器人程序已选定。

操作步骤如下：

① 将TCP移向应被设为目标点的位置。

② 将光标置于其后应添加运动指令的那一行中。

③ 选择菜单序列“命令”>“运动”>“LIN”。

④ 在行指令中设置参数。

⑤ 用“指令OK”按键保存指令。

扫码看：直线移动指令的使用

（3）LIN参数说明

LIN运动指令参数如图4-43所示，参数对应说明如表4-13所示。

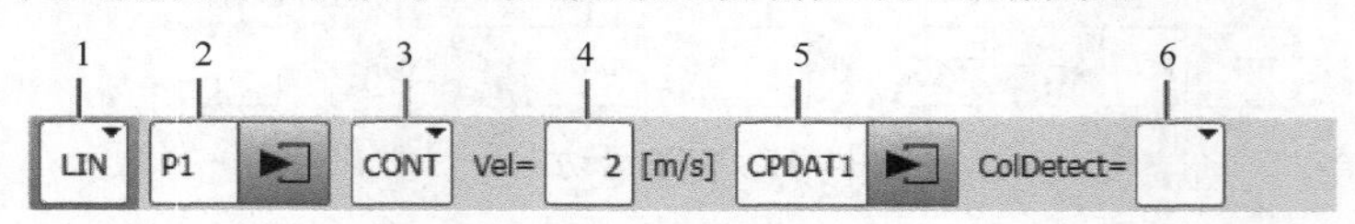

图4-43　LIN运动指令

表4-13　LIN联机表格

序号	说　明
1	运动方式LIN
2	目标点名称。系统自动赋予一个名称。名称可以被改写。需要编辑点参数时请按箭头，相关选项窗口即自动打开。通过该箭头也可以对设置全局点进行编辑
3	CONT：目标点被轨迹逼近 [空白]：将精确地移至目标点
4	速度：0.001～2m/s
5	运动数据组的名称，系统自动赋予一个名称。名称可以被改写。需要编辑点参数时请按箭头，相关选项窗口即自动打开
6	该运动的碰撞识别 • [空]：该运动没有自己的碰撞识别设置。如果接通了通用碰撞识别，则其值适用。如果未接通，则碰撞识别关闭 • CDSet_Set［编号］：碰撞识别已开启。为了识别将使用数据组编号中的数值。 如果同时激活了通用碰撞识别，则不为该运动考虑其值

4.2.4 CIRC运动指令

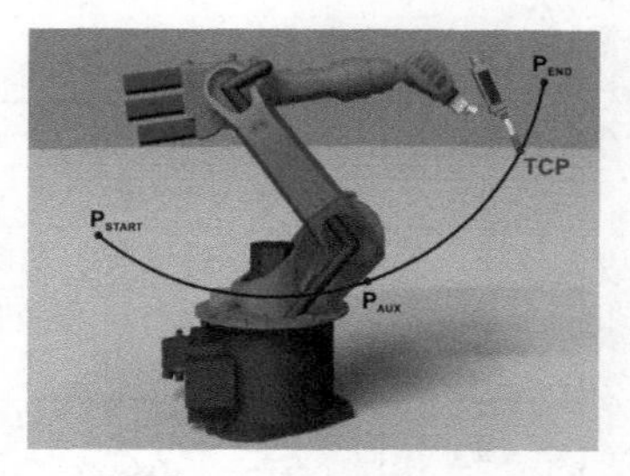

图4-44 CIRC运动

机器人沿圆形轨道以定义的速度将 TCP 移动至目标点。 圆形轨道是通过起点、辅助点和目标点定义的，如图4-44所示。

（1）CIRC运动指令介绍

CIRC运动指令即圆形移动运行方式，CIRC运动指令的说明和应用如表4-14所示。

表4-14 CIRC运动指令的说明和应用

运动方式	含 义	应用举例
P1 CIRC P3 P2	Circular：圆形 ① 圆形轨迹运动是通过起点、辅助点和目标点定义的 ② 工具的 TCP 按设定的姿态从起点匀速移动到目标点 ③ 速度和姿态均以 TCP 为参照点	轨迹应用，例如：轨迹焊接、贴装、激光焊接/切割

（2）创建CIRC运动的操作

扫码看：CIRC移动指令的使用

前提条件：已设置运行方式T1，机器人程序已选定。

操作步骤如下：

① 将TCP移向应示教为辅助点的位置。

② 将光标置于其后应添加运动指令的那一行中。

③ 选择菜单序列“命令”>“运动”>“CIRC”。

④ 在行指令中设置参数。

⑤ 点击“Touchup辅助点”按键，如图4-45所示，当前点被应用于辅助点。

图4-45 确认辅助点

⑥ 将TCP移向应被设为目标点的位置。

⑦ 点击“修整”按键，如图4-46所示，当前点被应用于目标点。

图4-46 确认目标点

⑧ 用“指令OK”按键保存指令。

（3）CIRC参数说明

CIRC运动指令参数如图4-47所示，参数对应说明如表4-15所示。

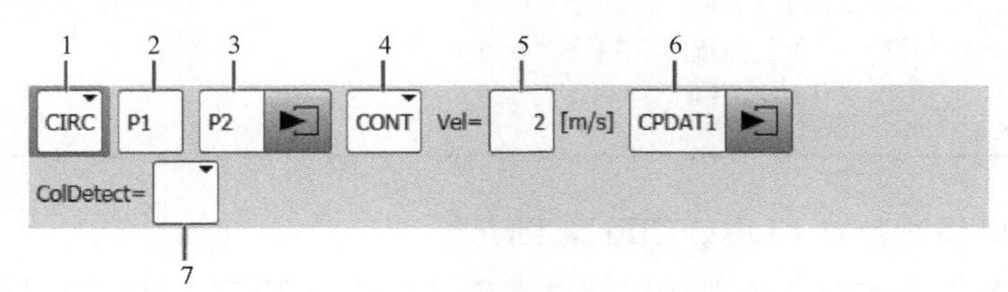

图4-47 CIRC运动指令

表4-15　CIRC联机表格

序号	说　　明
1	运动方式CIRC
2	辅助点的名称，系统自动赋予一个名称，名称可以被改写
3	目标点名称。系统自动赋予一个名称，名称可以被改写，需要编辑点参数时请按箭头，相关选项窗口即自动打开。通过该箭头也可以对设置全局点进行编辑
4	CONT：目标点被轨迹逼近 [空白]：将精确地移至目标点
5	速度：0.001～2m/s
6	运动数据组的名称，系统自动赋予一个名称，名称可以被改写。需要编辑点参数时请按箭头，相关选项窗口即自动打开
7	该运动的碰撞识别 • [空]：该运动没有自己的碰撞识别设置。如果接通了通用碰撞识别，则其值适用。如果未接通，则碰撞识别关闭 • CDSet_Set [编号]：碰撞识别已开启。为了识别将使用数据组编号中的数值 如果同时激活了通用碰撞识别，则不为该运动考虑其值

4.2.5 选项窗口

（1）选项窗口坐标系

KUKA机器人各运动指令选项窗口坐标系参数如图4-48所示，对应说明如表4-16所示。

扫码看：运动指令的其他参数介绍

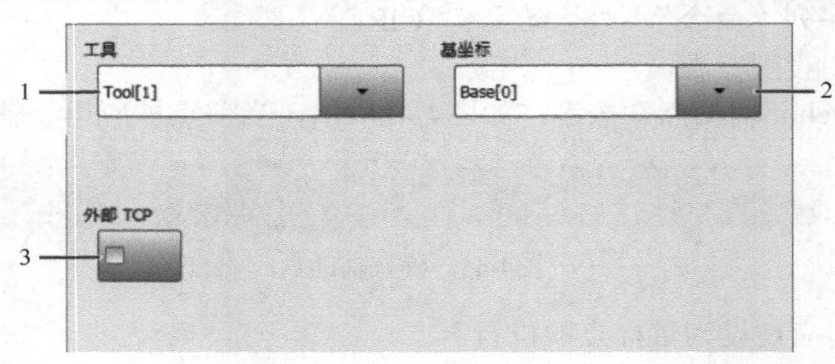

图4-48　选项窗口坐标系

表4-16　选项窗口坐标系说明

序号	说　　明
1	选择法兰上的工具或工件。值域：TOOL［1］～TOOL［16］
2	选择基座或固定工具。值域：BASE［1］～BASE［32］
3	规定插补模式。 • FALSE（未勾选）：在上面选择了以下组合时设置 - 工具：一个工具在法兰上 - 基坐标：一个基座 • TRUE（勾选）：在上面选择了以下组合时设置 - 工具：一个工件在法兰上 - 基坐标：一个固定工具

（2）选项窗口移动参数（LIN，CIRC，PTP）

KUKA机器人各运动指令选项窗口移动参数（LIN，CIRC，PTP）如图4-49所示，对应说明如表4-17所示。

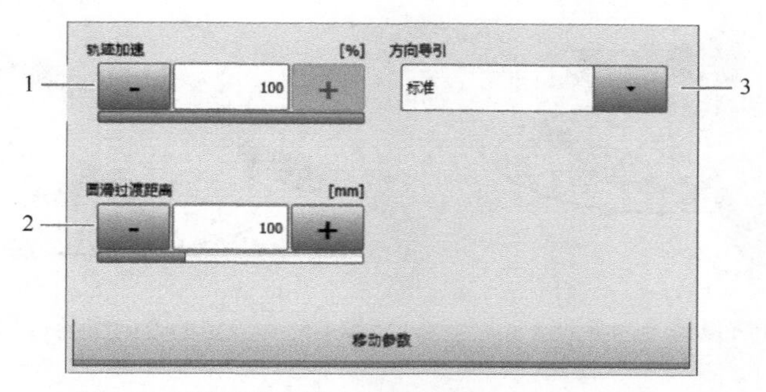

图4-49　选项窗口移动参数（LIN，CIRC，PTP）

表4-17　选项窗口移动参数说明

序号	说　明
1	加速度 以机器参数中给出的最大值为基准，此最大值与机器人类型和所设定的运行方式有关
2	只有在联机表单中选择了该点应该被轨迹逼近，此栏目才显示。至目标点的距离，最早在此处开始轨迹逼近，此距离最大可为起始点至目标点距离的一半
3	仅在LIN和CIRC运动时才显示该栏，选择姿态引导 • 标准 • 手动PTP • 稳定的姿态引导

4.2.6　沿轨迹运动时的姿态引导

沿轨迹运动时可以准确定义姿态引导，工具在运动的起点和目标点处的姿态可能不同。

（1）在运动方式LIN下的姿态引导

① 标准或手动PTP。工具的姿态在运动过程中不断变化，如图4-50所示。在机器人以标准方式到达手轴奇点时就可以使用手动PTP，因为是通过手轴角度的线性轨迹逼近（按轴坐标的移动）进行姿态变化。

② 固定不变。工具的姿态在运动期间保持不变，如图4-51所示。与在起点所示教的一样，在终点示教的姿态被忽略。

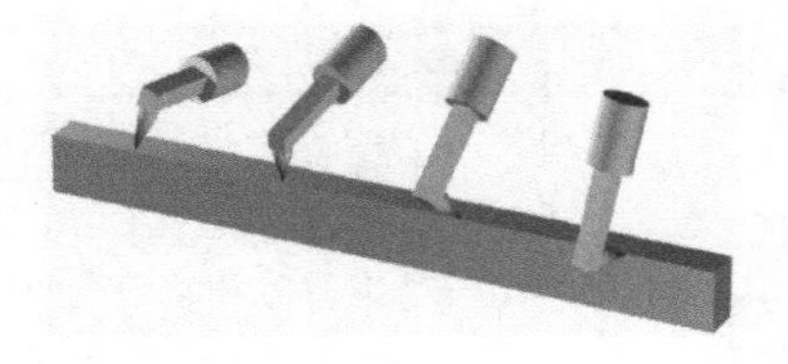

图4-50　标准

图4-51　稳定的方向引导

（2）在运动方式CIRC下的姿态引导

① 标准或手动PTP。工具的姿态在运动过程中不断变化，如图4-52所示。在机器人以标准方式到达手轴奇点时就可以使用手动PTP，因为是通过手轴角度的线性轨迹逼近（按轴坐标的移动）进行姿态变化。

② 固定不变。工具的姿态在运动期间保持不变，如图4-53所示。与在起点所示教的一样，在终点示教的姿态被忽略。

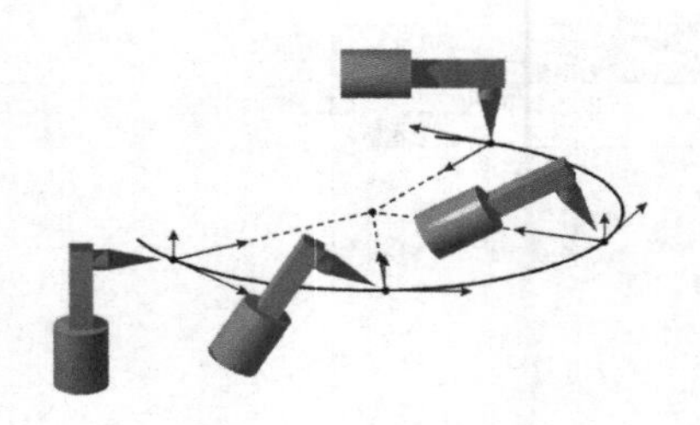

图4-52　标准+以基准为参照

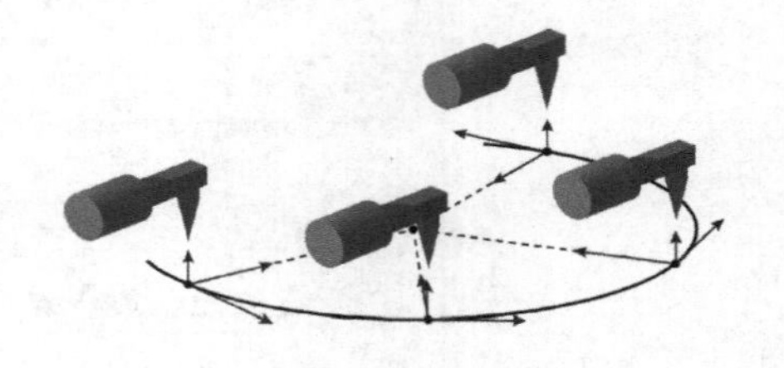

图4-53　恒定的方向引导+以基准为参照

4.2.7　轨迹逼近

为加速运动过程，控制器可以CONT标示的运动指令进行轨迹逼近。轨迹逼近意味着将不精确移动点坐标，事先便离开精确保持轮廓的轨迹。TCP被引导沿着轨迹逼近轮廓运行，该轮廓止于下一个运动指令的精确保持轮廓，如图4-54所示。

扫码看：什么是运动指令中的轨迹逼近

轨迹逼近的优点：

① 减少磨损，机器人在移动点位的过程中，大量的走走停停会给机器人造成磨损，使用轨迹逼近可以减少机器人停止。

② 工艺需要，有些轨迹需要走弧线，估计逼近可以满足工艺要求。

③ 降低节拍时间，使用轨迹逼近和不使用轨迹逼近所需要的节拍时间不一样，如图4-55所示，从图中明显可以看出使用轨迹逼近后机器人的节拍时间降低了很多。

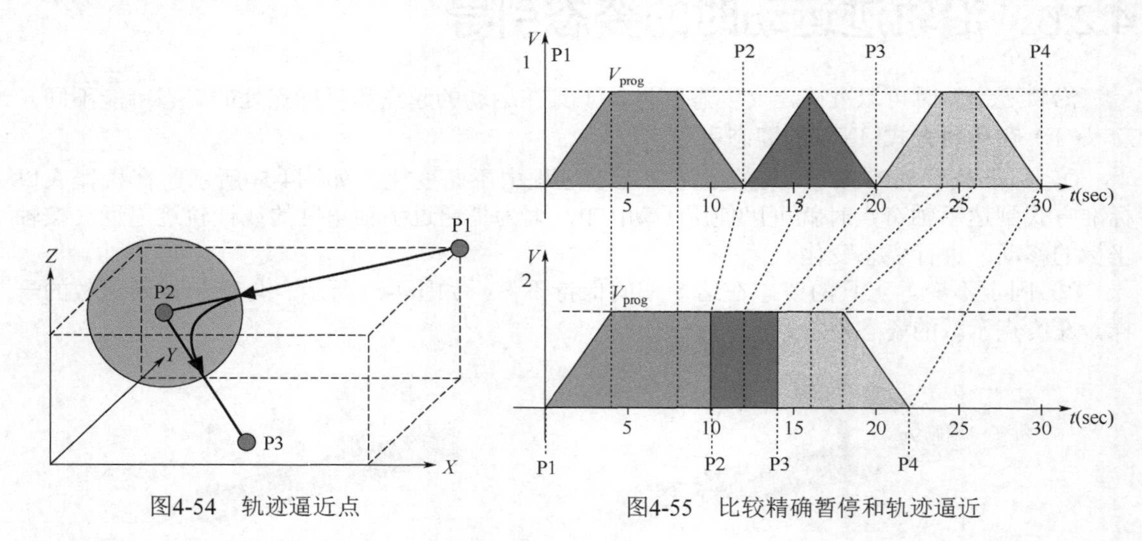

图4-54　轨迹逼近点　　　图4-55　比较精确暂停和轨迹逼近

为能执行轨迹逼近运动，控制器必须能够读入运动语句。通过计算机预进读入。运动方式PTP中的轨迹逼近如表4-18所示。

表4-18　运动方式 PTP 中的轨迹逼近

运动方式	特　征	轨迹逼近距离
P1 PTP P3 P2 CONT	轨迹逼近不可预见	以%表示

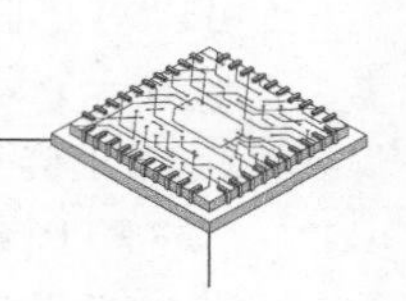

4.3 样条运动指令编程

4.3.1 样条运动的编程

复杂曲线轨迹原则上也可以通过LIN运动和CIRC运动生成，但是样条更有优势。仅当使用样条组时，才能充分利用样条运动方式的优点。

一个样条组应只包括一个过程（如一条粘胶线）。样条组中如果有多个过程会使程序不甚清晰明了，而且会加大更改难度。如果规定工件须在某处使用直线和弧线，则使用SLIN和SCIRC段（例外：对很短的直线，使用SPL段），否则使用SPL段，尤其是当点的间距很小时。

确定轨迹时的操作步骤：

① 对几个特殊的点进行示教或计算，例如曲线上的折点。

② 测试轨迹，在达不到规定精确度的位置添加其他SPL点。

样条运动要避免相连的SLIN段或SCIRC段，因为速度经常会降到0。对SLIN段和SCIRC段之间的SPL段进行编程，SPL段的长度必须大于0.5mm，根据具体的轨迹可能需要更长的SPL段。

样条运动要避免相连的点具有相同的笛卡儿坐标，因为速度会因此降到0。分配给样条组的参数（工具坐标、基础坐标、速度等）的作用与其被分配给样条组前的作用是一样的，分配给样条组的优点是在语句选择时可以读取正确的参数。

如果在使用SLIN、SCIRC或SPL段时无需特定的姿态，则使用选项无取向。机器人控制系统会根据周围点的姿态确定此点的最佳姿态，这会缩短节拍时间。

加速度变化率可能会改变，加速度变化率是指加速度的变化量。操作步骤如下。

① 使用默认值。

② 如果在小的边角处出现振动，减小数值。

如果出现速度急降或达不到所需速度的情况，则加大数值或加速度。如果机器人沿着工作面上的点移动，可能会在移到第一个点时与工作面发生碰撞，如图4-56所示。为避免发生碰撞，请注意参照有关SLIN—SPL—SLIN过渡段的建议，如图4-57所示。

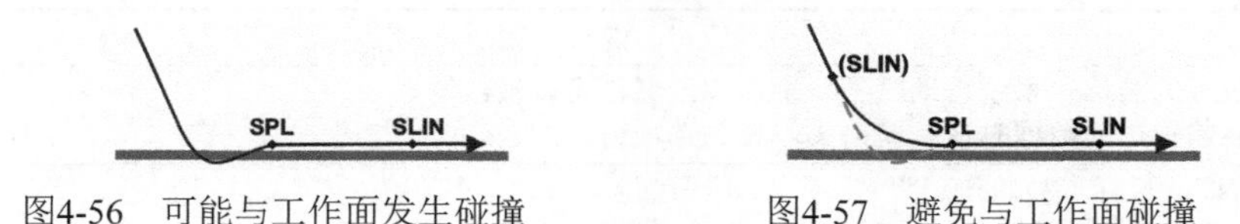

图4-56 可能与工作面发生碰撞　　图4-57 避免与工作面碰撞

如果PTP样条组具有多个SPTP段，尽管点都位于极限范围内，但也可能会在程序运行过程中超出软件限位开关。在这种情况下，必须重新示教这些点，即这些点必须远离软件限位开关。也可以更改软件限位开关，前提条件是能够继续保证对机器提供必要的保护。

4.3.2 对样条组进行编程

（1）样条组编程说明

通过样条组可将多个运动合并成一个总运动，可以将位于样条组中的运动称为样条段，也可以对它们单独进行示教。机器人控制系统把一个样条组作为一个运动语句进行设计和执行。

CP样条组允许包含SPL、SLIN和SCIRC段。

PTP样条组允许包含SPTP段。

如果一个样条组不包含任何段，就不算是运动指令。组中的段数量仅受内存容量的限制。除段以外，一个样条组还允许包含以下元素。

① 提供样条功能的应用程序包中的行指令。

② 注释和空行。

样条组不允许含有其他指令，例如变量赋值或逻辑指令。

注意：样条组的起始点是该样条组前的最后一个点，样条组的目标点是该样条组中的最后一个点，一个样条组不会触发预运行停止。

图4-58　选择CP样条组或PTP样条组

（2）样条组编程操作步骤

① 将光标放到其后应插入样条组的一行上。

② 选择菜单序列“指令”>“运动”，然后为一个CP样条组选择样条组，或为一个PTP样条组选择PTP样条组，如图4-58所示。

③ 在行指令中设置参数。

④ 点击“指令OK”按键。

⑤ 点击“打开/关闭折合”按键，现在就可以在样条组中添加样条段了。

（3）CP样条组行指令

CP样条组指令格式如表4-59所示，参数对应说明如表4-19所示。

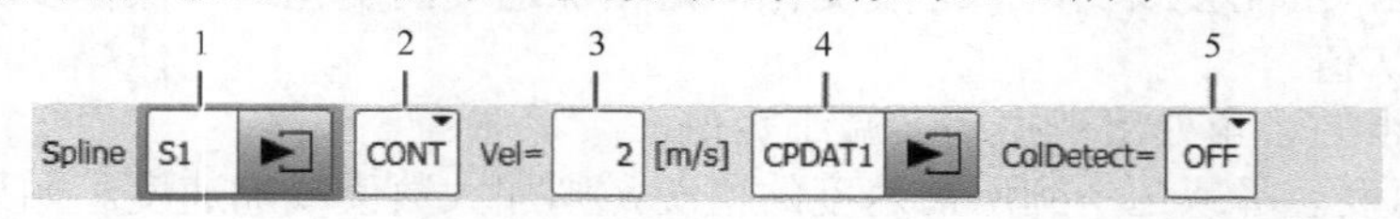

图4-59　CP样条组行指令

表4-19　CP样条组参数对应说明

序号	说　明
1	样条组的名称。系统自动赋予一个名称。名称可以被改写 需要编辑运动数据时请触摸箭头。相关选项窗口即自动打开
2	CONT：目标点被轨迹逼近 •［空］：将精确地移至目标点
3	笛卡儿速度 • 0.001～2m/s
4	运动数据组名称。系统自动赋予一个名称。名称可以被改写 需要编辑运动数据时请触摸箭头。相关选项窗口即自动打开
5	样条组的碰撞识别。该设置适用于 ColDetect 栏没有显示的段 • OFF：碰撞识别已关闭 • CDSet_Set［编号］：碰撞识别已开启。为了识别将使用数据组编号中的数值

（4）PTP样条组行指令

PTP样条组指令格式如图4-60所示，参数对应说明如表4-20所示。

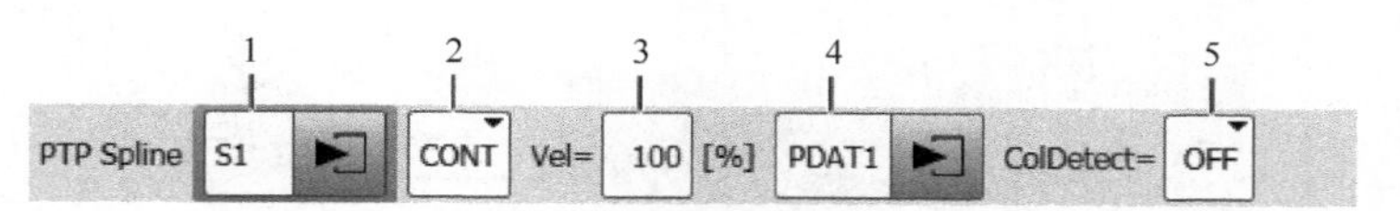

图4-60　PTP样条组行指令

表4-20　PTP样条组参数对应说明

序号	说　明
1	样条组的名称。系统自动赋予一个名称。名称可以被改写 需要编辑运动数据时请触摸箭头。相关选项窗口即自动打开
2	CONT：目标点被轨迹逼近 •［空］：将精确地移至目标点
3	轴速度 • 1%～100%
4	运动数据组名称。系统自动赋予一个名称。名称可以被改写 需要编辑运动数据时请触摸箭头。相关选项窗口即自动打开
5	样条组的碰撞识别。该设置适用于 ColDetect 栏没有显示的段 • OFF：碰撞识别已关闭 • CDSet_Set［编号］：碰撞识别已开启。为了识别将使用数据组编号中的数值

（5）“移动参数”选项窗口（CP样条组）

CP样条组的“移动参数”选项窗口如图4-61所示，参数对应说明如表4-21所示。

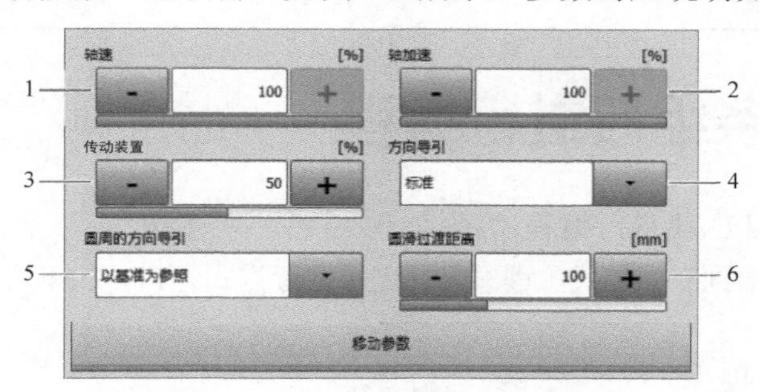

图4-61　选项窗口移动参数（CP样条组）

表4-21　CP样条组移动参数对应说明

序号	说　明
1	轴速。数值以机床数据中给出的最大值为基准 • 1%～100%
2	轴加速度。数值以机床数据中给出的最大值为基准 • 1%～100%
3	传动装置加速度变化率。加速度变化率是指加速度的变化量 数值以机床数据中给出的最大值为基准 • 1%～100%
4	选择姿态
5	选择姿态引导的参照系，此参数只对SCIRC段（如果有的话）起作用
6	只有在联机表单中选择了CONT之后，此栏才显示。目标点之前的距离，最早在此处开始轨迹逼近。最大间距可以为样条中的最后一个段。如果只有一个段，则间距可以最大为半个段的长度。如果在此处输入了一个更大数值，则此值将被忽略而采用最大值

（6）“移动参数”选项窗口（PTP样条组）

PTP样条组的“移动参数”选项窗口如图4-62所示，参数对应说明如表4-22所示。

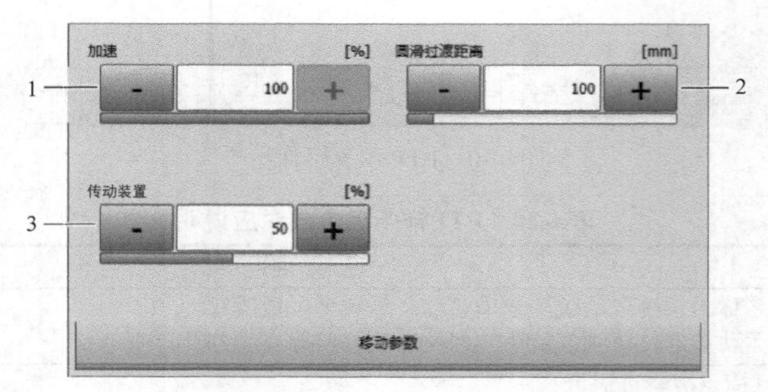

图4-62 “移动参数”选项窗口（PTP样条组）

表4-22 PTP样条组移动参数对应说明

序号	说 明
1	轴加速度。数值以机床数据中给出的最大值为基准 • 1%～100%
2	只有在联机表单中选择了CONT之后，此栏才显示。目标点之前的距离，最早在此处开始轨迹逼近。最大间距可以为样条中的最后一个段。如果只有一个段，则间距可以最大为半个段的长度。如果在此处输入了一个更大数值，则此值将被忽略而采用最大值
3	传动装置加速度变化率，加速度变化率是指加速度的变化量，数值以机床数据中给出的最大值为基准 • 1%～100%

4.3.3 对样条组段进行编程

（1）对SPL段或SLIN段进行编程

前提条件：已切换到专家模式，程序已选定，运行方式为T1，CP样条组的折叠夹被打开。

操作步骤如下：

① 将TCP移到目标点。

② 将光标放到其后应插入样条组的一行上。

③ 选择菜单序列“指令”>“运动”>“SPL”或“SLIN”。

④ 在行指令中设置参数。

⑤ 点击“指令OK”按键。

（2）SPL样条段/SLIN样条段行指令

SPL样条段指令格式如图4-63所示，SLIN样条段指令格式如图4-64所示，参数对应说明如表4-23所示。

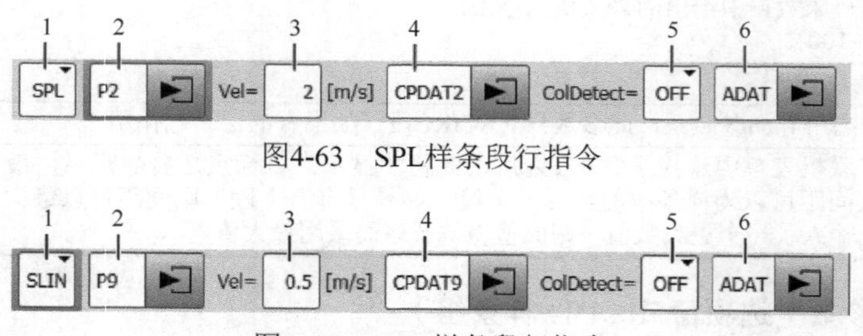

图4-63 SPL样条段行指令

图4-64 SLIN样条段行指令

表4-23　SPL样条段和SLIN样条段参数对应说明

序号	说　明
1	运动方式 SPL 或 SLIN
2	目标点名称。系统自动赋予一个名称。名称可以被改写 触碰箭头，编辑设置全局点。自动打开相关窗口
3	笛卡儿速度。默认情况下，对样条组的有效值适用于该段。需要时，可在此单独指定一个值。该值仅适用于该段 • 0.001～2m/s
4	运动数据组名称。系统自动赋予一个名称。名称可以被改写。默认情况下，对样条组的有效值适用于该段。需要时，可在此处为该段单独赋值。这些值仅适用于该段。需要编辑数据时请触摸箭头。自动打开相关选项窗口
5	该段的碰撞识别 • ColDetect栏被隐藏：样条组上的设置适用于该段 • OFF：碰撞识别已关闭 • CDSet_Set［编号］：碰撞识别已开启。为了识别将使用数据组编号中的数值
6	含逻辑参数的数据组名称。系统自动赋予一个名称。名称可以被改写 需要编辑数据时请触摸箭头。自动打开相关选项窗口

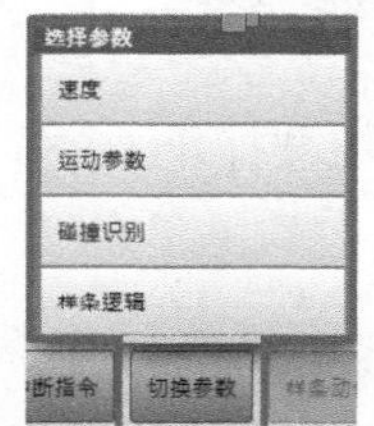

图4-65　选择参数

默认情况下不会显示联机表单的所有栏，通过“切换参数”按键可以显示和隐藏这些栏，如图4-65所示。

（3）编程SCIRC段

前提条件：切换到专家模式，程序已选定，运行方式为T1，CP样条组的折叠夹被打开。

操作步骤如下：

① 将TCP移到辅助点。

② 将光标放到其后应插入样条组的那一行上。

③ 选择菜单序列“指令”>“运动”>“SCIRC”。

④ 在行指令中设置参数。

⑤ 点击“Touchup辅助点”按键，当前点被应用于辅助点。

⑥ 将TCP移向应被设为目标点的位置。

⑦ 点击“修整”按键，当前点被应用于目标点。

⑧ 点击“指令OK”按键。

（4）SCIRC样条段行指令

SCIRC样条段指令格式如图4-66所示，参数对应说明如表4-24所示。

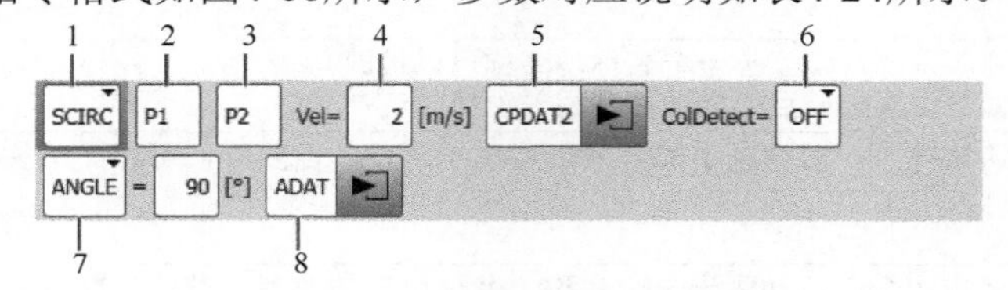

图4-66　SCIRC样条段行指令

表4-24　SCIRC样条段参数对应说明

序号	说　明
1	运动方式 SCIRC
2	辅助点名称。系统自动赋予一个名称，名称可以被改写
3	目标点名称。系统自动赋予一个名称，名称可以被改写

续表

序号	说　明
4	笛卡儿速度。默认情况下，对样条组的有效值适用于该段。需要时，可在此单独指定一个值。该值仅适用于该段 • 0.001～2m/s
5	运动数据组名称。系统自动赋予一个名称，名称可以被改写。默认情况下，对样条组的有效值适用于该段。需要时，可在此处为该段单独赋值。这些值仅适用于该段。需要编辑数据时请触摸箭头。自动打开相关选项窗口
6	该段的碰撞识别 • “ColDetect”栏被隐藏：样条组上的设置适用于该段 • OFF：碰撞识别已关闭 • CDSet_Set［编号］：碰撞识别已开启。为了识别将使用数据组编号中的数值
7	圆心角 • –9999°～+9999° 如果输入的数值小于–400°或大于+400°，则在保存指令行时会自动查询是否要确认或取消输入
8	含逻辑参数的数据组名称。系统自动赋予一个名称。名称可以被改写 需要编辑数据时请触摸箭头。相关选项窗口即自动打开

默认情况下不会显示联机表单的所有栏，通过“切换参数”按键可以显示和隐藏这些栏。

（5）对SPTP段进行编程

前提条件：切换到专家模式，程序已选定，运行方式为T1，PTP条组的折叠夹被打开。

操作步骤如下：

① 将TCP移到目标点。

② 将光标放到其后应插入样条组的那一行上。

③ 选择菜单序列“指令”>“运动”>“SPTP”。

④ 在行指令中设置参数。

⑤ 点击“指令OK”按键。

（6）SPTP段行指令

SPTP样条段指令格式如图4-67所示，参数对应说明如表4-25所示。

图4-67　SPTP样条段行指令

表4-25　SPTP样条段参数对应说明

序号	说　明
1	运动方式SPTP
2	目标点的名称。系统自动赋予一个名称，名称可以被改写 触碰箭头，编辑设置全局点，自动打开相关窗口
3	轴速度。默认情况下，对样条组的有效值适用于该段。需要时，可在此单独指定一个值。该值仅适用于该段 • 1%～100%
4	运动数据组名称。系统自动赋予一个名称，名称可以被改写。默认情况下，对样条组的有效值适用于该段。需要时，可在此处为该段单独赋值。这些值仅适用于该段。需要编辑点数据时请触摸箭头，自动打开相关选项窗口
5	该段的碰撞识别 • ColDetect栏被隐藏：样条组上的设置适用于该段 • OFF：碰撞识别已关闭 • CDSet_Set［编号］：碰撞识别已开启。为了识别将使用数据组编号中的数值
6	含逻辑参数的数据组名称。系统自动赋予一个名称，名称可以被改写。需要编辑数据时请触摸箭头，自动打开相关选项窗口

（7）“移动参数”选项窗口（CP样条段）

CP样条段的“移动参数”选项窗口如图4-68所示，圆周配置如图4-69所示，参数对应说明如表4-26所示。

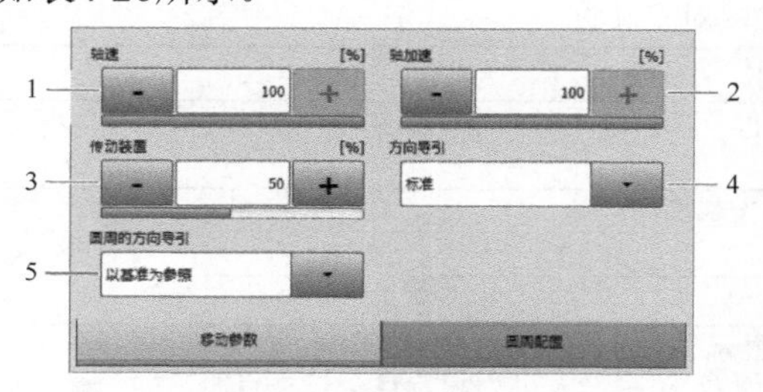

图4-68 “移动参数”选项窗口（CP样条段）

图4-69 圆周配置（SCIRC段）

表4-26 CP样条段移动参数对应说明

序号	说　明
1	轴速。数值以机床数据中给出的最大值为基准 • 1%～100%
2	轴加速度。数值以机床数据中给出的最大值为基准 • 1%～100%
3	传动装置加速度变化率。加速度变化率是指加速度的变化量 数值以机床数据中给出的最大值为基准 • 1%～100%
4	选择姿态
5	仅针对SCIRC段：选择姿态导引的参照系
6	仅针对SCIRC段：选择辅助点上的姿态特性
7	仅针对SCIRC段：只有在联机表单中选择了ANGLE之后，此栏才显示 选择目标点上的姿态特性

（8）“运动参数”选项窗口（SPTP）

SPTP“运动参数”选项窗口如图4-70所示，参数对应说明如表4-27所示。

表4-27 SPTP运动参数对应说明

序号	说　明
1	轴加速度。数值以机床数据中给出的最大值为基准 • 1%～100%
2	只有在样条组中选择CONT之后，才在SPTP段时显示此栏。只有在指令行中选择了CONT之后，才在SPTP单个运动时显示此栏 在目标点之前的某个距离开始执行轨迹逼近，此距离最大可为起始点至目标点距离的一半。如果在此处输入了一个更大数值，则此值将被忽略而采用最大值 • 0～500mm

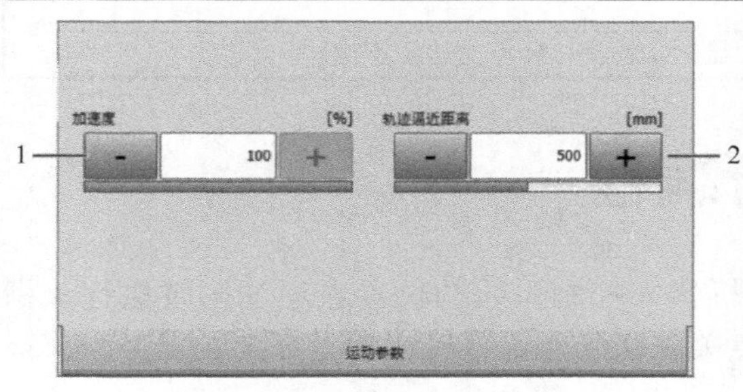

图4-70 “运动参数”选项窗口（SPTP）

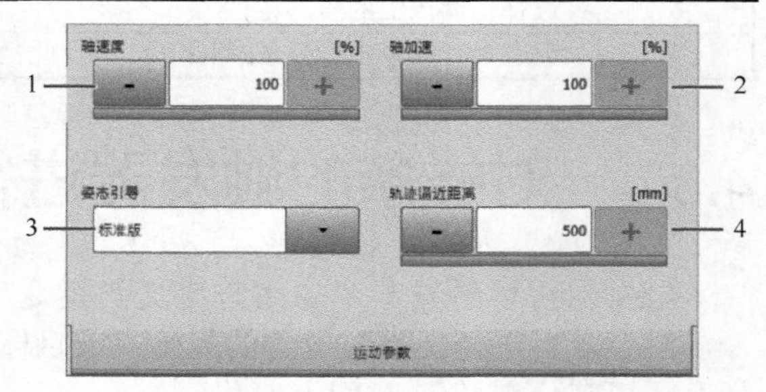

图4-71 “运动参数”选项窗口（SLIN）

(9)“运动参数”选项窗口(SLIN)

SLIN“运动参数”选项窗口如图4-71所示，参数对应说明如表4-28所示。

表4-28　移动参数对应说明

序号	说　明
1	轴速。数值以设备数据中给出的最大值为基准 • 1%～100%
2	轴加速度。数值以设备数据中给出的最大值为基准 • 1%～100%
3	选择姿态
4	只有在行指令中选择了CONT之后，此栏才显示 在目标点之前的某个距离开始执行轨迹逼近。此距离最大可为起始点至目标点距离的一半。如果在此处输入了一个更大数值，则此值将被忽略而采用最大值 • 0～500mm

(10)“运动参数”选项窗口(SCIRC)

SCIRC“运动参数”选项窗口和圆周配置如图4-72所示，参数对应说明如表4-29所示。

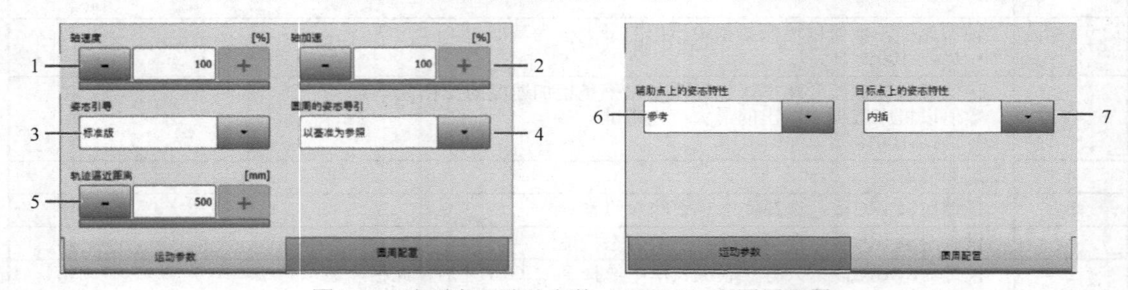

图4-72　选项窗口移动参数(SCIRC)和圆周配置

表4-29　移动参数对应说明

序号	说　明
1	轴速。数值以设备数据中给出的最大值为基准 • 1%～100%
2	轴加速度。数值以设备数据中给出的最大值为基准 • 1%～100%
3	选择姿态
4	选择姿态导引的参照系
5	只有在行指令中选择了CONT之后，此栏才显示。在目标点之前的某个距离开始执行轨迹逼近，此距离最大可为起始点至目标点距离的一半。如果在此处输入了一个更大数值，则此值将被忽略而采用最大值 • 0～500mm
6	选择辅助点上的姿态特性
7	只有在行指令中选择了ANGLE之后，此栏才显示。选择目标点上的姿态特性

4.3.4　对样条的触发器进行编程

触发器可以触发一个由用户定义的指令，机器人控制系统与机器人运动同时执行该指令。触发器可选择性地与运动的起始点或目标点关联起来，可直接在参考点上触发指令或该指令还可在位置和/或时间上偏移。

在样条段、样条单个语句上或样条组中（通过单独的行指令）可进行触发器编程。

（1）给样条段或样条单个语句上的触发器编程

① 打开样条段或单个语句的行指令。

② 如要在行指令ADAT未显示：

- 用于样条段：选择“切换参数”>“样条逻辑”，如图4-73所示。
- 用于单个语句：触碰“样条逻辑”按键。

③ 触摸ADAT旁边的箭头，打开逻辑参数的选项窗口。

④ 选择选项卡触发器。

- 若要添加一个触发器，选择“样条动作”按钮，然后选择“添加触发器指令”，如图4-74所示。
- 若要编辑一个现有的触发器，展开栏位并且选择触发器。即使已经有触发器，打开选项卡时该栏始终显示为空白，这些仅在展开时可见。

⑤ 进行所需的设置。

⑥ 通过“指令OK”按键保存设置并且关闭行指令。

（2）“触发器”选项卡

当触发器类型为OUT时，选项卡如图4-75所示，参数对应说明如表4-30所示。

图4-73　选择“样条逻辑”

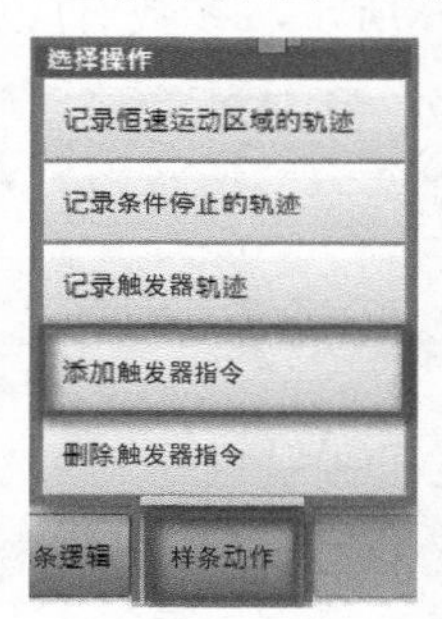

图4-74　选择“添加触发器指令”

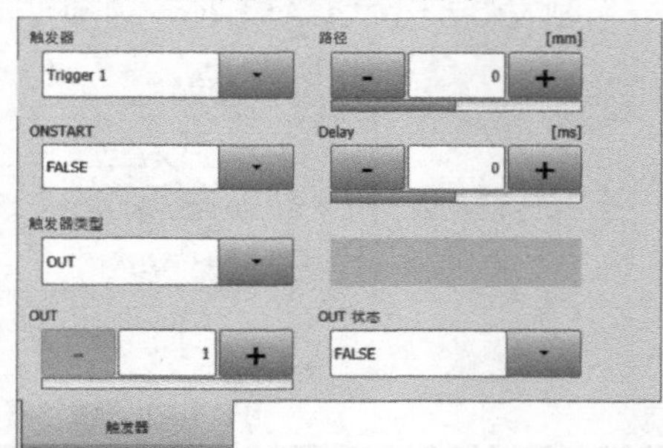

图4-75　当触发器类型为OUT时的选项卡

表4-30　触发器类型为OUT时的参数对应说明

参数	说明
触发器	带编号的触发器，最多8个触发器 提示：即使已经有触发器，打开选项卡时该栏始终显示为空白。这些仅在展开时可见
路径	以参考点为参照的位置移动。如果无需移动位置，则输入“0” • -2000～+2000mm 负值：朝运动起始方向移动 正值：朝运动结束方向移动 也可以示教位移，而不是在这里用数值指定。如果发生这种情况，则ONSTART栏自动被赋值为FALSE
ONSTART	触发器的参照点 • TRUE：起始点 • FALSE：终点
Delay	以 PATH 值为参照进行时间推移。如果无需在时间上推移，则输入“0” • -1000～+1000ms 负值：朝运动起始方向移动 正值：触发器在Delay时间结束后触发
触发器类型	OUT、PULSE、ASSIGNMENT 或 CALL
OUT	数字输出端编号：1～8192
OUT状态	输出端被输出成的状态 • TRUE：高电平 • FALSE：低电平

当触发器类型为PULSE时，选项卡如图4-76所示，脉冲长度为–1000～+1000ms。

当触发器类型为ASSIGNMENT时，选项卡如图4-77所示，参数对应说明如表4-31所示。

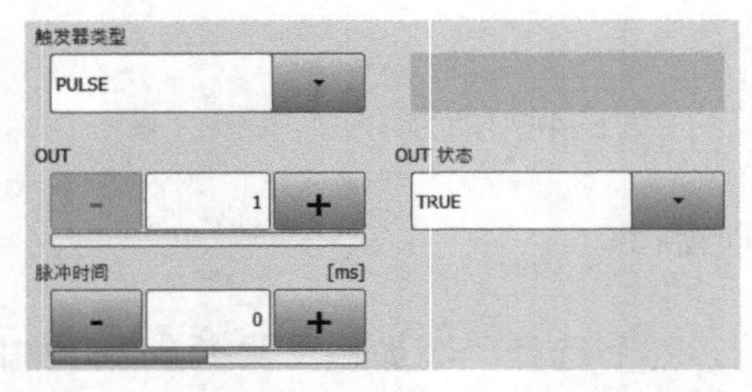

图4-76　当触发器类型为PULSE时的选项卡

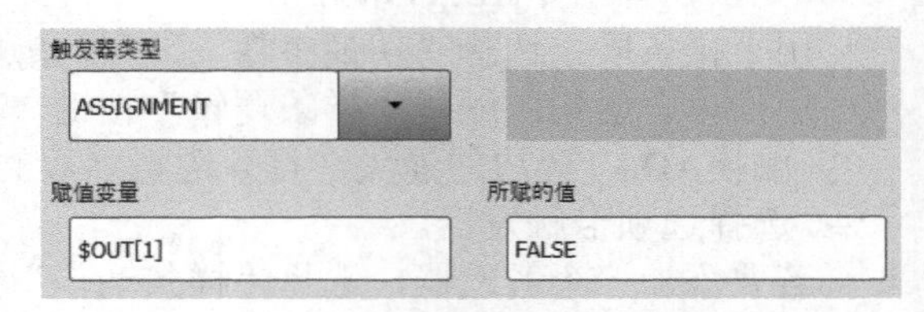

图4-77　当触发器类型为ASSIGNMENT时的选项卡

表4-31　触发器类型为ASSIGNMENT时的参数对应说明

参数	说　明
赋值变量	应被赋予值的变量提示：不能使用运行时间变量
所赋的值	应分配给变量的值

当触发器类型为CALL时，选项卡如图4-78所示，参数对应说明如表4-32所示。

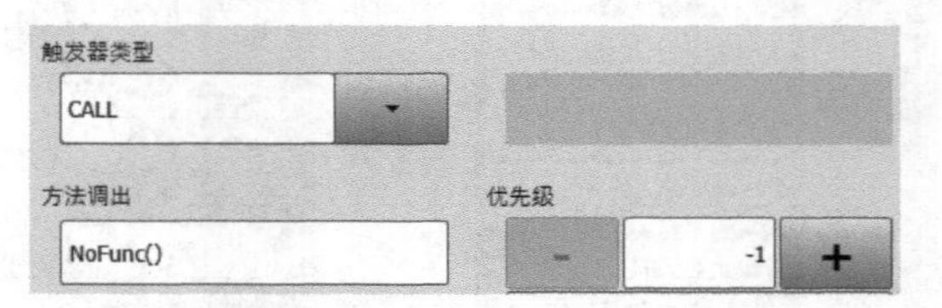

图4-78　触发器类型为CALL时的选项卡

表4-32　触发器类型为CALL时的参数对应说明

参数	说　明
方法调出	应调用的子程序的名称
优先级	触发器的优先权。有优先级1、2、4～39及81～128可供选择，40～80预留给优先级由系统自动分配的情况。如果优先级由系统自动给出，则应按如下进行编程：PRIO = –1 如果多个触发器同时调出子程序，则先执行最高优先级的触发器，然后再执行低优先级的触发器。“1”=最高优先级

（3）行指令TRIGGER WHEN PATH：对样条组中的触发器进行编程

执行行指令TRIGGER WHEN PATH的前提条件是已选择或打开程序、运行模式为T1、样条组的折叠夹被打开。

操作步骤如下。

① 打开样条组的折叠夹，将光标放到其后应插入触发器的那一行上，选择菜单序列“指令”>“移动参数”>“样条曲线触发器”，如图4-79所示。

② 在行指令中设置参数。

③ 按下“指令OK”按键。

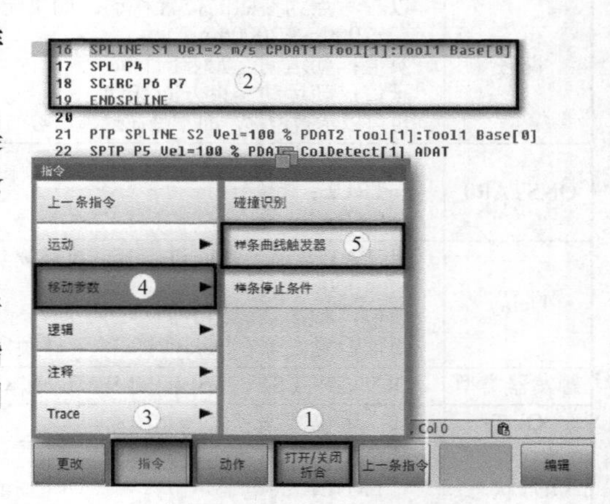

图4-79　样条曲线触发器

（4）行指令TRIGGER WHEN PATH选项卡

行指令TRIGGER WHEN PATH有四种输出类型，分别为OUT、PULSE、ASSIGN、FUNC，如图4-80～图4-83所示，参数对应说明如表4-33所示。

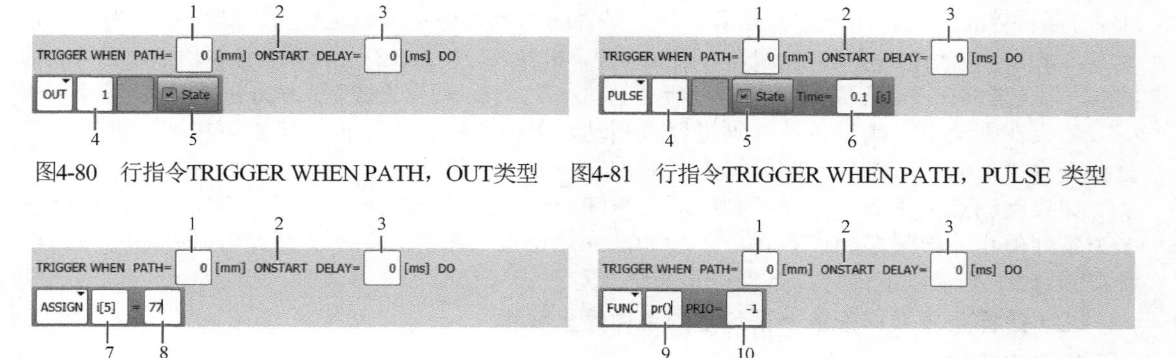

图4-80 行指令TRIGGER WHEN PATH，OUT类型　图4-81 行指令TRIGGER WHEN PATH，PULSE 类型

图4-82 行指令TRIGGER WHEN PATH，ASSIGN类型　图4-83 行指令TRIGGER WHEN PATH，FUNC类型

表4-33 行指令TRIGGER WHEN PATH参数对应说明

序号	说　明
1	以参考点为参照的位置移动。如果无需移动位置，则输入“0” • −1000～+1000mm 负值：朝运动起始方向移动 正值：朝运动结束方向移动 也可以示教位移，而不是在这里用数值指定。如果发生这种情况，则ONSTART栏自动被赋值为FALSE
2	触发器的参照点 • 有ONSTART：起始点 • 无ONSTART：终点 会通过按钮条下部的切换ONSTART设置或取消ONSTART
3	以 PATH 值为参照进行时间推移。如果无需在时间上推移，则输入“0” • −1000～+1000ms 如果不是这种情况，按钮条下部的切换延迟会使该字段可编辑 负值：朝运动起始方向移动 正值：触发器在时间结束后触发
4	数字输出端编号 • 1～8192 给输出端分配一个名称后，在数字旁边的右栏中加以显示
5	输出端被输出成的状态 • 勾选：高电平 • 未勾选：低电平
6	脉冲长度 • 0～3.00s
7	应被赋予值的变量 提示：不能使用运行时间变量
8	应分配给变量的值
9	应调用的子程序的名称
10	触发器的优先权 有优先级1、2、4～39 及 81～128可供选择。40～80预留给优先级由系统自动分配的情况。如果优先级应由系统自动给出，则应按如下进行编程：PRIO = −1 如果多个触发器同时调出子程序，则先执行最高优先级的触发器，然后再执行低优先级的触发器。“1”= 最高优先级

4.3.5 对样条的条件停止进行编程

（1）样条的条件停止概述

“条件停止”允许用户定义在满足特定条件时机器人停止的轨迹位置。该位置称为“停止点”。如果不再满足该条件，则机器人继续运行。机器人控制系统在运行期间计算出最迟必须制动的点，以便能够在停止点停止。从该点（=“制动点”）起，机器人控制系统分析是否满足条件。

如果在制动点上满足条件，则机器人制动，以便在停止点停止。但如果在到达停止点前重新变为“不满足”条件，则机器人重新加速，而不会停止。

如果制动点上不满足条件，则机器人继续运行，而不会制动。原则上可以任意编程设定多个条件停止。但最多允许有10段“制动点→停止点”相交。在制动过程中，机器人控制系统在T1/T2下显示以下信息：条件停止激活（行 {行号}）。

（2）给样条段或样条单个语句上的条件停止编程

操作步骤如下。

① 打开样条段或单个语句的行指令。

② 如要在行指令ADAT中未显示，对样条段，选择“切换参数”>“样条逻辑”。对单个语句，触碰“样条逻辑”按键。

③ 触摸ADAT旁边的箭头，打开逻辑参数的选项窗口。

④ 选择“条件停止”选项卡。

⑤ 在“条件停止”栏中设置ENABLED（启用）数值。其他栏显示出来。此处进行条件停止的设置。

⑥ 通过“指令OK”按键保存设置并且关闭行指令。

（3）“条件停止”选项卡

“条件停止”选项窗口如图4-84所示，参数对应说明如表4-34所示。

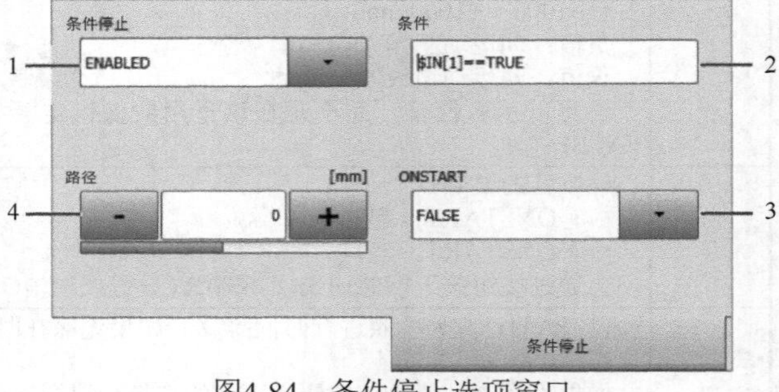

图4-84 条件停止选项窗口

表4-34 条件停止参数对应说明

序号	说明
1	• DISABLED（禁用）（默认）：没有条件停止，没有显示其他栏 • ENABLED（启用）：条件停止
2	停止条件。允许使用 • 全局布尔变量 • 信号名称 • 比较 • 简单的逻辑连接：NOT、OR、AND或EXOR
3	条件停止可与运动的起始点或目标点关联起来 • TRUE：起始点 • FALSE：终点 如轨迹已经逼近参照点，则适用于与PATH触发器相同的规则
4	可以移动停止点的位置。为此必须在此给出至起始点或目标点所需的距离。如果无需移动位置，则输入“0” • 正值：朝运动结束方向移动 • 负值：朝运动起始方向移动 停止点不可任意距离移动位置。适用于与PATH触发器相同的极限值。也可以示教位移，而不是在这里用数值指定。如果发生这种情况，则ONSTART栏自动被赋值为FALSE

图4-85　样条停止条件

（4）行指令STOP WHEN PATH编程

行指令STOP WHEN PATH为样条单个语句或样条组的条件停止进行编程，在指令行和样条指令之间允许有其他指令，还有运动指令LIN、CIRC、PTP，条件停止始终与样条有关。

操作步骤如下。

① 将光标放到其后应插入条件停止的那一行上。

② 选择菜单序列“指令”>“移动参数”>“样条停止条件”，如图4-85所示。

③ 在行指令中设置参数。

④ 按下“指令OK”按键。

（5）行指令STOP WHEN PATH选项卡

行指令STOP WHEN PATH选项卡如图4-86所示，参数对应说明如表4-35所示。

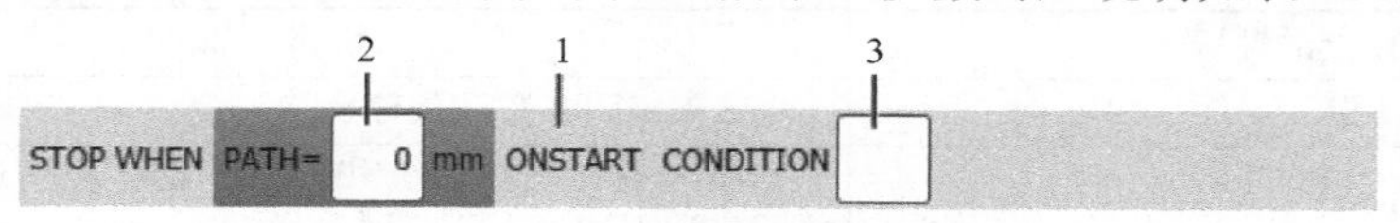

图4-86　行指令STOP WHEN PATH

表4-35　行指令STOP WHEN PATH参数对应说明

序号	说　明
1	条件停止参照的点 • 有ONSTART：起始点 • 无ONSTART：终点 如轨迹已经逼近了样条，则适用于与PATH触发器相同的规则。ONSTART可通过按键切换OnStart加以设置或删除
2	可以移动停止点的位置。为此必须给出距参照点所要的距离。如果无需移动位置，则输入“0” • 正值：朝运动结束方向移动 • 负值：朝运动起始方向移动 停止点不可任意远移动位置。适用于与PATH触发器相同的极限值。也可以示教位移，而不是在这里用数值指定。如果发生这种情况，则ONSTART栏自动被赋值为FALSE
3	停止条件 允许使用 • 全局布尔变量 • 信号名称 • 比较 • 简单的逻辑连接：NOT、OR、AND或EXOR

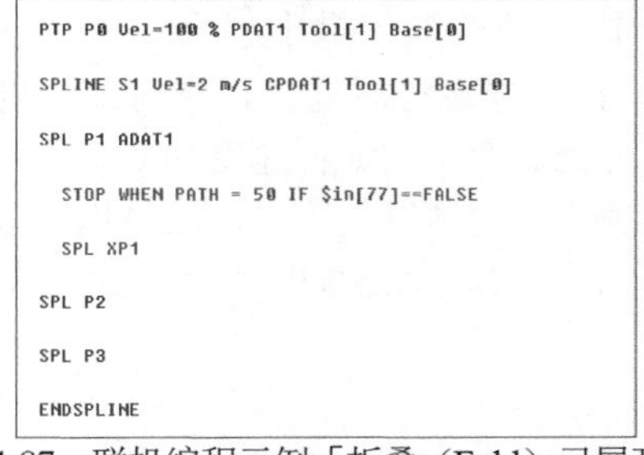
```
PTP P0 Vel=100 % PDAT1 Tool[1] Base[0]
SPLINE S1 Vel=2 m/s CPDAT1 Tool[1] Base[0]
SPL P1 ADAT1
  STOP WHEN PATH = 50 IF $in[77]==FALSE
  SPL XP1
SPL P2
SPL P3
ENDSPLINE
```

图4-87　联机编程示例［折叠（Fold）已展开］

（6）停止条件的示例和制动特性

① 示例程序。该示例显示了如何使用行指令进行编程，示例如图4-87所示。

第4行中，如果输入端$IN［77］为FALSE，则机器人停在P2后50mm处，然后等待至$IN［77］为TRUE为止，移动轨迹如图4-88所示，图中BP点和SP点的说明如表4-36所示。

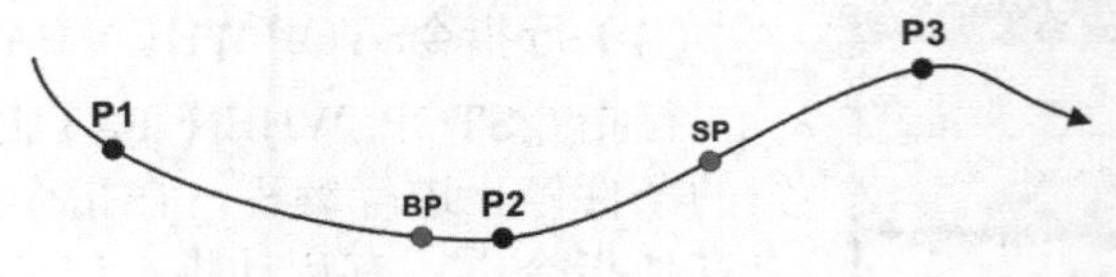

图4-88　STOP WHEN PATH示例轨迹

表4-36　BP点和SP点的说明

点	说　明
BP	制动点　（Brake Point）：机器人必须在此开始制动，以便能够在停止点停止 从该点起，机器人控制系统分析是否满足停止条件。BP位置取决于速度和倍率，用户无法识别
SP	停止点　（Stop Point），P2 → SP的距离是50mm

② 制动特性。机器人在示例程序中的制动特性情况如表4-37所示。

表4-37　制动特性情况

BP上的情况	机器人的动作
$IN［77］== FALSE	机器人制动并在SP处停止
$IN［77］==TRUE	机器人不制动并且在SP处不停止。程序运行，与没有指令“STOPWHEN PATH”时一样
① 在BP处，$IN［77］==FALSE ② 在BP和SP之间，输入端变为TRUE	① 机器人在BP处制动 ② 如输入端变为TRUE，则机器人重新加速，在SP处不停止
① 在BP处，$IN［77］==TRUE ② 在BP和SP之间，输入端变为FALSE	① 机器人在BP处不制动 ② 如输入端变为FALSE，则机器人顺沿轨迹紧急制动，并停在不可预见的点上

如果当机器人已经通过BP时才满足停止条件，那就太迟了，无法以正常制动斜坡停止在SP处。在这种情况下，机器人顺沿轨迹紧急制动，并停在不可预见的点上。

如果机器人在SP后通过紧急制动停止，则程序在不再满足停止条件时才继续运行。

如果机器人在SP前通过紧急制动停止，则程序继续运行时将出现以下情形：

① 不再满足停止条件时，机器人继续移动。

② 仍满足停止条件时，机器人移动至SP，并在该处停止。

4.3.6　为CP样条组的恒速运动区域编程

如果有可能，在CP样条组中可以定义机器人保持设定速度的区域。该区域被称为“恒速运动区域”。每个CP样条组可以定义一个恒速运动区域，恒速运动区域通过一个起始指令和一个终止指令加以定义，该区域不可以超出样条组，该区域可以任意小。

如果无法恒定保持编程设定的速度，则机器人控制系统在程序运行时通过信息对此加以显示。在多个段上的恒速运动区域，一个恒速运动区域可以延伸至具有不同编程速度的多个段。在这种情况下，整个区域适用最低的速度。即使是在具有较高编程设定速度的段中，这时也以最低速度运行。这时不会因为低于速度极限值而显示信息。仅当不能保持最低速度时才会显示信息。

注意：在PTP样条组中无法给恒速运动区域编程。

（1）操作步骤

为CP样条组的恒速运动区域编程操作步骤如下。

为恒速运动区域起点编程：

① 打开恒速运动区域应开始时的CP样条段行指令。

② 如要在行指令ADAT未显示，选择“切换参数”>“样条逻辑”。

③ 触摸ADAT旁边的箭头，逻辑参数的选项窗口会打开。

④ 选择“恒速”选项卡。

⑤ 在“恒速”栏中设置START（开始）数值，需要时进行其他设置。

⑥ 通过“指令OK”按键保存设置并且关闭行指令。

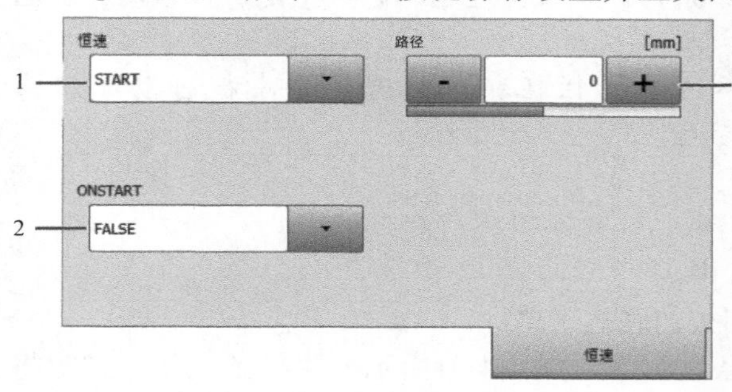

图4-89　恒速运动区域

为恒速运动区域结尾编程：

① 打开恒速运动区域应结束时的CP样条段行指令。

② 步骤②～⑥如同“为恒速运动区域起点编程”，但是在步骤⑤设置END（结束）。

（2）“恒速”选项卡

恒速运动区域如图4-89所示，参数对应说明如表4-38所示。

表4-38　恒速运动区域参数对应说明

序号	说　明
1	• START（起始）：规定恒速运动区域的起点 • END（终止）：规定恒速运动区域的终点
2	START或END可以运动的起始点或目标点为参照 • TRUE：START或END以起始点为参照 如果起始点已被轨迹逼近，则可以与PATH触发器时均匀轨迹逼近相同的方式得出参考点 • FALSE：START或END以目标点为参照 如果目标点已被轨迹逼近，则START或END以轨迹逼近弧线的起点为参照
3	恒速运动区域的起点和终点可以移动位置，为此给出所需的距离 • 正值：朝运动结束方向移动 • 负值：朝运动起始方向移动 也可以示教位移，而不是在这里用数值指定。如果发生这种情况，则 “ONSTART”栏自动被赋值为FALSE

（3）恒速运动区域中的语句选择

如在恒速运动区域内进行语句选择，则机器人控制系统忽略此选择并发出相关信息。运动执行情况就与没有编程设定恒速运动区域时一样。在由偏差值定义的轨迹段中语句选择可视作在恒速运动区域内进行语句选择。然而，在哪个运动组给此区域的起始端和末端编程都无关紧要。

（4）恒速运动区域的最大限制

如果样条组的起始点或目标点是精确暂停点，恒速运动区域最早在起始点处开始，恒速运动区域最迟在目标点处结束。

如果偏移值超出限制，则机器人控制系统自动减小偏量，并显示以下信息：CONST_VEL {起始/终止} = {偏量} 无法实现，{新偏量} 即被使用。

机器人控制系统减小偏量，以便能够保持编程设定的速度。这就是说，机器人控制系统不一定将极限准确移动至样条组的起始点或目标点，而是可能会往里移。

如果该区域从一开始就位于样条组中，但因偏量而无法保持设定的速度，也会显示相同的信息。机器人控制系统也会减小偏量。如果样条组的起始点或目标点已被轨迹逼近，恒速运动区域最早在起始点的轨迹逼近弧线的起点开始，恒速运动区域最迟在目标点的轨迹逼近弧线的起点结束，如图4-90所示。

如果偏量会超出该极限值，则机器人控制系统将极限自动设置为相关轨迹逼近弧线的起点。机器人控制系统不显示信息。

（5）示教样条逻辑的位置移动

在“逻辑参数”选项窗口可以为触发器、条件停止及恒速运动区域指定位置移动。除通过数值指定这些移动，也可以对其进行示教。

注意：如示教移动，则起始点是“参照点”栏在相应的选项卡中被自动赋值为FALSE，因为示教的距离以运动的目标点为参照。

操作步骤如下。

① 通过TCP移至所需的位置。

② 将光标放到要示教移动的运动指令行中。

③ 点击“更改”按键，自动打开指令相关的联机表单。

④ 打开“切换参数”窗口并选择“样条逻辑”，如图4-91所示，“样条动作”按键将变得可操作。

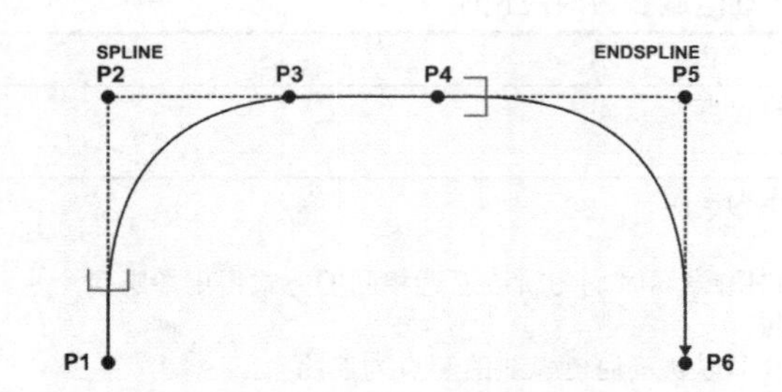

图4-90 轨迹逼近样条/终端样条时的最大极限值

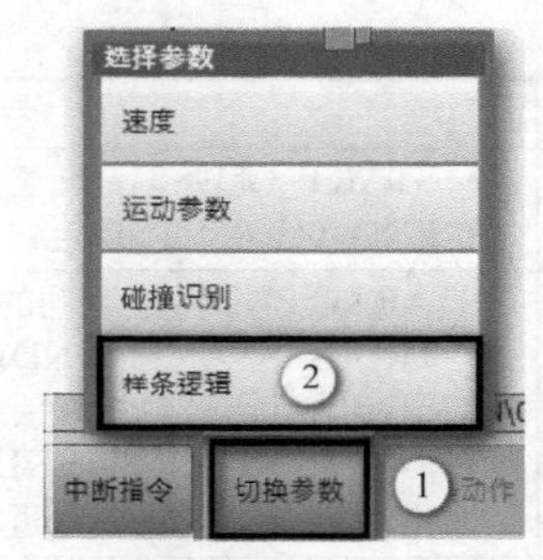

图4-91 选择“样条逻辑”

⑤ 点击“样条动作”按键，然后根据示教移动的目的点击，如图4-92所示按键中的一个，包括记录触发器轨迹、记录条件停止的轨迹、记录恒速运动区域的轨迹，与当前运动指令目标点的距离这时被应用为位置移动的值。

⑥ 点击“指令 OK”按键保存更改。

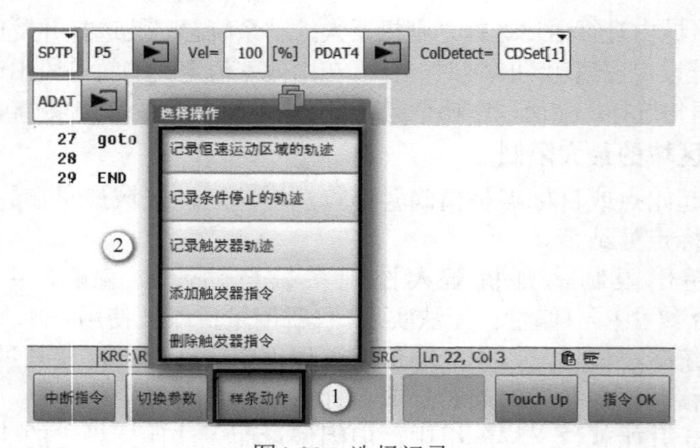

图4-92 选择记录

4.4 更改运动指令

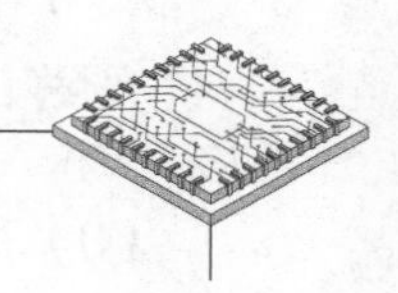

4.4.1 重新示教点

重新示教点可以改变一个已示教的点的坐标，因此须移至所需的新位置，并用新位置的坐标覆盖旧的点。操作步骤如下。

① 将TCP移至所需位置。

② 将光标放到要更改的运动指令行中。

③ 点击“更改”按键，将打开指令相关的联机表格。

④ 对PTP及LIN运动，按“Touch Up”按键，将当前TCP位置用作新的目标点，如图4-93所示。

图4-93 选择Touch Up

⑤ 对CIRC运动，点击“Touchup辅助点”按键，如图4-94所示，以便确认TCP的当前位置为新的辅助点。或点击“Touchup目标点”按键，以便确认TCP的当前位置为新的目标点。

图4-94 选择Touchup辅助点

⑥ 点击“是”按钮确认安全询问。

⑦ 用“指令 OK”按键存储变更。

4.4.2 分区段平移坐标

（1）操作步骤

① 选定应更改的运动语句（只有相连的运动语句才可用分区段方式进行更改）。

② 选择菜单序列“编辑”>“标记的区域”，选择不同类型，如图4-95所示，自动打开相关窗口。

③ 输入移动的数值，并按下计算键。“标记的区域”具有以下不同类型可供选用：

- 平移笛卡儿基坐标系；
- 平移笛卡儿工具坐标系；
- 平移笛卡儿世界坐标系；
- 平移—与轴相关的；
- 轴射影。

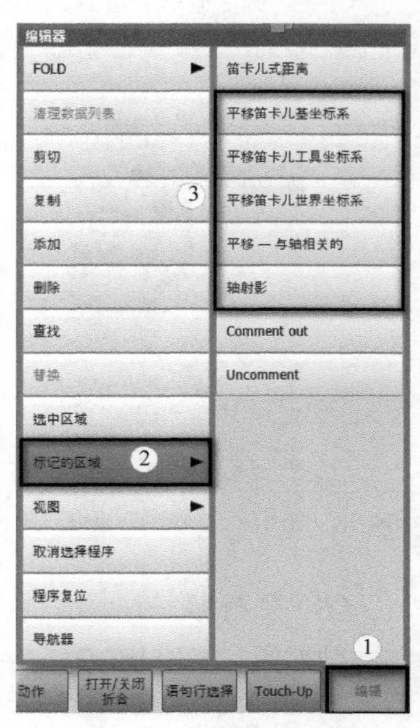

图4-95 选择标记区域

（2）平移基坐标系

平移笛卡儿基坐标系：平移以当前的基坐标系为基准。如图4-96所示，P点分别负向平移ΔX和ΔY，新的位置即为P^*点。

（3）平移工具坐标系

平移笛卡儿坐标系的工具：移动以当前的工具坐标系为基准。如图4-97所示，P点分别负向移动ΔX和ΔY，新的位置即为P^*点。

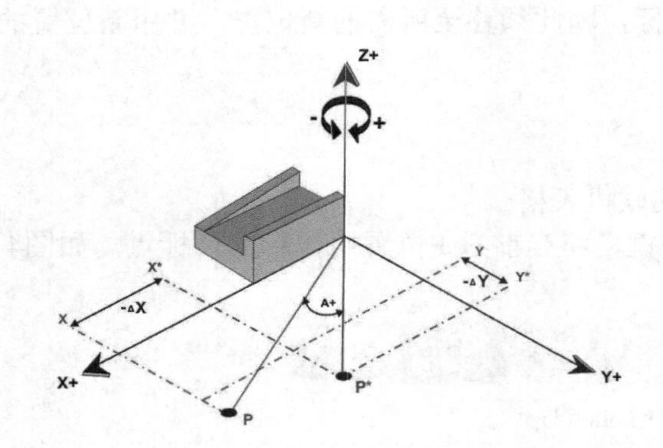

图4-96　笛卡儿基础（Base）坐标系平移

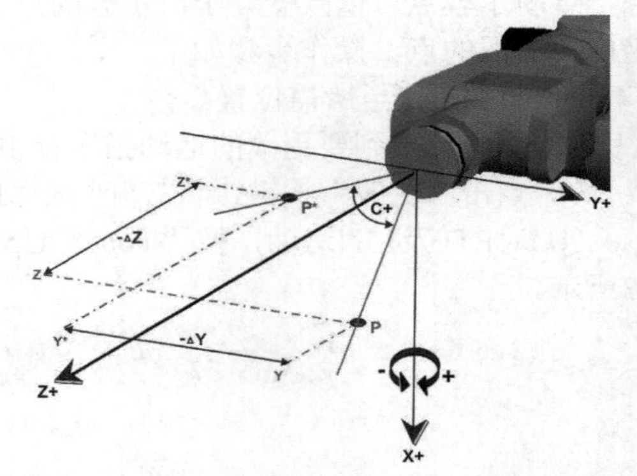

图4-97　笛卡儿工具（Tool）坐标系平移

（4）平移世界坐标系

平移笛卡儿世界坐标系：坐标值取决于当前世界坐标系。如图4-98所示，P点分别负向平移ΔX和ΔY，新的位置即为P^*点。

（5）平移极坐标式

平移—极坐标：此移动以极坐标方式进行。如图4-99所示，轴A5将旋转角度$\Delta\alpha$，P点的新位置即为P^*点。

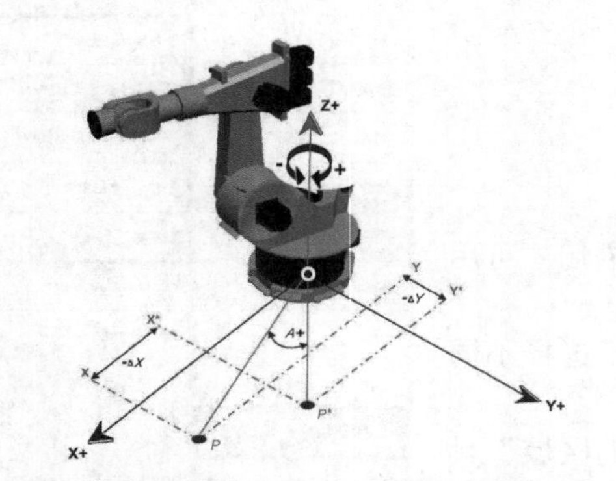

图4-98　笛卡儿世界（World）坐标系平移

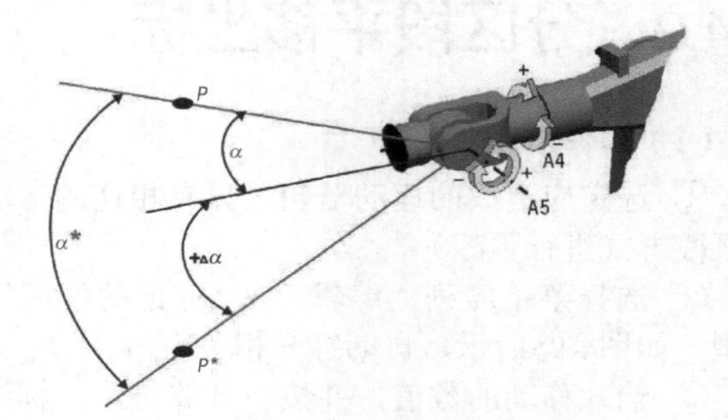

图4-99　极坐标式平移

（6）轴射影

轴射影：在ROBROOT坐标系内的X、Y平面进行射影。如图4-100所示，$P1$、$P2$和$P3$点将在X、Y平面①中被射影，新点的位置则为$P1^*$、$P2^*$和$P3^*$。

（7）轴射影窗口

轴射影窗口如图4-101所示，在该窗口中无须输入数值，用“计算”按键将点坐标在ROBROOT坐标系统的X、Z平面中进行射影。

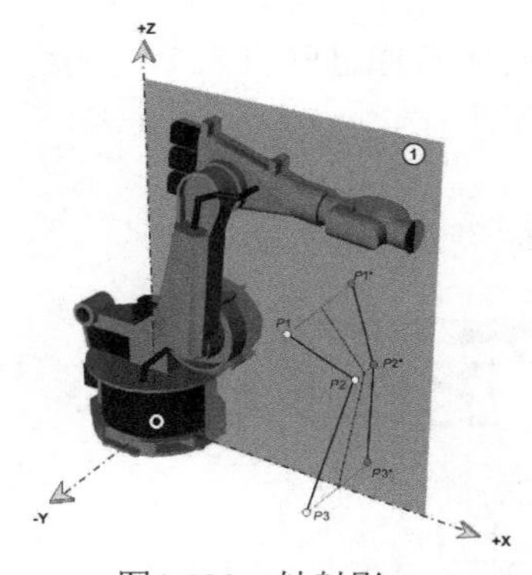

图4-100　轴射影

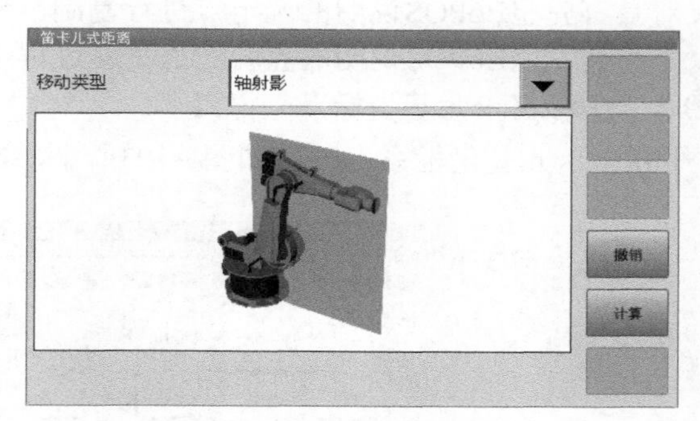

图4-101　轴射影窗口

注意：*进行轴射影之后，必须将所使用的工具也同样在X、Z平面进行射影。*

“计算”按键：将所选定的轨迹点坐标在X、Z平面进行射影，将坐标换算为轴角度，并采用该新值。

“撤销”按键：撤销进行的轴射影，并重新恢复原先的点数据。

仅对具有完整E6POS说明的选定点进行复制。例如，对所有通过联机表单在编程时生成的点进行复制。不具有完整E6POS说明的点将在点平移过程中被忽略不计。

（8）“平移—与轴相关的”窗口

“平移—与轴相关的”窗口如图4-102所示，对应参数说明如表4-39所示。

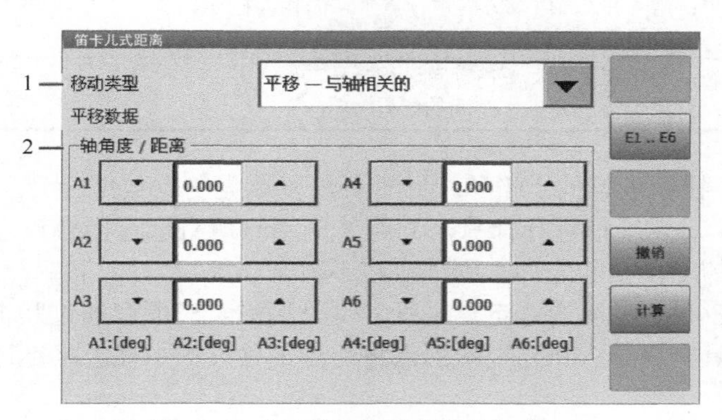

图4-102　“平移—与轴相关的”窗口

表4-39　“平移—与轴相关的”窗口参数对应说明

序号	说　明
1	选择平移类型
2	组轴角度/距离：用于平移轴A1～A6 值域：取决于极坐标工作空间的配置 通过E1～E6可切换至组别附加轴，附加轴用于平移轴E1～E6的输入栏 提示：只有对配置过的轴方可输入数值

E1～E6/A1～A6按键：在组别轴角度 / 距离与附加轴之间切换。

“撤销”按键：撤销进行的点平移，并重新恢复原先的点数据。

“计算”按键：对点平移进行计算，并将其应用于所有选定的轨迹点。如果一个点在平移之后将位于配置的工作空间之外，则该点将不被平移。

仅对具有完整E6POS说明的选定点进行复制。例如，对所有通过联机表单在编程时生成的点。不具有完整E6POS说明的点将在点平移过程中被忽略不计。

（9）“平移笛卡儿基坐标系”窗口

“平移笛卡儿基坐标系”窗口如图4-103所示，参数对应说明如表4-40所示。

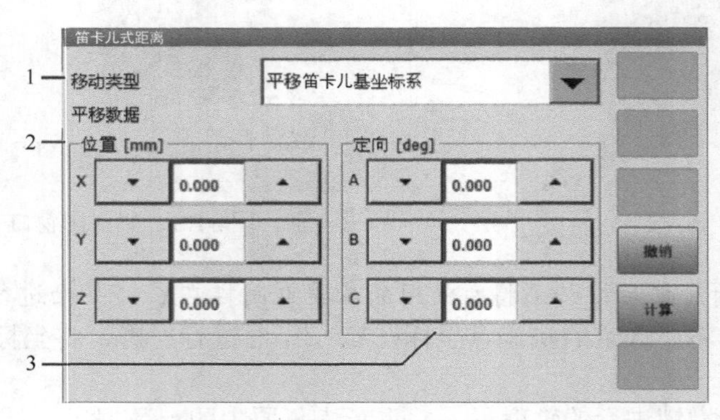

图4-103 “平移笛卡儿基坐标系”窗口

表4-40 平移笛卡儿基坐标系窗口参数对应说明

序号	说明
1	选择平移类型
2	组别位置：用于在X、Y、Z方向进行点平移的输入栏 • 值域：取决于笛卡儿工作空间的配置
3	组别姿态：用于在A、B、C各方向进行平移的输入栏 • 值域：取决于笛卡儿工作空间的配置

“撤销”按键：撤销进行的点平移，并重新恢复原先的点数据。

“计算”按键：对点平移进行计算，并将其应用于所有选定的轨迹点。如果一个点在平移之后将位于配置的工作空间之外，则该点将不被平移。

仅对具有完整E6POS说明的选定点进行复制。例如，对所有通过联机表单在编程时生成的点进行复制。不具有完整E6POS说明的点将在点平移过程中被忽略不计。

4.5 逻辑功能

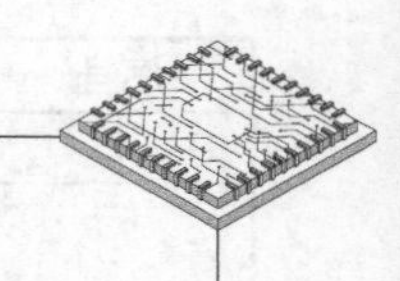

为实现与机器人控制系统的外围设备进行通信，可以使用数字式和模拟式输入端和输出端，如图4-104所示。与机器人逻辑功能相关的一些概念如表4-41所示。

表4-41　逻辑概念

概念	解　释	示　例
通信	通过接口交换信号	询问状态（抓爪打开/闭合）
外围设备	周围设备	工具（例如：抓爪、焊钳等）、传感器、材料输送系统等
数字式	数字技术：离散的数值和	传感器信号：工件存在，值1（TRUE/真）；工件不存在，值0（FALSE/假）
模拟式	模拟一个物理量	温度测量
输入端	通过现场总线接口到达控制器的信号	输入端
输出端	通过现场总线接口从控制	输出端

对KUKA机器人编程时，使用的是表示逻辑指令的输入端和输出端信号。逻辑指令的添加如图4-105所示，选择“指令”>“逻辑”，再选择相应编程指令。

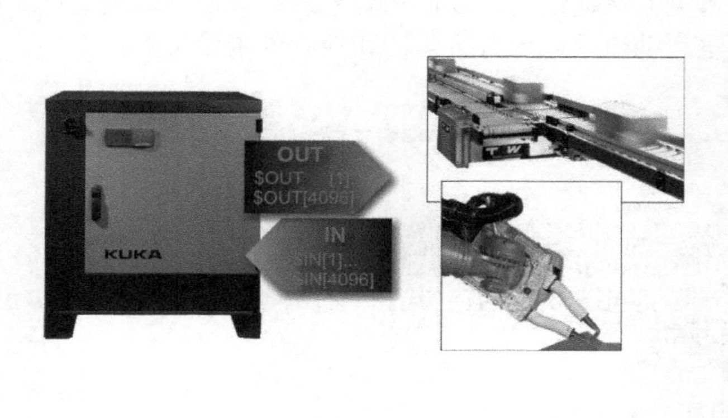

图4-104　数字输入/输出端

图4-105　选择逻辑指令

4.5.1　OUT指令

扫码看：输出指令控制夹具夹紧松开

（1）指令介绍

简单切换功能，可将数字信号传递给外部设备。通过I/O映射的方式，使$OUT［］数字输出状态与实际的外部I/O通道对应起来。

信号设为静态，即它一直存在，直至赋予输出端另一个值。切换功能在程序中通过联机表格实现，如图4-106所示。

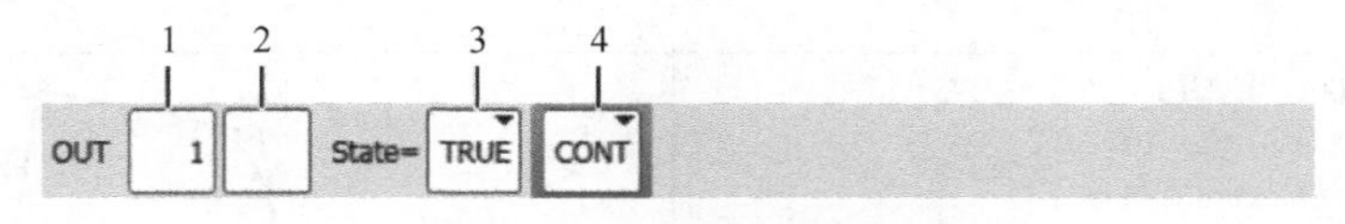

图4-106　OUT指令的联机表格

简单切换功能联机表单参数解析如表4-42所示。

表4-42　简单切换功能联机表单参数解析

编号	解　　析
1	数字输出端编号 KSS 8.3系统：1～4096 KSS 8.5系统及以上：1～8192
2	如果输出端已有名称，则会显示出来 仅限于专家用户组使用：通过点击长文本可输入名称。名称可以自由选择
3	输出端被切换成的状态 TRUE：高电平 FALSE：低电平
4	CONT：在预进中进行的编辑 ［空白］：含预进停止的处理

注：在使用CONT条目时必须注意：该信号是在预进中设置的。

（2）计算机预进

计算机预进时预先读入（操作人员不可见）运动语句，以便控制系统能够在有轨迹逼近指令时进行轨迹设计。但处理的不仅是预进运动数据，还有数学的和控制外围设备的指令，如图4-107所示。

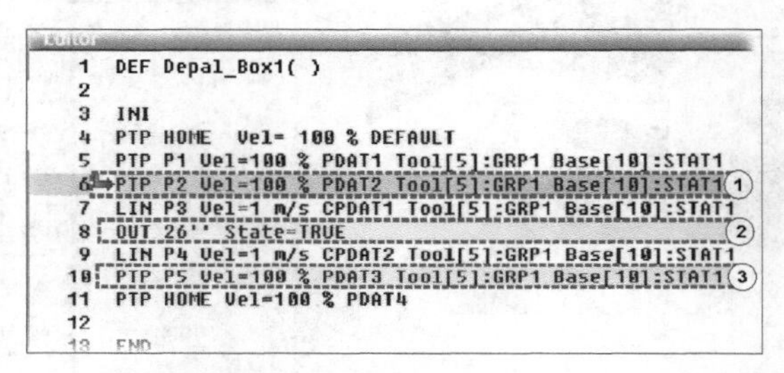

图4-107　计算机预进

①—主运行指针（灰色语句条）；②—触发预进停止的指令语句；③—可能的预进指针位置（不可见）

某些指令将触发一个预进停止。其中包括影响外围设备的指令，如OUT指令（抓爪关闭，焊钳打开）。如果预进指针暂停，则不能进行轨迹逼近。

运动程序中的等待功能可以很简单地通过联机表格进行编程，在这种情况下，等待功能被区分为与时间有关的等待功能和与信号有关的等待功能。

（3）程序举例

① 含切换和预进停止的运动举例。如果在OUT联机表格中去掉条目CONT，则在切换过程时必须执行预进停止，并接着在切换指令前于点上进行精确暂停。给输出端赋值后继续该运动。示例程序见表4-43。

表4-43　含切换和预进停止的运动举例

程　　序	轨　　迹
LIN P1 Vel=0.2 m/s CPDAT1 LIN P2 CONT Vel=0.2 m/s CPDAT2 LIN P3 CONT Vel=0.2 m/s CPDAT3 OUT 5 'rob_ready' State=TRUE LIN P4 Vel=0.2 m/s CPDAT4	P2 P3 P1 P4
在P3点将输出端5置为TRUE	

② 含切换和预进的运动示例。插入条目CONT的作用是预进指针不被暂停（不触发预进停止），因此，在切换指令前运动可以轨迹逼近。在预进时发出信号。示例程序如表4-44所示。

表4-44　含切换和预进的运动示例

程　　序	轨　　迹
LIN P1 Vel=0.2 m/s CPDAT1 LIN P2 CONT Vel=0.2 m/s CPDAT2 LIN P3 CONT Vel=0.2 m/s CPDAT3 OUT 5 'rob_ready' State=TRUE CONT LIN P4 Vel=0.2 m/s CPDAT4	
在P3之前将输出端5置为TRUE	

注意：预进指针的标准值占三行。但预进是会变化的，即必须考虑到，切换时间点不是保持不变的。

扫码看：等待指令的高级编程

4.5.2　WAIT指令

（1）时间等待功能介绍

① 在过程可以继续运行前，程序需要等待指定的时间。

② 为直接触发预进停止，可以将等待时间设置为0s。

③ 时间等待功能WAIT Time必定触发预进停止，前一条的运动语句无法进行轨迹逼近。

（2）指令格式

用WAIT可以使机器人的运动按编程设定的时间暂停。WAIT总是触发一次预进停止，WAIT指令的联机表格如图4-108所示。

图4-108中，1为等待时间，时间单位是s，联机表单时间范围为0～30。

图4-108　WAIT指令的联机表格

（3）程序举例

程序和对应轨迹如表4-45所示。

表4-45　WATI指令程序举例

程序	轨迹
PTP P1 Vel=100% PDAT1 PTP P2 Vel=100% PDAT2 WAIT Time=2 sec PTP P3 Vel=100% PDAT3	
在点P2上中断运动2s	

4.5.3　WAIT FOR指令

扫码看：输入指令和逻辑关系的使用

（1）WAIT FOR指令介绍

该指令设定了一个与信号有关的等候功能。需要时可将多个信号（最多12个）按逻辑连接。如果添加了一个逻辑连接，则联机表格中会出现用于附加信号和其他逻辑连接的栏。

（2）指令格式

WAIT FOR指令格式如图4-109所示，参数对应说明如表4-46所示。

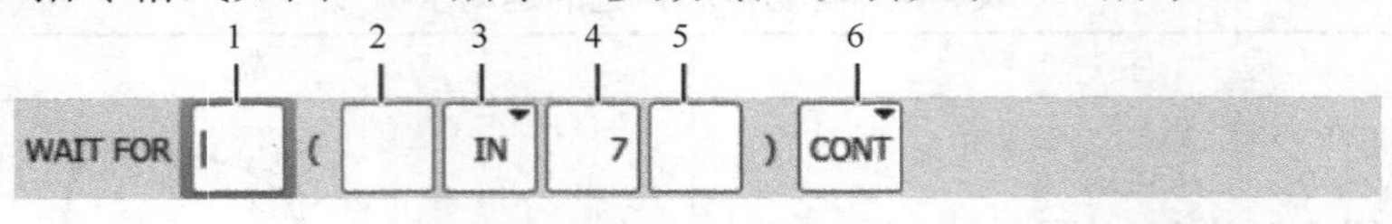

图4-109 WAIT FOR行指令

表4-46 WAIT FOR指令参数对应说明

序号	说明
1	• NOT：添加NOT •［空］
	添加括号外部逻辑运算。该项位于两个括号的表达式之间 通过相应的按键添加所需的项：AND、OR或EXOR
2	• NOT：添加NOT •［空］
	添加括号内部逻辑运算。运算符位于一个括号的表达式内 通过相应的按键添加所需的运算符：AND、OR或EXOR
3	等待的信号。默认选择 • IN、OUT、CYCFLAG、TIMER或FLAG 替代默认选择，通过“用户列表”按键可以显示一个带自定义变量的列表。前提条件：配置了该列表 系统列表重新显示默认选择。通过触碰按键可以在它们之间进行切换
4	• 如果从默认选择中选择了一个信号，则输入编号 • 如果从用户列表中选择了一个变量，则输入值
5	只在从默认选择中选择了一个信号时，该栏才存在。如果信号已有注释，则会显示出来 从专家用户组起，可以输入名称或更改现有的名称。只要还没有保存行指令，则可以通过点击长文本重新复位这些更改
6	• CONT：指令被预进指针执行 •［空］：指令触发预进停止

注：在使用条目CONT时必须注意该信号是在预进中被查询的，预进时间过后不能识别信号更改。

（3）逻辑连接

在应用与信号相关的等待功能时也会用到逻辑连接，如图4-110所示。用逻辑连接可将不同信号或状态的查询组合起来，例如可定义相关性，或排除特定的状态。

表达式(功能)
等待
运算符
In3 和 In4
结果
1 真
0 假
表达式(算子)

图4-110 逻辑连接

一个具有逻辑运算符的函数始终以一个真值为结果，即最后始终给出“真”（值1）或“假”（值0）。

逻辑连接的运算符：

• NOT | 该运算符用于否定，即使值逆反（由“真”变为“假”）。

• AND | 当连接的两个表达式为真时，该表达式的结果为真。

• OR | 当连接的两个表达式中至少一个为真时，该表达式的结果为真。

• EXOR | 当由该运算符连接的命题有不同的真值时，该表达式的结果为真。

（4）程序举例

① 没有预进的加工。与信号有关的等待功能在有预进或没有预进的加工下都可以进行编程设定。没有预进表示，在任何情况下都会将运动停在P2，并在该处检测信号，示例程

序和对应轨迹如表4-47所示。

表4-47　WATI指令没有预进的加工程序举例

程　　序	轨　　迹
PTP P1 Vel=100% PDAT1 PTP P2 CONT Vel=100% PDAT2 WAIT FOR IN 10 'door_signal' PTP P3 Vel=100% PDAT3	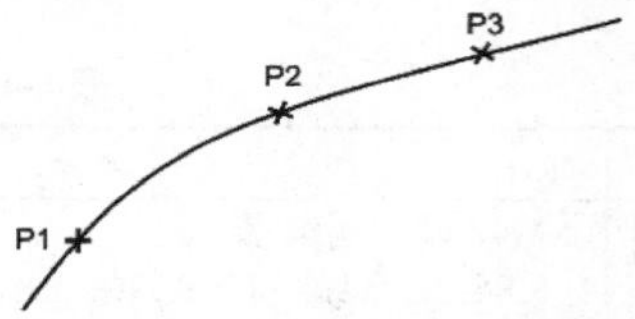 P3 P2 P1
精确到达P2点	

② 有预进的加工。有预进编程设定的与信号有关的等待功能允许在指令行前创建的点进行轨迹逼近。但预进指针的当前位置却不唯一（标准值：三个运动语句），因此无法确定信号检测的准确时间①（表4-48）。除此之外，信号检测后也不能识别信号更改。示例程序如表4-48所示。

表4-48　WATI指令有预进的加工程序举例

程序	轨迹
PTP P1 Vel=100% PDAT1 PTP P2 CONT Vel=100% PDAT2 WAIT FOR IN 10 'door_signal' CONT PTP P3 Vel=100% PDAT3	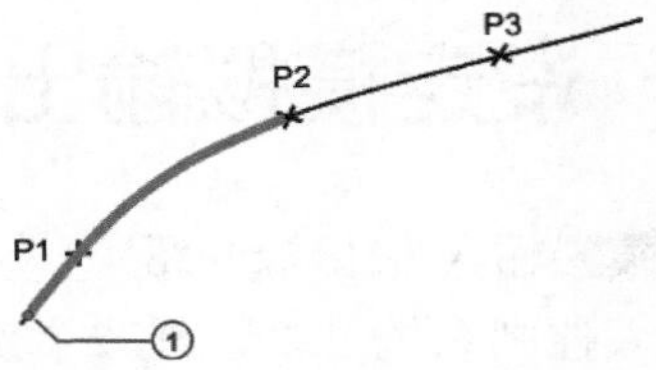 P3 P2 P1 ①
不会精确到达P2点	

4.5.4　PULSE指令

（1）脉冲切换功能介绍

与简单的切换功能OUT一样，输出端的数值也在变化。但在脉冲时，定义的时间过去之后，信号又重新取消，如图4-111所示。

图4-111　脉冲电平

PULSE指令功能如下。

① 设定一个输出脉冲。

② 在此过程中，输出端在特定时间（Time）内设置为定义的电平，一般为TRUE 高电平，经过设定的时间后，输出端自动复位。

③ PULSE（脉冲）指令会触发一次预进停止，关于预进停止的使用与简单切换功能相同。

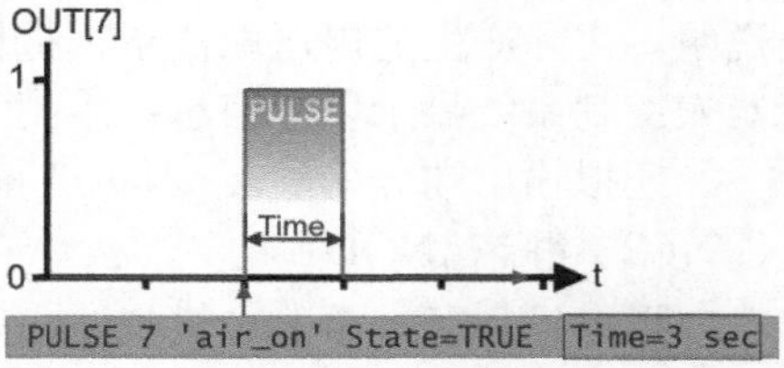

（2）指令格式

编程同样使用联机表格，在该联机表格中给脉冲设置了一定的时间长度，如图4-112所示，说明如表4-49所示。

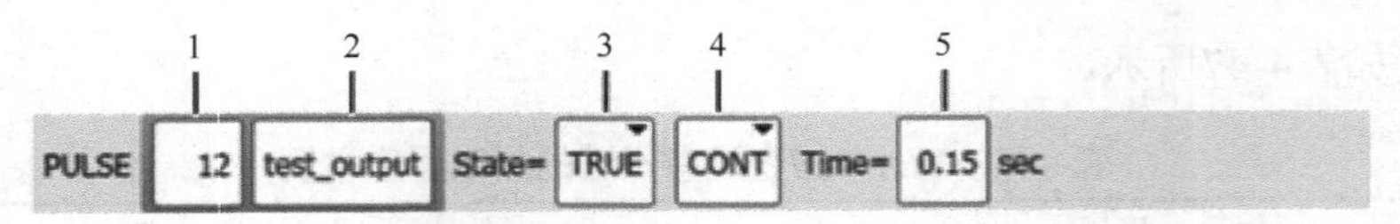

图4-112 PULSE的联机表格

表4-49 脉冲切换功能参数解析表

序号	说 明
1	数字输出端编号 KSS 8.3系统：1～4096 KSS 8.5系统及以上：1～8192
2	如果输出端已有名称，则会显示出来。从专家用户组起，可以输入名称或更改现有的名称。只要还没有保存行指令，则可以通过点击长文本重新复位这些更改
3	输出端被输出成的状态 • TRUE：高电平 • FALSE：低电平
4	• CONT：指令被预进指针执行 •［空］：指令触发预进停止
5	脉冲长度 • 0.10～3.00s

4.5.5 设定模拟输出端

（1）模拟输入/输出端介绍

机器人控制系统可以管理32个模拟输入端和32个模拟输出端。输入/输出端可通过以下系统变量管理，如表4-50所示。

表4-50 模拟端系统变量

输入端	输出端
$ANIN［1］… $ANIN［32］	$ANOUT［1］… $ANOUT［32］

$ANIN［…］显示输入端电压，在−1.0～+1.0范围内调整，实际电压取决于模拟模块的设置。

通过$ANOUT［…］可设置模拟电压。$ANOUT［…］可通过−1.0～+1.0之间的值加以说明。实际产生的电压取决于模拟模块的设置。如尝试将电压值设置成超出值域范围，则机器人控制系统显示以下信息：限制 {信号名称}。

模拟输出端分为静态ANOUT和动态ANOUT两种。

（2）静态ANOUT

指令设定了一个静态模拟输出端。电压由一个系数设置在一个固定值上，实际电压的大小取决于所使用的模拟模块。例如当系数为0.5时，一个10V模块产生的电压为5V。

ANOUT触发一次预运行停止，输出格式如图4-113所示，参数对应说明如表4-51所示。

图4-113 静态ANOUT联机表格

表4-51　静态ANOUT参数对应说明

序号	说　明
1	模拟输出端编号：CHANNEL_1～CHANNEL_32
2	电压系数：0～1（分级：0.01）

（3）动态ANOUT

该指令可关闭或打开一个动态的模拟输出端。最多可以同时接通4个动态模拟输出端。ANOUT触发一次预运行停止。电压由一个系数决定，实际电压的大小取决于下列各值。

① 速度或函数发生器。例如，系数为0.5时，1m/s的速度产生5V电压。

② 偏差。例如，0.5V电压有+0.15的偏差，会产生6.5V电压。

动态ANOUT输出格式如图4-114所示，参数对应说明如表4-52所示。

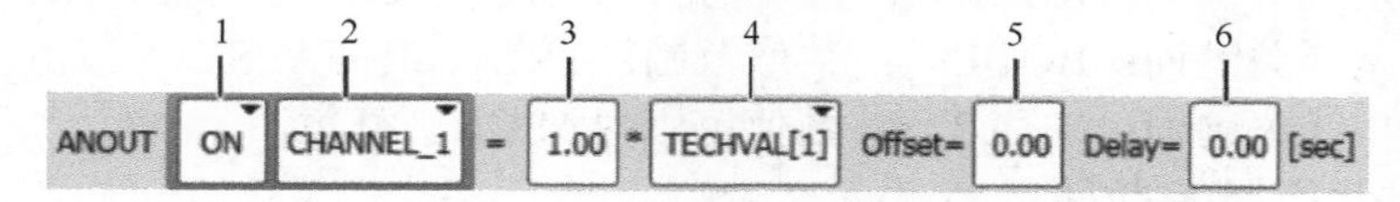

图4-114　动态ANOUT联机表格

表4-52　动态ANOUT参数对应说明

序号	说　明
1	模拟输出端的接通或关闭：接通（ON）、关闭（OFF）
2	模拟输出端编号：CHANNEL_1～CHANNEL_32
3	电压系数：0～10（分级：0.01）
4	VEL_ACT：电压取决于速度 TECHVAL［1］～TECHVAL［6］：　电压通过一个函数发生器控制
5	提高或降低电压的数值：–1～+1（分级：0.01）
6	延迟（+）或提前（–）发出输出信号的时间：–0.2～+0.5s

4.6　变量的应用

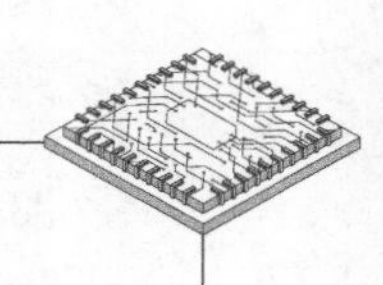

4.6.1　概述

（1）变量概述

KRL是KUKA的编程语言，变量的概述如下。

① 使用KRL对机器人进行编程时，从最普通的意义上来说，变量就是在机器人进程的运行过程中出现的计算值（“数值”）的容器。

② 每个变量在计算机的存储器中有一个专门指定的地址。

③ 每个变量有一个非KUKA关键词的名称。

④ 每个变量属于一个专门的数据类型。

⑤ 在使用前必须声明数据类型。

⑥ 在KRL中，变量可划分为局部变量和全局变量。

（2）变量的命名规则

① 变量名称长度最多允许24个字符。

② 变量名称允许含有字母（A～Z）、数字（0～9）及特殊字符“_”和“$”。

③ 变量名称不允许以数字开头。

④ 变量名称不允许使用系统关键词。

⑤ 变量名称不区分大小写（但还是建议使用驼峰规则来定义变量）。

（3）变量的数据类型

KRL的预定义的标准数据类型共有4种。

① 整数类型（关键词：INT）：数值范围：–231～231–1。

② 实数类型（关键词：REAL）：数值范围：±1.110–38～±3.410+38。

③ 布尔类型（关键词：BOOL）：数值范围：TRUE 或 FALSE。

④ 字符类型（关键词：CHAR）：数值范围：ASCII字符集。

（4）变量的生存期/有效性

生存期是指变量预留存储空间的时间段。运行时间变量在退出程序或函数时重新释放存储位置。数据列表中的变量持续获得存储位置中的当前值。

① 在SRC文件中创建的变量被称为运行时间变量，其特征如下。

a. 不能被一直显示。

b. 仅在被声明的程序段中有效，因此变量仅在局部DEF和END行之间可用（主程序或局部子程序）。

c. 在到达程序的最后一行（END行）时重新释放存储位置。

② 局部DAT文件中的变量特征如下。

a. 在相关SRC文件的程序运行时可以一直被显示。

b. 在完整的SRC文件中可用，即在所有的局部子程序中也有效。

c. 可创建为全局变量，全局可用，只要为DAT文件制定关键词PUBLIC并在声明时再另外制定关键词GOLBAL，则在所有程序中就可以读写。

d. 获得DAT文件中的当前值，重新调用时以所保存的值开始。

③ 系统文件$CONFIG.DAT中的变量特征如下。

a. 在所有程序中都可用（全局），即在所有程序中都可以读写。

b. 即使没有程序在运行，也始终可以被显示。

c. 获得$CONFIG.DAT文件中的当前值。

4.6.2 声明

（1）变量的声明概述

变量在使用前必须进行声明和指定变量的类型，变量声明的关键词为DECL，对KRL预定义的标准数据类型，DECL声明关键字可以省略。变量声明的位置有三种选择。

① 在SRC程序文件中进行声明。

② 在DAT数据文件中进行初始化。

③ 在$CONFIG数据文件中进行初始化。

（2）变量的双重声明

① 双重声明始终出现在使用相同的字符串（名称）时，如果在不同的SRC或DAT文件中使用相同的名称，则不属于双重声明。

② 在同一个SRC和DAT文件中进行双重声明是不允许的，并且会生成错误信息。

③ 在SRC或DAT文件及$CONFIG.DAT中允许双重声明。

a. 运行已定义好变量的程序时，只会更改局部值，而不会更改$CONFIG.DAT中的值。

b. 运行“外部”程序时，只会调用和修改$CONFIG.DAT中的值。

（3）变量声明的操作

在声明具有简单数据类型变量时的操作步骤如下。

1）在SRC文件中创建变量

① 设置专家用户组。

② 使DEF行显示出来。

③ 在编辑器中打开SRC文件。

④ 声明变量，如图4-115所示。

⑤ 关闭并保存程序。

2）在DAT文件中创建变量

① 设置专家用户组。

② 在编辑器中打开DAT文件。

③ 声明变量，如图4-116所示。

④ 关闭并保存数据列表。

3）在$CONFIG.DAT中创建变量

① 设置专家用户组。

② 在编辑器中打开SYSTEM（系统）文件中的$CONFIG.DAT。

③ 选择FOLD“USER GLOBALS”，如图4-117所示，然后用“打开/关闭Fold”按键将其打开。

```
DEF MY_PROG ( )
DECL INT counter
DECL REAL price
DECL BOOL error
DECL CHAR symbol
INI
...
END
```

图4-115　在SRC文件中创建变量

```
DEFDAT MY_PROG
EXTERNAL DECLARATIONS
DECL INT counter
DECL REAL price
DECL BOOL error
DECL CHAR symbol
...
ENDDAT
```

图4-116　在DAT文件中创建变量

```
DEFDAT $CONFIG
BASISTECH GLOBALS
AUTOEXT GLOBALS
USER GLOBALS
ENDDAT
```

图4-117　选择FOLD“USER GLOBALS”

④ 在用户自定义变量下面声明变量，如图4-118所示。

⑤ 关闭并保存数据列表。

4）在DAT文件中创建全局变量

① 设置专家用户组。

② 在编辑器中打开DAT文件。

③ 通过关键词PUBLIC扩展程序头中的数据列表。

④ 声明变量，如图4-119所示。

⑤ 关闭并保存数据列表。

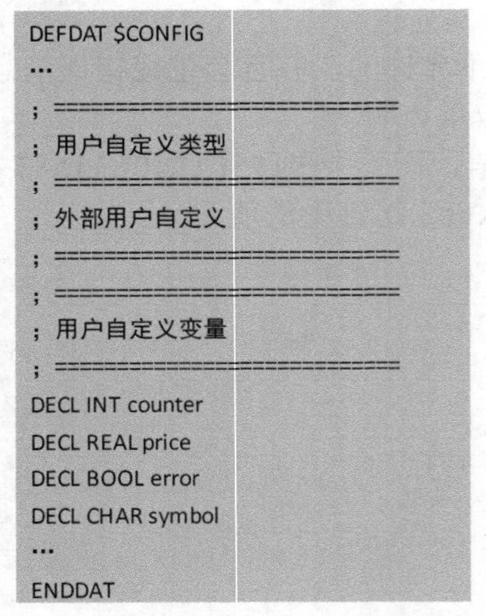

```
DEFDAT $CONFIG
...
; ==========================
; 用户自定义类型
; ==========================
; 外部用户自定义
; ==========================
; ==========================
; 用户自定义变量
; ==========================
DECL INT counter
DECL REAL price
DECL BOOL error
DECL CHAR symbol
...
ENDDAT
```

图4-118　在$CONFIG.DAT中创建变量

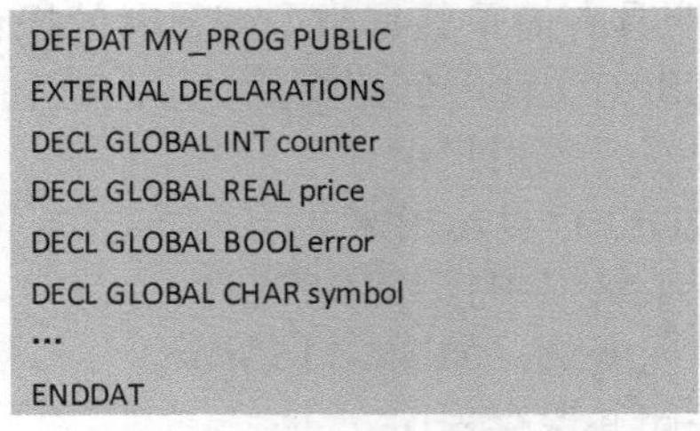

```
DEFDAT MY_PROG PUBLIC
EXTERNAL DECLARATIONS
DECL GLOBAL INT counter
DECL GLOBAL REAL price
DECL GLOBAL BOOL error
DECL GLOBAL CHAR symbol
...
ENDDAT
```

图4-119　在DAT文件中创建全局变量

4.6.3　初始化

SRC文件中的程序结构如图4-120所示。

```
DEF main ()
; 声明部分
...
; 初始化部分
INI
...
; ? ? ? ?
PTP HOME Vel=100% DEFAULT
...
END
```

图4-120　程序结构

① 在声明部分必须声明变量。

② 初始化部分从第一个赋值开始，但通常都是从“INI”行开始。

③ 在指令部分会赋值或更改值。

（1）简单数据类型变量的初始化

1）KRL初始化说明

① 每次声明后变量都只预留了一个存储位置，值总是无效值。

② 在SRC文件中声明和初始化始终在两个独立的行中进行。

③ 在DAT文件中声明和初始化始终在一行中进行，常量必须在声明时即初始化。

④ 初始化部分以第一次赋值开始。

2）初始化的方法

① 初始化为十进制数

```
Value=58
```

② 初始化为二进制数

```
Value= 'B111010'
```

③ 初始化为十六进制数

```
Value= 'H3A'
```

（2）使用KRL初始化时的操作步骤

1）在SRC文件中声明和初始化

① 在编辑器中打开SRC文件。

② 已声明完毕。
③ 执行初始化，如图4-121所示。
④ 关闭并保存程序。
2）在DAT文件中声明和初始化
① 在编辑器中打开DAT文件。
② 已声明完毕。
③ 执行初始化，如图4-122所示。
④ 关闭并保存数据列表。

```
DEF MY_PROG（）
DECL INT counter
DECL REAL price
DECL BOOL error
DECL CHAR symbol
INI
Counter=10
Price=0.0
error=FALSE
symbol= “X”
...
END
```

图4-121　在SRC文件中声明和初始化

```
DEFDAT MY_PROG
EXTERNAL DECLARATIONS
DECL INT counter=10
DECL REAL price=0.0
DECL BOOL error=FALSE
DECL CHAR symbol= “X”
...
ENDDAT
```

图4-122　在DAT文件中声明和初始化

3）在DAT文件中声明和在SRC文件中初始化
① 在编辑器中打开DAT文件。
② 进行声明，如图4-123所示。
③ 关闭并保存数据列表。
④ 在编辑器中打开SRC文件。
⑤ 执行初始化，如图4-124所示。
⑥ 关闭并保存程序。
4）常量的声明和初始化
① 在编辑器中打开DAT文件。
② 进行声明和初始化，常量的声明需用关键词CONST，如图4-125所示。
③ 关闭并保持数据列表。

```
DEFDAT MY_PROG
EXTERNAL DECLARATIONS
DECL INT counter
DECL RERL price
DECL BOOL error
DECL CHAR symbol
...
ENDDAT
```

图4-123　在DAT文件中声明

```
DEF MY_PROG ( )
...
INI
Counter=10
Price=0.0
Error=FALSE
Symbol= “X”
...
END
```

图4-124　在SRC中初始化

```
DEFDAT MY_PROG
EXTERNAL DECLARATIONS
DECL CONST INT max_size=99
DECL CONST REAL PI=3.1415
...
ENDDAT
```

图4-125　常量的声明和初始化

4.6.4 数据操作

根据具体任务，可以不同方式在程序进程（SRC文件）中改变变量值。下面介绍最常用的方法，也可借助于位运算和标准函数进行操纵，但不在此深入介绍。

用KRL对简单数据类型的变量值进行操作。

（1）用KRL修改变量值的方法（表4-53）

表4-53　修改变量值的运算方法

基本运算类型	比较运算	逻辑运算	位运算	标准函数
（+）加法 （–）减法 （*）乘法 （/）除法	（==）相同/等于 （<>）不同 （>）大于 （<）小于 （>=）大于等于 （<=）小于等于	（NOT）反向 （AND）逻辑“与” （OR）逻辑“或” （EXOR）“异或”	（B_NOT）按位取反运算 （B_AND）按位与 （B_OR）按位或 （B_EXOR）按位异或	绝对值函数 平方根函数 正弦和余弦函数 正切函数 反余弦函数 反正切函数 多种字符串处理函数

（2）数据操作时的关系

1）使用数据类型REAL和INT时的数据更改

① 四舍五入，如图4-126所示。

② 数学运算结果（+，–，*）举例如图4-127所示。

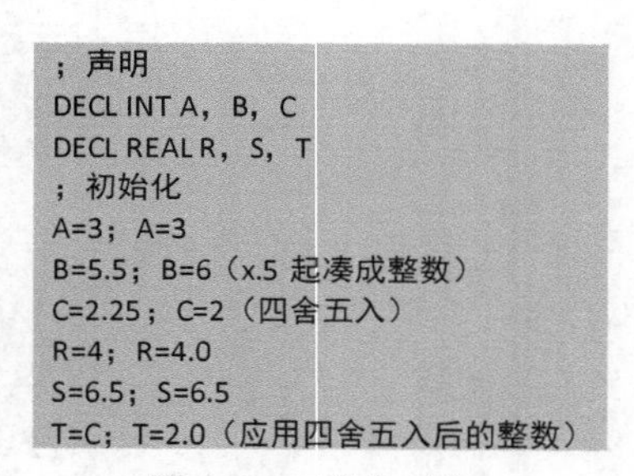

图4-126　四舍五入

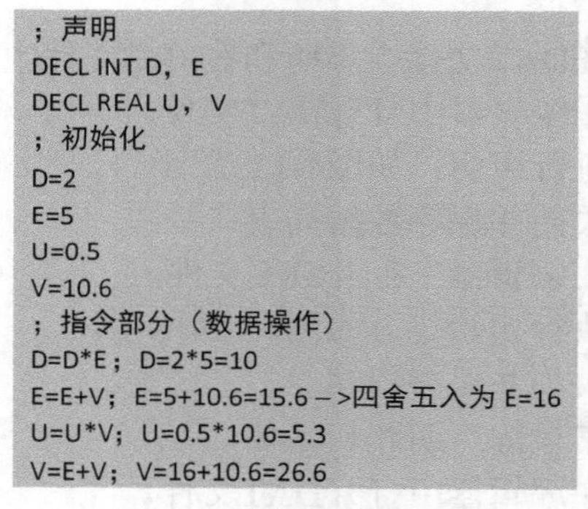

图4-127　变量数学运算

2）使用整数值运算时的特点（如图4-128示例所示）

① 纯整数运算的中间结果会去掉所有小数位。

② 给整数变量赋值时会根据一般计算规则对结果进行四舍五入。

3）比较运算

通过比较运算可以构成逻辑表达式。比较结构始终是BOOL数据类型，如图4-129所示。

4）逻辑运算

通过逻辑运算可以构成逻辑表达式。这种运算的结果始终是BOOL数据类型，如图4-130所示。

5）运算符优先级

运算将根据其优先级顺序进行，示例如图4-131所示，运算符优先级如表4-54所示。

```
；声明
DECL INT F
DECL REAL W
；初始化
F=10
W=10.0
；指令部分（数据操作）
；INT/INT–>INT
F=F/2；F=5
F=10/4；F=2（10/4=2.5 – >省去小数点后面的尾数）
；REAL/INT–>REAL
F=W/4；F=3（10.0/4=2.5 – >四舍五入为整数）
W=W/4；W=2.5
```

图4-128　整数值运算

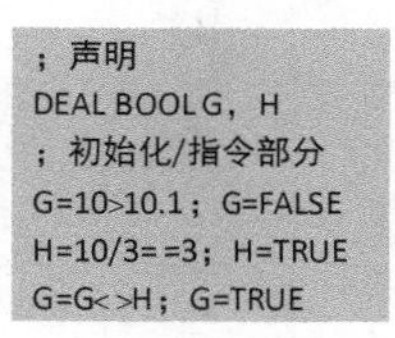

```
；声明
DEAL BOOL G，H
；初始化/指令部分
G=10>10.1；G=FALSE
H=10/3==3；H=TRUE
G=G<>H；G=TRUE
```

图4-129　比较运算

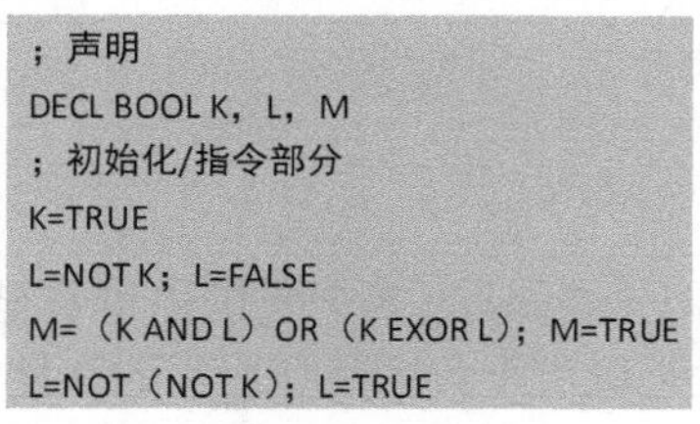

```
；声明
DECL BOOL K，L，M
；初始化/指令部分
K=TRUE
L=NOT K；L=FALSE
M=（K AND L）OR（K EXOR L）；M=TRUE
L=NOT（NOT K）；L=TRUE
```

图4-130　逻辑运算

```
；声明
DECL BOOL X，Y
DECL INT Z
；初始化/指令部分
X=TRUE
Z=4
Y=（4*Z+16<>32）AND X；Y=FALSE
```

图4-131　运算符优先级

表4-54　运算符优先级

优先级	运算符
1	NOT（B_NOT）
2	乘（*）；除（/）
3	加（+），减（–）
4	AND（B_AND）
5	EXOR（B_EXOR）
6	OR（B_OR）
7	各种比较（==；<>；...）

4.6.5　变量监控

变量定义好后，在程序运行过程中可对变量进行监控。变量监视设置如下。

① 按下主菜单按键，在菜单中选择“显示”>“变量”>“单个”，如图4-132所示。

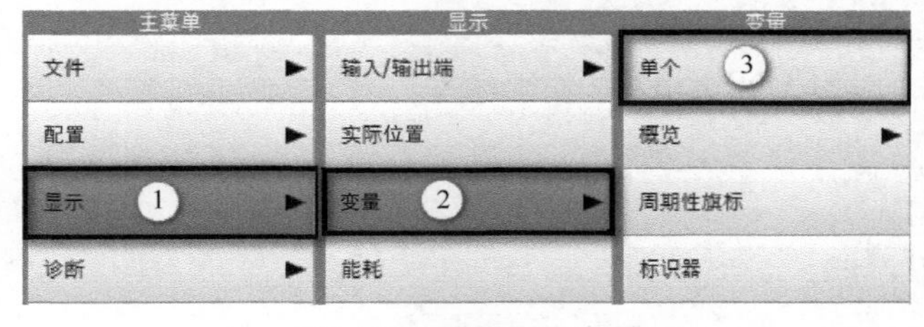

图4-132　选择显示变量

② 在“单项变量显示”窗口中输入变量名，点击“更新”按键，可以监视某个变量的值，如图4-133所示。

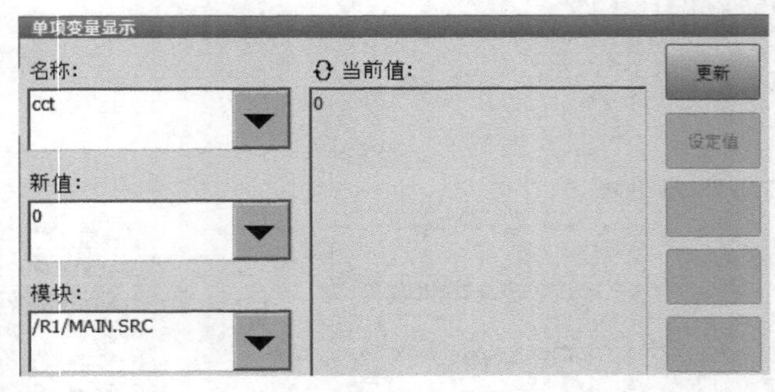

图4-133　监视变量

扫码看：数组变量的介绍和使用

4.6.6　数组变量

（1）KRL数组

数组（Arrays）可为具有相同数据类型并借助下标区分的多个变量提供存储位置。

① 数组的存储位置是有限的，即最大数组的大小取决于数据类型所需的存储空间大小。

② 声明时，数组大小和数据类型必须已知。

③ KRL中的起始下标始终从1开始。

④ 初始化始终可以逐个进行。

⑤ 在SRC文件中的初始化也可以采用循环方式进行数组维数。

（2）数组维数

KRL支持3种数组，分别是一维数组、二维数组、三维数组，KRL不支持四维及四维以上的数组，3种数组举例如下。

```
dimension [4] = TRUE
dimension [2, 1] = 3.25
dimension [3, 4, 1] = 21
```

（3）数组声明

① 在SCR文件中建立：

```
DEF MY_PROG ( )
DECL BOOL error[10]
DECL REAL value[50, 2]
DECL INT parts[10, 10, 10]
INI
...
END
```

② 在数据列表（即$CONFIG.DAT）中建立：

```
DEFDAT MY_PROG
EXTERNAL DECLARATIONS
DECL BOOL error[10]
DECL REAL value[50, 2]
DECL INT parts[10, 10, 10]
...
EN DDAT
```

③ 在SRC文件中对数组进行声明并初始化。

a. 通过调用索引单独对每个数组进行声明和初始化。

```
DECL BOOL error[10]
Error[1]=FALSE
Error[2]=FALSE
Error[3]=FALSE
Error[4]=FALSE
Error[5]=FALSE
Error[6]=FALSE
Error[7]=FALSE
Error[8]=FALSE
Error[9]=FALSE
Error[10]=FALSE
```

b. 以合适的循环对数组进行声明和初始化。

```
DECL BOOL error[10]
DECL INT x
FOR x=1TO 10
Error[x]=FALSE
ENDFOR
```

（4）在数据列表中声明初始化数组

① 在每一个数组的数据列表中通过调用索引单独进行，接着将值显示在数据列表中。

```
DEFDAT MY_PROG
EXTERNAL DECLARATIONS
DECL BOOL    error[10]
Error[1]=FALSE
Error[2]=FALSE
Error[3]=FALSE
Error[4]=FALSE
Error[5]=FALSE
Error[6]=FALSE
Error[7]=FALSE
Error[8]=FALSE
Error[9]=FALSE
Error[10]=FALSE
```

② 在数据列表中不允许进行以下的声明和初始化。

```
DEFDAT MY_PROG
EXTERNAL DECLARATIONS
DECL BOOLerror [10]
DECL INT size = 32
error[1]=FALSE
error[2]=FALSE
error[3]=FALSE
error[4]=FALSE
error[5]=FALSE
error[6]=FALSE
error[7]=FALSE
error[8]=FALSE
error[9]=FALSE
error[10]=FALSE
```

若这样声明和初始化数组，将生成10条“初始值语句不在初始化部分内”的出错信息。如果在主菜单中选择“显示”>“变量”>“单个”，打开“单项变量显示”窗口，并且在“名称”栏输入带方括号且无下标的变量名称（例如：error［］），则可以显示整栏。

(5) **在数据列表中对数组进行声明并在SRC文件中进行初始化**

假如数组是建立在数据列表中，则不能在数据列表中查看当前值，只能通过变量显示检查当前值。

```
DEFDAT MY_PROG
EXTERNAL DECLARATIONS
DECL BOOL error[10]
DEF MY_PROG ( )
INI
   error[1]=FALSE
   error[2]=FALSE
   error[3]=FALSE
...
error[10]=FALSE
```

或

```
DEF MY_PROG ( )
INI
FORx = 1 TO 10
   error[x]=FALSE
ENDFOR
```

4.6.7 结构体变量

(1) 结构体概述

KRL结构是一种复合型数据类型，其包含多种单一信息的变量。用数组可将同种数据类型的变量汇总。但在现实中，大多数变量是由不同数据类型构成的。例如，对一辆汽车而言，发动机功率或里程数为整数型；对价格而言，实数型最适用；而空调设备的存在则与此相反，应为布尔型。所有部分汇总起来可描述一辆汽车。用关键词STRUC可自行定义一个结构。结构是不同数据类型的组合。

```
STRUC CAR_TYPE INT motor，REAL price，BOOL air_condition
```

一种结构必须首先经过定义，然后才能继续使用。

(2) 结构的使用

1）结构的可用性/定义

① 创建的局部结构在到达END行时便无效。

② 在多个程序中使用的结构必须在$CONFIG.DAT中进行声明。

③ 为便于辨认，自定义的结构应以TYPE结尾。

④ 在结构中可使用简单的数据类型INT、REAL、BOOL及CHAR。

```
STRUC CAR_TYPE INT motor，REAL price，BOOL air_condition
```

⑤ 在结构中可以嵌入CHAR数组。

```
STRUC CAR_TYPE INT motor，REAL price，BOOL air_condition，CHAR car_model［15］
```

⑥ 在结构中也可以使用诸如位置POS等已知结构。

```
STRUC CAR_TYPE INT motor，  REAL price，  BOOL air_condition，  POS car_pos
```

⑦ 定义完结构后，还必须对此声明工作变量。

```
STRUC CAR_TYPE INT motor，REAL price，BOOL air_condition DECL CAR_TYPE my_car
```

2）结构的初始化/更改

① 初始化可通过括号进行。

② 通过括号初始化时只允许使用常量（固定值）。

③ 赋值顺序可以不用理会。

```
my_car = {motor 50，price 14999.95，air_condition TRUE}
my_car = {price 14999.95，motor 50，air_condition TRUE}
```

④ 在结构中不必指定所有结构元素。

⑤ 一个结构将通过一个结构元素进行初始化。

⑥ 未初始化的值已被或将被设置为未知值。

```
my_car = {motor 75}；价格和空调设备的未知数值
```

⑦ 初始化也可以通过点号进行。

```
my_car.price = 9999.0
```

⑧ 结构元素可随时通过点号逐个进行重新更改，同时不删除或更改其他结构元素。

```
my_car = {price 14999.95，motor 50，air_condition TRUE}
my_car.price = 12000.0；电机和空调设备的数值保持不变
```

但是如果通过括号对某一值进行单独更改，其他结构元素会被删除。

```
my_car = {price 14999.95，motor 50，air_condition TRUE}
my_car = {price 12000.0}；删除电机和空调设备的数值
```

3）位置范围内预设定的KUKA结构

KUKA经常以保存在系统中的预设定结构工作。

```
AXIS：STRUC AXIS REAL A1，A2，A3，A4，A5，A6
E6AXIS：STRUC E6AXIS REAL A1，A2，A3，A4，A5，A6，E1，E2，E3，E4，E5，E6
FRAME：STRUC FRAME REAL X，Y，Z，A，B，C
POS：STRUC POS REAL X，Y，Z，A，B，C
E6POS：STRUC E6POS REAL X，Y，Z，A，B，C，E1，E2，E3，E4，E5，E6 INT S，T
```

4）带一个位置的结构的初始化

① 通过括号初始化时只允许使用常量（固定值）。

```
STRUC CAR_TYPE INT motor，REAL price，BOOL air_condition，POS car_pos DECL CAR_TYPE my_car
my_car = {price 14999.95，motor 50，air_condition TRUE，car_pos {X 1000，Y 500，A 0}}
```

② 初始化也可以通过点号进行。

```
my_car.price = 14999.95
my_car.motor = 50
my_car.air_condition = TRUE
my_car.car_pos = {X 1000，Y 500，A 0}
```

③ 通过点号进行初始化时也可以使用变量。

```
my_car.price = my_price*0.85
my_car.car_pos.X = x_value
my_car.car_pos.Y = 750+y_value
```

（3）创建结构

① 结构的定义。

```
STRUC CAR_TYPE INT motor，REAL price，BOOL air_condition
```

② 工作变量声明。

```
DECL CAR_TYPE my_car
```

③ 工作变量的初始化。

```
my_car = {motor 50，price 14999.95，air_condition TRUE}
```

④ 值的更改和/或工作变量的值比较。

```
my_car.price = 5000.0
my_car.price = value_car
IF my_car.price >= 20000.0 THEN
```

4.6.8 枚举变量

枚举数据类型ENUM由一定量的常量（例如红、黄或蓝）组成：

```
ENUM COLOR_TYPE green，lue，red，yellow
```

常量可自由选择名称，由编程员确定。一种枚举类型必须首先经过定义，然后才能继续使用。如COLOR_TYPE型箱体颜色的工作变量只能接收一个常量的一个值。常量的赋值始终以符号#进行。

（1）枚举数据类型的应用（如下程序）

```
ENUM COLOR_TYPE green，blue，red，yellow
STRUC CAR_TYPE INT motor，REAL price，COLOR_TYPE car_color
```

① 只能使用已知常量。
② 枚举类型可扩展任意多次。
③ 枚举类型可单独使用。
④ 枚举类型可嵌入结构中。
⑤ 在多个程序中使用的枚举类型必须在 $CONFIG.DAT 中进行声明。
⑥ 为便于辨认，自定义的枚举类型应以 TYPE 结尾。

（2）枚举数据类型的有效性/生存期

① 创建的局部枚举类型在到达END行时便无效。
② 在多个程序中使用的枚举类型必须在$CONFIG.DAT中进行声明。

（3）枚举数据类型的命名

① 枚举类型及其常量的名称应一目了然。
② 不允许使用关键词。
③ 为便于辨认，自定义的枚举类型应以TYPE结尾生成枚举数据类型。

（4）生成枚举数据类型

① 枚举变量和常量的定义。

```
ENUM LAND_TYPE de，be，cn，fr，es，br，us，ch
```

② 工作变量声明。

```
DECL LAND_TYPE my_land
```

③ 工作变量的初始化。

```
my_land = #be
```

④ 工作变量的值比较。

```
IF my_land == #es THEN
...
ENDIF
```

4.6.9 系统变量

KUKA系统数据类型有：枚举数据类型，例如运行方式（mode_op）；结构，例如日期/时间（date）。

系统信息可从KUKA系统变量中获得，例如：

① 读取当前的系统信息。
② 更改当前的系统配置。
③ 已经预定义好并以“$”字符开始，如$DATE（当前时间和日期）、$POS_ACT（当

前机器人位置）。

常用系统变量如下。

① $ADVANCE：运动指令语句预读行数。

② $ACT_BASE：当前的基坐标号。

③ $ACT_TOOL：当前工具号。

④ $FLAG [ ]：全局运算标志。

⑤ $DATE：显示系统时间。

⑥ $IN [ ]：数字输入端。

⑦ $MODE_OP：当前运行方式显示。

⑧ $OUT [ ]：数字输出端。

⑨ $POS_ACT：当前机器人TCP的位置。

⑩ $TIMER：定时器。

⑪ $TIMER_STOP：定时器启动停止。

⑫ $OV_PRO：程序自动倍率。

4.7 KRL流程控制

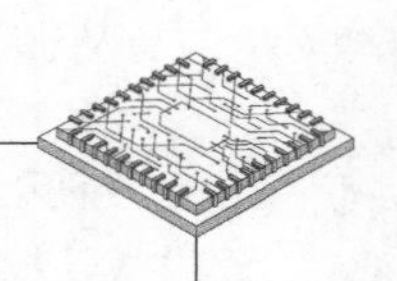

KUKA工业机器人的KRL编程有很多流程控制指令，例如循环、条件分支、跳转等。在KSS 8.3系统中，进行流程控制编程需要切换到专家用户组，用键盘输入流程控制指令。在KSS 8.6及以上系统中，KUKA smartPAD将大部分流程控制指令已经归结到逻辑控制指令下，编程时无需手动输入，只需在指令中的逻辑列表选择即可，如图4-134所示。选择完指令，格式框架就会出来，手动输入参数即可；对没有的指令，才需要手动输入。

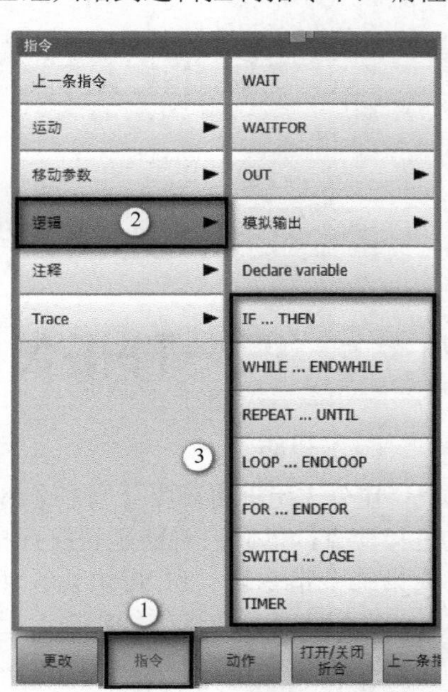

图4-134　选择流程控制指令

4.7.1 CONTINUE：防止预进停止

（1）说明

用CONTINUE可防止将在下面的程序行中出现的预进停止。即使在此涉及的是一个空行，CONTINUE也始终指的是下面的行。如果下面的行中有ON_ERROR_PROCEED的例外，则CONTINUE首先指的是其后的行。

（2）指令格式

```
CONTINUE
```

（3）示例

① 防止两个预进停止。

```
CONTINUE
$OUT [1] =TRUE
CONTINUE
$OUT [2] =FALSE
```

在该情况下，在预进中设定这些输出端，但何时精确地对其进行设定则无法预测。

② 带CONTINUE的ON_ERROR_PROCEED。

```
ON_ERROR_PROCEED
CONTINUE
$OUT [1] =TRUE
```

```
CONTINUE
ON_ERROR_PROCEED
$OUT [1] =TRUE
```

这些指令顺序在作用方面相同。在两个示例中，ON_ERROR_PROCEED和CONTINUE对$OUT [1] =TRUE起作用。

4.7.2 EXIT：离开循环

（1）说明

从循环中跳出。然后在该循环后继续程序，在每个循环中都允许使用EXIT。

（2）指令格式

```
EXIT
```

（3）示例

如果$IN[1]变为TRUE，则离开循环，然后在ENDLOOP后继续程序。

```
  DEF EXIT_PROG（）
  PTP HOME
  LOOP
        PTP POS_1
        PTP POS_2
        IF $IN [1] == TRUE THEN
           EXIT
        ENDIF
        CIRC HELP_1, POS_3
        PTP POS_4
ENDLOOP
PTP H
```

扫码看：IF…ELSE条件语句数字输入输出判断实操演示

4.7.3 IF…THEN：条件分支

（1）说明

IF分支用于将程序分为多个路径。IF指令会对可能为真（TRUE）或为假（FALSE）的条件进行检查，借此来判断是否执行指令。条件分支取决于条件，执行第一个指令块（THEN块）或第二个指令块（ELSE块）。然后在ENDIF后继续程序。允许缺少ELSE块。在条件不满足时，在ENDIF后立即继续程序。指令块中的指令数量没有限制。可以相互嵌套多个IF指令。

（2）指令格式

IF分支语句格式如下：

```
F条件THEN
```

```
  指令
<ELSE
  指令>
ENDIF
```

扫码看：IF 条件分支语句的逻辑流程

IF分支语句条件参数如图4-135所示，IF指令格式中的参数对应说明如表4-55所示。

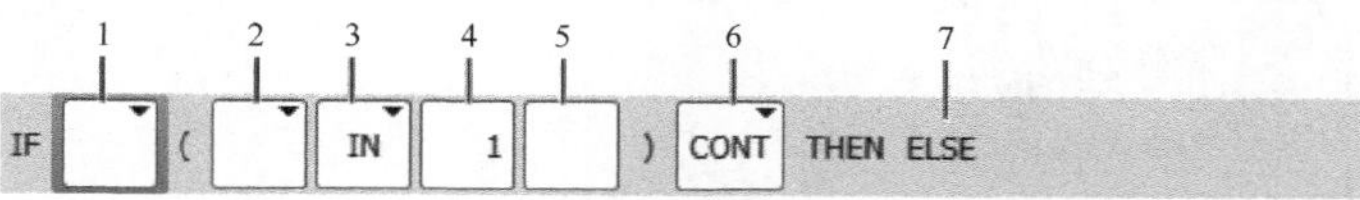

图4-135　IF分支语句条件参数

表4-55　IF指令格式参数对应说明

序号	说　明
1	• NOT：添加NOT •［空］
	添加括号外部逻辑运算。该项位于两个括号的表达式之间。通过相应的按键添加所需的项：AND、OR或EXOR
2	• NOT：添加NOT •［空］
	添加括号内部逻辑运算。运算符位于一个括号的表达式内。 通过相应的按键添加所需的运算符：AND、OR 或 EXOR
3	要分析的信号。默认选择 • IN、OUT、CYCFLAG、TIMER 或 FLAG 也可以编程其他信号。因此有以下按键可用。触碰按键将显示下一个 • 自由文本：显示在其中可输入 KRL 的栏 • 用户列表：显示带自定义变量的列表。前提条件：配置了该列表 • 系统列表：重新显示默认选择
4	• 如果从默认选择中选择了一个信号：输入编号 • 如果从用户列表中选择了一个变量：输入值
5	只在从默认选择中选择了一个信号时，该栏才存在。如果信号已有注释，则会显示出来。从专家用户组起：可以输入名称或更改现有的名称。只要还没有保存行指令，则可以通过点击长文本重新复位这些更改
6	• CONT：指令被预进指针执行 •［空］：指令触发预进停止
7	通过相应的按键添加 ELSE，焦点必须在1或2栏上

通过按键更改只能更改条件，ELSE或CONT无法添加或删除。

IF分支程序流程图如图4-136所示。

（3）示例

① 没有可选分支的IF分支。

```
DEF MY_PROG ( )
DECL INT error_nr
…
INI
Error_nr=4
；仅在error_nr 5时移至P21
IF error_nr== 5 THEN
PTP P21 Vel=100% PDAT21
```

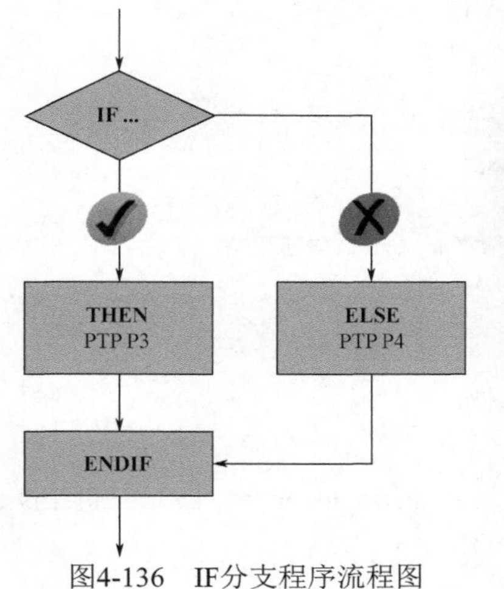

图4-136　IF分支程序流程图

扫码看：IF 条件分支语句多种实例介绍

```
ENDIF
…
END
```

② 有可选分支的IF分支。

```
DEF MY_PROG ( )
DECL INT error_nr
…
INI
Error_nr=4
；仅在error_nr 5时移至P21，否则至P22
IF error_nr== 5 THEN
PTP P21 Vel=100% PDAT21
ELSE
PTP P22 Vel=100% PDAT22
ENDIF
…
END
```

扫码看：IF 条件语句数字输入判断实操演示

③ 有复杂执行条件的IF分支。

```
DEF MY_PROG ( )
DECL INT error_nr
…
INI
Error_nr=4
；仅在error_nr 1或10或大于99时移向P21
IF ((error_nr==1)OR(error_nr==10)OR
(error_nr>99)) THEN
PTP P21 Vel=100% PDAT21
ENDIF
…
END
```

④ 有布尔表达式的IF分支。

```
DEF MY_PROG ( )
DECL BOOL no_error
…
INI
no_error =TRUE
…
；仅在无故障（no_error）时移至P21
IF no_error==TRUE THEN
PTP P21 Vel=100% PDAT21
ENDIF
…
END
```

注意： 表达式IF no_error == TRUE THEN也可以简化为IF no_error THEN，省略始终表示比较为真（TRUE）。

4.7.4 WHILE…ENDWHILE：当型循环

（1）说明

当型循环是一直重复指令块直到满足了特定条件的循环。如果不满足条件，则用ENDWHILE后的下一个指令继续程序。在每次循环执行之前检查条件。如果从一开始就不满足条件，则不执行指令块。循环可嵌套，在循环已嵌套时，则首先完整地执行外部循环，然后完整地执行内部循环。

（2）指令格式

扫码看：用 WHILE 指令实现多次循环

WHILE语句格式如下：

```
WHILE 重复条件
  指令块
ENDWHILE
```

当型循环可通过EXIT指令立即退出。

WHILE语句条件参数如图4-137所示，指令格式中的参数1～6和IF指令格式中的1～6一样，这里不再赘述。

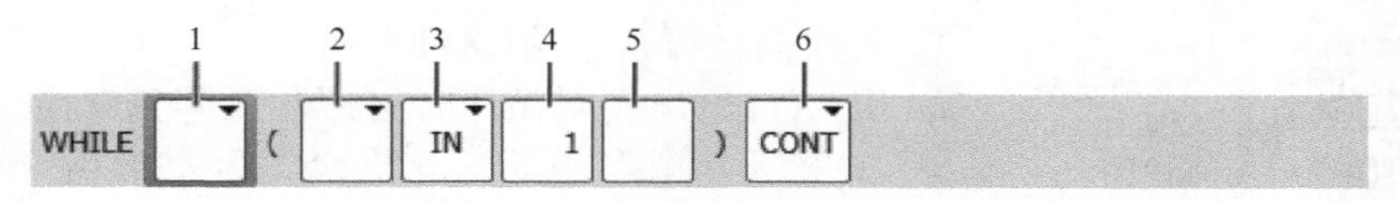

图4-137　WHILE语句条件参数

当型循环流程图如图4-138所示。

① 当型循环用于先检测是否开始某个重复过程。

② 如果完成循环，必须满足执行条件。

③ 执行条件不满足时会导致立即结束循环，并执行ENDWHILE后的指令。

（3）示例

① 具有简单执行条件的当型循环。

```
…
WHILE IN[41]==TRUE；部件备好在库中
PICK_PART ( )
ENDWHILE
…
```

② 具有简单否定型执行条件的当型循环。

```
…
WHILE NOT IN[42]= =TRUE；输入端42：库为空
PICK_PART ( )
ENDWHILE…
```

或

```
…
WHILE IN[42]==FALSE；输入端42：库为空
PICK_PART ( )
ENDWHILE…
```

③ 具有复合执行条件的当型循环。

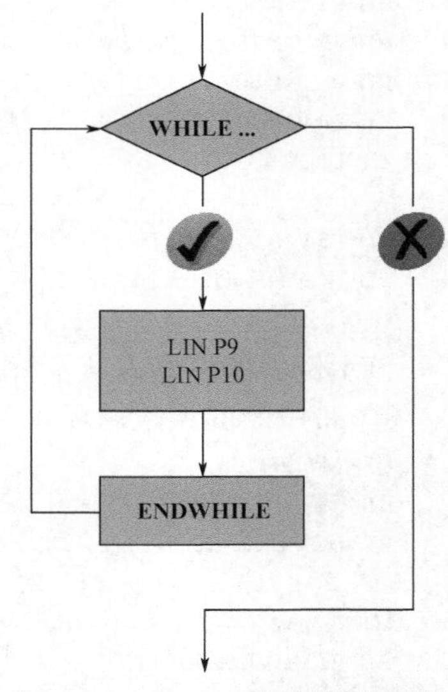

图4-138　WHILE当型循环流程图

```
…
WHILE ((IN[42]==TRUE) AND (IN[41]==FALSE) OR (counter>20))
PALETTE ( )
ENDWHILE
```

扫码看：LOOP死循环和跳出指令编程

4.7.5 LOOP…ENDLOOP：无限循环

（1）说明

LOOP连续重复指令块的循环。可以用EXIT离开循环。循环可嵌套，在循环已嵌套时，则首先完整地执行外部循环。然后完整地执行内部循环。

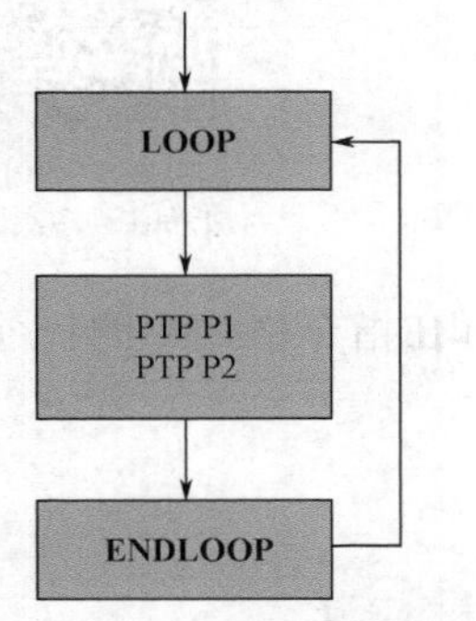

图4-139 无限循环程序流程图

（2）指令格式

LOOP语句格式如下：

```
LOOP
  指令
ENDLOOP
```

无限循环程序流程图如图4-139所示。

① 无限循环可直接用EXIT退出。

② 用EXIT退出无限循环时必须注意避免碰撞。

③ 如果两个无限循环互相嵌套，则需要两个EXIT指令以退出两个循环。

（3）示例

① 无中断的无限循环。

```
DEF MY_PROG ( )
INI
PTP HOME Vel=100% DEFAULT

LOOP
PTP P1 Vel=90% PDAT1
PTP P2 Vel=100% PDAT2
PTP P3 Vel=50% PDAT3
PTP P4 Vel=100% PDAT4
ENDLOOP

PTP P5 Vel=30% PDAT5
PTP HOMEVel=100% DEFAULT
END
```

该示例中的机器人从不行驶到P5点。

② 带中断的无限循环。

```
DEF MY_PROG ( )
INI
PTP HOME Vel=100% DEFAULT

LOOP
PTP P1 Vel=90% PDAT1
PTP P2 Vel=100% PDAT2
```

```
IF $IN[3]==TRUE THEN；中断的操作
EXIT
ENDIF
PTP P3 Vel=50% PDAT3
PTP P4 Vel=100% PDAT4
ENDLOOP

PTP P5 Vel=30% PDAT5
PTP HOME Vel=100% DEFAULT
END
```

该示例中，只要机器人输入端3为TRUE，则机器人会移到P5点。

注意：对P2和P5之间的运动必须检查是否会发生碰撞。

扫码看：计数循环FOR语句的使用

4.7.6 FOR…ENDFOR：计数循环

（1）说明

FOR指令用来计数循环，直到计数器超出或低于定义的值。在应用块的最后一次执行后，用ENDFOR后的第一个指令继续程序。可以用EXIT提前离开循环。循环可嵌套，在循环已嵌套时，则首先完整地执行外部循环，然后完整地执行内部循环。

① FOR循环是一种可以通过规定重复次数执行一个或多个指令的控制结构。

② 步幅为+1时的句法。

```
FOR counter =start TO last
；指令
EN DFOR
```

③ 步幅（increment）也可通过关键词STEP指定为某个整数。

```
FOR counter=start TO last STEP increment
；指令
ENDFOR
```

（2）指令格式

FOR语句格式如下：

```
FOR计数器=起始值TO终值<STEP步幅>
  <指令>
ENDFOR
```

FOR语句条件参数如图4-140所示，FOR指令格式中的参数对应说明如表4-56所示。

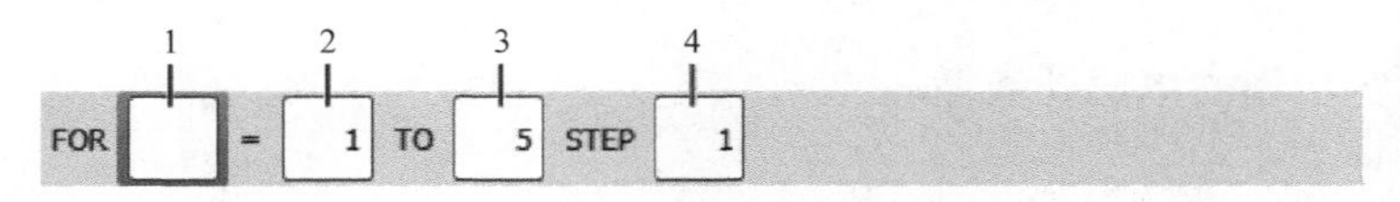

图4-140　FOR语句条件参数

表4-56　FOR指令格式参数对应说明

序号	说　明
1	对循环进行计数的INT变量，“计数变量”。变量可能，但是不必事先声明。该值可以在循环之内和之外的指令中使用。离开循环之后，该变量拥有最后接受的值

续表

序号	说　明
2	起始值：自动给计数变量预分配起始值
3	终值：在超出或低于终值时，循环结束
4	步幅：每次循环执行结束后，计数变量自动以步幅变化，该值不得为负 默认：1 • 正值：在计数变量大于终值时，循环结束 • 负值：在计数变量小于终值时，循环结束 该值不允许为零或变量

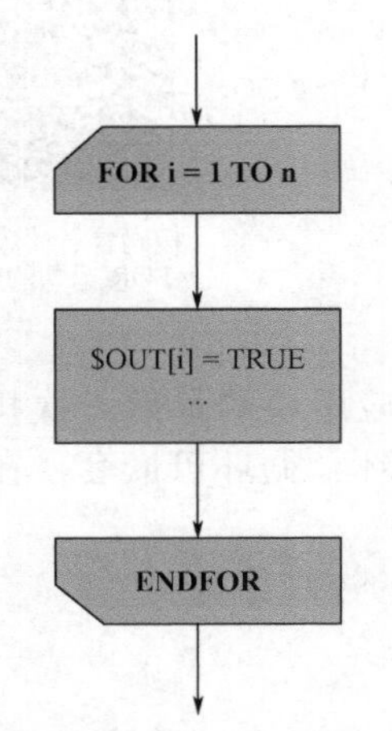

图4-141　计数循环程序流程图

计数循环程序流程图如图4-141所示。

① 如要进行计数循环，则必须事先声明一个整数变量。

② 该计数循环从值等于start时开始并最迟于值等于last时结束。

③ 该计数循环可借助EXIT立即退出。

计数循环的工作过程如下：

```
DECL INT counter

FOR counter=1 TO 3Step 1
；指令
ENDFOR
```

① 循环计数器用起始值进行初始化：counter=1。

② 循环计数器在ENDFOR时会以步幅STEP递增计数。

③ 循环又从FOR行开始。

④ 检查进入循环的条件：计数变量必须小于或等于指定的终值，否则会结束循环。

⑤ 根据检查结果的不同，循环计数器会再次递增计数或结束循环。结束循环后，程序在ENDFOR行后继续运行。

使用计数循环进行递减计数：

```
DECL INT counter

FOR counter=15 TO 1Step-1
；指令
ENDFOR
```

循环的初始值或起始值必须大于终值，以便循环能够多次运行。

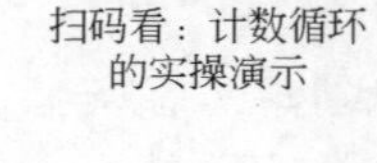
扫码看：计数循环的实操演示

（3）示例

① 没有指定步幅的单层计数循环。

```
DECL INT counter

FOR counter=1 TO 50
$OUT[counter]==FALSE
ENDFOR
```

没有借助STEP指定步幅时，会自动使用步幅+1。

② 指定步幅的单层计数循环。

```
DECL INT counter

FOR counter=1 TO 4 STEP 2
$OUT[counter]==TRUE
ENDFOR
```

该循环只会运行两次，一次以起始数值counter=1，另一次则以counter=3，计数值为5时，循环立即停止。

③ 指定步幅的双层计数循环。

```
DECL INT counter1，counter2

FOR counter1 = 1 TO 21 STEP 2
      FOR counter2 = 20 TO 2 STEP -2
      ...
      ENDFOR
ENDFOR
```

每次都会先运行内部循环（counter1），然后运行外部循环（counter2）。

4.7.7 REPEAT…UNTIL：直到循环

（1）说明

REPEAT为直到循环，也称后测试循环，这种直到循环先执行指令，在结束时测试退出循环的条件（CONDITION）是否已经满足。该循环至少执行该指令块一次。在每次循环执行之后检查条件。如果满足了条件，则用UNTIL行后的下一个指令继续程序。循环可嵌套，在循环已嵌套时，则首先完整地执行外部循环，然后完整地执行内部循环。

（2）指令格式

直到循环指令格式如下：

```
REPEAT
      指令
UNTIL中断条件
```

REPEAT语句条件参数如图4-142所示，指令格式中的参数1～6和WHILE指令格式中的1～6一样，这里不再赘述。

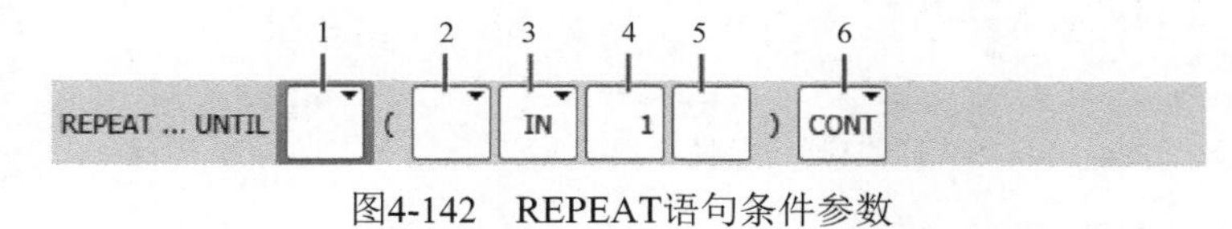

图4-142　REPEAT语句条件参数

直到循环流程图如图4-143所示。

直到循环可通过EXIT指令立即退出。

（3）示例

① 具有简单执行条件的直到循环。

```
...
REPEAT
PICK_PART ( )
UNTILIN[42]==TRUE；输入端42：库为空
...
```

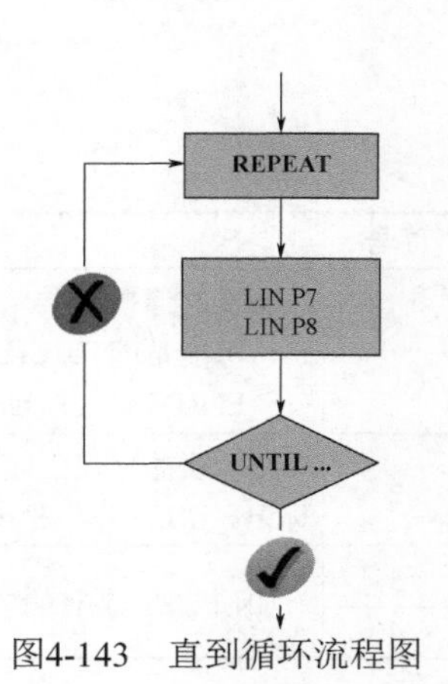

图4-143　直到循环流程图

② 具有复杂执行条件的直到循环。

```
...
REPEAT
PALETTE ( )
UNTIL ((IN[42]==TRUE) AND (IN[41]==FALSE) OR (counter>20))
...
```

该示例中结果为真时结束循环。

扫码看：
SWITCH…CASE
分支编程介绍

4.7.8 SWITCH…CASE：多重分支

（1）说明

根据SWITCH指令中传递的变量值，跳到与CASE指令中的值相同的程序分支，执行不同的工作内容；如果SWITCH指令中传递的变量值未有CASE指令中的值与之对应，则运行DEFAULT分支。

根据SWITCH指令中传递的变量值，从多个可能的指令块中执行一个。每个指令块拥有至少一个标记。执行其标记与选择标准一致的块。如果该块已执行，则在ENDSWITCH后继续程序。如果没有标记与选择标准一致，则执行DEFAULT块。如果没有DEFAULT块，则不执行任何块并在ENDSWITCH后继续程序。无法用EXIT离开SWITCH指令。

（2）指令格式

SWITCH ... CASE指令格式：

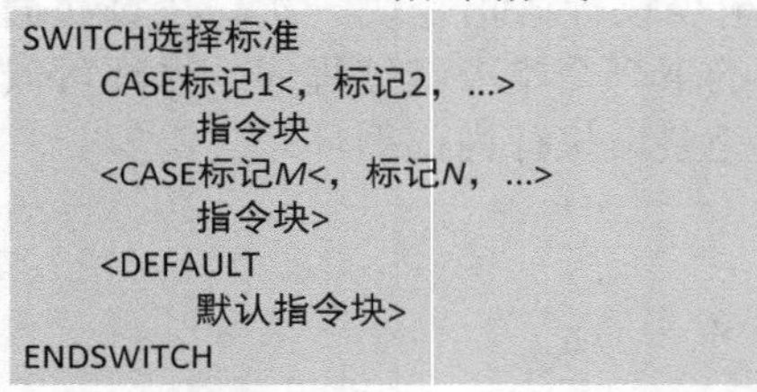

```
SWITCH选择标准
    CASE标记1<，标记2，...>
        指令块
    <CASE标记M<，标记N，...>
        指令块>
    <DEFAULT
        默认指令块>
ENDSWITCH
```

在SWITCH指令之内，DEFAULT只允许出现一次。

SWITCH语句条件参数如图4-144所示，指令格式参数对应说明如表4-57所示。

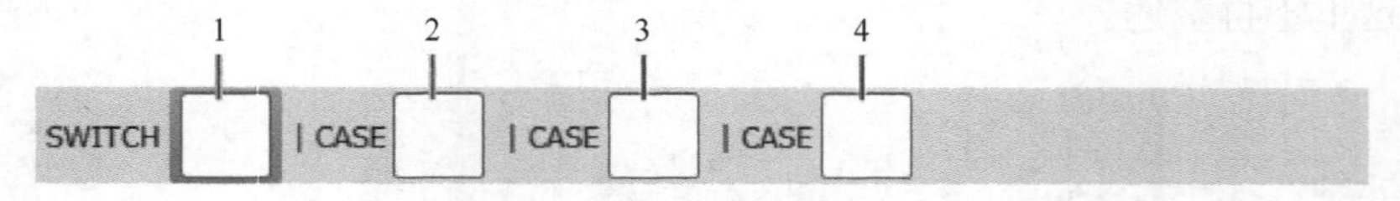

图4-144　SWITCH语句条件参数

表4-57　SWITCH指令格式参数对应说明

<table>
<tr><th>序号</th><th>说　明</th></tr>
<tr><td>1</td><td>变量的选择标准
• 可能是INT或CHAR变量，但是不必事先声明
• ENUM变量必须事先或事后手动声明</td></tr>
<tr><td>2</td><td>指令块的标记：标记的数据类型必须与变量（项号1）的数据类型一致。一个指令块可以有任意多的标记。“CASE”栏中的多个标记必须通过逗号隔开</td></tr>
<tr><td>3</td><td rowspan="2">如项号2。现有的“CASE”栏必须用标记填充或删除，通过相应的按键可以删除或添加CASE栏</td></tr>
<tr><td>4</td></tr>
</table>

通过“更改”按键无法添加或删除CASE。

可能的更改：

① 如果光标位于带SWITCH的行中，则可以更改变量。

② 如果光标位于带CASE的行中，则可以更改值。

SWITCH…CASE程序流程图如图4-145所示。

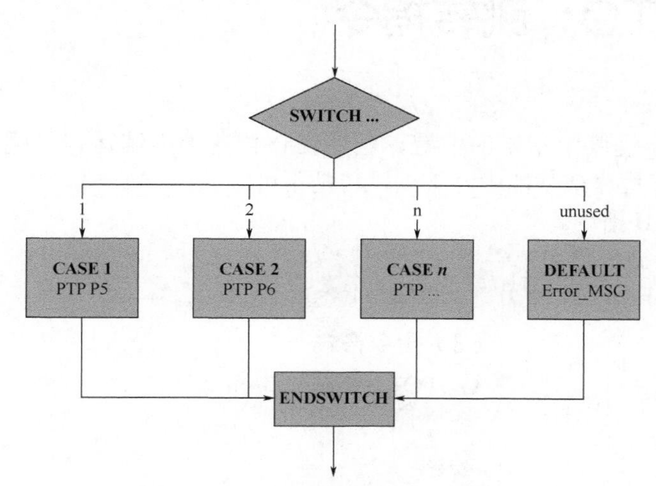

图4-145　SWITCH…CASE程序流程图

对带有名称“状态”的整数变量（Integer），首先要检查其值。如果变量的值为1，则执行案例1（CASE 1）：机器人运动到P5点。如果变量的值为2，则执行案例2（CASE 2）：机器人运动到P6点。如果变量的值未在任何案例中列出（在该例中为1和2以外的值），则将执行默认分支——故障信息。

（3）示例

① 选择标准和标记为INT类型。

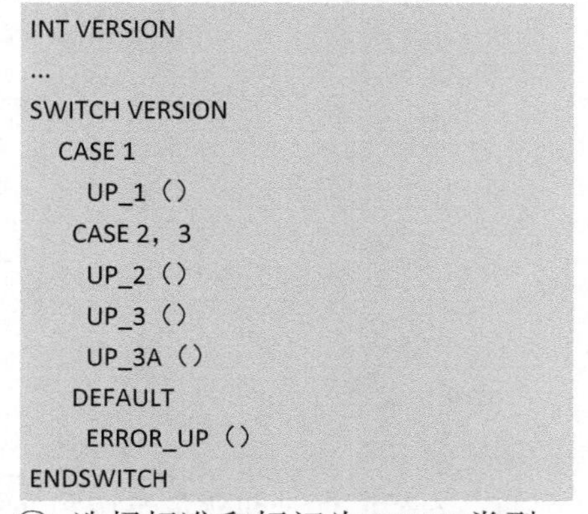

```
INT VERSION
...
SWITCH VERSION
  CASE 1
    UP_1（）
   CASE 2，3
    UP_2（）
    UP_3（）
    UP_3A（）
   DEFAULT
    ERROR_UP（）
ENDSWITCH
```

扫码看：
SWITCH…CASE
分支编实操演示

② 选择标准和标记为CHAR类型。

```
SWITCH NAME
   CASE "A"
     UP_1（）
   CASE "B"，"C"
     UP_2（）
     UP_3（）
```

```
    CASE "C"
      UP_5（）
ENDSWITCH
```

在此绝不执行指令Up_5（），因为事先已使用了标记C。

4.7.9 GOTO：跳转指令

（1）说明

GOTO指令跳至程序中指定的位置，程序在该位置上继续运行。跳转目标必须位于与GOTO指令相同的子程序或功能中，下列跳转是不可行的。

① 从外部跳至IF指令。

② 从外部跳至循环语句。

③ 从一个CASE指令跳至另一个CASE指令。

图4-146 GOTO程序流程图

（2）指令格式

GOTO指令格式如下：

```
GOTO标签
     ...
标签：
```

GOTO程序流程图如图4-146所示。

（3）示例

① 跳至程序位置 GLUESTOP。

```
GOTO GLUESTOP
...
GLUESTOP：
```

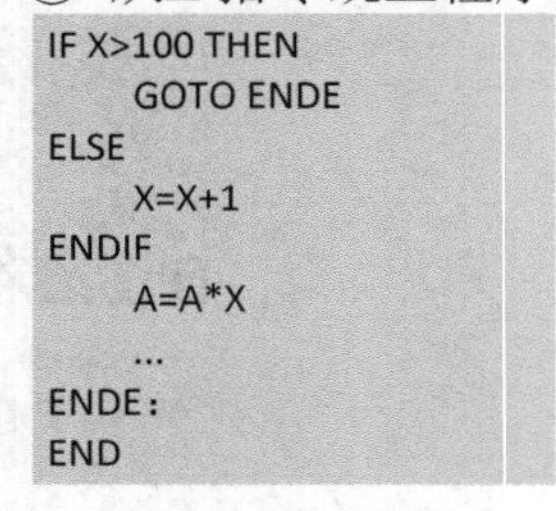

② 从IF指令跳至程序位置结束。

```
IF X>100 THEN
     GOTO ENDE
ELSE
     X=X+1
ENDIF
     A=A*X
     ...
ENDE：
END
```

4.7.10 HALT：暂停程序

（1）说明

HALT（停止）指令主要在编程阶段用于测试。例如：为将运行时间变量发送到显示屏上。停止指令使程序停止，但是最后一次进行的运动指令仍然完整执行。

程序仅可用启动键继续进行，随后执行“停止”之后的下一个指令。

注意：中断程序中，程序在预进过程完整执行完毕后才被停止。

（2）指令格式

```
HALT
```

（3）示例

```
DEF program（）
DECL BOOL a，b
INI
...
SPTP XP1
a=$IN［1］
b=$IN［2］
HALT
IF（（a == TRUE）AND（b == FALSE））THEN
..
ENDIF
...
```

程序执行到HALT处停止，直到重新按下“启动”键，程序继续往下执行。

4.8 结构化编程

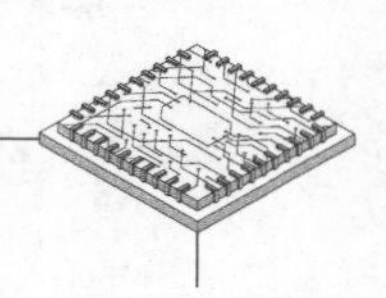

4.8.1 结构化编程概述

KUKA机器人的编程语言是KUKA公司自行开发的针对用户的语言平台，通俗易懂。但在面对一些较复杂的工艺动作进行机器人运动编程时需要运用结构化编程。KUKA机器人KCP提供了较为开放的编程环境，能通过底层语言平台，如C语言、C++语言等的逻辑语句命令进行结构化编程。

采用结构化编程可使复杂的任务分解成几个简单的分步任务，降低编程时的总耗时，使相同性能的组成部分得以更换，单独开发各组成部分。

（1）创建结构化机器人程序的辅助工具

① 注释。注释是编程语言中的补充/说明部分。机器无法识别注释，因此程序运行结果不会受到其影响，注释只在编程员编程与程序阅读时起提示作用。

② 注释的用处。

a. 程序内容或功能说明。

b. 改善程序的可读性。

c. 有利于程序结构化。

③ 注释举例。

a. 关于整个源程序的信息。

```
DEF PICK_CUBE ( )
；该程序将方块从库中取出
；作者：Max Mustermann
；创建日期:2016.01.03
INI
...
END
```

b. 源程序的分段。

```
DEF PALLETIZE ( )
; ***************
; *该程序将16个方块堆垛在工作台上*
; *作者：Max Mustermann------------------*
; *创建日期：2011.08.09 ----------*
; ***************
INI
...
; ------------位置的计算----------
...
; ------------16个方块的堆垛----------
...
; ------------16个方块的卸垛----------
...
END
```

c. 单行的说明。

```
DEF PICK_CUBE ( )
INI
PTP HOME Vel=100% DEFAULT
PTP Pre_Pos；移至抓取预备位置
LIN Grip_Pos；移至方块抓取位置
...
END
```

d. 对需执行的工作的说明。

```
DEF PICK_CUBE ( )
INI
；此处还必须插入货盘位置的计算!
PTP HOME Vel=100%DEFAULT
PTP Pre_Pos；移至抓取预备位置
LIN Grip_Pos；移至方块抓取位置
；此处尚缺少抓爪的关闭
END
```

e. 不用代码变为注释。

```
DEF Palletize (   )
INI
PICK_CUBE (   )
；CUBE_TO_TABLE (   )
CUBE_TO_MAGAZINE (   )
END
```

④ FOLD命令。在KUKA机器人编程过程中，FOLD命令可将程序中的不变部分或注释行隐藏以增强程序的可读性但又不影响整个程序的运行过程。

在FOLD里可隐藏程序段。FOLD的内容对用户来说是不可见的，在程序运行流程中会正常执行。

FOLD通常在创建后首先显示成关闭状态：

```
DEF Main ( )
...
INI                  ; KUKA FOLD关闭
SET_EA         ; 由用户建立的FOLD关闭
PTP HOME Vel=100% DEFAULT; KUKA FOLD关闭
PTP P1 CONT Vel=100%TOOL[2]: Gripper BASE[2]: Table
...
PTP HOME Vel=100% Default
END
```

FOLD的打开状态：

```
DEF Main ( )
...
INI                  ; KUKAFOLD关闭
SET_EA         ; 由用户建立的FOLD打开
$OUT[12]=TRUE
$OUT[102]=FALSE
PART=0
Position=0
PTP HOME Vel=100% DEFAULT; KUKA FOLD关闭
PTP P1 CONT Vel=100% TOOL[2]: Gripper BASE[2]: Table
...
PTP HOME Vel=100% Default
END
```

⑤ 子程序。在KUKA机器人编程过程中，可将程序中需要多次使用而不需发生变化的可独立程序段单独建立为子程序，可避免程序码重复，节省存储空间，使程序结构化，分解总任务，方便排除程序错误。

子程序示例如下：

```
DEF MAIN ( )
INI
LOOP
    GET_PEN ( )
    PAINT_PATH ( )
    PEN_BACK ( )
    GET_PLATE ( )
    GLUE_PLATE ( )
    PLATE_BACK ( )
    IF SIN[1] THEN
      EXIT
    ENDIF
ENDLOOP
END
```

⑥ 指令缩进。为增加子程序嵌套入主程序时程序的可读性，使用指令行的缩进，以便说明程序模块之间的关系，具体形式为一行紧挨一行地写入嵌套深度相同的指令。

缩进示例如下。

```
DEF INSERT ( )
INT PART，COUNTER
INI
PTP HOME Vel=100% DEFAULT
LOOP
      FOR COUNTER=1 TO 20
            PART=PART+1
            ；联机表格无法缩进！！！
PTP P1 CONT Vel=100% TOOL[2]：Gripper BASE[2]：Table
      PTP XP5
  ENDFOR
...
ENDLOOP
```

（2）创建程序流程图

① 程序流程图概述。程序流程图（PAP）是一个程序的流程图，也称程序结构图。它是在一个程序中执行某一算法的图示，描述了为解决一个课题所要进行的运算的顺序。程序流程图中所用的图标在DIN 66001标准中做了规定。程序流程图也常常用于图示过程和操作，与计算机程序无关。

与基于代码的描述相比，提高了程序算法的易读性，因为通过图示可明显地便于识别结构。以后转换成程序代码时可方便地避免结构和编程错误，因为使用正确的程序流程图PAP时可直接转换成程序代码。同时，创建程序流程图时将得到一份待编制程序的文献。

② 程序流程图的作用。

a. 用于程序流程结构化的工具。

b. 程序流程更加易读。

c. 结构错误更加易于识别。

d. 同时生成程序的文献。

③ 程序流程图图标。程序流程图图标如图4-147所示。

④ 程序流程图示例。程序流程图示例如图4-148所示。

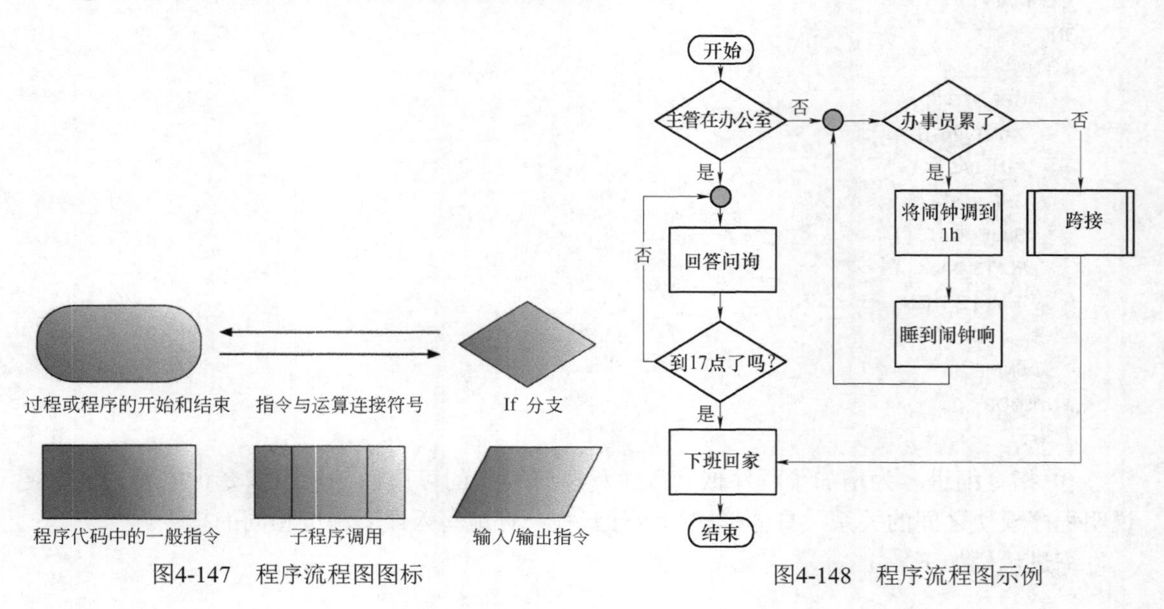

图4-147 程序流程图图标

图4-148 程序流程图示例

4.8.2 局部子程序

扫码看：局部子程序的创建及编程应用

（1）局部子程序的特点

① 局部子程序位于主程序之后并以DEF Name_Unterprogram（）和END标明。

```
DEF MY_PROG ( )
；此为主程序
...
END
________________
DEF LOCAL_PROG1 ( )
；此为局部子程序1
...
END
```

② SRC文件中最多可由255个局部子程序组成。

③ 局部子程序允许多次调用。

④ 局部程序名称需要使用括号。

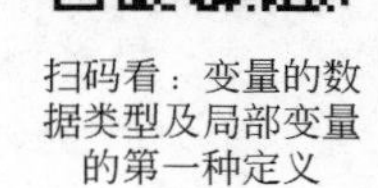

扫码看：变量的数据类型及局部变量的第一种定义

（2）用局部子程序工作时的关联

① 运行完局部子程序后，跳回调出子程序后面的第一个指令。

② 最多可相互嵌入20个子程序。

③ 点坐标保存在所属的DAT列表中，可用于整个文件。

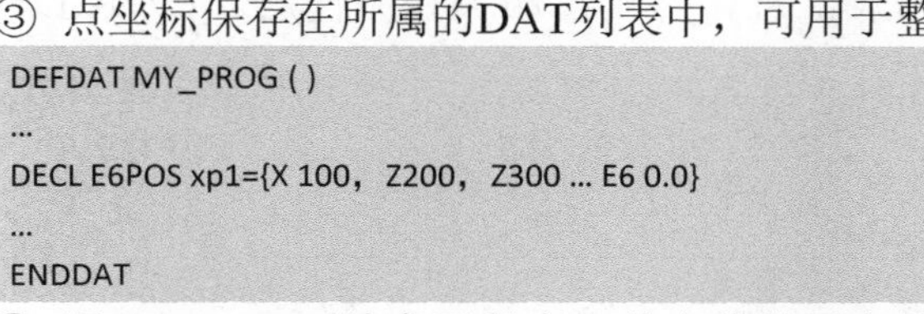

```
DEFDAT MY_PROG ( )
...
DECL E6POS xp1={X 100，Z200，Z300 ... E6 0.0}
...
ENDDAT
```

④ 用RETURN可结束子程序，并由此跳回先前调用该子程序的程序模块中。

```
DEF MY_PROG( )
；此为主程序
...
LOCAL_PROG1 ( )
...
END
________________
DEF LOCAL_PROG1 ( )
...
IF $ IN[12]==FALSE THEN
RETURN；跳回主程序
ENDIF
...
END
```

扫码看：局部变量的第二种定义

（3）创建局部子程序的操作步骤

① 设置专家用户组。

② 使DEF行显示出来。

③ 在编辑器中打开SCR文件。

④ 将光标跳到END行下方。

⑤ 通过DEF、程序名称和括号指定新的局部程序头。

⑥ 通过END命令结束新的子程序。

⑦ 用Enter键确认后，会在主程序和子程序之间插入一个横条。

```
DEF MY_PROG ( )
...
END
_______________________
DEF PICK_PART ( )
END
```

⑧ 继续编辑主程序和子程序。

⑨ 关闭并保存程序。

扫码看：全局子程序的创建及编程应用

4.8.3 全局子程序

全部子程序可以独立程序的形式存在，具有单独的SRC和DAT文件。全局子程序允许多次调用。

（1）全局子程序与局部子程序联合编辑

① 局部子程序运行完毕后，跳回调出子程序后面的第一个指令。

② 最多可相互嵌入20个子程序。

③ 点坐标保存在各个所属的DAT列表汇总，并仅供相关程序使用。例如GLOBAL1（）和GLOBAL2（）中P1的不同坐标。

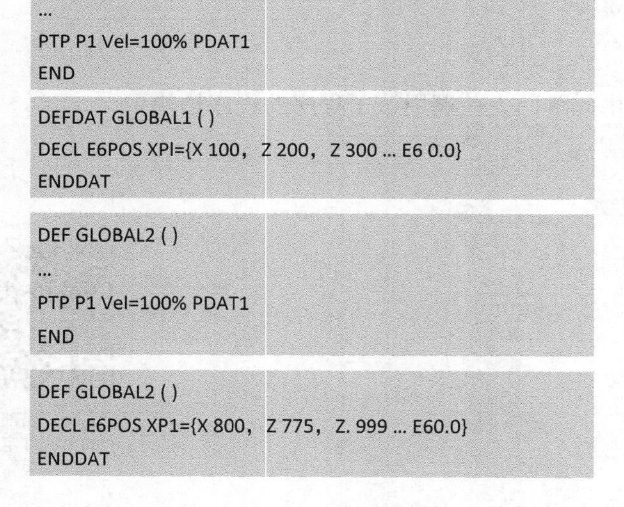

```
DEF GLOBAL1 ( )
...
PTP P1 Vel=100% PDAT1
END
```

```
DEFDAT GLOBAL1 ( )
DECL E6POS XPI={X 100，Z 200，Z 300 ... E6 0.0}
ENDDAT
```

```
DEF GLOBAL2 ( )
...
PTP P1 Vel=100% PDAT1
END
```

```
DEF GLOBAL2 ( )
DECL E6POS XP1={X 800，Z 775，Z. 999 ... E60.0}
ENDDAT
```

扫码看：全局变量的第一种定义

扫码看：全局变量的第二种定义

④ 用RETURN可结束子程序，并由此跳回先前调用该子程序的程序模块中。

```
DEF GLOBAL1 ( )
...
GLOBAL2 ( )
...
END
```

```
DEF GLOBAL2 ( )
...
IF $IN[12]==FALSE THEN
RETURN；返回GLOBAL1 ( )
ENDIF
...
END
```

（2）使用全局子程序编程时的操作步骤

① 设置专家用户组。

② 新建程序。

```
DEF MY_PROG ( )
...
END
```

③ 新建第二个程序。

```
DEF PICK_PART ( )
...
END
```

④ 在编辑器中打开程序MY_PROG的SCR文件。

⑤ 借助程序名和括号编程设定子程序的调用。

```
DEF MY_PROG ( )
...
PICK_PART ( )
...
END
```

⑥ 关闭并保存程序。

4.8.4 将参数传递给子程序

（1）参数传递说明

参数传递格式如下：

```
DEF MY_PROG ( )
...
CALC (K，L)
...
END
```

```
DEF CALC(R : IN，S : OUT)
...
END
```

既可将参数传递给局部子程序，也可传递给全局子程序。

（2）参数传递的原理

① 作为IN参数的参数传递（Call by value）。

a. 变量值在主程序中保持不变，即变量以主程序原来的值继续工作。

b. 子程序只能读取变量值，但不能写入。

② 作为OUT参数的参数传递（Call by reference）。

a. 变量值会在主程序中同时更改，即变量应用子程序的值。

b. 子程序读取并更改该值，然后返回新的值。

③ 将参数传递给局部子程序。

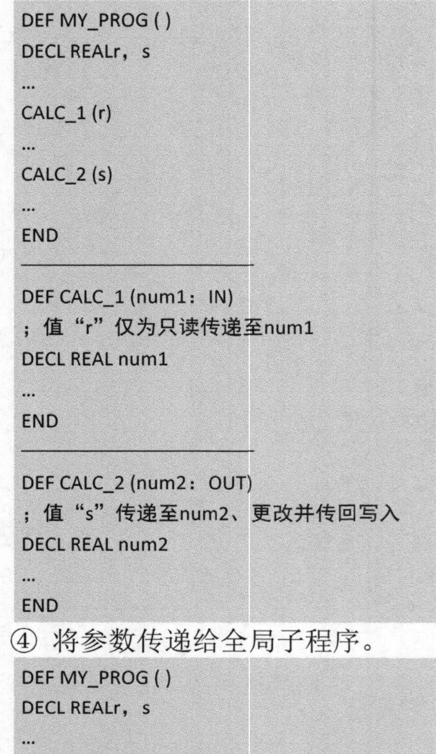

```
DEF MY_PROG ( )
DECL REALr， s
...
CALC_1 (r)
...
CALC_2 (s)
...
END
________________________
DEF CALC_1 (num1：IN)
；值“r”仅为只读传递至num1
DECL REAL num1
...
END
________________________
DEF CALC_2 (num2：OUT)
；值“s”传递至num2、更改并传回写入
DECL REAL num2
...
END
```

④ 将参数传递给全局子程序。

```
DEF MY_PROG ( )
DECL REALr， s
...
CALC_1(r)
...
CALC_2(s)
...
END
```

```
DEF CALC_1 (num1：IN)
；值“r”仅为只读传递至num1
DECL REAL num1
...
END
```

```
DEF CALC_2 (num2：OUT)
；值“s”传递至num2、更改并传回
DECL REAL num2
...
END
```

⑤ 始终可以向相同的数据类型进行值传递。

```
DEF MY_PROG ( )
DECL DATATYPE1 value
CALC (value)
END
____________________________
DEF CALC (num：IN)
DECL DATATYPE2 num
...
END
```

⑥ 向其他数据类型进行值传递（表4-58）。

表4-58　不同数据类型之间的值传递

数据类型1	数据类型2	备　注
BOOL	INT、REAL、CHAR	错误（…参数不兼容）
INT	实数	INT值被用作REAL值
INT	CHAR	使用ASCII表中的字符
CHAR	INT	使用ASCII表中的INT值
CHAR	实数	使用ASCII表中的REAL值
实数	INT	REAL值被四舍五入
实数	CHAR	REAL值被四舍五入，使用ASCII表中的字符

（3）多参数传递

1）使用数组进行参数传递

① 数组只能被整个传递到一个新的数组中。

② 数组只允许以参数OUT的方式进行传递。

```
DEF MY_PROG ( )
DECL CHAR name[10]
...
Name= "PETER"
RECHNE (name[] )
...
END
________________________________
DEF RECHNE (my_name[]：OUT)
；子程序中的数组应始终无数组大小创建
；数组大小与输出端数组适配
DECL CHAR my_name[]
...
END
```

注意：传递整个数组：FELD_1D [] (1维), FELD_2D [,] (2维), FELD_3D [,,] (3维)。

③ 单个数组元素也可以被传递。

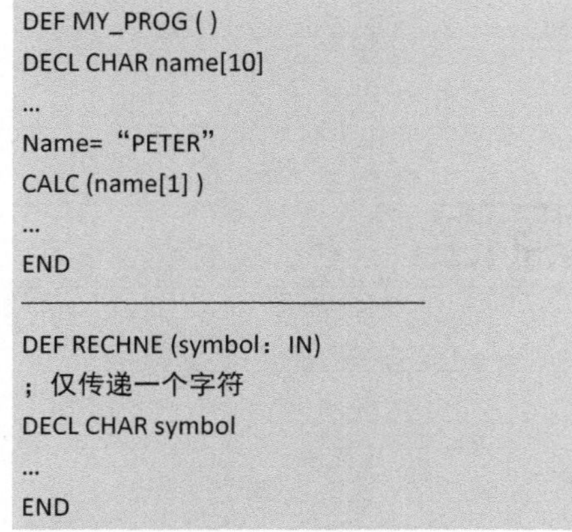

```
DEF MY_PROG ( )
DECL CHAR name[10]
...
Name= "PETER"
CALC (name[1] )
...
END
________________________________
DEF RECHNE (symbol：IN)
；仅传递一个字符
DECL CHAR symbol
...
END
```

注意：在传递单个数组元素时，只允许变量作为目标，且不允许数组作为目标。此处仅将字母“P”传递到子程序中。

2）参数传递时的操作步骤

① 确定在子程序中需要哪些参数。

② 确定参数传递的种类（IN或OUT参数）。

③ 确定原始数据和目标数据类型（数据类型最好相同）。

④ 确定参数传递的顺序。

⑤ 将主程序载入编辑器。

⑥ 通过变量调用创建子程序调用。

⑦ 关闭并保存主程序。

⑧ 将子程序载入编辑器。

⑨ 在DEF行中补充变量及IN/OUT。

⑩ 关闭并保存子程序。

注意：最先发送的参数被写到子程序中的第一个参数上，第二发送的参数被写到子程序中的第二个参数上，以此类推。

示例如下：

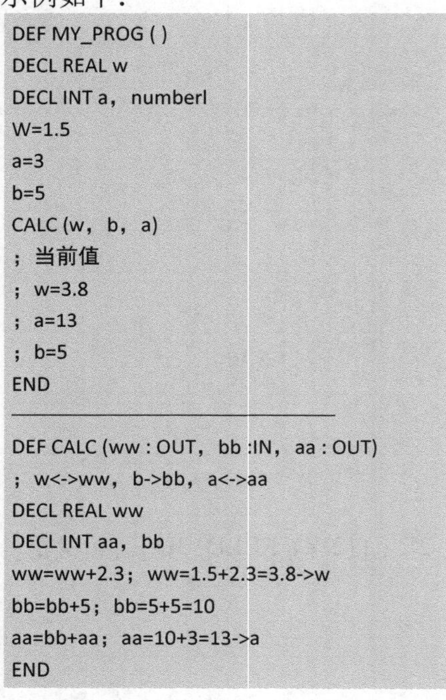

```
DEF MY_PROG ( )
DECL REAL w
DECL INT a，numberl
W=1.5
a=3
b=5
CALC (w，b，a)
；当前值
；w=3.8
；a=13
；b=5
END
```

```
DEF CALC (ww : OUT，bb :IN，aa : OUT)
；w<->ww，b->bb，a<->aa
DECL REAL ww
DECL INT aa，bb
ww=ww+2.3；ww=1.5+2.3=3.8->w
bb=bb+5；bb=5+5=10
aa=bb+aa；aa=10+3=13->a
END
```

4.9 用KRL进行运动编程

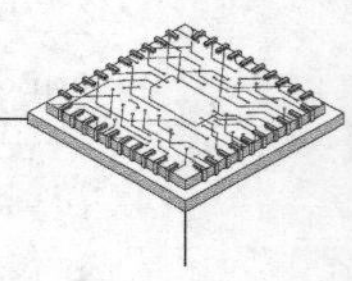

4.9.1 借助KRL给运动编程

（1）借助KRL给运动编程

运动所需设置的参数和应该注意的因素如下。

① 运动方式有PTP、LIN、CIRC。

② 目标位置，必要时还有辅助位置。
③ 精确暂停或轨迹逼近。
④ 轨迹逼近距离。
⑤ 速度有PTP（%）和轨迹运动（m/s）。
⑥ 加速度。
⑦ 工具有TCP和负载。
⑧ 工作基坐标。
⑨ 机器人外部工具。
⑩ 沿轨迹运动时的姿态引导。
1）运动方式PTP
① PTP目标点<C_PTP<轨迹逼近>>，各元素说明见表4-59。

表4-59 运动方式PTP各元素说明

元素	说明
目标点	类型：POS E6POS、AXIS、E6AXIS、FRAME 目标点可用笛卡儿或轴坐标给定。笛卡儿坐标基于BASE坐标系（即基坐标系） 如果未给定目标点的所有分量，则控制器将把前一个位置的值应用于缺少的分量
C_PTP	使目标点被轨迹逼近 在PTP-PTP轨迹逼近中只需要C_PTP的参数。在PTP-CP轨迹逼近中，即轨迹逼近的PTP语句后还跟着一个LIN或CIRC语句。还要附加轨迹逼近的参数
轨迹逼近	仅适用于PTP-CP轨迹逼近。用该参数定义最早何时开始轨迹逼近。可能的参数包括以下3个 ① C_DIS，距离参数（默认）：轨迹逼近最早开始于目标点的距离低于$APO.CDIS的值时 ② C_ORI，姿态参数：轨迹逼近最早开始于主导姿态角低于$APO.COPI的值时 ③ C_VEL，速度参数：轨迹逼近最早开始于朝向目标点的减速阶段中速度低于$APO.CVEL的值时

② 机器人运动到DAT文件中的一个位置，该位置已事先通过联机表单示教给机器人，机器人轨迹逼近P3点。

```
PTP XP3 C_ PTP
```

③ 机器人运动到输入的位置。
④ 轴坐标（AXIS或E6AXIS）：

```
PTP{A1 0，A2-80，A3 75，A4 30，A5 30，A6 110}
```

⑤ 空间位置：

```
PTP {X 100，Y-50，Z1500，A0，B0，C 90，s 3，T3 35}
```

⑥ 机器人仅在输入一个或多个集合时运行。

```
PTP{A1 30}；仅A1移动至30°
```

```
PTP{X 200，A 30}；仅在X至200mm，A至30°
```

2）运动方式LIN
① LIN目标点<轨迹逼近>。各元素说明见表4-60。
② 机器人运行到一个计算出的位置且轨迹逼近点ABLAGE［4］。

```
LIN ABLAGE[4]C_DIS
```

3）运行方式CIRC
① CIRC辅助点，目标点<，CA圆心角><轨迹逼近>。各元素说明见表4-61。

表4-60 运动方式LIN各元素说明

元素	说 明
目标点	类型：POS、E6POS、FRAME 如果未给定辅助点的所有分量，则控制器将把前一个位置的值应用于缺少的分量 在POS或E6POS型的一个目标点内，有关状态和转角方向数据在LIN运动（以及CIRC运动）中被忽略 坐标值基于基坐标系（BASE）
轨迹逼近	该参数使目标点被轨迹逼近。同时用该参数定义最早何时开始轨迹逼近。可能的参数包括以下3个 ① C_DIS，距离参数：轨迹逼近最早开始于与目标点的距离低于$APO.CDIS的值时 ② C_ORI，姿态参数：轨迹逼近最早开始于主导姿态角低于$APO.CORI的值时 ③ C_VEL，速度参数：轨迹逼近最早开始于朝向目标点的减速阶段中速度低于$APO.CVEL的值时

表4-61 运行方式CIRC各元素说明

元素	说 明
辅助点	类型：POS、E6POS、FRAME 如果未给定辅助点的所有分量，则控制器将把前一个位置的值应用于缺少的分量 一个辅助点内的姿态角以及状态和数据原则上均被忽略 不能轨迹逼近辅助点，始终精确运行到该点 坐标值基于基坐标（BASE）
目标点	类型：POS、E6POS、FRAME 如果未给定辅助点的所有分量，则控制器将把前一个位置的值应用于缺少的分量 在POS或E6POS型的一个目标点内，有关状态和转角方向数据在CIRC运动（以及LIN运动）中被忽略 坐标值基于基坐标（BASE）
圆心角	给出圆周运动的总角度。单位为度（°）。一个圆心角可大于360° ① 正圆心角：沿“起点”>“辅助点”>“目标点”，方向绕圆周轨道移动 ② 负圆心角：沿“起点”>“目标点”>“辅助点”，方向绕圆周轨道移动
轨迹逼近	该参数使目标点被轨迹逼近。同时用该参数定义最早何时开始轨迹逼近。可能的参数包括以下3个 ① C_DIS，距离参数：轨迹逼近最早开始于与目标点的距离低于$APO.CDIS的值时 ② C_ORI，姿态参数：轨迹逼近最早开始于主导姿态角低于$APO.CORI的值时 ③ C_VEL，速度参数：轨迹逼近最早开始于朝向目标点的减速阶段中速度低于$APO.CVEL的值时

② 机器人运动到DAT文件中的一个位置，该位置已事先通过联机表单示教给机器人，机器人运行一段对应190°圆心角的弧段。

```
CIRC XP3 ,XP4 , CA 190
```

③ 圆心角CA。

a. 正圆心角（CA>0）。沿着编程设定的转向做圆周运动：起始点—辅助点—目标点，如图4-149所示。

b. 负圆心角（CA<0）。逆着编程设定的转向做圆周运动：起始点—目标点—辅助点，如图4-150所示。

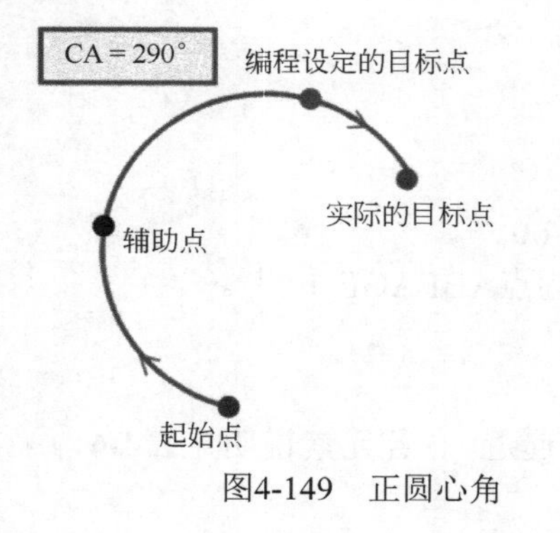

图4-149 正圆心角

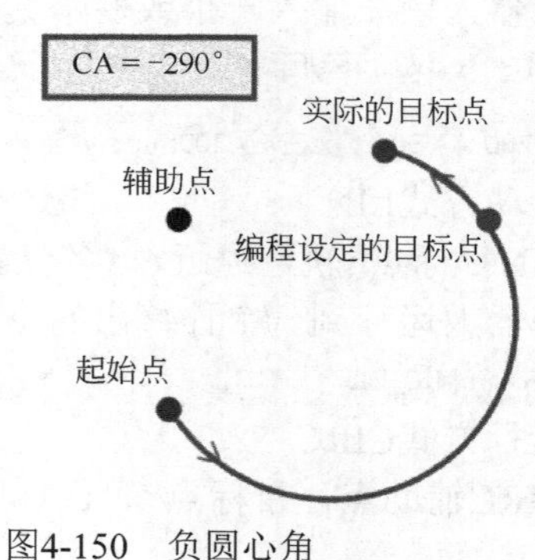

图4-150 负圆心角

（2）运动参数的功能

1）运动编程的预设置

① 可以应用现有的设置。

a. 从INI行的运行中。

b. 最后一个联机表单中。

c. 从相关系统变量的最后设置中。

② 更改或初始化相关的系统变量。

2）运动参数的系统变量

① 工具：$TOOL和$LOAD。

a. 激活所测量TCP：

```
$TOOL=tool_data[x]; X-1...16
```

b. 激活所属的负载数据：

```
$LOAD=load_data[x]; X-1...16
```

② 参考基坐标/工作基坐标：$BASE。

激活所测量的基坐标：

```
$BASE=base_data[x]; X-1...16
```

③ 机器人引导型或外部工具：$IPO_MODE。

a. 机器人引导型工具：

```
$IPO_MODE=#BASE
```

b. 外部工具：

```
$IPO_MODE=#TCP
```

④ 速度。

a. 进行PTP运动时：

```
$VEL_AXIS[x];X=1...8，针对每根轴
```

b. 进行轨迹运动LIN或CIRC时：

```
$VEL.CP=2.0；[m/s]轨迹速度
$VEL.ORI1=150；[°/s]回转速度
$VEL.ORI2=200；[°/s]转速
```

⑤ 加速。

a. 进行PTP运动时：

```
$ACC.AXIS[x]; X=1…8，针对每根轴
```

b. 进行轨迹运动LIN或CIRC时：

```
$ACC.CP=2.0；[m/s]轨迹加速度
$ACC.ORI1=150；[°/s]回转加速度
$ACC.ORI2=200；[°/s]转动加速度
```

⑥ 圆滑过渡距离。

a. 仅限于进行PTP运动时，C_PTP：

```
PTP XP3 C_PTP
$APO_CPTP=50；C_PTP的轨迹逼近大小，单位[%]
```

b. 进行轨迹运动LIN、CIRC和PTP时，C_DIS与目标点的距离必须低于$APO.CDIS的值。

```
PTP XP3 C_DIS
LINE XP4 C_DIS
$APO.CDIS=250.0；[mm]距离
```

c. 进行轨迹运动LIN、CIRC时，C_ORI主导姿态角必须低于$APO.CORI的值。

```
LINE XP4 C_ORI
$APO.CORI=50.0；[°]角度
```

d. 进行轨迹运动LIN、CIRC时，C_VEL在移向目标点的减速阶段中，其速度必须低于$APO.CVEL的值。

```
LINE XP4 C_VEL
$APO.CVEL=75.0；[%]百分数
```

⑦ 姿态引导：仅限进行LIN和CIRC时。进行LIN和CIRC时，$ORI_TPYE：

```
$ORI_TYPE=#CONSTANT
```

该程序中，机器人在进行轨迹运动时姿态始终保持不变，如图4-151所示。

```
$ORI_TYPE=#VAR
```

该程序中，在进行轨迹运动时，姿态会根据目标点的姿态不断地自动改变，如图4-152所示。

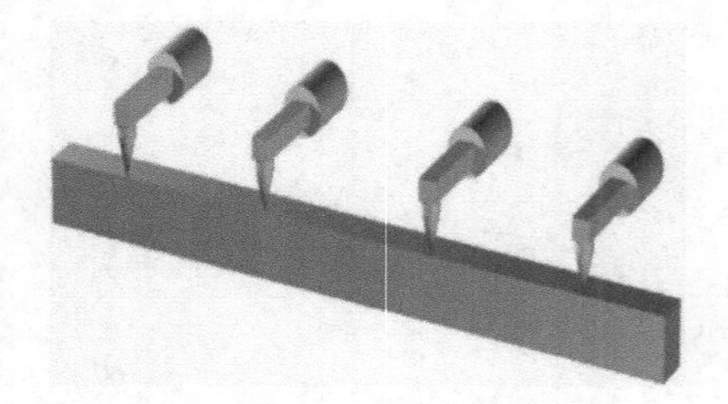

图4-151　姿态保存不变

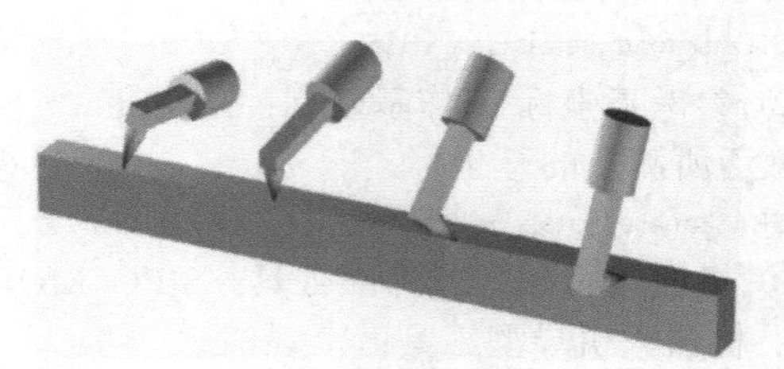

图4-152　姿态变化

```
$ORI_TYPE=#JOINT
```

该程序中，在进行轨迹运动期间，工具的姿态从起始位置至终点位置不断地被改变。这是通过手轴角度的线性操控引导来实现的。手轴奇点问题可通过该选项予以避免，因为绕工具作业方向旋转和回转不会进行姿态引导，仅限于CIRC：$CIRC_TPYE。

```
$CIRC_TYPE=#PATH
```

该程序中，圆周运动期间以轨迹为参照的姿态引导如图4-153所示。

```
$CIRC_TYPE=#BASE
```

该程序中，圆周运动期间以基坐标为参照的姿态引导如图4-154所示。

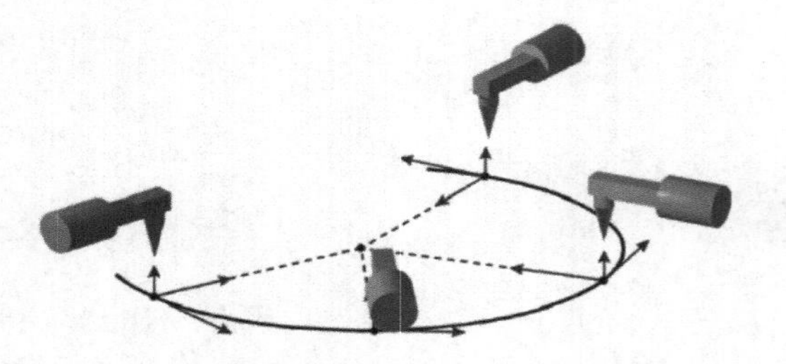

图4-153　恒定姿态，以轨迹为参照

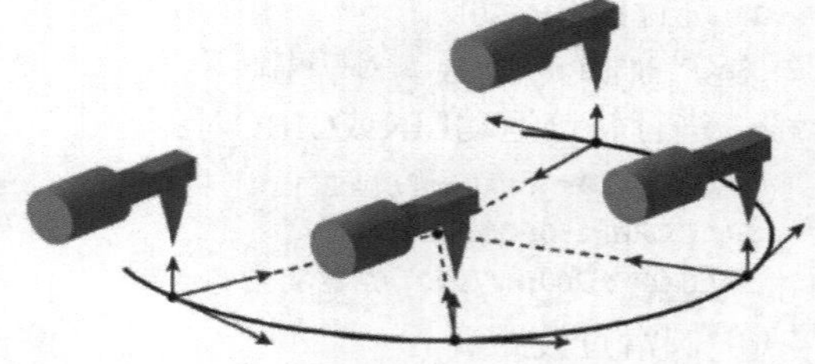

图4-154　恒定的姿态，以基坐标为参照

（3）用KRL给运动编程时的操作步骤

① 作为专家，借助“打开”按键将程序载入编辑器中。

② 检查、应用或重新初始化运动编程的预设定值，如工具（$TOOL和$LOAD）、基坐标设置（$BASE）、机器人引导型或外部工具（$IPO_MODE）、速度、加速度、轨迹逼近距离、姿态引导。

③ 创建由以下部分组成的运动指令：

a. 运动方式（PTP、LIN、CIRC）。

b. 目标点（采用CIRC时还有辅助点）。

c. 采用CIRC时可能还有圆心角（CA）。

d. 激活轨迹逼近（C_PTP、C_DIS、C_ORI、C_VEL）。

④ 重新运动时返回点3。

⑤ 关闭编辑器并保存。

4.9.2 用KRL进行相对运动编程

（1）运动方式

① 绝对运动。

```
PTP {A3 45}
```

借助于绝对值运动，机器人A3轴旋转到45°，如图4-155所示。

② 相对运动。

```
PTP_REL {A3 45}
```

从目前的位置继续移动给定的值，运动到目标位置。在此，程序中A3轴在原来的位置再旋转45°，最终A3轴的旋转位置为135°，如图4-156所示。

注意：REL指令始终针对机器人的当前位置。因此，当一个REL运动中断时，机器人将从中断位置出发再进行一个完整的REL运动。

（2）相对运动

1）相对运动PTP_REL

① PTP_REL目标点，C_PTP，轨迹逼近，各元素说明见表4-62。

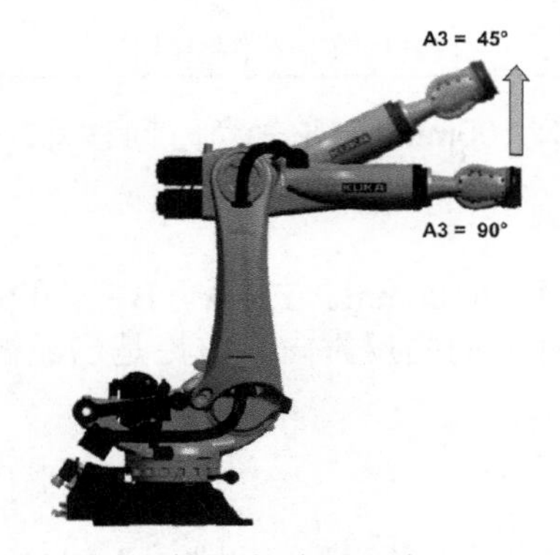

图4-155　轴A3的绝对运动

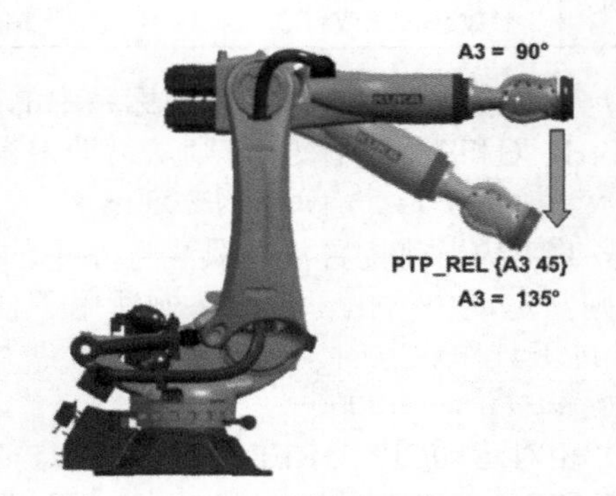

图4-156　轴A3的相对运动

表4-62　相对运动PTP_REL各元素说明

元素	说　明
目标点	类型：POS、E6POS、AXIS、E6AXIS 目标点可用，笛卡儿或轴坐标给定。控制器将坐标解释为相对于当前位置的坐标。笛卡儿坐标基于BASE坐标系，即基坐标系 如果未给定目标点的所有分量，则控制器将缺少的分量值设置为0，即这些分量的绝对值保持不变

续表

元素	说　明
C_PTP	使目标点轨迹逼近 在PTP-PTP轨迹逼近中只需要C_PTP的参数。在PTP-CP轨迹逼近中，即轨迹逼近的PTP语句后还跟着一个LIN或CIRC语句，还要附加轨迹逼近的参数
轨迹逼近	仅适用于PTP-CP轨迹逼近。用该参数定义最早何时开始轨迹逼近。可能的参数包括以下3个 ① C_DIS，距离参数（默认）：轨迹逼近最早开始于与目标点的距离低于$APO.CDIS的值时 ② C_ORI，姿态参数：轨迹逼近最早开始于主导姿态角低于$APO.CORI的值时 ③ C_VEL，速度参数：轨迹逼近最早开始于朝向目标点的减速阶段中速度低于$APO.CVEL的值时

② 轴2沿负方向移动30°，其他的轴都不动。

```
PTP_REL{A2-30}
```

③ 机器人从当前位置沿X轴方向移动100mm，沿Z轴负方向移动200mm。Y、A、B、C和S保持不变。T将根据最短路径加以计算。

```
PTP_REL{X100，Z-200}
```

2）相对运动LIN_REL

① LIN_REL目标点，轨迹逼近，#BASE｜#TOOL，各元素说明见表4-63。

表4-63　相对运动LIN_REL各元素说明

元素	说　明
目标点	类型：POS、E6POS、FRAME 目标点可用笛卡儿或轴坐标给定。控制器将坐标解释为相对于当前位置的坐标。笛卡儿坐标基于BASE坐标系或工具坐标系 如果未给定目标点的所有分量，则控制器自动将缺少的分量值设置为0，即这些分量的绝对值保持不变 进行LIN运动时会忽略在POS型或E6POS型目标点之内的状态和转角方向数据
轨迹逼近	该参数使目标点被轨迹逼近，同时用该参数定义最早何时开始轨迹逼近。可能的参数包括以下3个 ① C_DIS，距离参数：轨迹逼近最早开始于与目标点的距离低于$APO.CDIS的值时 ② C_ORI，姿态参数：轨迹逼近最早开始于主导姿态角低于$APO.CORI的值时 ③ C_VEL，速度参数：轨迹逼近最早开始于朝向目标点的减速阶段中速度低于$APO.CVEL的值时
#BASE、#TOOL	① #BASE：默认设置。目标点的坐标基于BASE坐标系，即基坐标系 ② #TOOL：目标点的坐标基于工具坐标系 参数#BASE或#TOOL只作用于其所属的LIN_REL指令。它对之后的指令不起作用

② TCP从当前位置沿工具坐标系中的X轴方向移动100mm，沿Z轴负方向移动200mm。Y、A、B、C和S保持不变。T则从运动中得出。

```
LIN_REL{X 100，Z-200}；#BASE为默认设置
```

③ TCP从当前位置沿工具坐标系中的X轴负方向移动100mm。Y、A、B、C和S保持不变。T则从运动中得出。下面示例适用于使工具沿作业方向的反方向。前提是已经在X轴方向测量过工具作业方向。

```
LIN_REL{X 100}；#TOOL
```

3）相对运动CIRC_REL

① CIRC_REL辅助点，目标点，CA圆心角，轨迹逼近，各元素说明见表4-64。

表4-64　相对运动CIRC_REL各元素说明

元素	说　明
辅助点	类型：POS、E6POS、FRAME 辅助点必须用笛卡儿坐标给出。控制器将坐标解释为相对于当前位置的坐标。坐标值基于坐标系（BASE） 如果给出$ORI_TYPE、状态和/或转角方向，则会忽略这些数值 如果未给定辅助点的所有分量，则控制器将缺少的分量值设置为0，即这些分量的绝对值保持不变 辅助点内的姿态角以及状态和转角方向的数值被忽略

续表

元素	说　明
目标点	类型：POS、E6POS、FRAME 目标点必须用笛卡儿给定。控制器将坐标解释为相对于当前位置的坐标。坐标值基于坐标系（BASE） 如果未给定目标点的所有分量，则控制器自动将缺少的分量值设置为0，即这些分量的绝对值保持不变 忽略在POS型或E6POS型目标点之内的状态和转角方向数据
圆心角	给出圆周运动的总角度。由此可超出编程的目标点延长运动或相反缩短行程。因此使实际的目标点与编程设定的目标点不相符 ① 正圆心角：沿起点>辅助点>目标点 方向绕圆周轨道移动 ② 负圆心角：沿起点>目标点>辅助点 方向绕圆周轨道移动
轨迹逼近	该参数使目标点被轨迹逼近，同时用该参数定义最早何时开始轨迹逼近。可能的参数包括以下3个 ① C_DIS，距离参数：轨迹逼近最早开始于与目标点的距离低于$APO.CDIS的值时 ② C_ORI，姿态参数：轨迹逼近最早开始于主导姿态角低于$APO.CORI的值时 ③ C_VEL，速度参数：轨迹逼近最早开始于朝向目标点的减速阶段中速度低于$APO.CVEL的值时

② 圆周运动的目标点用过500°的圆心角加以规定。目标点被轨迹逼近。

```
CIRC_REAL{X100, Y 30, Z -20}, {Y 50}, CA 500 C_VEL
```

（3）用KRL给相对运动编程时的操作步骤

① 作为专家，借助“打开”按键将程序载入编辑器中。

② 检查、应用或重新初始化运动编程的预设定值：工具（$TOOL和$LOAD）、基坐标设置（$BASE）、机器人引导型或外部工具（$IPO_MODE）、速度、加速度、轨迹逼近距离、姿态引导。

③ 创建由以下部分组成的运动指令：运动方式（PTP_REL、LIN_REL、CIRC_REL），目标点（采用CIRC时还有辅助点），采用LIN时选择参照系（#BASE或#TOOL），采用CIRC时可能还有圆心角（CA），激活轨迹逼近（C_PTP、C_DIS、C_ORI、C_VEL）。

④ 重新运动时返回3点。

⑤ 关闭编辑器并保存。

4.9.3 计算机器人位置

扫码看：位置变量的定义及偏移编程实操

（1）说明

机器人的目标位置使用以下结构存储。

① AXIS：轴角A1 ... A6。

② E6AXIS：轴角A1 ... A6和E1 ... E6的输入栏。

③ POS：位置（X,Y,Z），姿态（A,B,C），状态和转角方向（S,T）。

④ E6POS：位置（X,Y,Z），姿态（A,B,C），状态和转角方向（S,T）和E1... E6 的输入栏。

⑤ 坐标系（FRAME）：位置（X,Y,Z），姿态（A,B,C）。

可以操纵DAT文件中的现有位置。

现有位置上的单个集合可以通过点号有针对性地加以更改。

（2）原理

计算时必须注意正确的工具坐标系和基坐标系设置，然后在编程运动时加以激活。不注意这些设置可能导致运动异常和碰撞。

1）重要的系统变量

① $POS_ACT：当前的机器人位置，变量（E6POS）指明TCP基于基坐标系的额定位置。

② $AXIS_ACT：基于轴坐标的当前机器人位置（额定值），变量（E6AXIS）包含当前的轴角或轴位置。

2）计算绝对目标位置

① 一次性更改DAT文件中的位置。

```
XP1.x = 450                     ; 新的X值450mm
XP1.z = 30.0*distance           ; 计算新的Z值
PTP XP1
```

② 每次循环时都更改DAT文件中的位置。

```
XP2.x = XP2.x + 450             ; X值每次推移 450mm
PTP XP2
```

③ 位置被应用，并被保存在一个变量中。

```
myposition = XP3
myposition.x = myposition.x + 100    ; 给X值加上100mm
myposition.z = 10.0*distance         ; 计算新的Z值
myposition.t = 35                    ; 设置转角方向值
PTP XP3                              ; 位置未改变
PTP myposition                       ; 计算出的位置
```

（3）操作步骤

① 作为专家，借助“打开”按键将程序载入编辑器中。

② 计算/操纵位置。新计算得出的值可能要暂存在新的变量中。

③ 检查、应用或重新初始化运动编程的预设定值：工具（$TOOL和$LOAD）、基坐标设置（$BASE）、机器人引导型或外部工具（$IPO_MODE）、速度、加速度、轨迹逼近距离、姿态引导。

④ 创建由以下部分组成的运动指令：运动方式（PTP、LIN、CIRC），目标点（采用CIRC时还有辅助点），采用CIRC时可能还有圆心角（CA），激活轨迹逼近（C_PTP、C_DIS、C_ORI、C_VEL）。

⑤ 重新运动时返回3点。

⑥ 关闭编辑器并保存。

第5章

KUKA机器人周边设备编程

大部分工业机器人的作业都不是独立执行的，往往需要跟周边设备配合使用，通过周边设备来调动工业机器人执行作业。本章以KUKA机器人周边设备为主，介绍西门子1200PLC编程、西门子触摸屏组态、WorkVisual软件配置以及1200PLC如何与KUKA机器人之间进行数据通信，让读者充分掌握KUKA机器人、触摸屏和PLC之间的数据通信。

知识目标

1. 了解S7-1200PLC。
2. 熟悉TIA编程软件。
3. 了解西门子PLC编程语言。
4. 掌握1200PLC基本编程指令。
5. 熟悉WorkVisual开发环境。

技能目标

1. 会使用TIA编程软件。
2. 能使用1200PLC基本指令进行编程。
3. 会对西门子触摸屏进行组态。
4. 会使用WorkVisual软件配置机器人。
5. 能独立完成1200PLC与机器人之间的通信配置，并进行通信编程。

5.1 西门子1200PLC编程

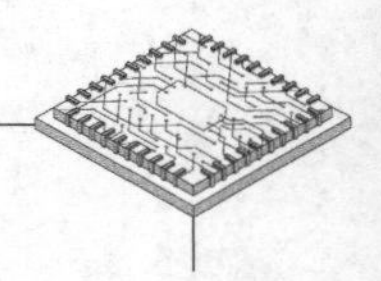

5.1.1 S7-1200 PLC简介

（1）S7-1200 PLC概述

S7-1200控制器使用灵活、功能强大，可用于控制各种各样的设备以满足自动化需求。S7-1200设计紧凑、组态灵活且具有功能强大的指令集，这些特点的组合使它成为控制各种应用的完美解决方案。

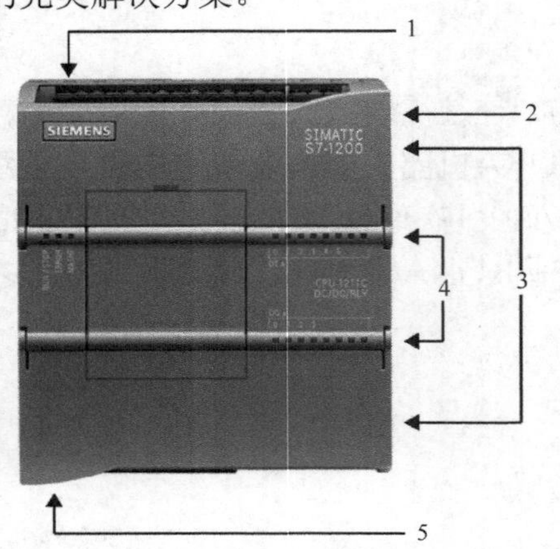

图5-1　S7-1200 PLC面板

1—电源接口；2—存储卡插槽（上部保护盖下面）；
3—可拆卸用户接线连接器（保护盖下面）；
4—板载I/O的状态LED；5—PROFINET连接器（CPU的底部）

CPU将微处理器、集成电源、输入和输出电路、内置PROFINET、高速运动控制I/O以及板载模拟量输入组合到一个设计紧凑的外壳中来形成功能强大的控制器。在下载用户程序后，CPU将包含监控应用中的设备所需的逻辑。CPU根据用户程序逻辑监视输入并更改输出，用户程序可以包含布尔逻辑、计数、定时、复杂数学运算、运动控制及与其他智能设备的通信。

CPU提供一个PROFINET端口用于通过PROFINET网络通信。还可使用附加模块通过PROFIBUS、GPRS、RS485、RS232、RS422、IEC、DNP3和WDC（宽带数据通信）网络进行通信。

（2）S7-1200 PLC面板介绍

S7-1200 PLC面板如图5-1所示。

5.1.2 STEP 7编程软件

（1）STEP 7概述

STEP 7软件提供了一个用户友好的环境，供用户开发、编辑和监视控制应用所需的逻辑，其中包括用于管理和组态项目中所有设备（例如控制器和HMI等设备）的工具。为帮助用户查找需要的信息，STEP 7提供了内容丰富的在线帮助系统。

STEP 7是TIA Portal中的编程和组态软件。除包括STEP 7外，TIA Portal中还包括设计和执行运行过程可视化的WinCC及STEP 7的在线帮助。

（2）STEP 7视图

为帮助用户提高生产率，STEP 7提供了两种不同的项目视图：根据工具功能组织的面向任务的门户集（门户视图）；项目中各元素组成的面向项目的视图（项目视图）。只需通过单击就可以切换门户（Portal）视图和项目视图。

门户视图和项目视图如图5-2和图5-3所示。

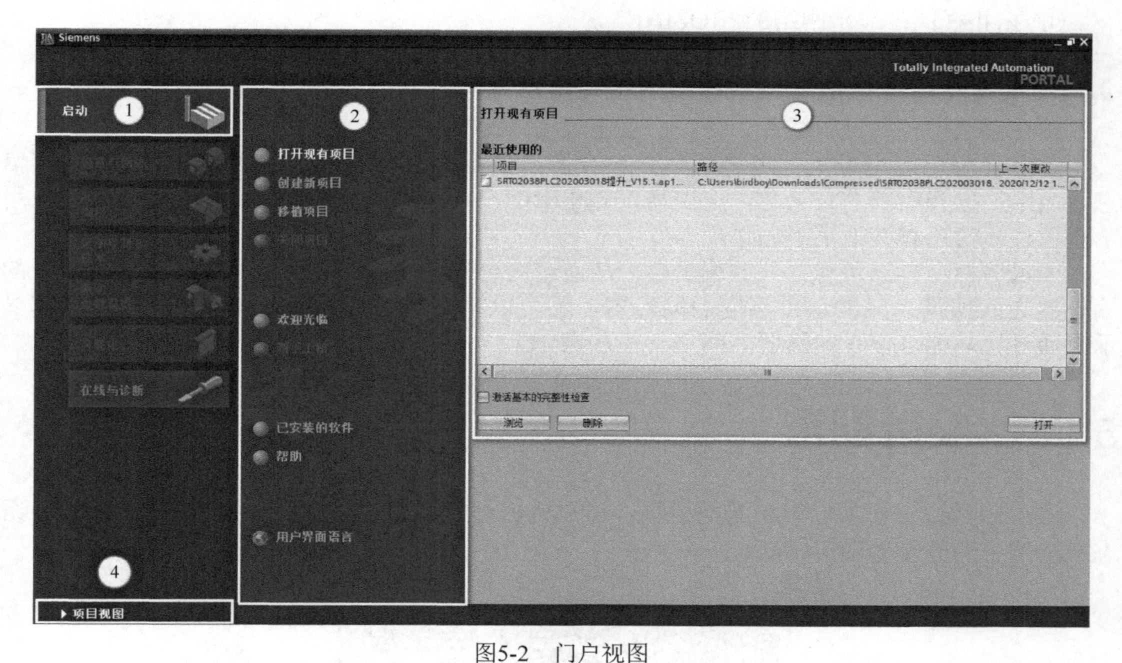

图5-2　门户视图

1—不同任务的门户；2—所选门户的任务；3—所选操作的选择面板；4—切换到项目视图

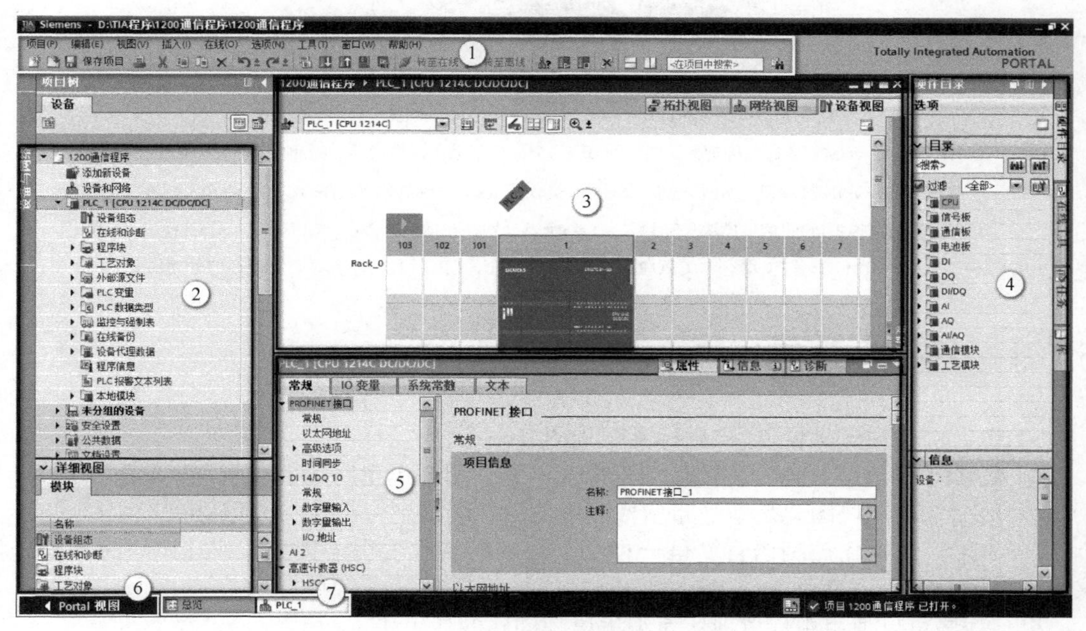

图5-3　项目视图

1—菜单和工具栏；2—项目浏览器；3—工作区；4—任务卡；

5—巡视窗口；6—切换到门户视图；7—编辑器栏

由于这些组件组织在一个视图中，所以可以方便地访问项目的各个方面。工作区由三个选项卡形式的视图组成。

① 拓扑视图：显示网络的PROFINET。

② 网络视图：显示网络中的CPU和网络连接。

③ 设备视图：显示已添加或已选择的设备及相关模块。

拓扑包括设备、无源组件、端口、互连及端口诊断。

每个视图还可用于执行组态任务。巡视窗口显示用户在工作区中所选对象的属性和信息。当用户选择不同的对象时，巡视窗口会显示用户可组态的属性。巡视窗口包含用户可用于查看诊断信息和其他消息的选项卡。

编辑器栏会显示所有打开的编辑器，从而帮助用户更快速和高效地工作。如要在打开的编辑器之间切换，只需单击不同的编辑器。还可以将两个编辑器垂直或水平排列在一起显示。通过该功能可以在编辑器之间进行拖放操作。

5.1.3 设备配置

通过向项目中添加CPU和其他模块，可以为PLC创建设备组态。S7-1200 PLC的设备组态在插槽中的分配如图5-4所示。

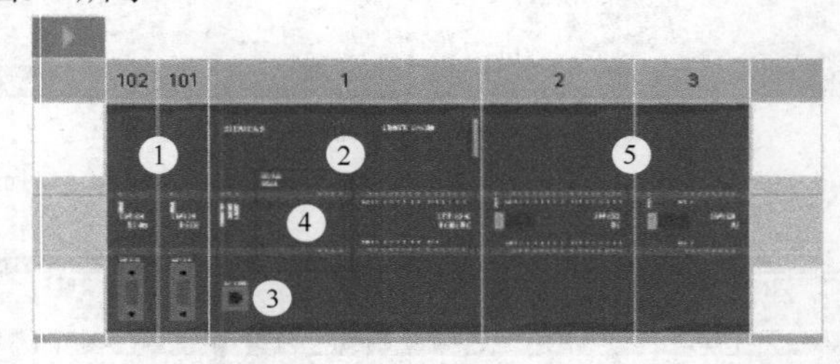

图5-4 S7-1200 PLC的设备组态在插槽中的配置

1—通信模块（CM）或通信处理器（CP），最多3个，分别插在插槽101、102和103中；2—CPU，插槽1；3—CPU的PROFINET端口；4—信号板（SB）、通信板（CB）或电池板（BB），最多1个，插在CPU中；5—数字或模拟I/O的信号模块（SM），最多8个，分别插在插槽2～9中（CPU 1214C、CPU 1215C和CPU 1217C允许使用8个，CPU 1212C允许使用2个，CPU 1211C不允许使用任何信号模块）

5.1.4 编程语言

STEP 7为S7-1200提供以下3种标准编程语言。

① LAD（梯形图）是一种图形编程语言。它使用基于电路图的表示法。

② FBD（功能块图）是基于布尔代数中使用的图形逻辑符号的编程语言。

③ SCL（结构化控制语言）是一种基于文本的高级编程语言。创建代码块时，应选择该块要使用的编程语言。

用户程序可以使用由任意或所有编程语言创建的代码块。

（1）梯形图（LAD）

梯形图（LAD）是由电路图的元件（如常闭触点、常开触点和线圈）相互连接构成的程序段，如图5-5所示。

如要创建复杂运算逻辑，可插入分支以创建并行电路的逻辑。并行分支向下打开或直接连接到电源线，用户可向上终止分支。LAD向多种功能（如数学、定时器、计数器和移动）提供“功能框”指令。STEP 7不限制LAD程序段中的指令（行和列）数，每个LAD程序段都必须使用线圈或功能框指令来终止。

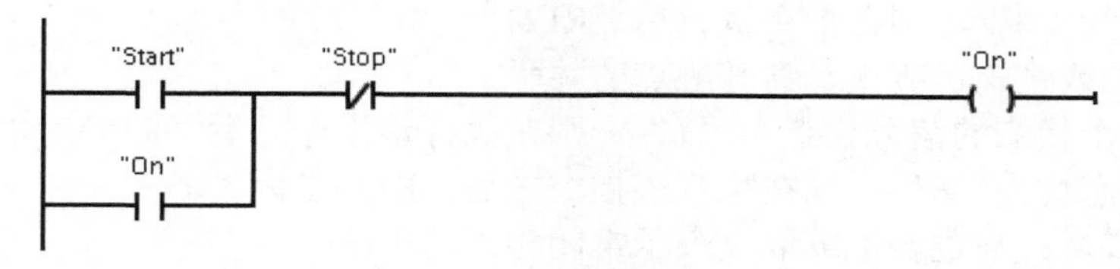

图5-5　梯形图

创建LAD程序段时应注意以下规则。

① 不能创建可能导致反向能流的分支，如图5-6所示。

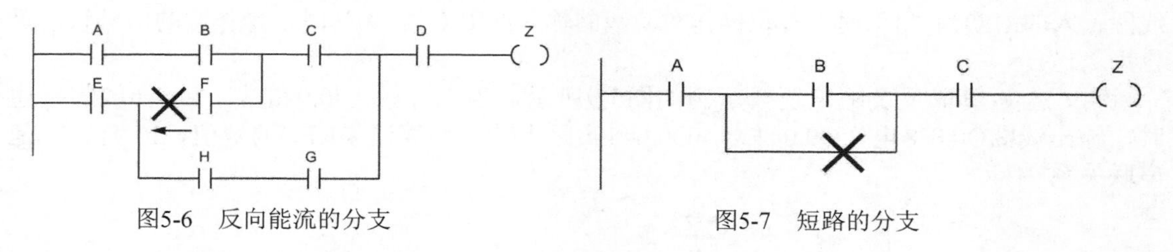

图5-6　反向能流的分支

图5-7　短路的分支

② 不能创建可能导致短路的分支，如图5-7所示。

（2）功能块图（FBD）

与LAD一样，FBD也是一种图形编程语言。逻辑表示法以布尔代数中使用的图形逻辑符号为基础，如图5-8所示。

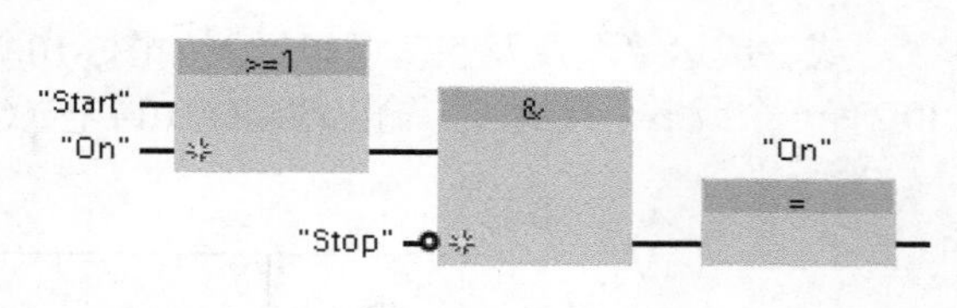

图5-8　功能块图（FBD）

如要创建复杂运算的逻辑，可在功能框之间插入并行分支。算术功能和其他复杂功能可直接结合逻辑框表示。STEP 7不限制FBD程序段中的指令（行和列）数。

（3）结构化控制语言（SCL）

结构化控制语言（Structured Control Language，SCL）是用于SIMATIC S7 CPU的基于PASCAL的高级编程语言。SCL支持STEP 7的块结构。

SCL指令使用标准编程运算符，例如，用（：=）表示赋值；用+ －* /表示算术功能（其中，+表示相加，–表示相减，*表示相乘，/表示相除）。SCL也使用标准的PASCAL程序控制操作，如IF-THEN-ELSE、CASE、REPEAT-UNTIL、GOTO和RETURN。SCL编程语言中的语法元素还可以使用所有的PASCAL参考。许多SCL的其他指令（如定时器和计数器）与LAD和FBD指令匹配。

5.1.5　基本指令

位逻辑运算指令用于二进制数的逻辑运算。位逻辑运算的结果简称RLO。位逻辑运算指令是最常用的指令之一，主要有置位运算指令、复位运算指令和线圈指令等。

（1）触点与线圈相关逻辑

① 与逻辑：与逻辑表示常开触点的串联。

如果两个相应的信号状态均为“1”，则在执行该指令后，RLO为“1”。如果其中一个相应的信号状态为“0”，则在指令执行后，RLO为“0”。

② 或逻辑：或逻辑运算表示常开触点的并联。

如果其中一个相应的信号状态为“1”，则在执行该指令之后，RLO为“1”。如果这两个相应的信号状态均为“0”，则在执行该指令之后，RLO也为“0”。

③ 与逻辑取反：与逻辑运算取反表示常闭触点的串联。

④ 或逻辑取反：或逻辑运算取反表示常闭触点的并联。

⑤ 赋值：将CPU中保存的逻辑运算结果（RLO）的信号状态分配给指定操作数。如果RLO的信号状态为“1”，则置位操作数。如果信号状态为“0”，则操作数复位为“0”。

⑥ 赋值取反：可将逻辑运算的结果（RLO）进行取反，然后将其赋值给指定操作数。线圈输入的RLO为“1”时，复位操作数。线圈输入的RLO为“0”时，操作数的信号状态置位为“1”。

与、与运算取反及赋值逻辑示例如图5-9所示，当常开触点I0.0和常闭触点I0.2都接通时，输出线圈Q0.0得电（Q0.0=1），Q0.0=1实际上就是运算结果RLO的数值，I0.0和I0.2是串联关系。

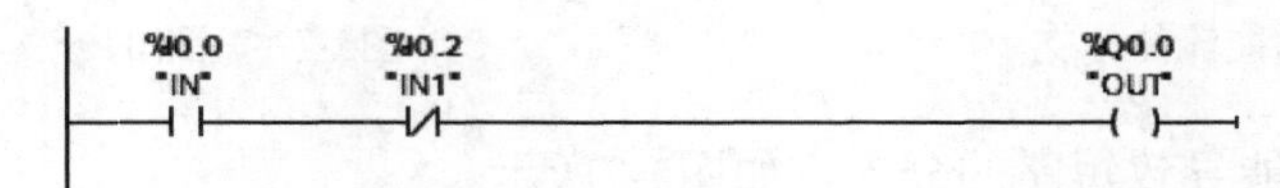

图5-9　与、与运算取反及赋值逻辑示例

或、或运算取反及赋值逻辑示例如图5-10所示，当常开触点I0.0、常开触点Q0.0和常闭触点I0.2有一个或多个接通时，输出线圈Q0.0得电（Q0.0=1），I0.0、Q0.0和I0.2是并联关系。

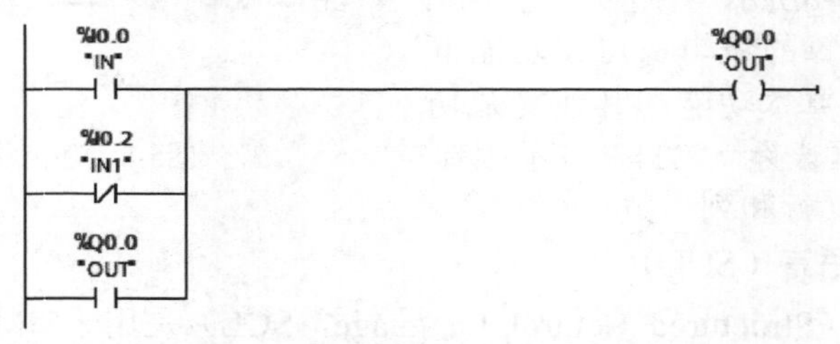

图5-10　或、或运算取反及赋值逻辑示例

使用LAD和FBD处理布尔逻辑非常高效。SCL不但非常适合处理复杂的数学计算和项目控制结构，而且也可以使用SCL处理布尔逻辑。

触点和赋值逻辑的LAD和SCL指令对应关系说明如表5-1所示。

表5-1　触点和赋值逻辑的LAD和SCL指令对应关系说明

LAD	SCL	功能说明	说明

"IN"
─┤ ├─
	IF in THEN
	Statement;
	ELSE
	Statement;
	END_IF;
		常开触点	可将触点相互连接并创建用户自己的组合逻辑

续表

LAD	SCL	功能说明	说明
"IN" —/—	IF NOT（in）THEN Statement； ELSE Statement； END_IF；	常闭触点	可将触点相互连接并创建用户自己的组合逻辑
"OUT" —( )—	out：=<布尔表达式>；	赋值	将CPU中保存的逻辑运算结果的信号状态，分配给指定操作数
"OUT" —(/)—	out：=NOT <布尔表达式>；	赋值取反	将CPU中保存的逻辑运算结果的信号状态取反后，分配给指定操作数

【例5-1】CPU上电运行后，对MB0～MB3清零复位，设计此程序。

S7-1200 PLC虽然可以设置上电闭合一个扫描周期的特殊寄存器（FirstScan），但可以用如图5-11所示程序取代此特殊寄存器。

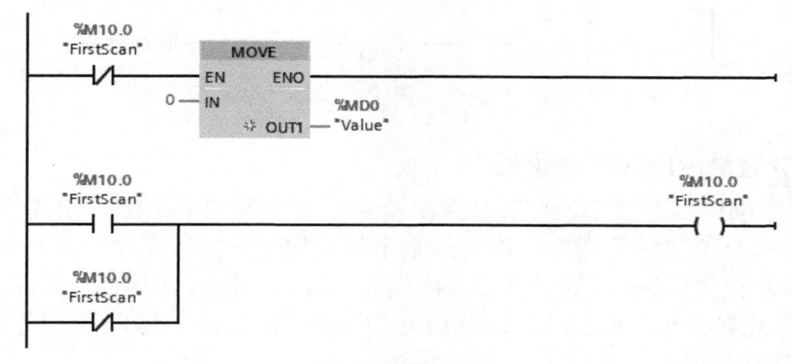

图5-11 梯形图

（2）置位和复位指令

S：置位指令将指定的地址位置位，即变为1，并保持。

R：复位指令将指定的地址位复位，即变为0，并保持。

图5-12所示为置位/复位指令应用示例，当I0.0为1，Q0.0为1之后，即使I0.0为0，Q0.0保持为1，直到I0.1为1时，Q0.0变为0。这两条指令非常有用，STEP 7中没有与R和S对应的SCI指令，置位复位指令不一定要成对使用。

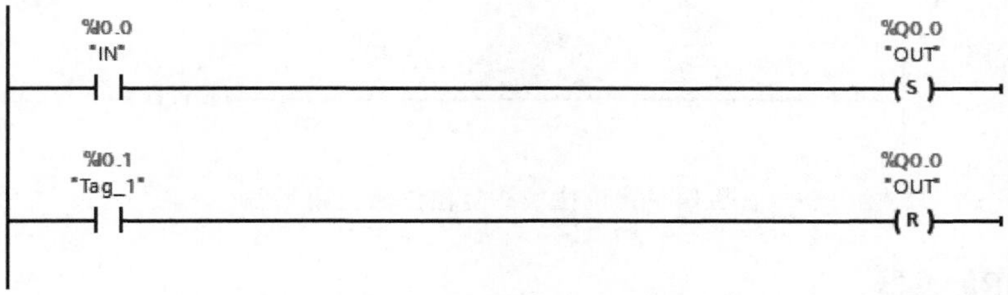

图5-12 置位/复位指令应用示例

【例5-2】用置位/复位指令编写“正转—停止—反转”的梯形图，其中I0.0是正转按钮，I0.1是反转按钮，I0.2是停止按钮（硬件接线接常闭触点），Q0.0是正转输出，Q0.1是反转输出。

“正转—停止—反转”梯形图如图5-13所示，可见使用置位/复位指令后，不需要用自锁，程序变得更加简洁。

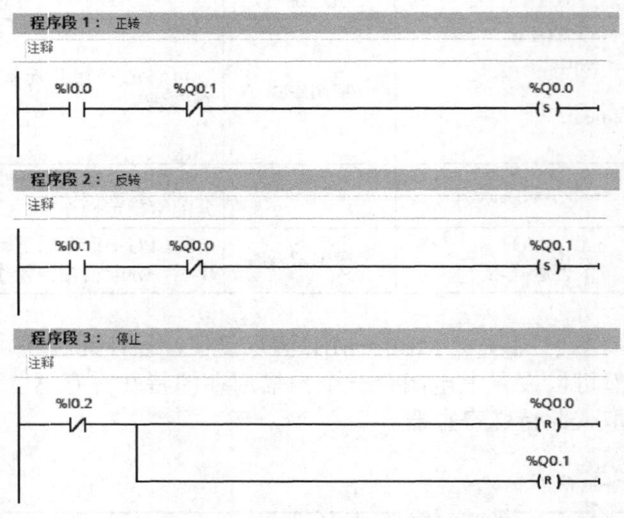

图5-13 “正转—停止—反转”梯形图

（3）SET_BF位域/RESET_BF位域

SET_BF:“置位位域”指令，可对从某个特定地址开始的多个位进行置位。

RESET_BF:“复位位域”指令，可对从某个特定地址开始的多个位进行复位。

置位位域和复位位域应用示例如图5-14所示，当常开触点I0.0接通时，从Q0.0开始的3个位置位，而当常开触点I0.1接通时，从Q0.1开始的3个位复位。这两条指令很有用，在S7-300/400 PLC中没有此指令。

STEP 7中没有与SET_BF和RESET_BF对应的SCL指令。

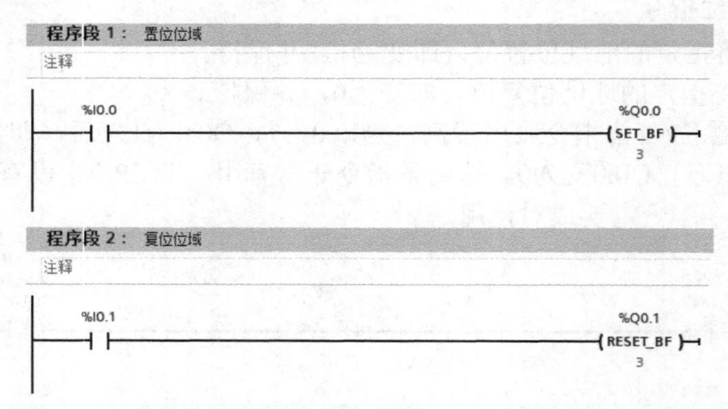

图5-14 置位位域和复位位域应用示例

（4）RS/SR触发器

RS:复位/置位触发器（置位优先）。如果R输入端的信号状态为“1”，S1输入端的信号状态为“0”，则复位。如果R输入端的信号状态为“0”，S1输入端的信号状态为“1”，则置位触发器。如果两个输入端的RLO状态均为“1”，则置位触发器。如果两个输入端的RLO状态均为“0”，则保持触发器以前的状态。RS/SR双稳态触发器应用示例如图5-15所示，用一个表格表示这个例子的输入与输出的对应关系，见表5-2。

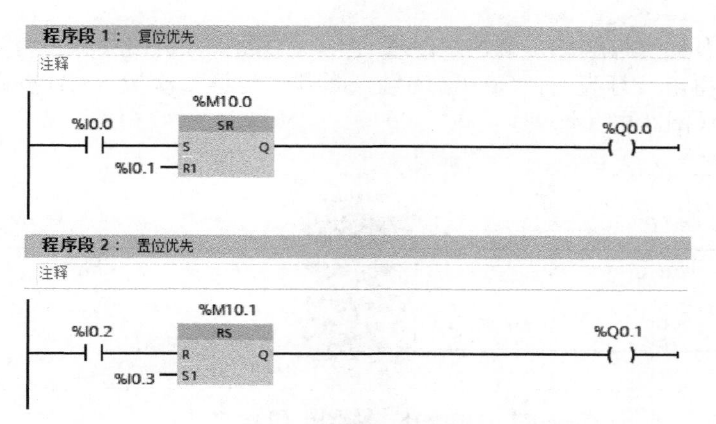

图5-15　RS/SR双稳态触发器应用示例

表5-2　RS/SR双稳态触发器输入与输出的对应关系

复位/置位触发器RS（置位优先）				置位/复位触发器SR（复位优先）			
输入状态		输出状态	说明	输入状态		输出状态	说明
S1	R	Q	当各个状态断开后，输出状态保持	S	R1	Q	当各个状态断开后，输出状态保持
1	0	1		1	0	0	
0	1	0		0	1	1	
1	1	1		1	1	0	

SR：置位/复位触发器（复位优先）。如果S输入端的信号状态为“1”，R1输入端的信号状态为“0”，则置位。如果S输入端的信号状态为“0”，R1输入端的信号状态为“1”，则复位触发器。如果两个输入端的RLO状态均为“1”，则复位触发器。如果两个输入端的RLO状态均为“0”，保持触发器以前的状态。

STEP 7中没有与RS和SR对应的SCL指令。

【例5-3】设计一个单键启停控制（乒乓控制）的程序，实现用一个按钮控制一盏灯的亮和灭，即奇数次按下SB1按钮灯亮，偶数次按下SB1按钮灯灭。

设计原理图如图5-16所示。梯形图如图5-17所示，可见使用SR触发器指令后，不需要自锁，程序变得更加简洁。当第一次按下SB1按钮时，Q0.0线圈得电（灯亮），Q0.0常开触点闭合。当第二次按下SB1按钮时，S和R1端子间是高电平，由于复位优先，所以Q0.0线圈断电（灯灭）。

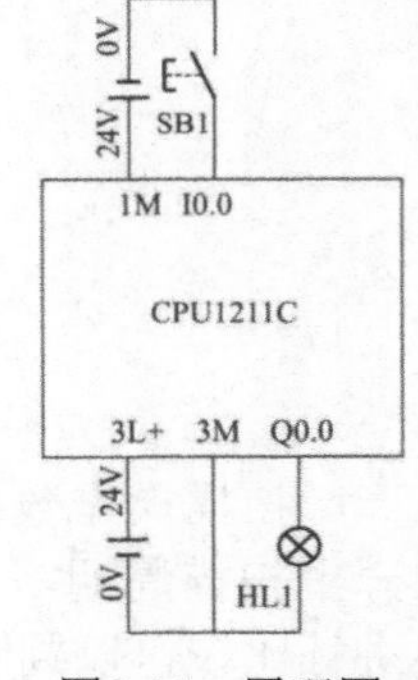

图5-16　原理图

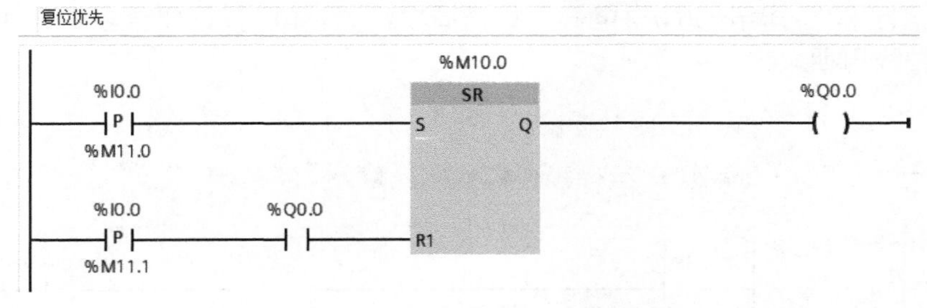

图5-17　梯形图（1）

这个示例还有另一种解法，就是用RS指令，梯形图如图5-18所示，当第一次按下SB1按钮时，Q0.0线圈得电（灯亮），Q0.0常闭触点断开，当第二次按下SB1按钮时，R端子是高电平，所以Q0.0线圈断电（灯灭）。

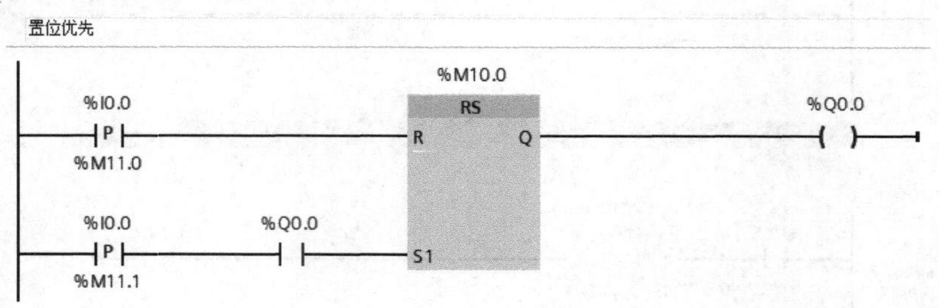

图5-18　梯形图（2）

（5）上升沿和下降沿指令

上升沿和下降沿指令有扫描操作数的信号下降沿和扫描操作数的信号上升沿的作用。STEP 7中没有与FP和FN对应的SCL指令。

扫描操作数的信号下降沿指令FN用于检测RLO从1调转到0时的下降沿，并保持RLO=1一个扫描周期。每个扫描周期内，都会将RLO位的信号状态与上一个周期获取的信号状态进行比较，以判断是否发生了改变。

下降沿示例的梯形图如图5-19所示，由图5-20所示的下降沿示例时序图可知，当按下10.0按钮后又弹起时，产生一个下降沿，输出Q0.0得电一个扫描周期，这个时间是很短的，肉眼是分辨不出来的，因此若Q0.0控制的是一盏灯，肉眼是不能分辨出灯已经亮了一个扫描周期。

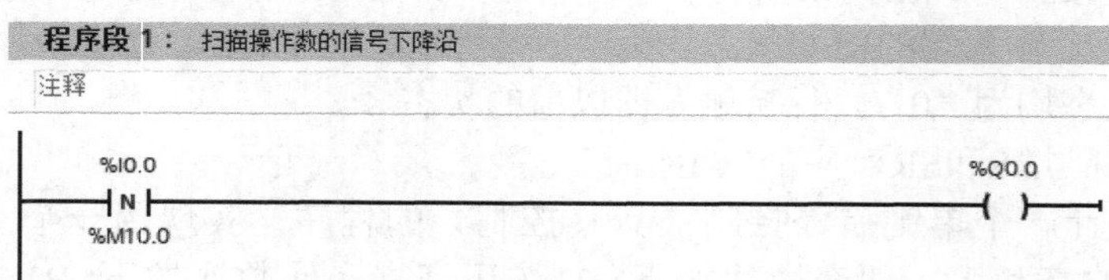

图5-19　下降沿示例的梯形图

扫描操作数的信号上升沿指令FP用于检测RLO从0调转到1时的上升沿，并保持RLO=1一个扫描周期。每个扫描周期内，都会将KLO位的信号状态与上一个周期获取的信号状态进行比较，以判断是否发生了改变。

上升沿示例的梯形图如图5-21所示，由图5-22所示的上升沿示例时序图可知：当按下I0.0按钮时，产生一个上升沿，输出Q0.0得电一个扫描周期，无论I0.0按钮闭合多长时间，输出Q0.0只得电一个扫描周期。

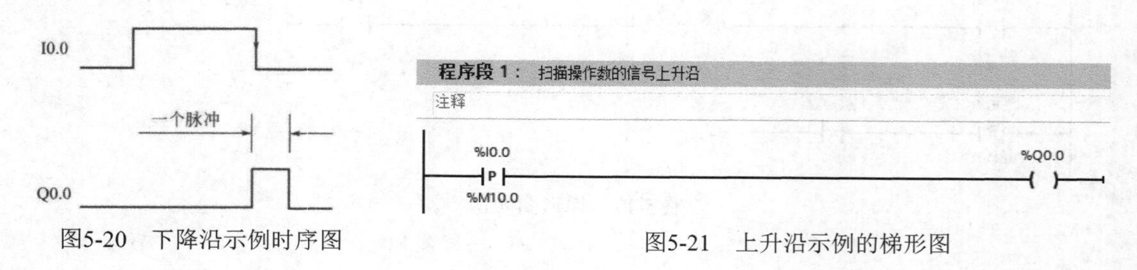

图5-20　下降沿示例时序图

图5-21　上升沿示例的梯形图

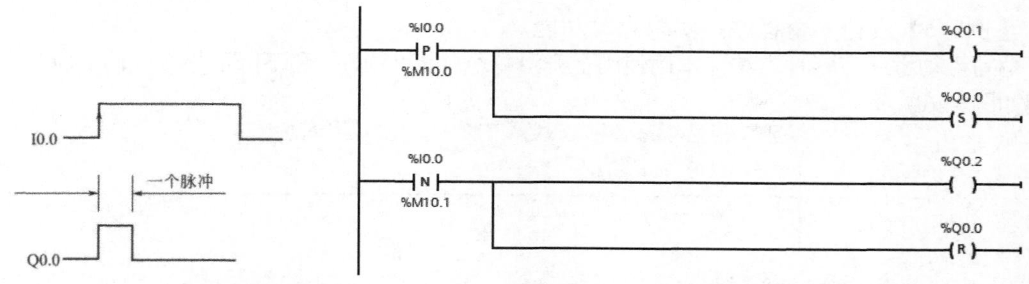

图5-22　上升沿示例时序图　　　　图5-23　边沿检测指令示例的梯形图

【例5-4】边沿检测指令示例梯形图如图5-23所示，如果按下I0.0按钮，闭合1s后弹起，请分析程序运行结果。

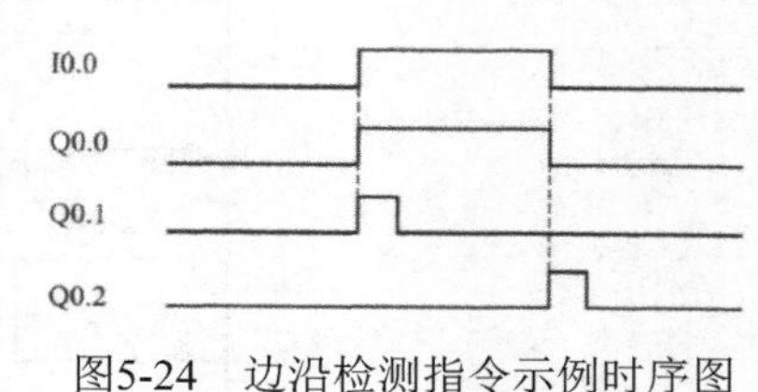

图5-24　边沿检测指令示例时序图

边沿检测指令示例时序图如图5-24所示，当按下I0.0按钮时，产生上升沿，触点产生一个扫描周期的时钟脉冲，驱动输出线圈Q0.1通电一个扫描周期，Q0.0也通电，使输出线圈Q0.0置位，并保持。

当I0.0按钮弹起时，产生一个下降沿，触点产生一个扫描周期的时钟脉冲，驱动输出线圈Q0.2通电一个扫描周期，使输出线圈Q0.0复位，并保持，Q0.0得电共1s。

【例5-5】设计一个程序，实现用一个按钮控制一盏灯的亮和灭，即奇数次按下按钮时灯亮，偶数次按下按钮时灯灭。

当I0.0第一次合上时，M10.0接通一个扫描周期，使Q0.0线圈得电一个扫描周期，当下一次扫描周期到达，Q0.0常开触点闭合自锁，灯亮。

当I0.0第二次合上时，M10.0线圈得电一个扫描周期，使M10.0常闭触点断开，灯灭。梯形图如图5-25所示。

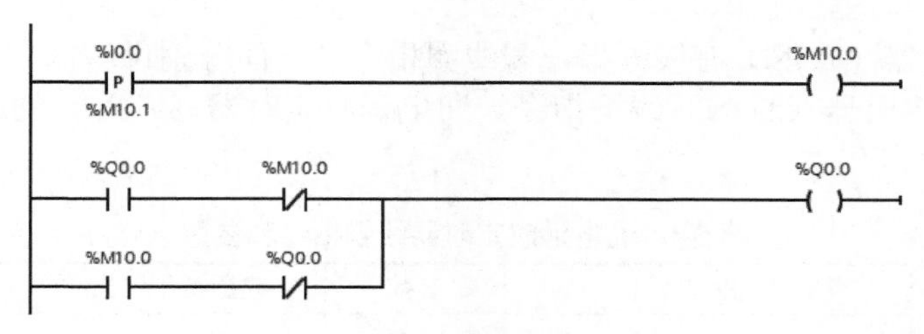

图5-25　梯形图

上面的上升沿指令和下降沿指令没有对应的SCL指令。下面介绍的上升沿指令（R_TRIG）和下降沿指令（F_TRIG），其LAD和SCL指令对应关系见表5-3。

表5-3　上升沿指令（R_TRIG）和下降沿指令（F_TRIG）的LAD和SCL指令对应关系

LAD	SCL指令	功能说明	说明
"R_TRIG_DB" R_TRIG EN ENO CLK Q	"R_TRIG_DB"（CLK：=_in_，Q=>_bool_out_）；	上升沿指令	在信号上升沿置位变量
"F_TRIG_DB_1" F_TRIG EN ENO CLK Q	"F_TRIG_DB"（CLK：=_in_，Q=>_bool_out_）；	下降沿指令	在信号下降沿置位变量

【例5-6】设计一个程序，实现点动功能。

编写点动程序有多种方法，本例使用上升沿指令（R_TRIG）和下降沿指令（F_TRIG），梯形图如图5-26所示。

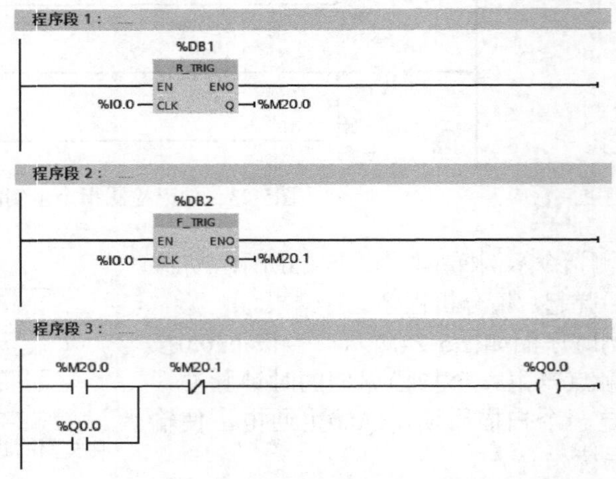

图5-26 梯形图

5.1.6 定时器和计数器指令

（1）IEC定时器

S7-1200 PLC不支持S7定时器，只支持IEC定时器。IEC定时器集成在CPU的操作系统中，包括脉冲定时器（TP）、通电延时定时器（TON）、时间累加器定时器（TONR）和断电延时定时器（TOF）。

1）通电延时定时器（TON）

通电延时定时器（TON）有线框指令和线圈指令，下面分别讲解。

① 通电延时定时器（TON）线框指令。通电延时定时器（TON）的线框指令和参数见表5-4。

表5-4 通电延时定时器线框指令和参数

LAD	SCL	参数	数据类型	说明
IEC_Timer_1 TON Time IN Q PT ET	"IEC_Timer_0_DB".TON （IN：=_bool_in_， PT：=_time_in_， Q=>_bool_out_， ET=>_time_out_）；	IN	BOOL	启动定时器
		Q	BOOL	超过时间PT后，置位的输出
		PT	Time	定时时间
		ET	Time/LTime	当前时间值

下面用一个例子介绍通电延时定时器（TON）的应用。

【例5-7】按下I0.0按钮，3s后电机启动，请设计控制程序。

先插入IEC定时器TON，弹出“数据块”对话框，单击“确定”按钮，分配数据块，再编写程序，如图5-27所示。当I0.0按钮闭合时，启动定时器，T#3S是定时时间，3s后Q0.0为1，MD10中是定时器定时的当前时间。

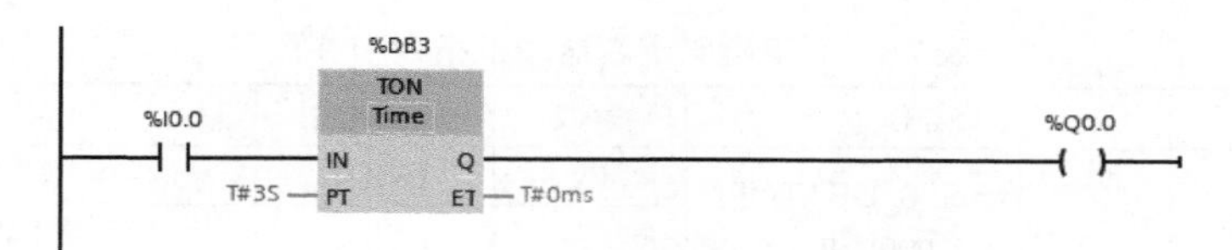

图5-27　梯形图

② 通电延时定时器（TON）线圈指令。通电延时定时器（TON）线圈指令与线框指令类似，但没有SCL指令，下面用一个例子介绍其用法。先添加数据块DB1，数据块的“类型”选定为“IEC_TIMER”，单击“确定”按钮，如图5-28所示。数据块DBI的参数如图5-29所示，各参数的含义与表5-4相同。程序设计如图5-30所示。

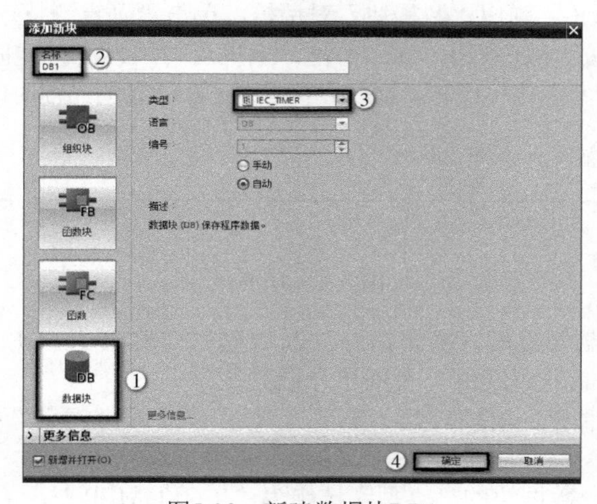

图5-28　新建数据块DB1

DB1

		名称	数据类型	起始值	保持	从 HMI/OPC..	从 H...	在 HMI ...	设定值
1		▼ Static			☐	☐	☐	☐	☐
2		■ PT	Time	T#0ms	☐	☑	☑	☑	☐
3		■ ET	Time	T#0ms	☐	☑	☐	☑	☐
4		■ IN	Bool	false	☐	☑	☑	☑	☐
5		■ Q	Bool	false	☐	☑	☐	☑	☐

图5-29　数据块DB1的参数

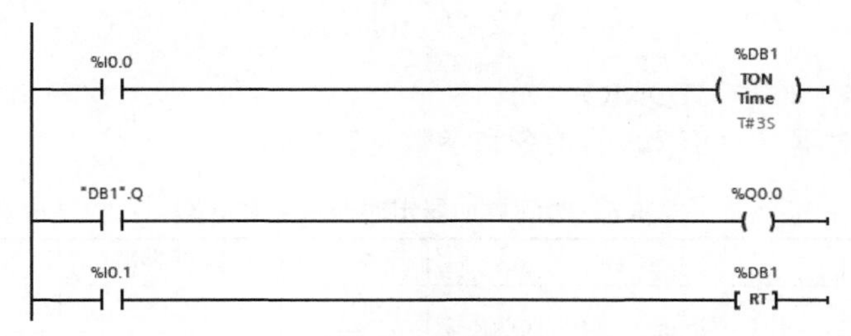

图5-30　梯形图

2）断电延时定时器（TOF）

断电延时定时器（TOF）也有线框指令和线圈指令。

① 断电延时定时器（TOF）线框指令。断电延时定时器（TOF）的线框指令和参数见表5-5。

表5-5　断电延时定时器线框指令和参数

LAD	SCL	参数	数据类型	说明
IEC_Timer_2 TOF Time IN　Q PT　ET	"IEC_Timer_0_DB".TOF （IN：=_bool_in_， PT：=_time_in_， Q=>_bool_out_， ET=>_time_out_）；	IN	BOOL	启动定时器
		Q	BOOL	定时器PT计时结束后，复位的输出
		PT	Time	关断延时的持续时间
		ET	Time/LTime	当前时间值

下面用一个例子介绍断电延时定时器（TOF）的应用。

【例5-8】断开I0.0按钮，延时3s后电机停止转动，设计控制程序。

先插入IEC定时器TOF，弹出“数据块”对话框，单击“确定”按钮，分配数据块，再编写程序，如图5-31所示，按下I0.0按钮，Q0.0得电，电机启动。T#3S是定时时间，断开I0.0按钮，启动定时器，3s后Q0.0为0，电机停转，MD10中是定时器定时的当前时间。

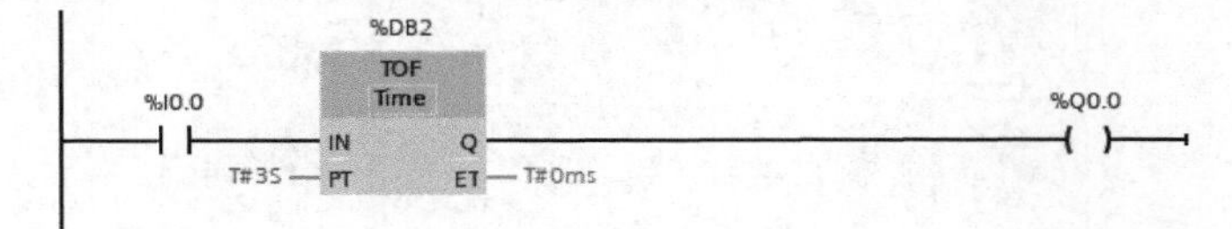

图5-31　梯形图

② 断电延时定时器（TOF）线圈指令。断电延时定时器（TOF）线圈指令与线框指令类似，但没有SCL指令，下面仅用一个例子介绍其用法。

【例5-9】某车库中有一盏灯，当人离开车库后，按下“停止”按钮，5s后灯熄灭，要求编写程序。

先添加数据块DB1，数据块的“类型”选定为“IEC_TIMER”，单击“确定”按钮。编写程序，如图5-32所示。当接通SB1按钮，灯HL1亮；按下SB2按钮5s后，灯HL1灭。

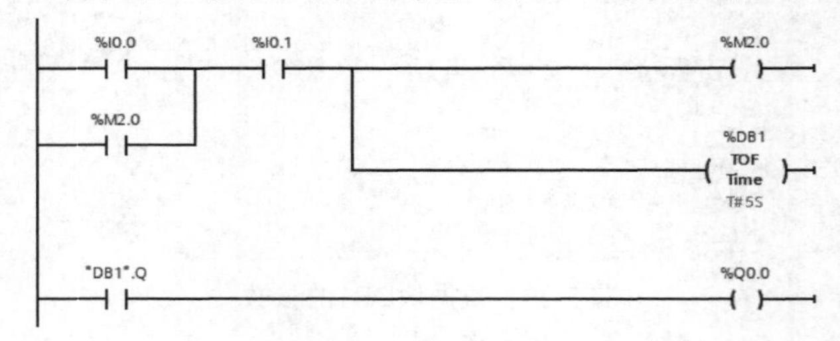

图5-32　梯形图

3）时间累加器定时器（TONR）

时间累加器定时器（TONR）的指令和参数见表5-6。

表5-6　时间累加器定时器指令和参数

LAD	SCL	参数	数据类型	说明
IEC_Timer_3 TONR Time IN　Q R　ET PT	"IEC_Timer_0_DB".TONR （IN：=_bool_in_， R：=_bool_in_， PT：=_time_in_， Q=>_bool_out_， ET=>_time_out_）；	IN	BOOL	启动定时器
		Q	BOOL	超过时间PT后，置位的输出
		R	BOOL	复位输入
		PT	Time	时间记录的最长持续时间
		ET	Time/LTime	当前时间值

下面用一个例子介绍时间累加器定时器（TONR）的应用。如图5-33所示，当I0.0按钮闭合的时间累加和大于或等于10s（即闭合I0.0按钮一次或数次时间累加和大于或等于10s），Q0.0线圈得电，如需要Q0.0线圈断电，则要将I0.1按钮闭合。

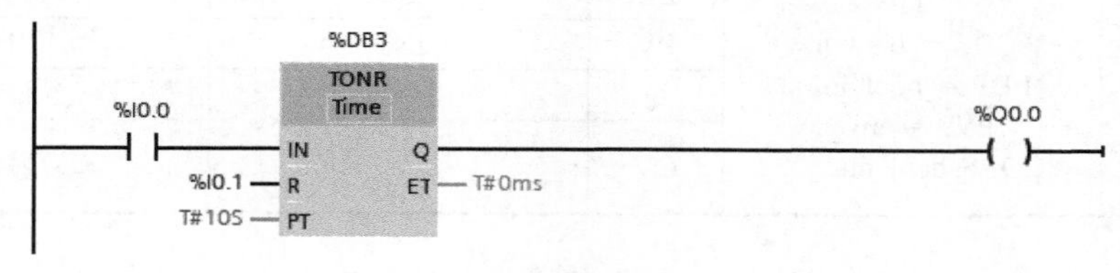

图5-33　梯形图

（2）IEC计数器

S7-1200 PLC不支持S7计数器，只支持IEC计数器。IEC计数器集成在CPU的操作系统中。在CPU中有以下计数器：加计数器（CTU）、减计数器（CTD）和加减计数器（CTUD）。

① 加计数器（CTU）。加计数器（CTU）的指令和参数见表5-7。

从指令框的“<？？？>”下拉列表中选择该指令的数据类型。

下面以加计数器（CTU）为例介绍IEC计数器的应用。

表5-7　加计数器（CTU）指令和参数

LAD	SCL	参数	数据类型	说明
"Counter name" CTU Int CU　Q R　CV PV	"IEC_Counter_0_DB".CTU （CU：=_bool_in， R：=_bool_in， PV：=_in， Q=>_bool_out，	CU	BOOL	计数器输入
		R	BOOL	复位，优先于CU端
		PV	INT	预设值
		Q	BOOL	计数器的状态， CV>=PV，Q输出1； CV<PV，Q输出0
		CV	整数、Char、WChar、Data	当前计数值

【例5-10】按下I0.0按钮3次后，电机启动，按下I0.1按钮，电机停止，请设计控制程序。

将CTU计数器拖曳到程序编辑器中，弹出“数据块”对话框，单击“确定”按钮，输入梯形图或SCL程序如图5-34所示。当按下I0.0按钮3次，MW10中存储的是当前计数值（CV）3，等于预设值（PV），所以Q0.0状态变为1，电机启动。当按下I0.1复位按钮，MW10中存储的当前计数值变为0，小于预设值（PV），所以Q0.0状态变为0，电机停止。

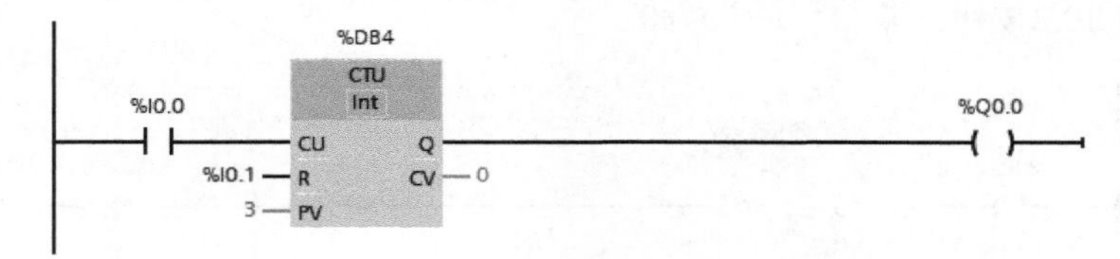

图5-34　梯形图

② 减计数器（CTD）。减计数器（CTD）的指令和参数见表5-8。

表5-8 减计数器（CTD）指令和参数

LAD	SCL	参数	数据类型	说明
"Counter name" CTD Int CD Q LD CV PV	"IEC_Counter_0_DB".CTD （CD：=_bool_in， LD：=_bool_in， PV：=_in， Q=>_bool_out，	CD	BOOL	计数器输入
		LD	BOOL	装载输入
		PV	INT	预设值
		Q	BOOL	使用LD=1置位输出CV的目标值
		CV	整数、Char、WChar、Data	当前计数值

从指令框的“<？？？>”下拉列表中选择该指令的数据类型。

下面用一个例子说明减计数器（CTD）的用法。

梯形图程序如图5-35所示。当按下I0.1按钮1次，PV值装载到当前计数值（CV），且为3。当按下I0.0按钮1次，CV减1。按下I0.0按钮3次，CV值变为0，所以Q0.0状态变为1。

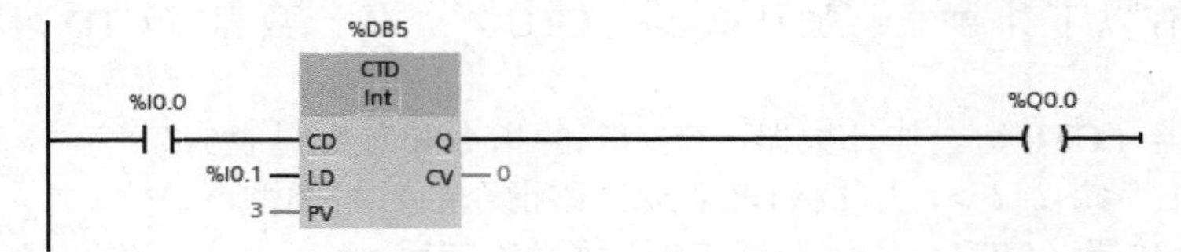

图5-35 梯形图

③ 加减计数器（CTUD）。加减计数器（CTUD）的指令和参数见表5-9。

表5-9 加减计数器（CTUD）指令和参数

LAD	SCL	参数	数据类型	说明
"Counter name" CTUD Int CU QU CD QD R CV LD PV	"IEC_Counter_0_DB".CTUD （CU：=_bool_in， CD：=_bool_in， R：=_bool_in， LD：=_bool_in， PV：=_in_， QU=>_bool_out， QD=>_bool_out，	CU	BOOL	加计数器输入
		CD	BOOL	减计数器输入
		R	BOOL	复位输入
		LD	BOOL	装载输入
		PV	INT	预设值
		QU	BOOL	加计数器的状态
		QD	BOOL	减计数器的状态
		CV	整数、Char、WChar、Data	当前计数值

从指令框的“<？？？>”下拉列表中选择该指令的数据类型。

下面用一个例子说明加减计数器指令（CTUD）的用法。

梯形图程序如图5-36所示。如果当前值PV为0，按下I0.0按钮3次，CV为3，QU的输出Q0.0为1。当按下I0.2按钮，复位，Q0.0为0。

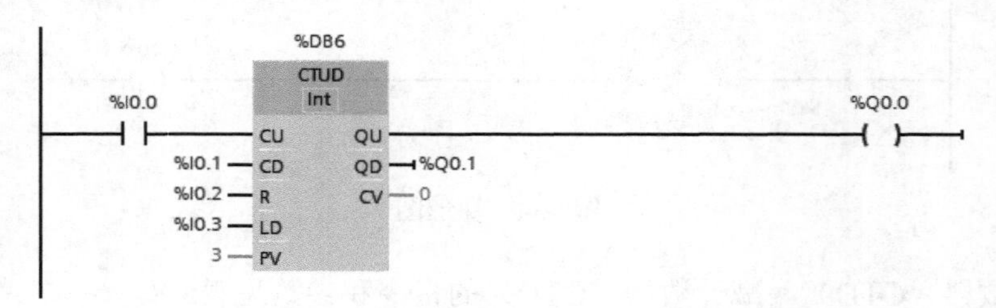

图5-36 梯形图

当按下I0.3按钮1次，PV值装载到当前计数值（CV），且为3。当按下I0.1按钮1次，CV减1。按下I0.1按钮3次，CV值变为0，所以Q0.1状态变为1。

5.2 西门子触摸屏组态

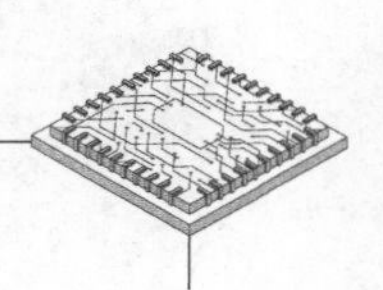

5.2.1 触摸屏介绍

（1）HMI简介

人机界面简称HMI，在控制领域，HMI一般特指用于操作人员与控制系统之间进行对话和相互作用的专用设备。人机界面按工业现场环境应用来设计，它是PLC的最佳搭档。

人机界面的主要任务如下。

① 动态显示过程数据和开关量的状态。

② 用图形界面来控制过程，用按钮控制设备，修改参数。

③ 显示报警和数据记录，打印报表和报警记录。

④ 配方管理。

HMI用组态软件设计画面和实现与PLC的通信。不同厂家的人机界面和组态软件互不兼容。人机界面一般可以用于各主要生产厂家的PLC。

（2）液晶显示器

液晶显示器简称LCD，TFT是薄膜晶体管的缩写。TFT-LCD的每个像素点用一个半导体开关来控制，有背光管。TFT-LCD的亮度高、层次感强、颜色鲜艳，反应时间短，可视角度大，耗电较多，成本较高。西门子的HMI产品几乎全部使用彩色的TFT显示器。

（3）西门子的人机界面

1）西门子各系列人机界面的简要特点

① 精智面板可满足最高性能和功能的要求。

② 精简面板具有基本的功能，有较高的性价比。

③ 移动面板便于携带，适用于有线或无线环境。

④ 按键面板结构小巧，价格低廉，集成了故障安全功能。

⑤ 精彩面板适用于S7-200和S7-200 SMART，性价比高。

2）精智面板

采用高分辨率宽屏1600万色显示器，可以显示PDF文档和Internet页面。分为4in、7in、9in、12in和15in的按键型和触摸型面板。此外，还有19in和22in的触摸型面板。触摸型面板支持垂直安装。

精智面板上有PROFINET以太网接口，USB主机接口，迷你B型USB设备接口和MPI/DP接口，两个存储卡插槽。集成了电源管理功能，可读取PLC诊断信息和摄像头信息。

3）精简面板

精简系列面板具有基本的功能，适用于简单应用，有很高的性价比，有功能可自由定义

图5-37　精简面板

的少量按键，最适合与S7-1200配合使用，精简面板如图5-37所示。

第二代精简面板有4.3in、7in、9in和12in的高分辨率64K色宽屏显示器，支持垂直安装，有一个RS422/RS485接口或一个RJ45以太网接口，还有一个USB 2.0接口。

4）移动面板

第二代移动面板的宽屏显示器分别为7in和9in，1600万色。还有与SIMATIC故障安全控制器一起使用的移动面板。防护等级IP65，防尘、防水。无线移动面板的显示器为7.5in，64K色，如图5-38所示。

5）按键面板

按键面板结构小巧，安装方便，直接连接电源和总线电缆，无需使用单独的接线端子，面板的后背板集成有数字量I/O，如图5-39所示。

6）精彩系列面板

Smart 700 IE V3和Smart 1000 IE V3的显示器分别为7in和10in，专门与S7-200和S7-200 SMART配套，集成了以太网接口、RS422/RS485接口和USB接口，组态软件为WinCC flexible SMART V3。Smart 700 IE V3具有很高的性价比，Smart Live V3如图5-40所示。

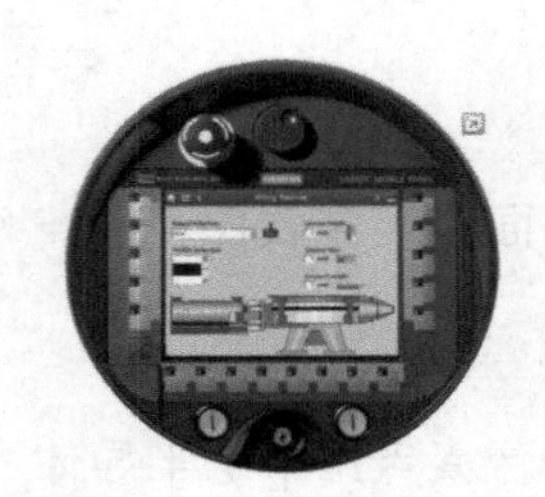

图5-38　无线移动面板

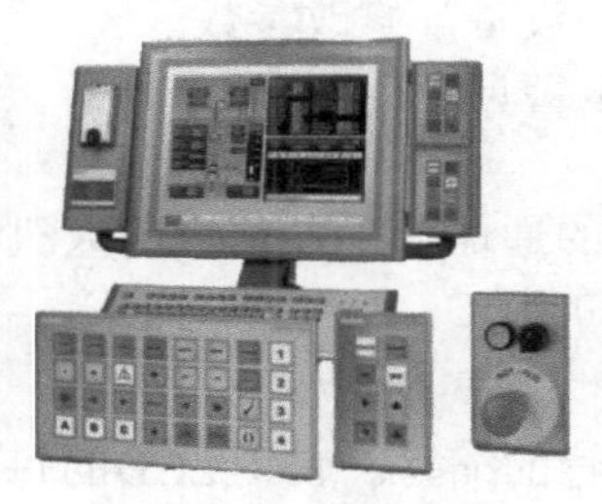

图5-39　按键面板

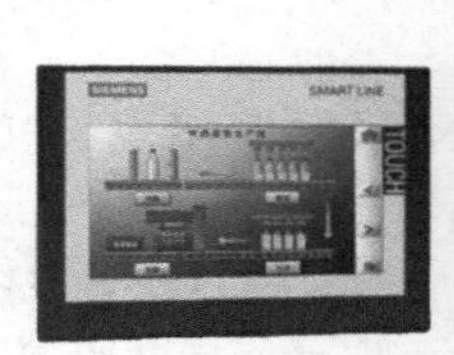

图5-40　Smart Live V3

7）HMI的组态软件

博途（TIA Port）是西门子的全集成自动化工程设计软件平台。博途中的WinCC用于为精彩面板之外的西门子HMI和PC组态。它易于上手，功能强大，带有丰富的图库，支持多语言组态和多语言运行。

5.2.2　触摸屏组态

（1）按钮的组态

按钮是HMI设备上的虚拟键，可以用来控制生产过程。按钮的模式共有3种：文本按钮、图形按钮、不可见按钮。

① 文本按钮。将工具箱中的“按钮”拖曳到画面工作区，用鼠标指针调节按钮的位置和大小。单击选中放置的按钮，选中巡视窗口的“属性”>“属性”>“常规”，设置按钮的模式为“文本”，设置“‘OFF’状态文本”，组态系统函数，连接一个布尔型变量，如图5-41所示。

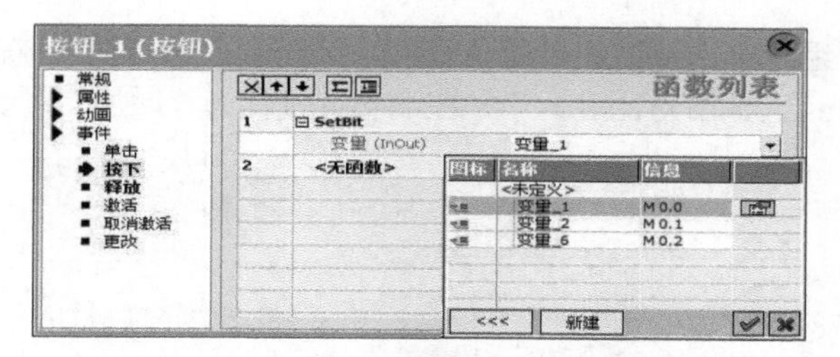

图5-41　按下组态文本按钮时操作的变量

② 图形按钮。生成一个按钮，设置“按钮模式”为“图形”。选中“图形”域中的“图形”单选项，单击“按钮‘未按下’时显示的图形”选择框右侧的按钮，双击出现的图形对象列表中的“Up_Arrow”。在该按钮上出现一个向上的三角形箭头，如图5-42所示。按钮按下与未按下的图形相同，组态系统函数，连接一个布尔型变量，如图5-43所示。

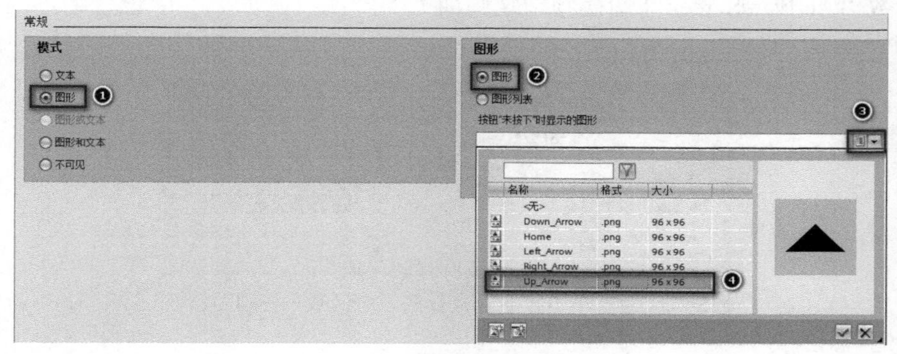

图5-42　图形按钮的组态

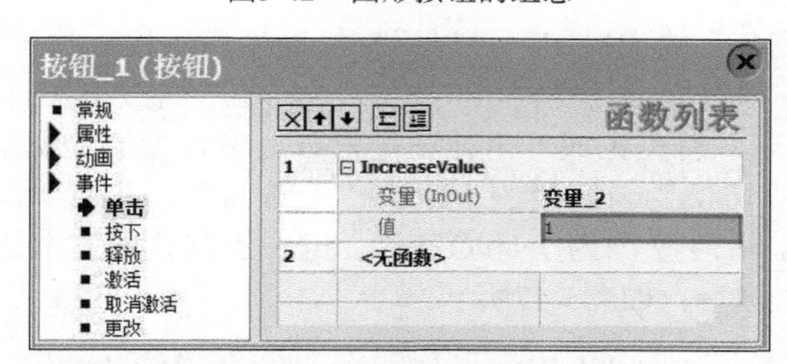

图5-43　单击组态图形按钮时执行的系统函数

（2）按钮的其他应用

① 设置变量的值。组态单击该按钮时所执行的系统函数。选择的系统函数为“计算”文件夹中的函数“SetValue（设置值）”，连接对应的“变量”，如变量_3，设定的“值”为100，如图5-44所示。

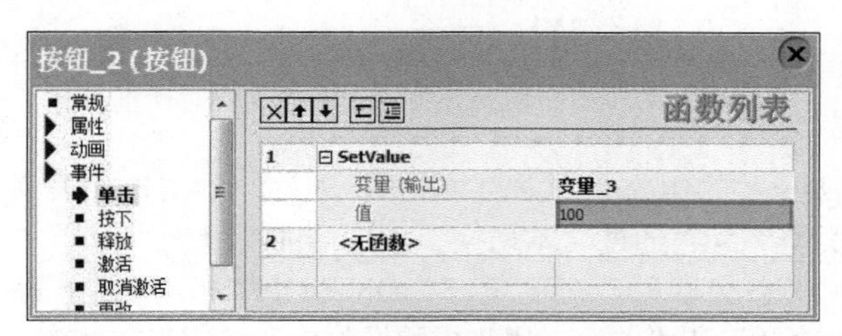

图5-44　组态单击按钮时执行的系统函数——设置变量的值

② 增加对比度。组态单击该按钮时所执行的系统函数。选择的系统函数为“系统”文件夹中的函数“AdjustContrast（调节对比度）”，在调整行设置为“增加”，如图5-45所示。

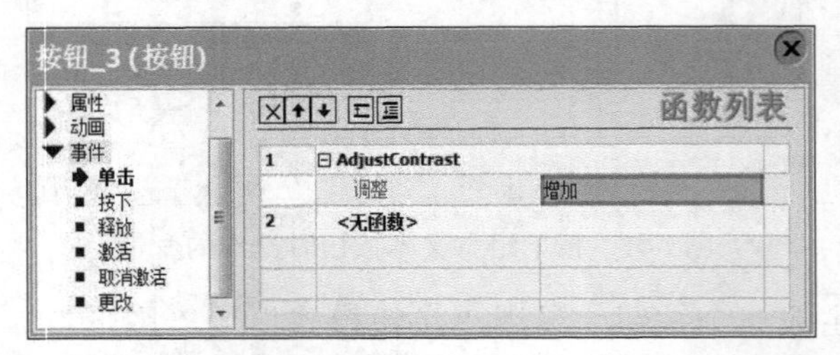

图5-45　组态单击按钮时执行的系统函数——增加对比度

③ 画面切换。组态单击该按钮时所执行的系统函数。选择的系统函数为“画面”文件夹中的函数“ActivateScreen（切换到指定画面）”，在“画面名”中设置为“画面_2”，如图5-46所示。

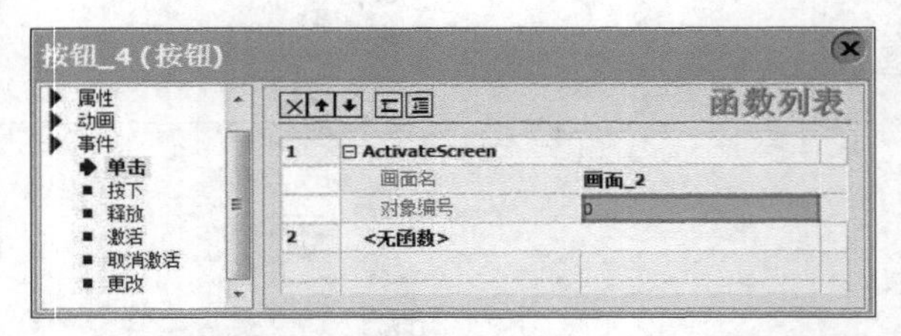

图5-46　组态单击按钮时执行的系统函数——画面切换

（3）开关的组态

开关同样是HMI设备上的虚拟键，可以用来控制生产过程。按开关切换模式分为3种：切换、通过文本切换、通过图形切换。

① 切换开关的组态。首先生成一个开关，单击选中开关的巡视窗口中的“常规”，设置开关的“类型”为“切换”。连接的变量为“变量_4”，设置“‘OFF’状态文本”和“‘ON’状态文本”，在变量_4为ON和OFF时，开关上默认的文本分别为ON和OFF。将文本分别改为“起”和“停”，如图5-47所示。

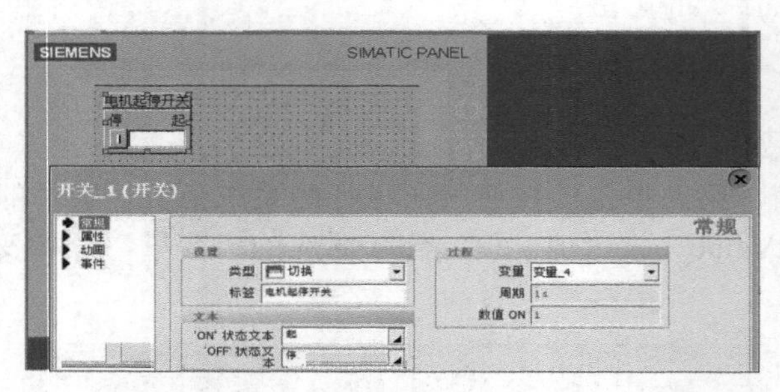

图5-47　组态切换开关的“常规”类对话框

② 通过文本切换开关的组态。首先生成一个开关，单击选中开关的巡视窗口中的“常规”，设置开关的“类型”为“通过文本切换”。连接的变量为“变量_5”，设置“‘OFF’状态文本”和“‘ON’状态文本”，在变量_5为ON和OFF时，开关上默认的文本分别为ON和OFF。将文本分别改为“开”和“关”，用来提醒操作人员按钮当前状态，如图5-48所示。

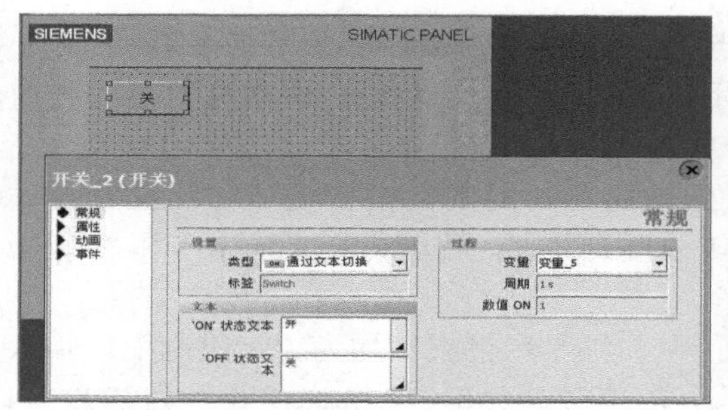

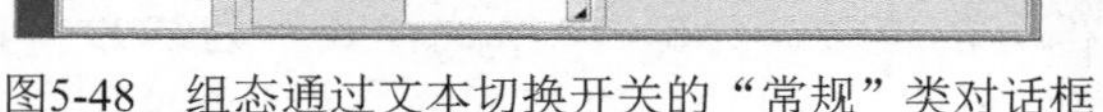

图5-48　组态通过文本切换开关的“常规”类对话框

图5-49　开关闭合和开关断开

③ 通过图形切换开关的组态。本节使用的选择开关的图形文件为“开关闭合.wmf”和“开关断开.wmf”，如图5-49所示。

将工具箱的“开关”对象拖曳到“开关”画面中，选中它以后单击巡视窗口中的“常规”，组态开关的“类型”为“通过图形切换”，连接的PLC变量为“位变量2”。

单击“图形”域中的“ON：”选择框右侧的按钮，在出现的图形对象列表中，单击左下角的“从文件创建新图形”按钮，在出现的“打开”对话框中打开保存的图形文件“开关闭合.wmf”，图形对象列表将增加该图形对象，同时关闭图形对象列表，“ON：”选择框出现“开关闭合”。

用同样的方法，用“OFF：”选择框导入图形“开关断开”，两个图形分别对应于“位变量2”的1状态和0状态。用复制和粘贴的方法，在开关的右侧生成一个指示灯。设置连接的变量为PLC变量“位变量2”。

用在线菜单启动使用变量仿真器的仿真，仿真面板显示“开关”画面。每单击一次手柄开关，开关的手柄位置发生变化，通过开关右侧的指示灯，可以看到它连接的“位变量2”的0、1状态也随之而变，如图5-50所示。

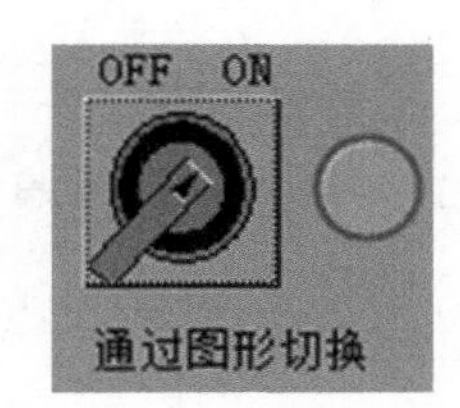

图5-50　通过图形切换

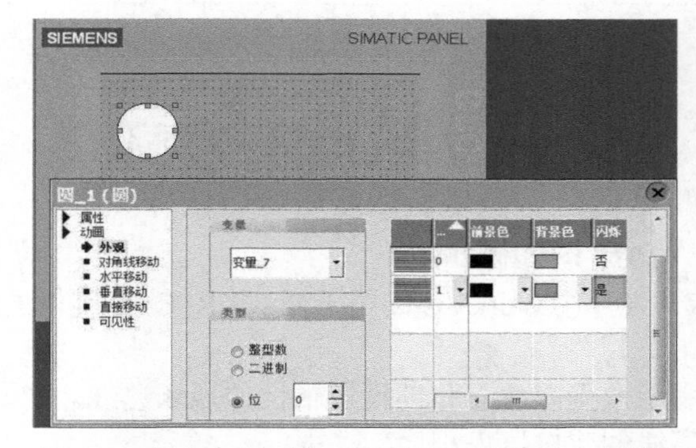

图5-51　组态矢量对象（指示灯）的外观动态属性

（4）指示灯的组态

通过矢量对象生成一个圆，在圆的属性中设置静态属性，设置好连接变量_7，选择“位”类型，设置“位状态”属性对应颜色即可，如图5-51所示。

（5）域的组态

① I/O域的分类。

输出域。只显示变量的数值。

输入域。用于操作员输入要传送到PLC指定地址的数字、字母或符号。

输入/输出域。同时具有输入和输出功能，用它来修改变量的数值，并将修改后的数值显示出来。

② I/O域的组态。将工具箱中的I/O域拖曳到画面上，用鼠标指针调节它的位置和大小。在画面中创建3个I/O域对象。设置这3个I/O域的模式分别为“输入”“输出”和“输入/输出”。

输入域和输出域连接的变量均为Int型“变量1”，“显示格式”均为“十进制”。输入域显示4位整数，参数“移动小数点”（小数部分的位数）为0，“格式样式”为9999（4位）。输出域显示3位整数和1位小数，“移动小数点”为1位，“格式样式”为99999（5位，小数点也要占位）。

输入/输出域连接字符型变量“变量2”，它的长度为8个字节。将它的“显示格式”设置为“字符串”，“域长度”为8个字节。选中巡视窗口的“外观”，组态输入域有黑色的边框，背景色为浅蓝色。选中巡视窗口的“布局”，设置输入域和输出域均为“使对象适合内容”，边框与显示值四周的间距均为2个像素点。

③ I/O域的仿真运行。用在线菜单启动使用变量仿真器的仿真，显示“开关”画面后，切换到“I/O域”画面。单击输入域，用出现的数字键盘输入一个整数，将在输出域中显示缩小了10倍的小数。用输入/输出域输入最多8个字符，按Enter键后显示出来，如图5-52所示。

1452　　145.2　　WinCC

输入　　输出　　输入/输出

开关

图5-52　I/O域的仿真运行

5.3 通信配置

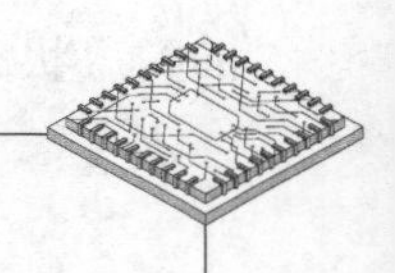

5.3.1 WorkVisual开发环境

（1）WorkVisual简介

库卡开发环境WorkVisual用于新式KR C4控制柜的综合配置，下列功能可通过界面加以调用。

① 利用数据库建立和铺设逻辑性的现场总线。

② 离线创建机器人程序。

③ 编辑安全配置。

④ 管理输入/输出端。

⑤ 诊断功能。

⑥ 机器人控制系统概览。

⑦ 示波器记录和评估。

对每项任务都可个别地进行配置和编程。各项任务汇总到一个WorkVisual项目中，然后以一个文件的形式发送给KR C4控制系统。与此相反，完成的可用项目可以再回到WorkVisual操作界面接收归档或编辑。传输本身可利用传统网络连接来执行。

（2）操作界面

在默认状态下，并非所有单元都显示在操作界面上，而是可根据需要显示或隐藏。

软件包WorkVisual受控于KR C4的机器人工作单元的工程环境。WorkVisual操作界面如图5-53所示。除此处图示的窗口和编辑器之外，还有更多可供选用。这些可通过菜单项“窗口”和“编辑器”显示。它具有以下功能。

① 将项目从机器人控制系统传输到WorkVisual。在每个具有网络连接的机器人控制系统中都可选出任意一个项目并传输到WorkVisual里，即使该计算机里尚没有该项目时也能实现。

② 将项目与其他项目进行比较，如果需要，则应用项目较差值。一个项目可以与另一个项目比较。这可以是机器人控制系统上的一个项目或一个本机保存的项目。用户可针对每一区别单个决定他是否想沿用当前项目中的状态，还是采用另一个项目中的状态。

③ 将项目传送给机器人控制系统。

④ 架构并连接现场总线。

⑤ 编辑安全配置。

⑥ 对机器人离线编程。

⑦ 管理长文本。

⑧ 诊断功能。

⑨ 在线显示机器人控制系统的系统信息。

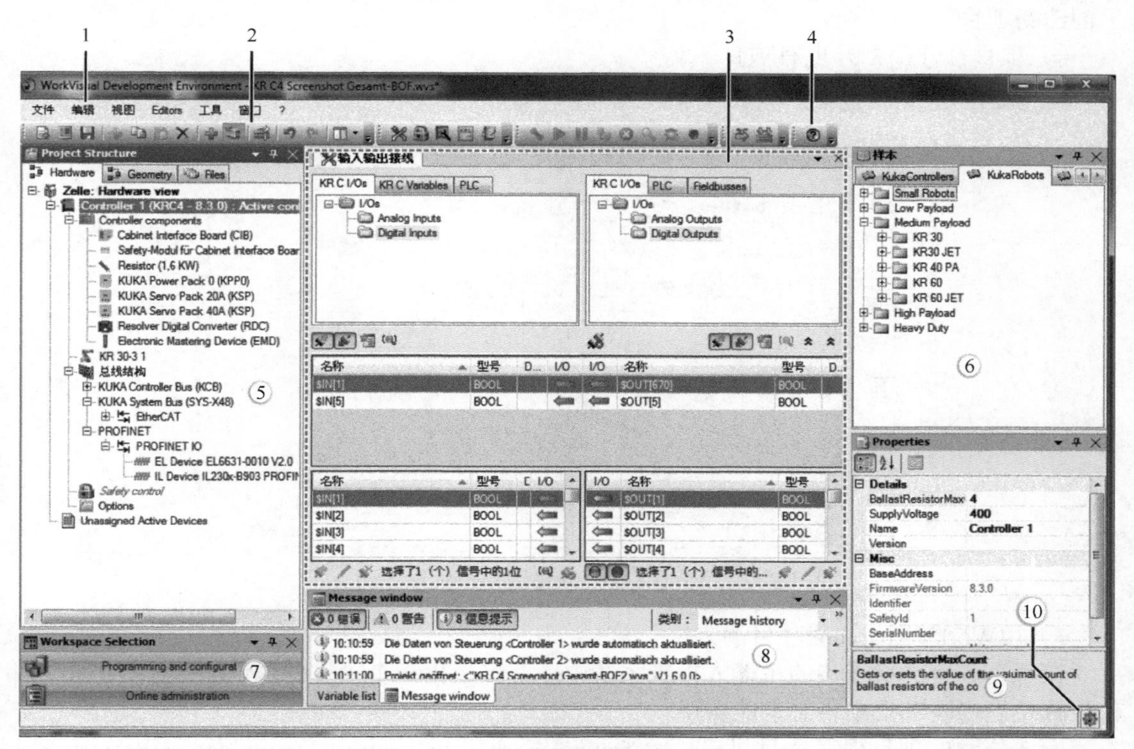

图5-53 操作界面概览

1—菜单栏；2—按键栏；3—编辑器区域；4—“帮助”键；5—“项目结构”窗口；
6—编目窗口；7—工作范围窗口；8—信息提示窗口；9—属性窗口；
10—WorkVisual项目分析图标

（3）窗口介绍

1）“项目结构”窗口

如图5-54所示。各选项卡说明如下。

① 设备。在“设备”选项卡中显示设备的关联性。此处可将单个设备分配给一个机器人控制系统。

② 产品。“产品”选项卡将一个产品所需的所有任务均显示在一个树形结构中。

③ 几何形状。“几何形状”选项卡将项目中的所有三维对象均显示在一个树形结构中。

④ 文件。“文件”选项卡包含属于项目的程序和配置文件。其中，用不同颜色显示不同来源的文件名。

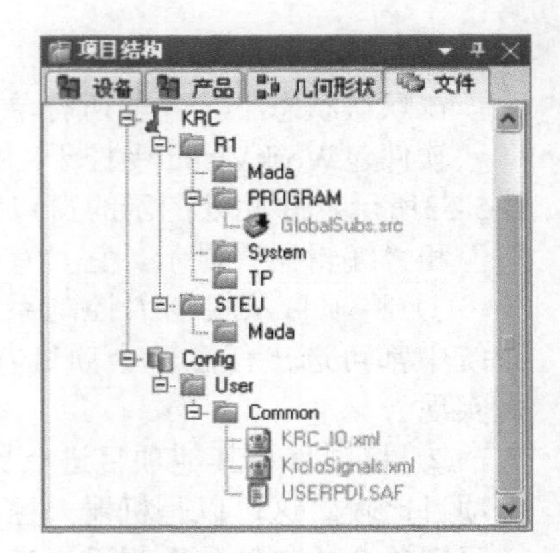

图5-54 “项目结构”窗口

a. 自动生成的文件（用“生成代码”功能），灰色。

b. 在WorkVisual中手动贴入的文件，蓝色。

c. 从机器人控制系统传输到WorkVisual的文件，黑色。

2）项目浏览器

WorkVisual的项目浏览器可对项目进行管理，如图5-55所示。

① 最后的文件：显示最后使用的文件。

② 建立项目：用于生成一个新的空项目，根据模板建立一个新项目，在现有项目基础上创建新项目。

③ 项目打开：打开现有项目。

④ 查找：从机器人控制系统加载一个项目。

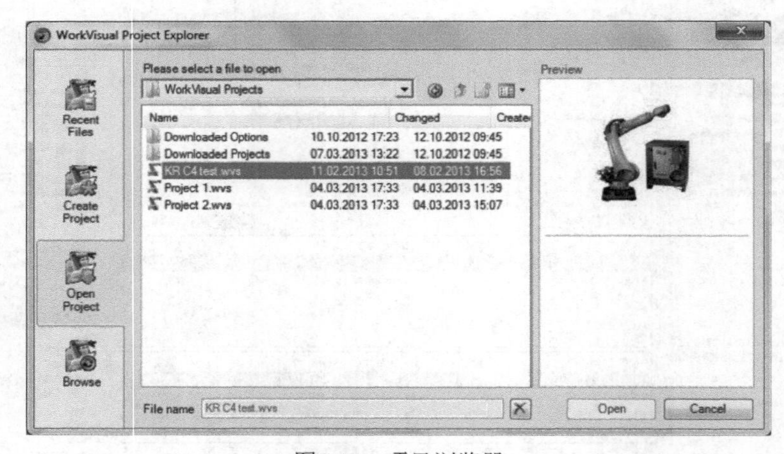

图5-55 项目浏览器

3）用WorkVisual加载项目的方法

在每个具有网络连接的机器人控制系统中，都可选出一个项目并传送给WorkVisual。即使计算机里尚没有该项目时也能实现。

所选传送的项目保存在目录Eigene Dateie\WorkVisualProjects\Do-wnloaded Projects之下或按照以下步骤查找。

① 按序选择菜单项“文件”>“查找项目”，“WorkVisual项目浏览器”窗口随即打开。窗口左侧已选中“查找”选项卡。

② 在可用工作单元栏展开所需工作单元的节点。该工作单元的所有机器人控制系统均显示出来。

③ 展开所需机器人控制系统的节点，所有项目均将显示。

④ 选中所需项目，单击“打开”按钮，项目将在WorkVisual里打开。

（4）项目比较

利用“比较”功能可显示已存项目与KR C4里现有项目之间的差异，因此，必须将KR C4在线项目与已在WorkVisual保存的相同项目同时打开。WorkVisual的计算机和KR C4控制柜位于同一网络里。项目之间的差异以一览表的形式显示出来。对每项区别，都可选择要应用哪种状态，如图5-56所示，相应说明见表5-10。

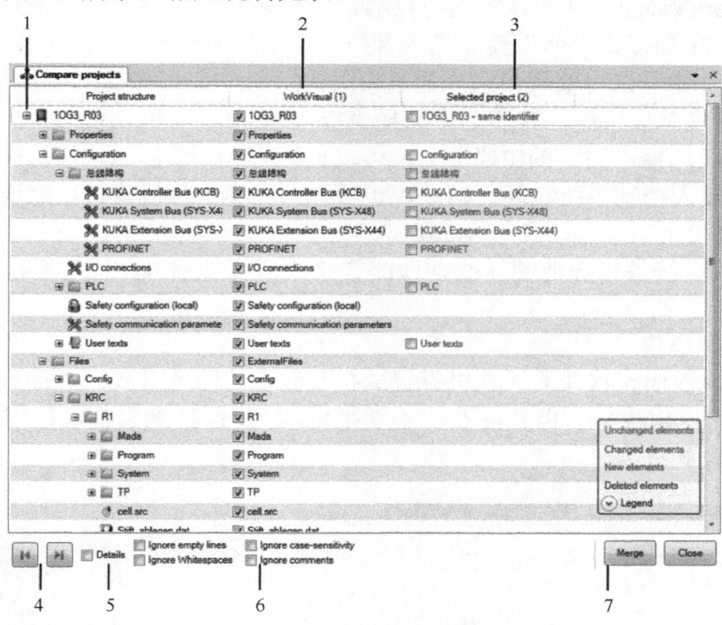

图5-56 区别概览

表5-10 项目比较视图说明

序号	说明
1	机器人控制系统节点。各项目区均以子节点表示。展开节点，以显示比较。若有多个机器人控制系统，则这些系统将上下列出 ① 每一行中始终在需应用的值前勾选 ② 不可用处的勾表示：不能应用该元素或当其已存在时，将从项目中删除 ③ 若在一个节点处画勾，则所有下级单元处也都将自动勾选。若在一个节点处取消勾选，则所有下级单元也将自动弃选。然而，也可单独编辑下级单元 ④ 填满的小方框表示：下级单元中至少有一个被选，但非全选
2	WorkVisual中所打开项目的状态
3	比较项目中的状态
4	返回箭头：显示中的焦点跳到前一区别 向前箭头：显示中的焦点跳到下一区别 关闭的节点将自动展开
5	TRUE：显示概览中所选定行的详细信息
6	过滤器
7	将所选更改应用到打开的项目中

5.3.2 WorkVisual软件配置机器人

（1）WorkVisual软件与控制系统连接

装有WorkVisual软件的计算机可以通过网口与机器人控制系统的KLI或KSI接口进行连接通信，两种接口通信的使用方式如下。

1）与KLI接口通信

要求装有WorkVisual软件的计算机与控制系统必须在同一网段，并通过网线连接KUKA机器人控制系统的KLI接口，所以要首先查看控制系统的IP地址，具体步骤如下。

① 在smartPad中登录专家用户组或更高权限的用户组。

② 按下“主菜单”按键，在菜单中选择“投入运行”>“网络配置”。如图5-57所示，“地址类型”一般选择“固定的IP地址”，可以把装有WorkVisual软件的计算机的IP和子网掩码修改成与机器人控制系统在同一网段，也可以对机器人控制器的IP地址和子网掩码进行修改并保存更改。

③ 对机器人系统进行任何硬件或软件配置修改后（如修改IP地址），都需要进行冷启动才可以生效。

2）与KSI接口通信

要求装有WorkVisual软件的计算机设置成自动获取IP地址方式，并通过网线连接KUKA机器人控制系统的KSI接口。但要注意：不要把KSI接口连接到现有的IT网络中，否则可能导致网络地址冲突和故障。

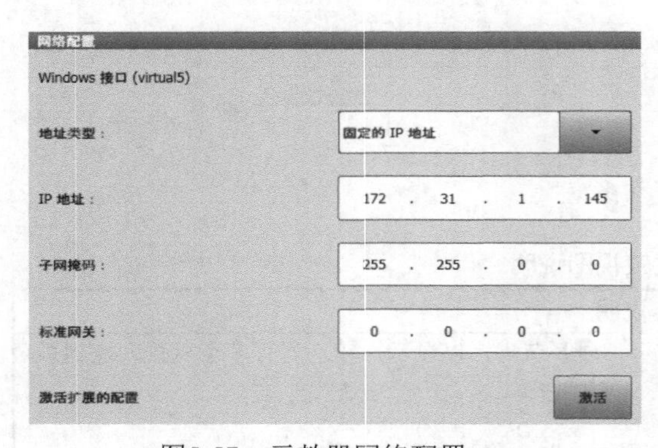

图5-57　示教器网络配置

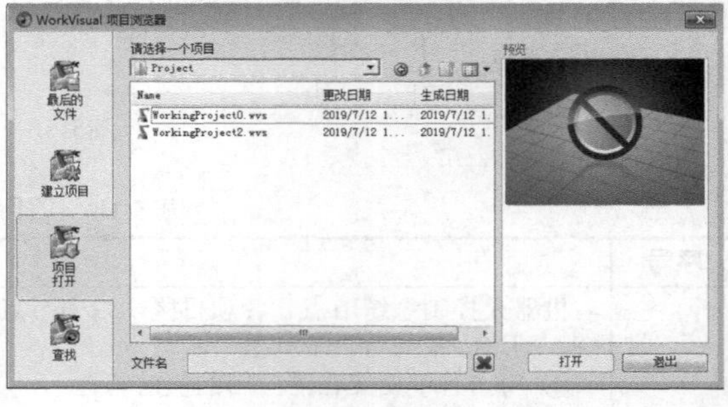

图5-58　打开项目

（2）WorkVisual上传项目

装有WorkVisual软件的计算机可以通过网口与机器人控制系统的KLI或KSI接口进行连接通信。装有WorkVisual软件的计算机与机器人控制系统建立连接后，在WorkVisual软件菜单中进行选择，此处选择“文件”>“项目打开”，如图5-58所示。

选择“查找”，单击更新，在可用单元区域中所有相连的机器人系统都被显示出来，展开所需机器人控制系统的节点，选中所需的项目（如WorkingProject1项目，WorkingProject1上的图标显示此项目为此机器人系统的正在激活项目），单击“打开”按钮，在WorkVisual中将该项目打开。项目打开后最好进行备份，之后再对项目进行编辑使用。

（3）设备管理

WorkVisual需要导入设备的说明文件来配置设备，说明文件一般从厂家获得，操作步骤如下。

① 在没有打开项目时，在菜单中选择“文件”>“Import/Export”，在弹出的窗口选择“导入设备说明文件。”，如图5-59所示。

② 单击“继续”按钮，单击“查找”，在文件类型中选择所需的类型，在计算机上选择要添加的设备说明文件。如BECKHOFF的设备说明文件类型为EtherCAT ESI，如图5-60所示。

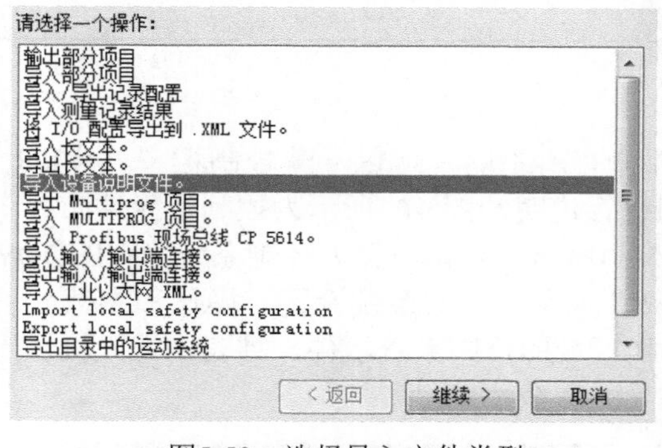

图5-59　选择导入文件类型

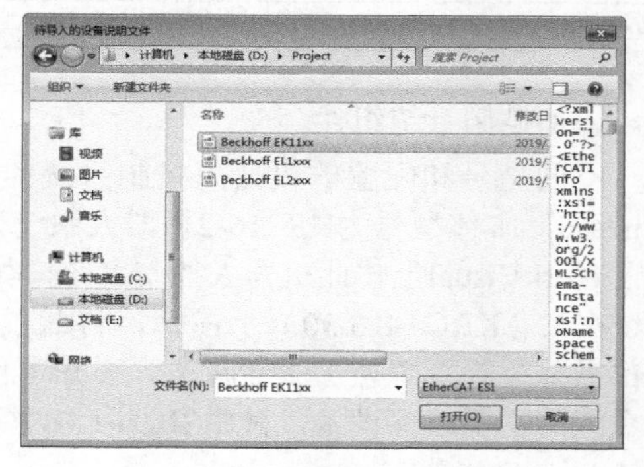

图5-60　添加设备说明文件

③ 在没有打开项目时，在菜单中选择“工具”>“DTM样本管理”，在弹出的窗口中单击“查找安装的DTM”，将在已知DTM的区域中显示已经安装的DTM文件，选中文件并单击“>”按钮，将该文件添加到右侧的当前DTM样本区域；或单击“>>”按钮，将所有的文件都添加到右侧的当前DTM样本区。

（4）编目管理

编目包括生成一个机器人系统和为现有系统进行设备组态所需要的元素，为使用编目，必须将它添加到项目中，具体操作如下。

在菜单中选择“文件”>“名录管理”，弹出的窗口如图5-61所示。可在左侧选中编目并单击“>”按钮，将所需的编目添加到右侧的“项目编目”区域；或单击“>>”按钮，将所有的编目都添加到右侧的“项目编目”区域。

添加编目后的样本区域如图5-62所示。哪些项目编目可用，取决于机器人控制系统的版本，常用的部分项目编目说明见表5-11。

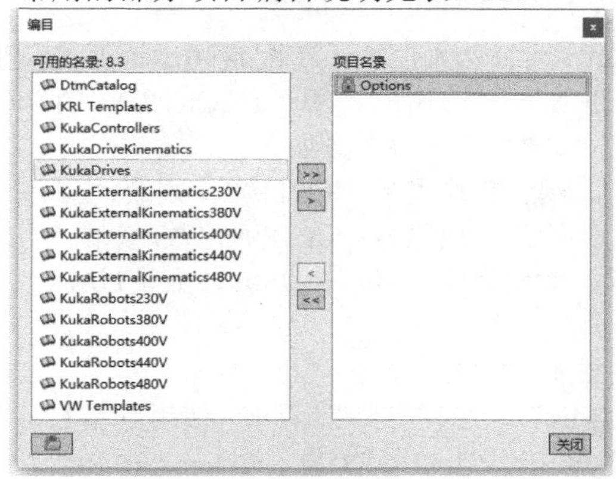

图5-61　编目管理

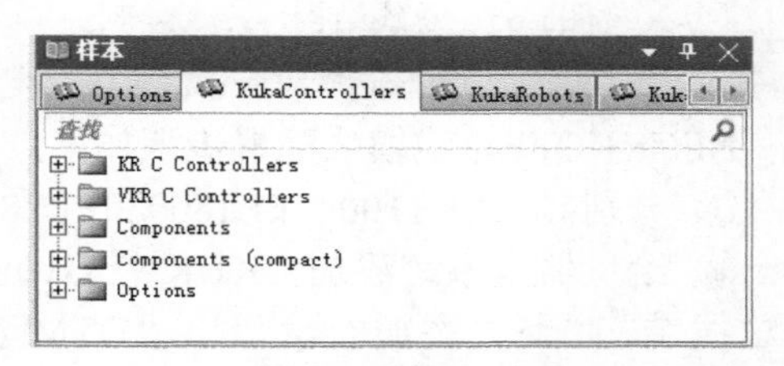

图5-62　样本区域

表5-11　常用的部分项目编目说明

序号	编目名称	含义
1	DtmCatalog	可使用的DTM设备说明文件，控制系统必须已经激活过一次，才可以使用该编目
2	KRL Templates	KRL离线编辑用的程序模板
3	KukaRobots［...］	KUKA机器人
4	KukaExternalkinematics［...］	KUKA的线性轨道，定位器等
5	KukaControllers	机器人控制系统及硬件组件和安全选项
6	VW Templates	VW程序模板

（5）控制系统组件

不同型号和配置的机器人控制系统的组件会有所不同，现以一款控制柜型号为KR C4 standard，本体型号为KR 16-2机器人系统为例进行说明，图5-63所示为控制柜元件布置图。通过WorkVisual上传此机器人控制系统，如图5-64所示，双击机器人控制系统“WINDOWS-OIG9I2K（KRC4-8.3.30）”图标，将此项目激活，大多数的系统设置、操作和参数配置功能都需要控制系统处于激活状态。展开项目结构区域的控制系统组件，列表中为此机器人控制系统的主要组件设备，其中SION-CIB是CIB上的安全接口。

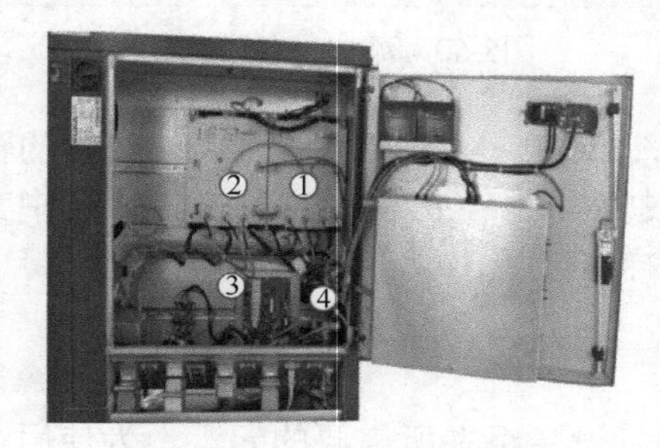

图5-63　控制柜元件布置

1—KPP；2—KSP；3—SIB；4—CCU（CIB+PMB）

图5-64　项目结构

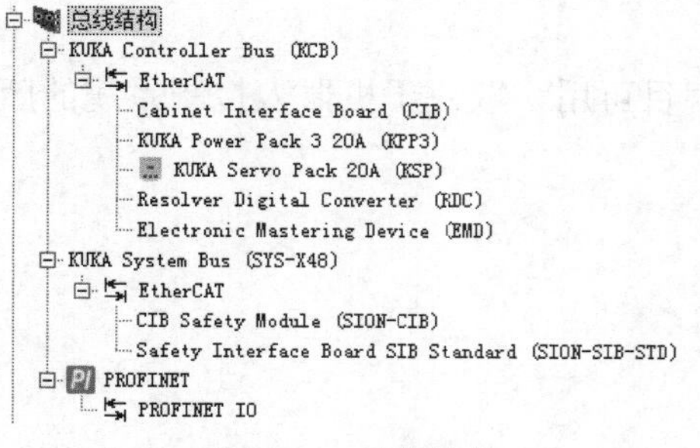

图5-65　总线结构

（6）总线结构

通过WorkVisual上传此机器人系统并激活，展开项目结构区域的总线结构，如图5-65所示。

（7）BECKHOFF I/O配置

KUKA机器人控制系统配置16通道开关量输入和16通道开关量输出，添加BECKHOFF的总线模块。添加的具体模块型号如下。

① 耦合模块型号：EK1100，数量1块。

② 输入模块型号：EL1809，数量1块。

③ 输出模块型号：EL2809，数量1块。

BECKHOFF总线模块配置步骤如下：

① 分别导入EK1100、EL1809和EL2809的设备说明文件。

② 给机器人系统添加“KUKA Extension Bus”，在项目结构区域，使用鼠标右键单击“总线结构”>“添加”，弹出“DTM选择”窗口，选中“KUKA Extension Bus（SYS-X44）”，单击“OK”按钮确认，如图5-66所示。

③ 在项目结构区域，展开“KUKA Extension Bus（SYS-X44）”，看到“EtherCAT”选项，使用鼠标右键单击“EtherCAT”>“添加”，弹出“DTM选择”窗口，选中耦合器“EK1100”，单击“OK”按钮确认，如图5-67所示。

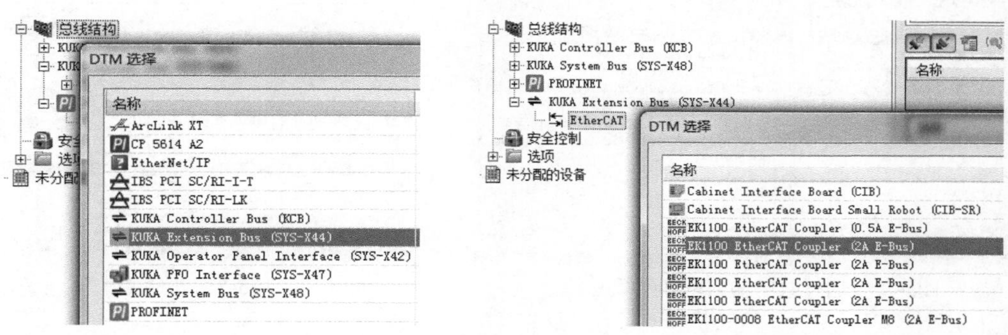

图5-66　选择KUKA Extension Bus（SYS-X44）　　图5-67　选择耦合器“EK1100”

④ 在项目结构区域，展开“KUKA Extension Bus（SYS-X44）”，展开“EtherCAT”选项，展开“EK1100 EtherCAT Coupler（2A E-Bus）”，使用鼠标右键单击“EBus”>“添加”，弹出“DTM选择”窗口，选中输入模块“EL1809”，单击“OK”按钮确认，如图5-68所示。

⑤ 在项目结构区域，展开“KUKA Extension Bus（SYS-X44）”，展开“EtherCAT”选项，展开“EK1100 EtherCAT Coupler（2A E-Bus）”，使用鼠标右键单击“EBus”>“添加”，弹出“DTM选择”窗口，选中输出模块“EL2809”，单击“OK”按钮确认，如图5-69所示。

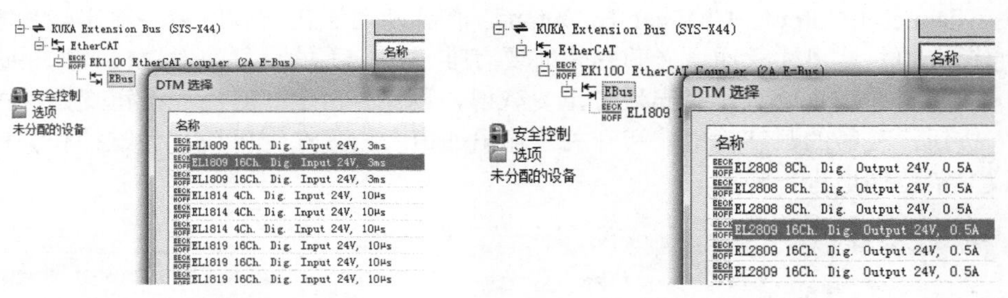

图5-68　选择EL1809　　图5-69　选择EL2809

至此，BECKHOFF的总线模块添加完成。

（8）机器人输入/输出端配置

1）数字输入端配置

① 单击按键栏中的“打开接线编辑器”，选择①区“KR C输入/输出端”，选中“数字输入端”，如图5-70所示。

② 选择②区“现场总线”>“KUKA Extension Bus”>“EK1100”>“EL1809”16路开关量输入模块。

③ 如图5-71所示，②区为数字输入端$IN［1］～$IN［4096］，③区为16路开关量输入通道Channel 1.Input～Channel 16.Input。将要映射连接的②区数字输入端和③区开关量输入通道选中，这里注意通道之间的映射要有唯一性，不能重复映射连接。如果选择的②区和③

区的映射通道正确且没有出现过重复映射，则图中“连接”按钮变为绿色，单击“连接”按钮，映射的数字输入端和开关量输入通道会出现在①区域。

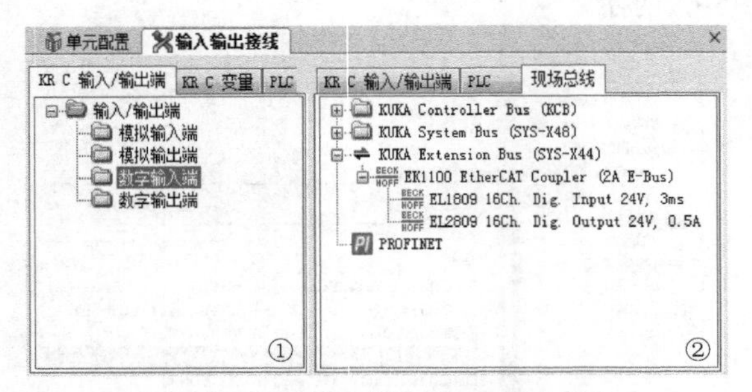

图5-70 选择数字输入端和现场总线

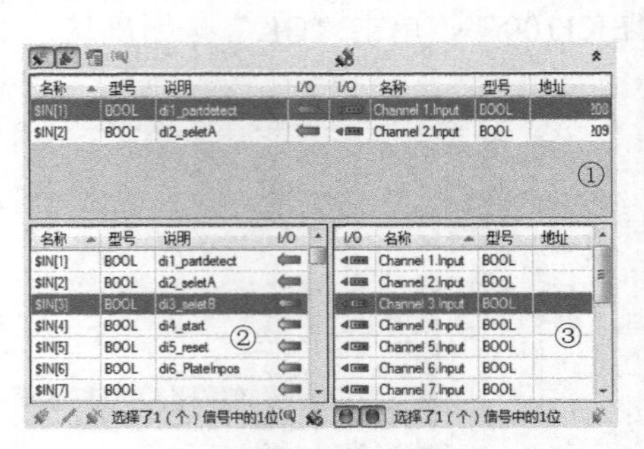

图5-71 I/O映射

④ 在图5-71中①区显示的是已经映射的通道，如某条映射需要调整或删除，则选中此映射关系，单击“断开”按钮，映射关系取消，“连接”按钮和“断开”按钮的图标如图5-72所示。

图5-72 连接“按钮”和“断开”按钮的图标

2）数字输出端配置

① 单击按键栏中的“打开接线编辑器”，选择①区“KR C输入/输出端”，选中“数字输出端”，如图5-73所示。

② 选择②区“现场总线”>“KUKA Extension Bus”>“EK1100”>“EL2809”16路开关量输出模块。

③ 如图5-74所示，②区为数字输出端$OUT［1］～$OUT［4096］，③区为16路开关量输出通道Channel 1.Output～Channel 16.Output。将要映射连接的②区数字输出端和③区开关量输出通道选中，这里注意通道之间的映射要有唯一性，不能重复映射连接。如果选择的②区和③区的映射通道正确且没有出现过重复映射，则图5-74中“连接”按钮变为绿色，单击“连接”按钮，映射的数字输出端和开关量输出通道会出现在①区域。为维护和编程方便，一般建议非错位通道进行映射。

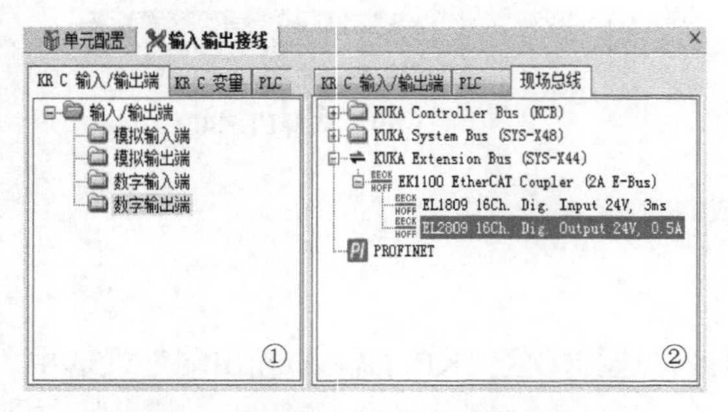

图5-73 选择数字输出端和现场总线

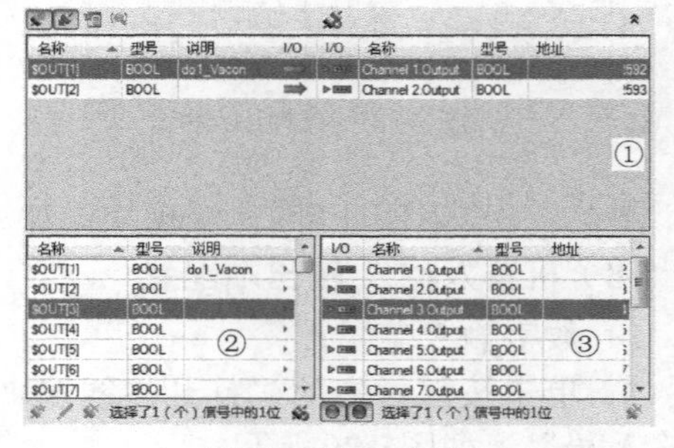

图5-74 I/O映射

（9）长文本编辑

为在编程过程中，了解数字输入端$IN[ ]和数字输出端$OUT[ ]代表的实际意义，可以在WorkVisual中通过长文本编辑定义说明，选择菜单“编辑器”>“长文本编辑”，可以选择要定义的内容，如选择“数字输入端”，并编辑其对应的说明，如图5-75所示。

（10）下载项目

WorkVisual对项目配置完成之后，需要下载到现场的机器人控制系统，具体的操作步骤如下。

① 对配置过的项目进行编译，单击“编译”按钮，如图5-76所示，会弹出编译进展窗口，如图5-77所示。编译完成后，在提示信息窗口中查看编译过程信息，如无错误，可以进行下一步传输工作。

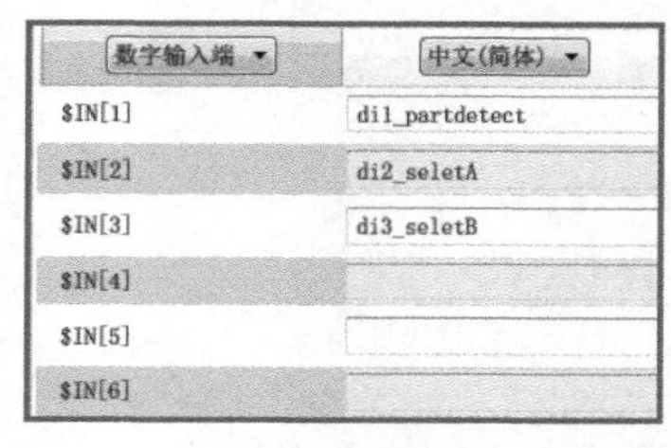

图5-75　编辑数字输入端

图5-76　“编译”按钮

图5-77　编译进展窗口

② 此时机器人控制系统的权限等级一定要在安全调试员级别以上。如无异常，单击“安装”按钮，如图5-78所示。出现传输界面，单击“继续”按钮，出现如图5-79所示界面，等待机器人控制系统的确认操作，此时机器人smartPad上出现如图5-80的提示信息，单击“是”按钮，完成项目下载。

图5-78　“安装”按钮

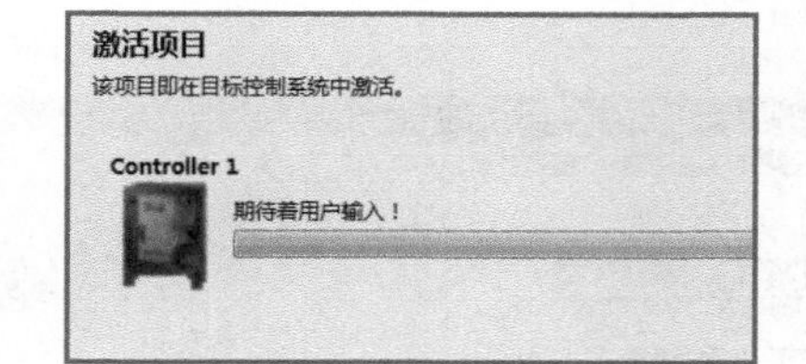

图5-79　激活项目界面

图5-80　等待确认

5.3.3　1200PLC和KUKA机器人之间的通信

（1）KRC4配置作为ProfiNet从站

KRC4默认不支持ProfiNET，如果需要使用ProfiNET，则需要安装相应的软件包。ProfiNET有两种软件包。

① KUKA.ProfiNet Controller/Device：Includes Profinet Controller，Profinet Device and Profisafe Device。

② KUKA.ProfiNet Device：Includes Profinet Device and Profisafe Device。

如果要配置KRC4作为ProfiNET主站，就需要第一个软件包。默认两种都支持KRC4作为DEVICE。

（2）TIA软件组态

PLC端的组态：其GSDML文件可以从WorkVisual安装程序包里获取，如GSDML-V2.31-KUKA-KRC4-ProfiNet_3.2-20140908.xml。

TIA软件组态步骤如下。

① 添加新设备，打开TIA软件，选择“设备与网络”>“添加新设备”>“CPU 1214C DC/DC/DC”>“V4.4”版本>“添加”，如图5-81所示。

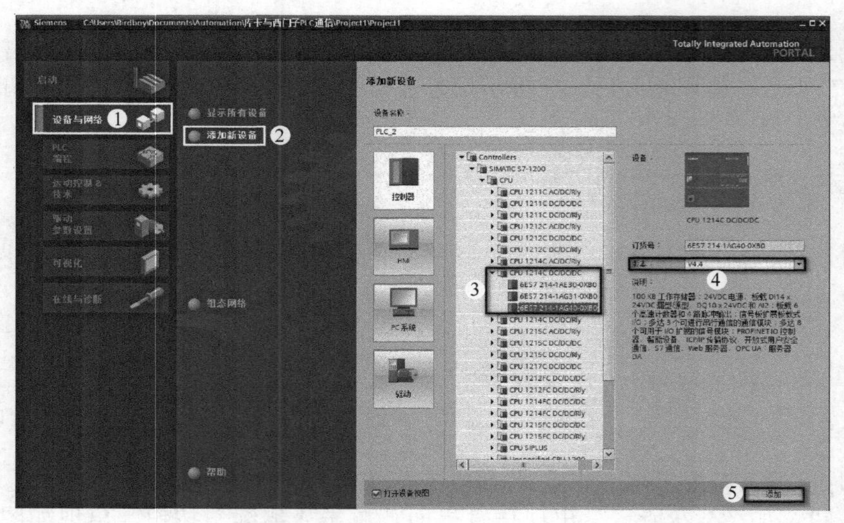

图5-81　选择1200PLC

② 安装KUKA机器人GSD文件，单击菜单栏“选项”>“管理通用站描述文件（GSD）（D）”，如图5-82所示。

图5-82　选择管理GSD菜单

③ 选择GSD文件路径，选中要导入的GSD文件，单击“安装”按钮，如图5-83所示。

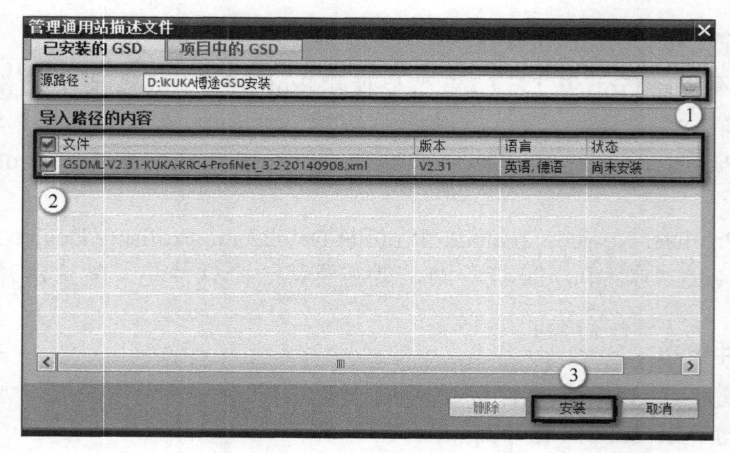

图5-83　安装GSD

④ 在硬件目录下，勾选“过滤”复选框，选择“其他现场设备”>“PROFINET IO”>“I/O”>“KUKA Roboter GmbH”>“KRC4-ProfiNet_3.2”并将之拖到网络视图中，如图5-84所示。

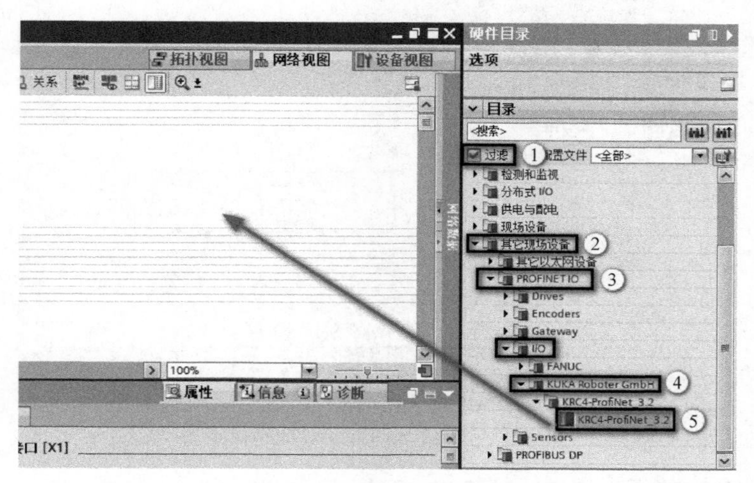

图5-84　拖入KRC4-ProfiNet_3.2

⑤ 单击“未分配”单选项，选择I/O控制器，如图5-85所示。

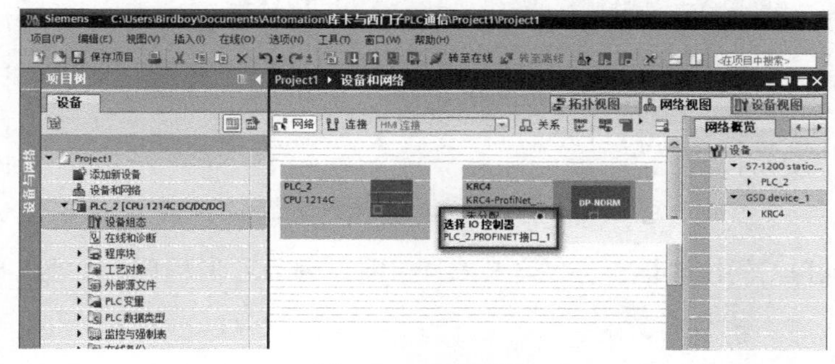

图5-85　连接网络

⑥ 在设备视图中，选中KRC4安全模块，删除即可，如图5-86所示。

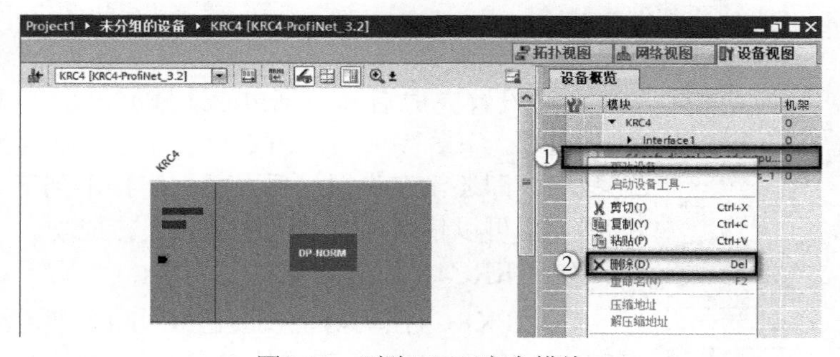

图5-86　删除KRC4安全模块

⑦ 在KRC4属性中，设置IP地址为192.168.40.128，子网掩码为255.255.255.0，勾选“自动生成PROFINET设备名称”复选框，此时使用的名称为“krc4”，如图5-87所示。

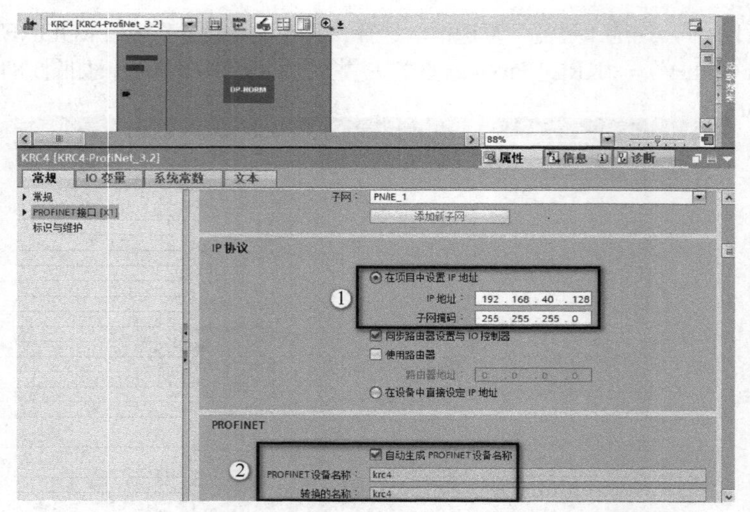

图5-87 设置KRC4的IP地址和设备名

⑧ 设置好KRC4的组态地址，I为200～231，Q为200～231，如图5-88所示。

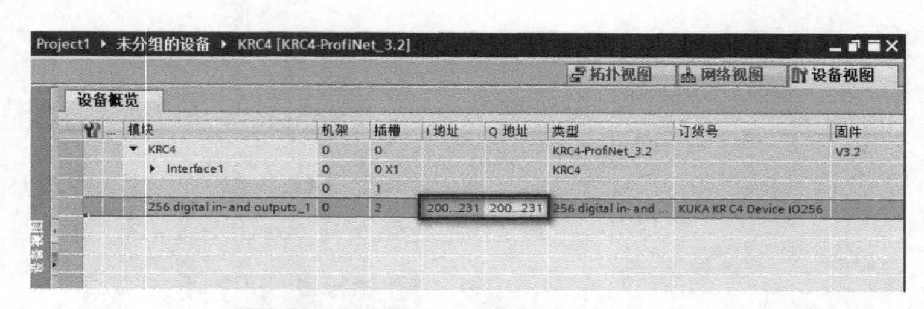

图5-88 设置KRC4的输入输出地址

⑨ 设置1200PLC的IP地址，方法与KRC4相同，编写通信程序，如图5-89所示，这里简单传输一个位。

图5-89 PLC程序

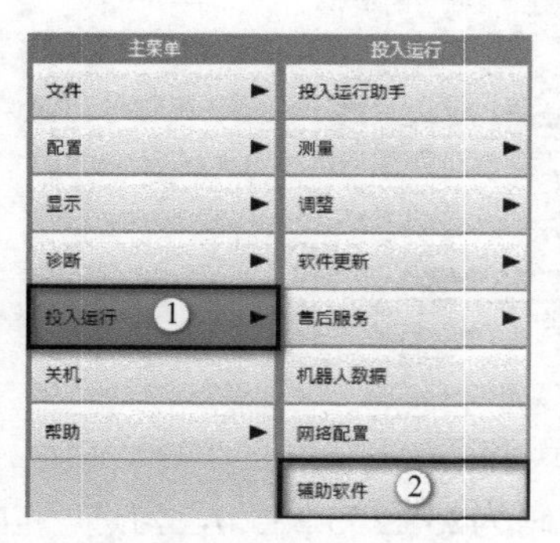

图5-90 选择辅助软件

⑩ 设置完成后（包括PLC地址），接下来就可以编译下载到PLC。下载完成后，PLC会报红灯，是因为下一级组件存在故障，即还没有设置机器人端，连接不到下一级组件，所以报错。也可以使用此方法判断是否连接成功。

（3）KRC4控制器配置

① 在KRC4控制器上安装ProfiNET软件包，如PROFINET KRC-NEXXT V3.2（该软件包需向KUKA公司购买），选择“投入运行”–>“辅助软件”，如图5-90所示。

② 点击“新软件”按钮，如图5-91所示。

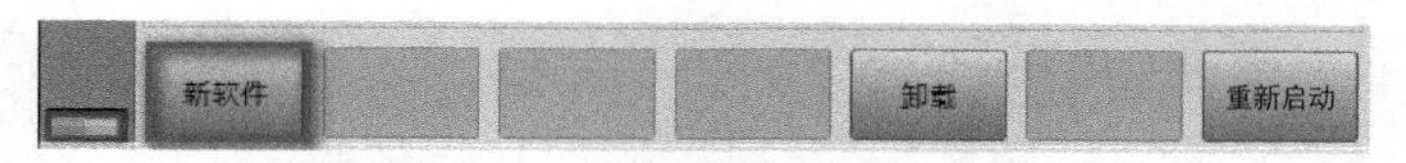

图5-91　点击“新软件”按钮

③ 点击“配置”按钮，如图5-92所示。

图5-92　点击“配置”按钮

④ 点击“路径选择”按钮，如图7-93所示。

图5-93　点击“路径选择”按钮

⑤ 将放有PROFINET软件包的U盘插入控制柜USB接口，如图5-94所示。

⑥ 选择U盘盘符，选择PROFINET软件包文件夹，选择KOP文件夹，点击“保存”按钮，如图5-95所示。

图5-94　插入U盘

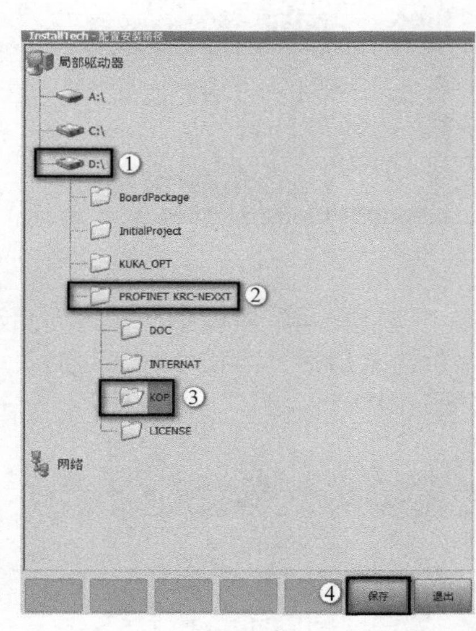

图5-95　选择PROFINET软件包

⑦ 选择“选项的安装路径”，如图5-96所示。

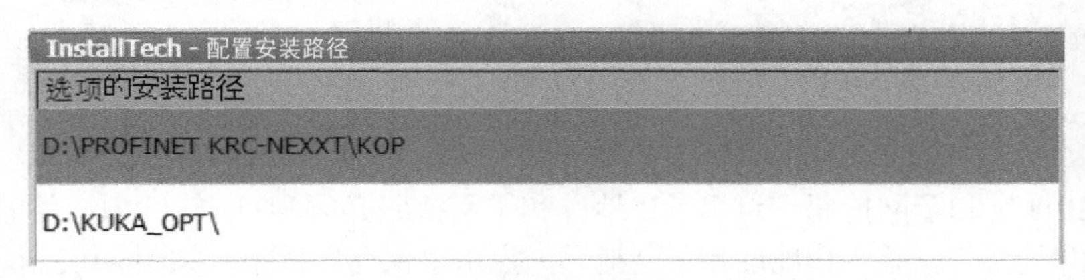

图5-96　选择“选项的安装路径”

⑧ 点击“保存”按钮，如图5-97所示。

图5-97 点击“保存”按钮

⑨ 选中选项包，点击“安装”按钮，如图5-98所示。

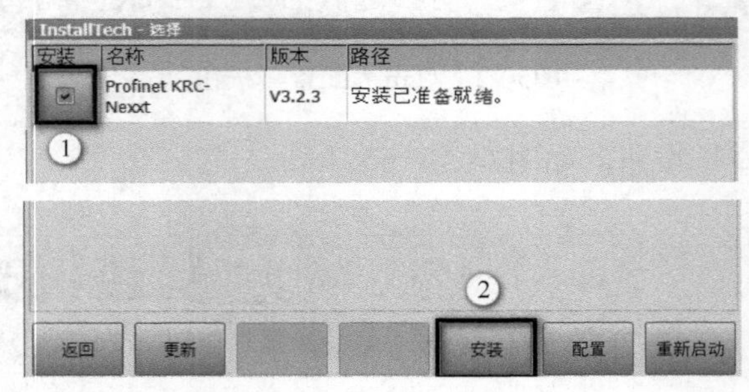

图5-98 安装选项包

⑩ 在弹出的对话框中分别点击“OK”和“是”按钮，如图5-99所示。

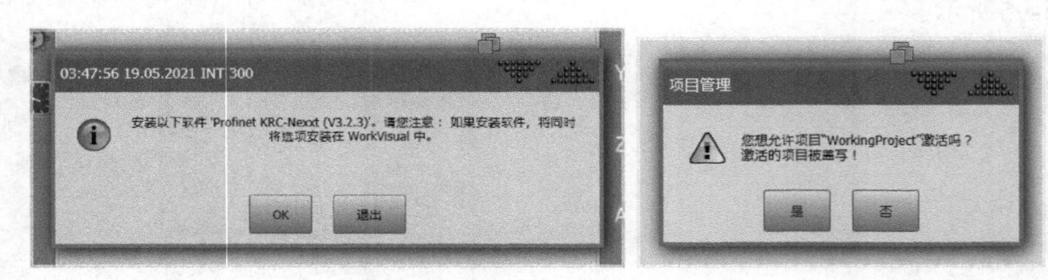

图5-99 确认对话框

⑪ 在“项目管理”窗口中确认重新启动，点击“是”按钮，如图5-100所示。

⑫ 示教器重启后，点击“投入运行”>“辅助软件”，可以看到PROFINET附加软件已安装，如图5-101所示。

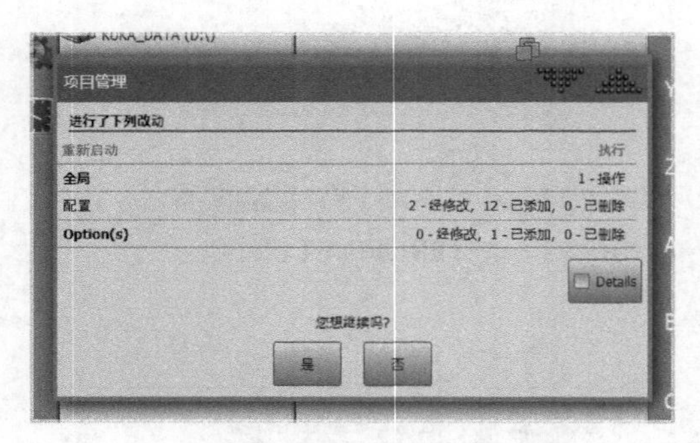

图5-100 确认重启

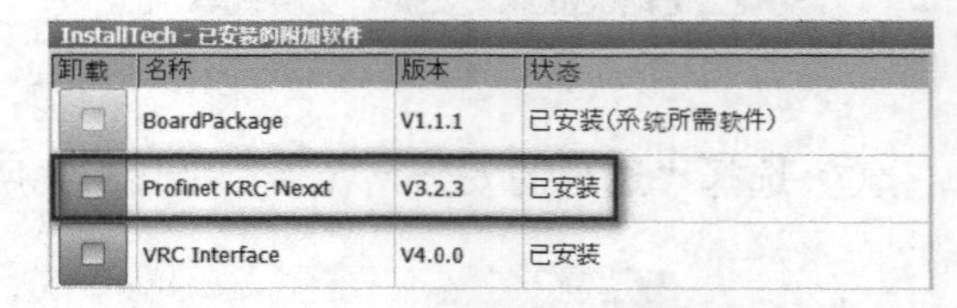

图5-101 显示PROFINET附加软件已安装

⑬ 设置KRC4IP地址，点击“投入运行”>“网络配置”，如图5-102所示。

⑭ 设置IP地址和子网掩码，这里的IP地址和子网掩码必须和TIA软件中组件的KRC4一致。选择“固定的IP地址”，输入IP地址和子网掩码，点击“保存”按钮，如图5-103所示。

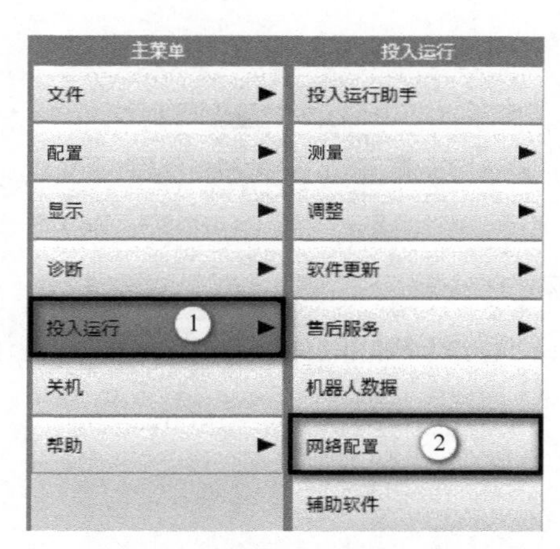

图5-102　选择网络配置

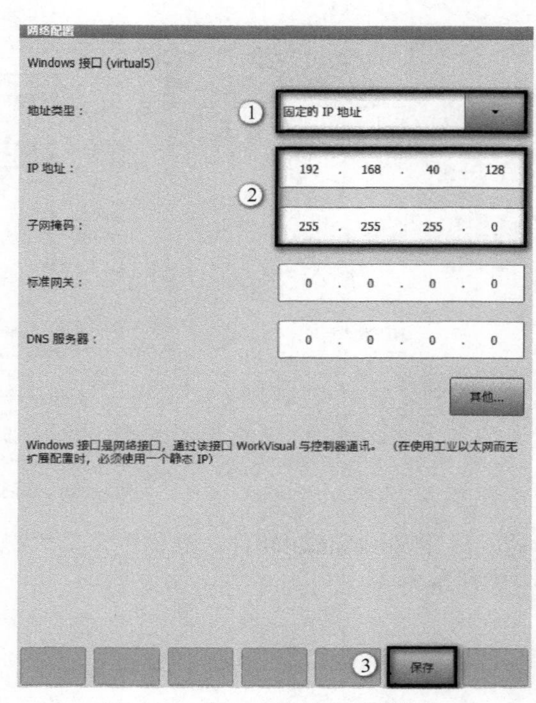

图5-103　输入IP地址和子网掩码

（4）WorkVisual配置

下面以WorkVisual 5.0软件版本进行延时配置，配置步骤如下。

① 打开WorkVisual软件，选择主菜单“Extras”>“备选软件包管理”，如图5-104所示。

② 将PROFINET软件包放在D盘，如图5-105所示。

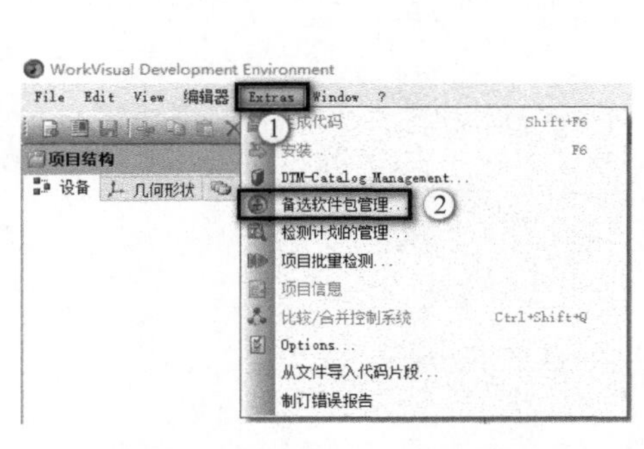

图5-104　选择“备选软件包管理”

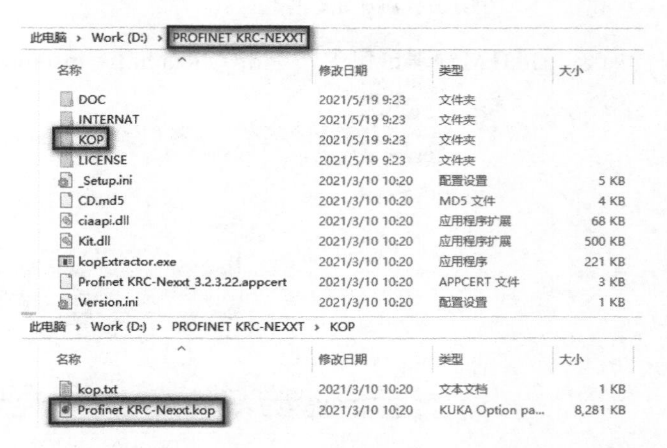

图5-105　PROFINET软件包文件位置

③ 在“备选软件包管理”对话框中单击添加按钮，选择“Profinet KRC-Nexxt.kop”文件，单击“打开”按钮，如图5-106所示。

④ 添加完选项包文件后，“备选软件包管理”对话框中会出现添加好的文件，如图5-107所示。

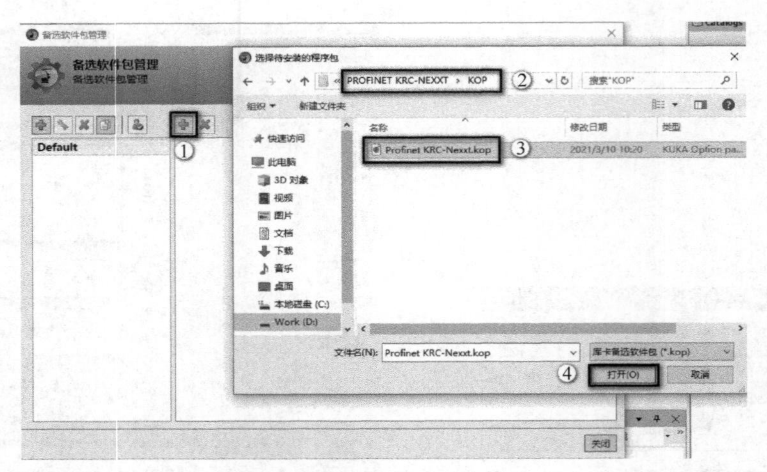

图5-106　选择KOP文件

⑤ 打开WorkVisual软件，选择主菜单“Extras”>“DTM-Catalog Management…”，如图5-108所示。

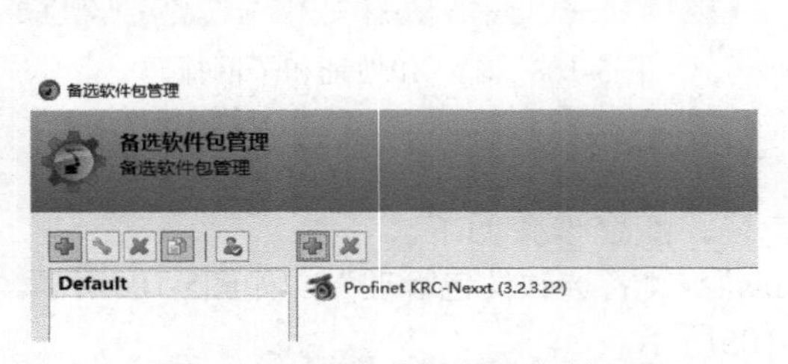

图5-107　添加完软件包文件

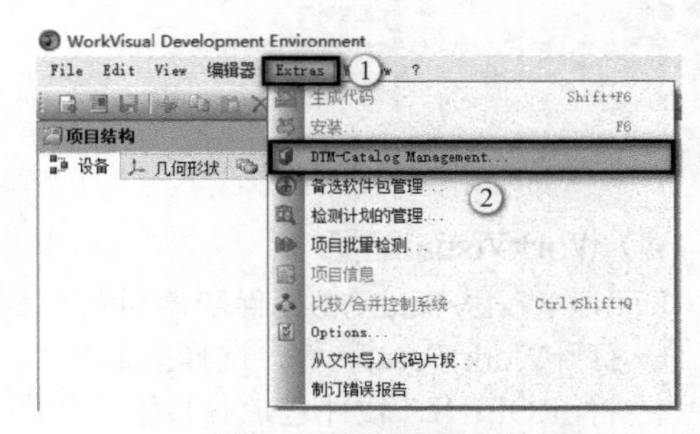

图5-108　选择DTM管理

⑥ 在DTM管理窗口中，单击“Search for installed DTMs”按钮，如图5-109所示。

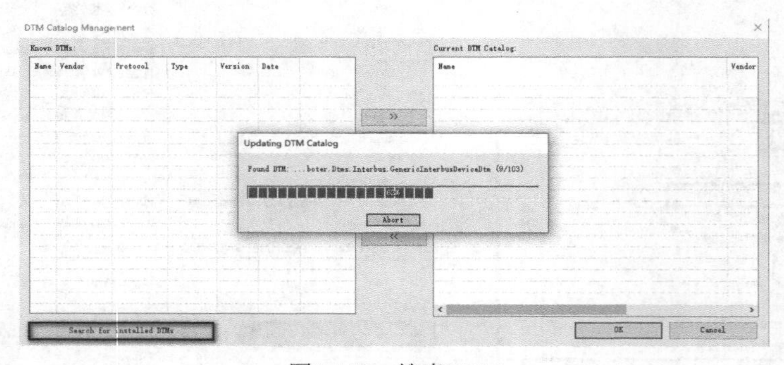

图5-109　搜索DTM

⑦ 单击 » 按钮，将搜索到的DTM全部添加到右侧，如图5-110所示。

⑧ 将网线一端插入KRC4控制柜KLI接口，如图5-111所示，另一端接入计算机。

⑨ 选择WorkVisual主菜单文件，单击“搜索”按钮，选择192.168.40.128主机，选择“WorkingProject-V0.0”，单击“打开”按钮，如图5-112所示。

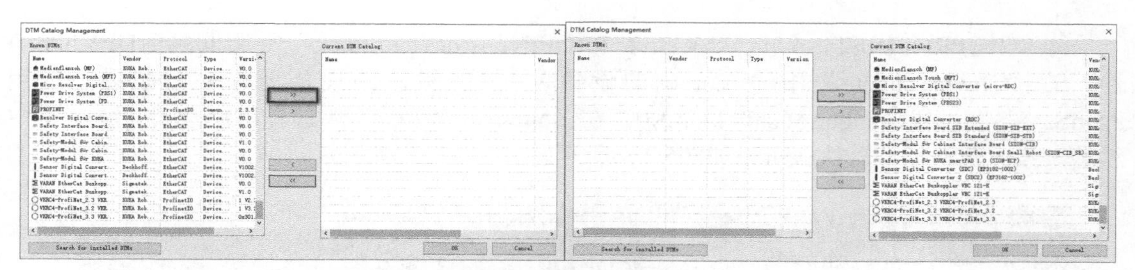

图5-110　添加搜索的DTM

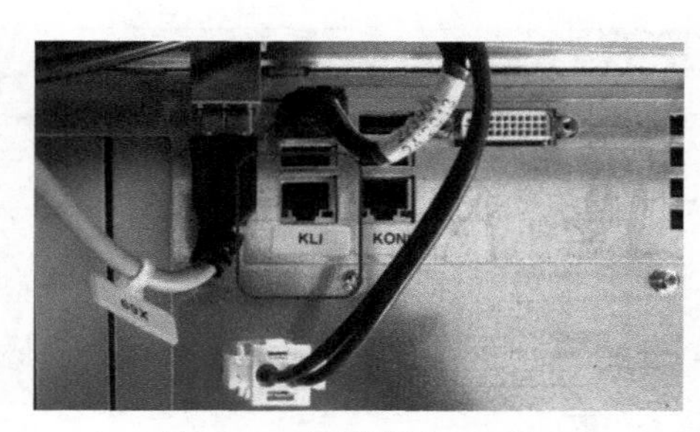

图5-111　网线插入KLI接口

图5-112　在线连接KRC4

⑩ 选择控制柜设备，使用鼠标右键单击，选择“设为激活的控制系统”选项，如图5-113所示。

⑪ 使用鼠标右键单击“Bus Structure”总线结构，选择“Add…”选项，如图5-114所示。

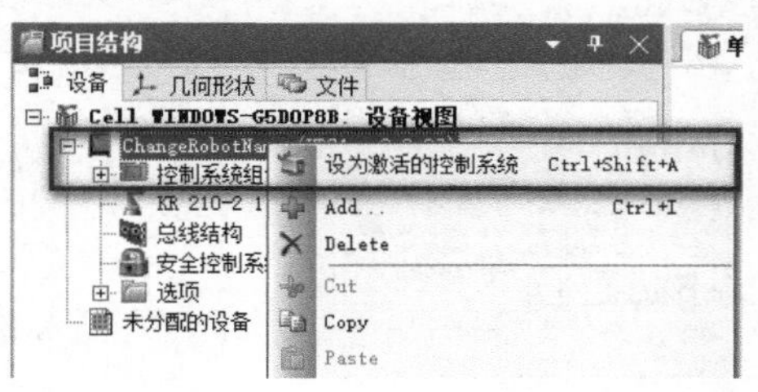

图5-113　激活控制系统

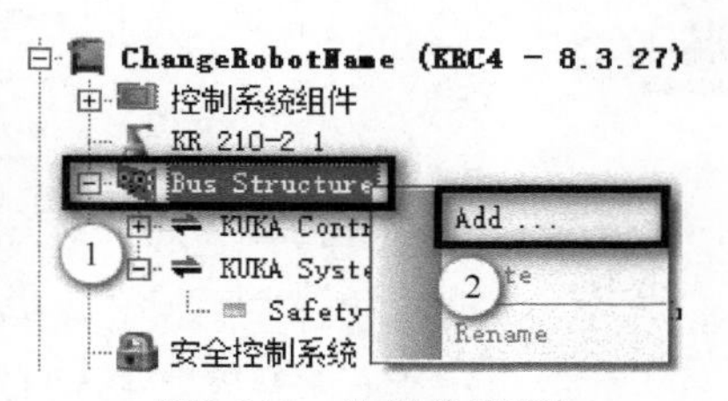

图5-114　选择总线添加

⑫ 选择“PROFINET”，单击“确定”按钮，如图5-115所示。

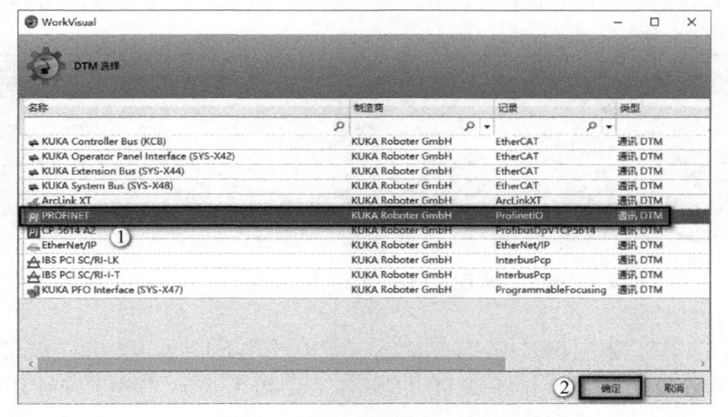

图5-115　选择“PROFINET”

⑬ 双击PROFINET，勾选“Active PROFINET device stack”复选框激活DEVICE属性，在“Device name”中输入正确的设备名（TIA组态的设备名称）。如果不使用ProfiSafe，则设置Number of safe I/Os为0，在“Number of I/Os”中选择I/O位数，要与PLC中组态一致。其他保持默认即可，如图5-116所示。

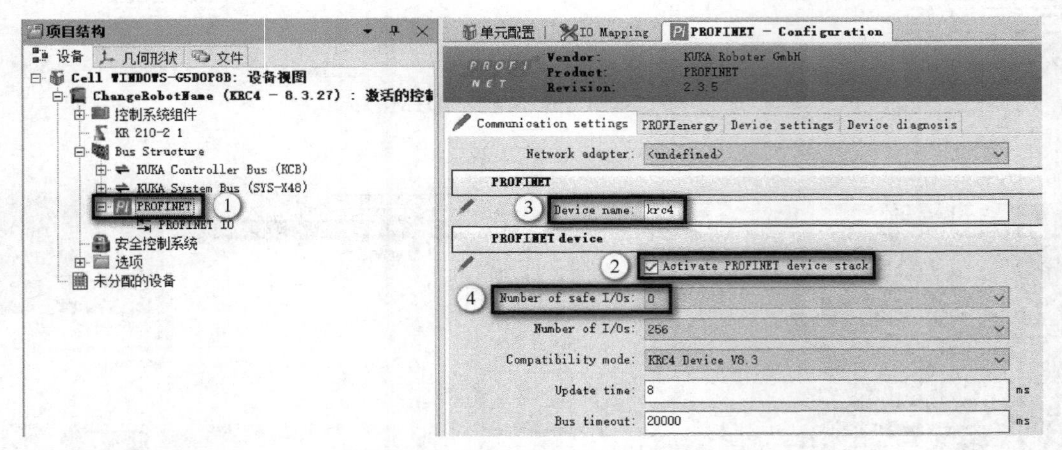

图5-116 设置PROFINET设备参数

⑭ 左侧选择“输入输出接线”>“KR C输入/输出端”>“数字输入端”，右侧选择“PROFINET”，最后单击“过滤输出”按钮，如图5-117所示。

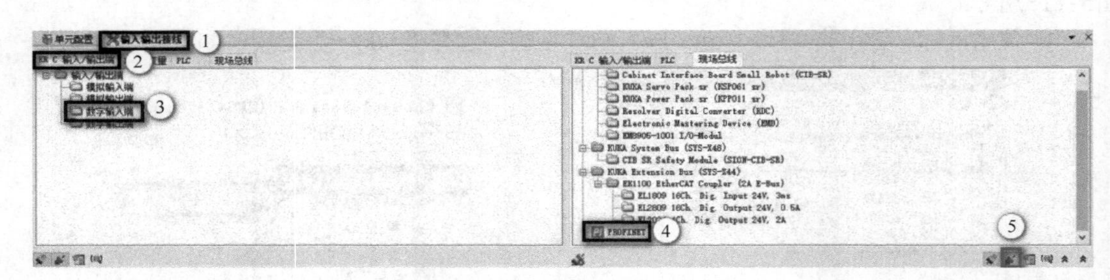

图5-117 配置数字输入端

⑮ 左侧选择KRC输入端的IN［17］～IN［256］共240个位，右侧选择PROFINET输入端的IN［17］～IN［256］共240个位，单击“连接”按钮，如图5-118所示。

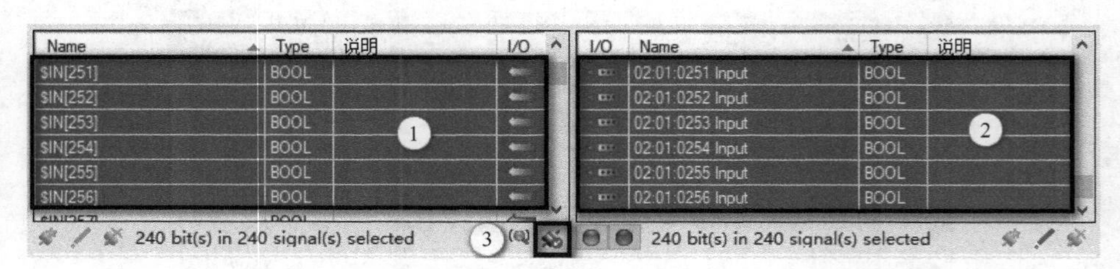

图5-118 连接输入端

⑯ 左侧选择“数字输出端”，右侧选择“PROFINET”，单击“过滤输出”按钮。左侧选择KRC输出端的OUT［17］～OUT［256］共240个位，右侧选择PROFINET输出端的OUT［17］～OUT［256］共240个位，单击“连接”按钮，如图5-119所示。

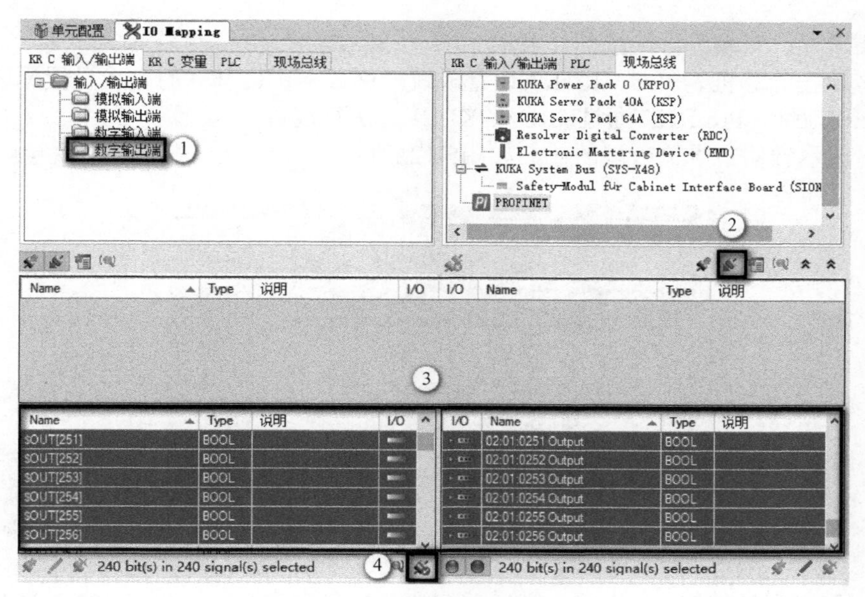

图5-119　配置数字输出端地址

⑰ 单击“生成代码”快捷工具，再单击“安装”按钮，如图5-120所示。

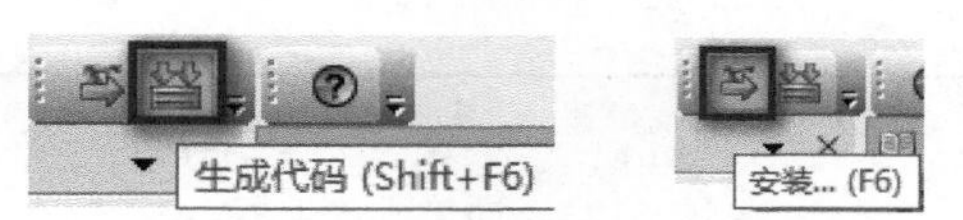

图5-120　生成代码和安装

⑱ 在“WorkVisual项目传输”对话框中可以看到机器人系统，单击“完成”按钮即可，如图5-121所示。

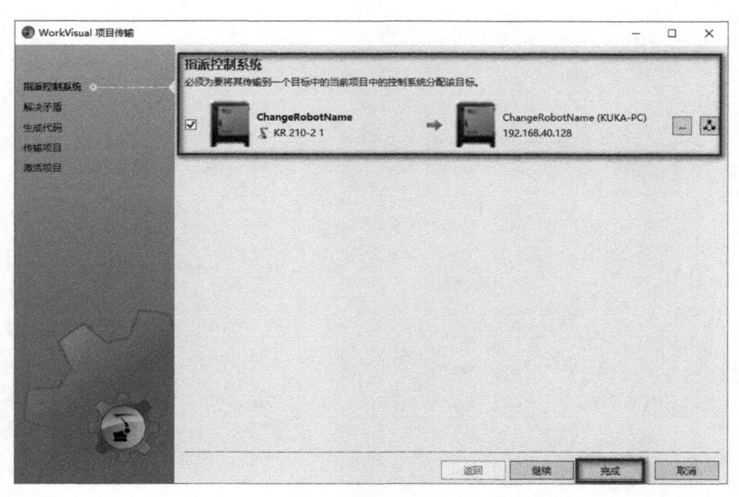

图5-121　项目传输

（5）通信测试

网线连接至控制柜门上的KLI端口，另一端连接到交换机，PLC也连接到交换机（交换机无型号要求），交换机再连接到计算机。

首先将编程计算机、PLC、KUKA设置成统一网段，因KUKA的底层设置原因，最好不更改机器人IP地址，ProfiNET通过KRC4的KLI接口进行连接。

手动更改示教器17号输入端的值，如图5-122所示。

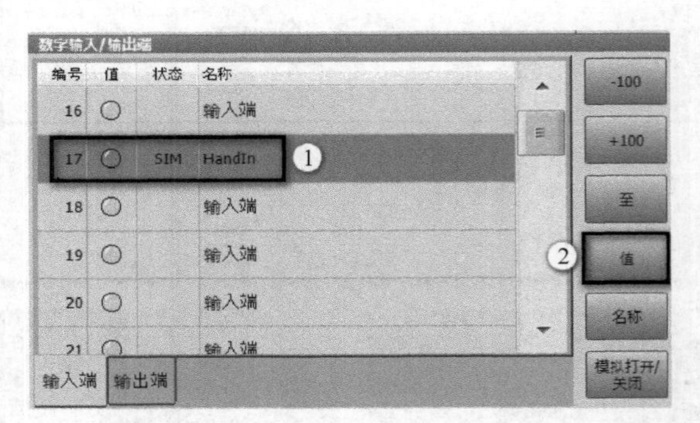

图5-122　手动更改示教器17号输入端

将TIA程序置于在线监控状态，可以看到17号输入端信号通过PROFINET通信协议传输到PLC，1200PLC的Q202.0得电，如图5-123所示。

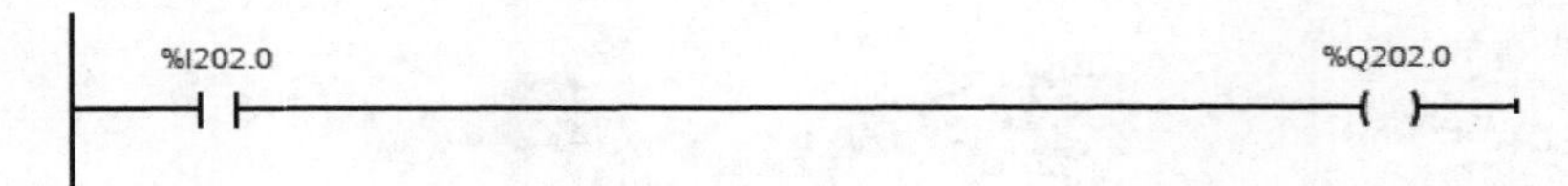

图5-123　通信程序监控

第6章

工业机器人系统维护与常见故障处理

工业机器人的故障分为软件故障和硬件故障，软件故障问题一般可通过系统恢复的方式进行修复，但硬件故障往往需要对机器人硬件有比较全面的了解。本章主要围绕KUKA机器人的本体和机器人控制柜展开，从维修安全操作措施、部件更换、故障诊断、系统保养进行介绍。

知识目标

1. 了解KUKA机器人维修的安全操作措施。
2. 了解KUKA控制系统组成。
3. 掌握控制系统零部件更换步骤。
4. 掌握机器人本体故障诊断。
5. 掌握控制柜故障诊断。
6. 掌握机器人本体保养。
7. 掌握机器人控制柜保养。

技能目标

1. 会更换控制系统零部件。
2. 能根据故障现象判断故障现象。
3. 能给机器人本体进行故障诊断。
4. 能给控制柜进行故障诊断。
5. 会做机器人本体保养。
6. 会做机器人控制柜保养。

6.1 安全操作措施

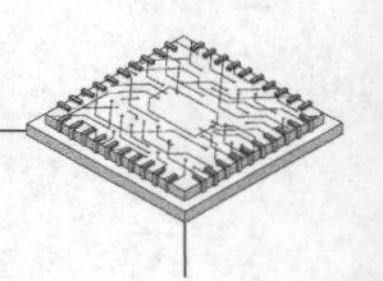

6.1.1 控制柜安全

警告：在机器人系统的导电部件上作业前必须将主开关关闭并采取措施以防重新接通！之后必须确定其无电压。在导电部件上作业前不允许只触发紧急停止、安全停止或关断驱动装置，因为在这种情况下新一代的驱动系统并不会关断机器人系统的电源。有些部件仍带电。由此会造成死亡、严重身体伤害。

操作工业机器人时应采取以下安全措施。

① 机器人控制系统必须关机，并采取合适措施（例如用挂锁锁住）防止未经许可的重启。如果要在机器人控制系统停止运行后立即进行拆卸，则必须考虑到散热器表面温度可能会导致烫伤。请戴防护手套。

② 必须切断电源线的电压。即使在主开关关断时，白色导线也带有电源电压！在接触导线时此电源电压可造成致命伤害。

③ 关闭电源后等待5min，直至中间回路完全放电。若将机器人控制系统关断，KPP、KSP、中间回路连接电缆仍可能在长达5min的时间内带电（50～780V）。

④ 如果必须在机器人控制系统启动状态下开展作业，则只允许在运行方式T1下进行。在设备悬挂标牌用于表示正在执行的作业。暂时停止作业时也应将此标牌留在原位。

⑤ 紧急停止装置必须处于激活状态。若因保养或维修工作需要将安全功能或防护装置暂时关闭，在此之后必须立即重启。

⑥ 已损坏的零部件必须采用具有同一部件编号的备件来更换，或采用经库卡公司认可的同质外厂备件来替代。

⑦ 必须按操作指南进行清洁养护工作。

⑧ 在拆卸片状零部件时需穿戴劳保手套，以防锐边刮伤。

6.1.2 EGB规定

EGB规定（Elektrostatisch Gefährdete Bauelemente，易受静电危害的元件），无论在处理任何组件时均须遵守。EGB图标如图6-1所示，机器人系统组件内嵌装了许多对静电放电（Electrostatic Discharge，ESD）敏感的元器件，可导致机器人系统损坏。

图6-1　EGB图标

静电放电不仅可使电子元器件彻底损坏，而且还可导致集成电路或元器件局部受损，并进而缩短设备使用寿命或偶尔干扰其他无损元器件的正常运作。

必须执行下列的EGB板卡处置方法。

① 只在以下条件下才允许解开电子元器件的包装和与其接触。

a.操作人员穿着EGB防护鞋或EGB鞋接地带。

b.操作人员佩戴一条EGB腕带通过1MΩ的安全电阻接地。

② 在接触电子板卡之前，操作人员必须通过碰触可导电且已接地的物体来泄放自己身体上的静电。

③ 不许将电子板卡带入数据浏览器、监视器和电视机的附近位置。

④ 只有在测量仪已具备接地条件（例如：借助接地导线），或当无电位式测量仪的测头在开始测量之前已经短暂放电（例如：基础控制系统机壳的金属光面）的条件下，才允许对电子板卡进行测量。

⑤ 只在必要时才解开电子元器件的包装和与其接触。

防止静电破坏的最佳措施是所有电位携带者都接地。

在包装易受静电危害的电子元器件时，需注意采用导电且可抗静电的包装材料，例如：金属性或含有石墨的包装材料，抗静电的薄膜等。

6.2 系统维修

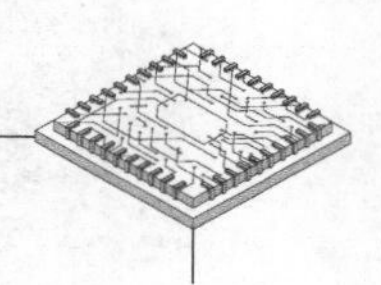

6.2.1 控制系统PC

控制系统PC概览如图6-2所示。

控制系统PC更换步骤如下。

① 将控制系统关机并采取措施防止其被无意重启。

② 拔出连接到控制系统计算机的电源线及所有连接线。

③ 松开滚花螺母。

④ 拆下控制系统计算机并向上取出。

⑤ 将通风槽从旧控制系统计算机中拆出，然后装在新控制系统计算机上。

⑥ 装入新的控制系统计算机，然后固定，如图6-3所示。

图6-2 控制系统PC概览

1—硬盘；2—主板；3—PC机接口；4—处理器冷却器；5—PC机风扇；6—计算机电源件

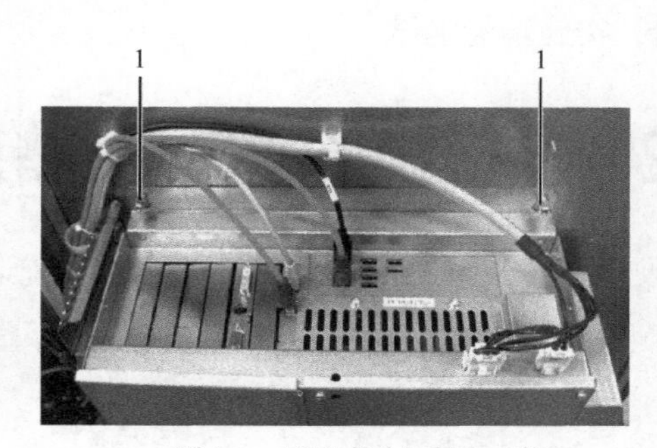

图6-3 固定控制系统PC机

1—滚花螺母

⑦ 插好各种插头。

⑧ 实施功能测试。

6.2.2 主板

主板为库卡定制的Fujitsu牌工业总线，英特尔双核中央处理器技术，配设2.8GHz双核和1GB RAM，如图6-4所示。

注意：已损坏的主板不单独更换，而是连同控制系统计算机一起更换。

6.2.3 更换双网卡（Dual NIC）

库卡Dual NIC是一种可供两个总线系统［KLI（库卡线路接口）和KCB（库卡控制器总线）］使用的双网卡。该网卡是为适应库卡要求而专门开发的，如图6-5所示。

图6-4 主板接口

1—计算机接口：主板内建网络和USB；
2—计算机插槽；3—SATA接口（例如：用于硬盘）

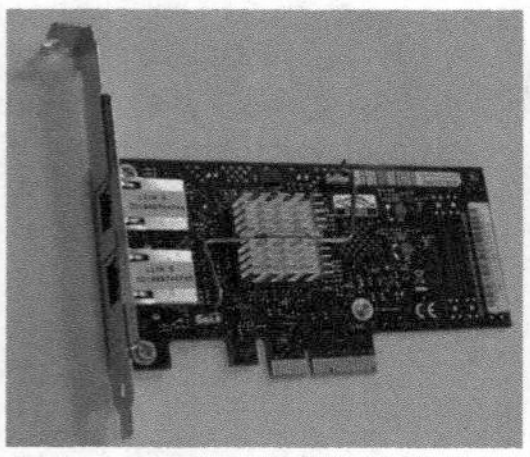

图6-5 Dual NIC双网卡

图6-6 Dual NIC更换步骤

1—固定螺钉

Dual NIC更换步骤如下。

① 打开计算机机箱。
② 拔出双网卡的接合件。
③ 松开网卡紧固螺钉1，然后将网卡从插槽中拔出，如图6-6所示。
④ 将双网卡插入插槽并拧紧。
⑤ 插入网卡的接合件。
⑥ 实施功能测试。

6.2.4 更换KR C4存储盘

硬盘包含必要的操作系统及机器人系统运行所需的软件和所有数据，如图6-7所示。

图6-7 KR C4硬盘

图6-8 SSD

作为库卡硬盘的替补，还可使用库卡的非旋转式存储盘。库卡烧制的SSD（Solid State Disc，固态盘）具有与标准硬盘相同的规格和接口。使用SSD可缩短系统启动时间，且可避免条件很差的环境（例如：振动）造成器件损坏，如图6-8所示。

存储盘划分为三个分区，其中第三个分区属于隐藏的恢复分区。该分区可通过库卡恢复工具来读写。第一个分区与C盘对应，而第二个分区则与D盘对应。数据线通过SATA插头与主板连接。存储盘里存有下列系统。

① Windows 7。

② 库卡系统软件。

③ 工艺数据包（选项）。

更换硬盘操作步骤如下。

① 将控制系统关机并采取措施防止其被意外重启。

② 解锁并拔出SATA插头1。

③ 拔出电源插头2。

④ 松开滚花螺钉3，如图6-9所示。

⑤ 通过拉引松开存储盘。

⑥ 用新的同类存储盘将旧的换下。

⑦ 插接SATA和电源。

⑧ 用滚花螺钉固紧存储盘。

⑨ 安装操作系统和库卡系统软件（KSS）。

⑩ 工业机器人的系统结构必须用WorkVisual进行配置。如果更换了硬盘，则可导入迄今为止的安装程序存档（代替通过WorkVisual的配置）。

⑪ 实施功能测试。

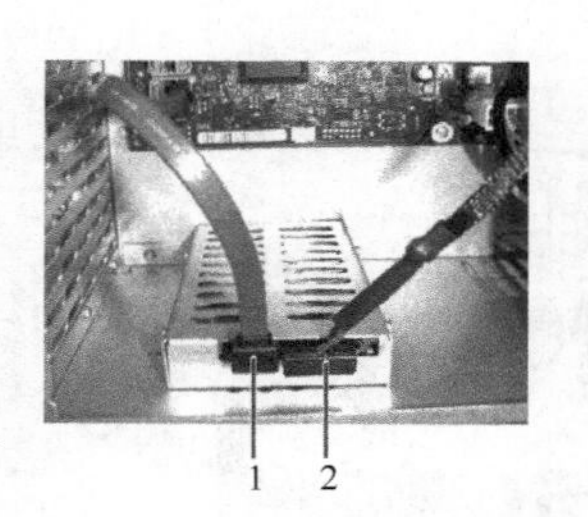

图6-9　硬盘

1—SATA接口线；2—馈电电缆；3—滚花螺钉

6.2.5　更换电源

计算机电源件用于主板、硬盘等的电源供应，如图6-10所示。计算机电源件的输入电压为27V，其不能替换成输入电压为230V的常用电源件。

图6-10　计算机电源件

1—计算机电源件

计算机电源件更换步骤如下。

① 将控制系统关机并采取措施防止其被无意重启。

② 打开计算机机箱。

③ 拔出主板、硬盘和机壳的连接线。

④ 松开摆动架底面里的固定螺钉，然后小心地拉出电源件。

⑤ 装入新的计算机电源件并拧紧。

⑥ 插入电源件的连接线。

⑦ 实施功能测试。

6.2.6 更换RAM存储器

RAM存储器模块用于装载操作系统Windows 7和VxWorks。设备出厂时已装配两块库卡模块，每块大小各为512MB。如需升级装备，只允许采用库卡提供的RAM存储器，如图6-11所示。

图6-11 RAM存储器模块

更换RAM存储器操作步骤如下。

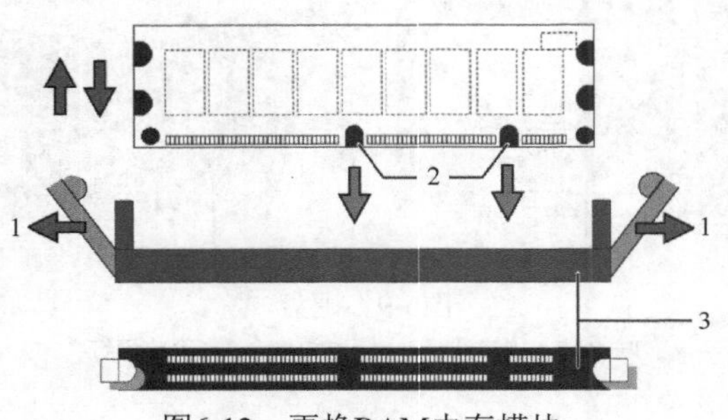

图6-12 更换RAM内存模块

1—侧面搭攀；2—编码缺口；3—存储器模块插座

① 在更换RAM存储器之前，必须先将计算机电源件拆出。

② 将侧面搭攀1解开，然后将RAM存储器往上推。

③ 取出存储器模块，如图6-12所示。

④ 换上新的存储器模块。

⑤ 将RAM模块小心地推入插座3内，其中需注意编码缺口2的具体位置。

⑥ 检查侧面搭攀是否已锁紧。

⑦ 重启控制系统，启动后点击“主菜单”>“帮助”>“信息”检查RAM的安装情况。

6.2.7 更换风扇

计算机风扇用于计算机组件及整个机箱内部范围的冷却，如图6-13所示。计算机风扇是控制柜内部范围的唯一风扇。为确保空气循环，必须总是关闭控制柜门。如果控制柜门打开，空气循环将由于空气槽而中断并进而导致箱内温度骤升。

图6-13 计算机风扇

1—计算机风扇

图6-14 拔下控制PC的风扇

1—风扇插头；2—控制系统PC外壳；3—风扇；4—网栅

计算机风扇更换操作步骤如下

① 通过总开关使控制系统关机。

② 将控制系统PC拆出。

③ 将计算机系统PC机盖打开。

④ 松开并拔出风扇插头1，如图6-14所示。

⑤ 将风扇朝装配栓塞1的里侧拉出。

⑥ 将开口铆钉2拔出，再将网栅3取出，如图6-15所示。

⑦ 将网栅2装入新风扇上，然后用开口铆钉固紧，如图6-16所示，网栅必须固定在有铭牌的一侧。

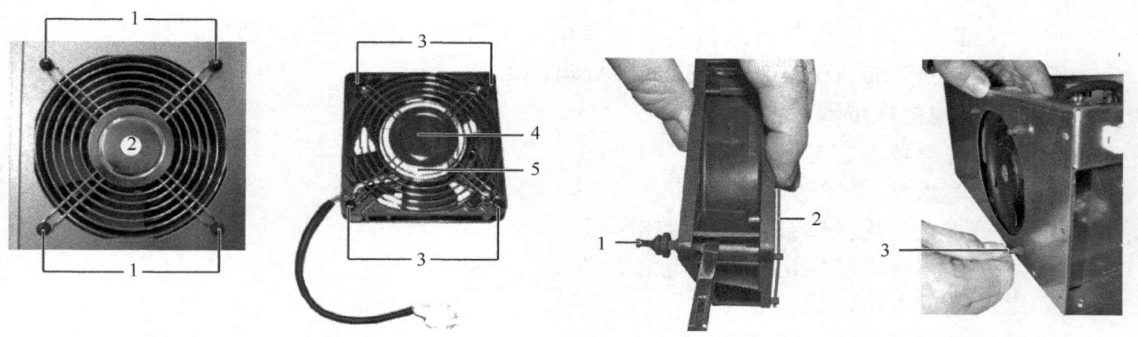

图6-15　PC机风扇结构

1—装配栓塞；2—开口铆钉；3—网栅的固定；4—风扇铭牌；5—网栅

图6-16　安装控制系统PC机的风扇

1—风扇上的装配栓塞；2—网栅；3—PC机外壳上的装配栓塞

⑧ 将装配栓塞3装入风扇。

⑨ 将风扇装入计算机机壳，并将装配栓塞3穿过计算机机壳。

⑩ 实施功能测试。

6.2.8　更换蓄电池

（1）蓄电池功能

机器人控制系统会在断电时借助蓄电池在受控状态下关闭。蓄电池接受控制柜的充电及周期式的电量监控。蓄电池管理器接收一项计算机任务的控制，并且通过一条与控制柜连接的USB连接线而接收监控。蓄电池与控制柜上的插头X305连接，并采用F305号熔丝保护。

注意：控制系统出厂时蓄电池插头X305已从控制柜中拔出，以防止镇流电阻导致蓄电池过度放电。首次启用时，必须在控制系统关机状态下将插头X305插上。蓄电池极性如图6-17所示。

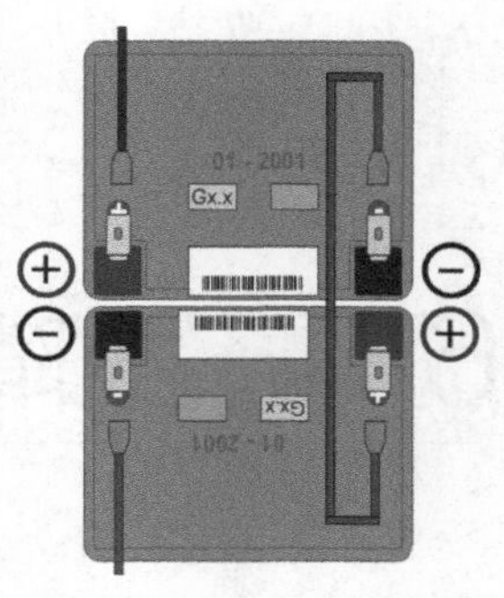

图6-17　蓄电池极性

（2）诊断蓄电池

利用变量$ACCU_STATE可显示蓄电池的测试结果及充电电流的检测结果。打开菜单“显示”>“变量”>“单项”。输入下列语句$ACCU_STATE，然后按Enter键。结果显示为“状态”，电池状态说明如表6-1所示。

表6-1　电池状态说明

单元	说明
状态	数据类型：ENUM #CHARGE_OK：蓄电池测试结果是好的 #CHARGE_OK_LOW：蓄电池测试结果是好的，但是蓄电池经过许可最长时间的充电之后却没有充满电 #CHARGE_UNKNOWN：蓄电池正充电，但是充电电流尚未足够下降。蓄电池测试尚未进行 #CHARGE_TEST_NOK：蓄电池测试结果不好 #CHARGE_NOK：无法进行蓄电池测试。蓄电池经过许可最长时间的充电之后仍然没有充满电 #CHARGE_OFF：没有充电电流。蓄电池不存在或已损坏

另一详细诊断可以检查日志目录。这里记录了蓄电池的所有活动情况。日志目录位于C：\KRC\Roboter\Log\AccuTest\PMServiceAccuTest.csv。

（3）蓄电池更换步骤

① 打开外壳罩盖。

② 松开魔术贴。

③ 拔下蓄电池连接线缆，如图6-18所示。

④ 将两块蓄电池块取出，两块电池务必同时更换。

⑤ 装入新的蓄电池块。

⑥ 将魔术贴系紧。

⑦ 按照线缆标记插上蓄电池连接线缆，如图6-19所示。

⑧ 关闭外壳罩盖。

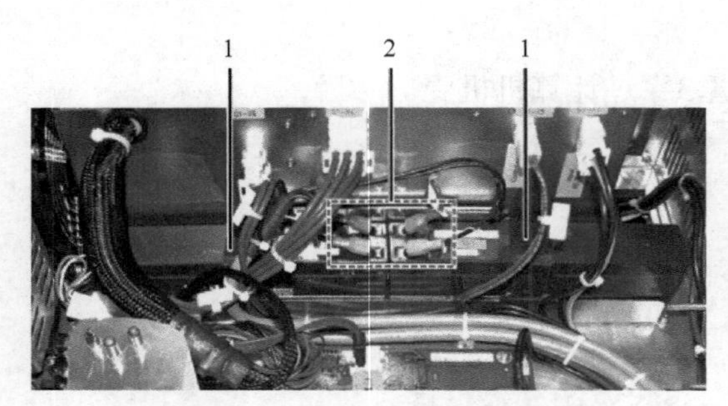

图6-18　蓄电池块的固定件和接口

1—固定蓄电池的魔术贴；2—蓄电池连接线缆

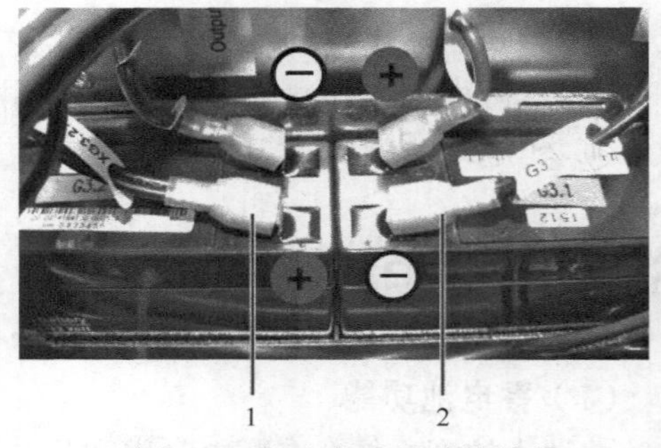

图6-19　插上蓄电池连接线缆

1—G3.2接口；2—G3.1接口

6.3　故障诊断

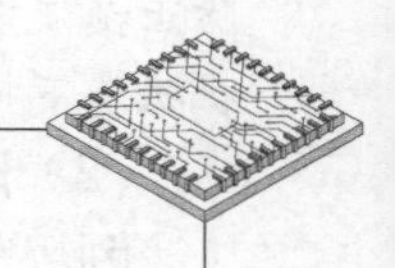

当机器人在工作过程中发生故障时，如果故障不是由于控制器引起的，那么故障的原因是机器部件发生损坏。为尽快以最简便的方法处理故障，应当对故障进行分析。本项目以KUKA KR3工业机器人为载体，讲述工业机器人系统故障诊断方法。

6.3.1 工业机器人本体故障诊断

（1）KUKA工业机器人本体常见故障及排除方法

KUKA工业机器人本体可能出现的故障现象、原因及排除方法如表6-2所示。

表6-2 机器人本体故障现象、原因及排除方法

本体异常现象	可能的故障原因	故障排除方法
转速在传感器查找定位时降低	控制器自动减速，以使传感器能够被识别	降低机器数据中的手动允许速度
散热器温度过高	伺服输出级电路的散热器上的热敏开关由于输出级晶体管过热而闭合	① 排除故障。通过操作控制屏上的确认键对故障信号复位 ② 清洁散热体
滤油器变脏	液压系统的滤油器变脏，会造成液压系统的压力不够	清洁或更换过滤器
油温过高	超过了液压系统的最大允许油温	等候，直至液压系统油温冷却，可能的话检验液压机组
液压系统中油面超低	液压油过少	补充液压油，并且检查液压系统的密锁程度
电机相序错误（轴）	电源相序，电路放电	① 驱动器的电源开关 ② 检查电源模块，DSE
检测信号线失灵	① 导线故障 ② RDW故障 ③ 编码器损坏	① 检查编码器信号线 ② 检查电机、旋转变压器 ③ 必要时更换RDW
电机温度过高	电机绕组中的PTC-元件（测量电阻）动作（电机温度过高）	① 排除故障。通过操作控制屏上的确认键对故障信号复位 ② 编程设定更多的移动暂停
制动故障<轴>	轴不受控制	更换电机
ACKN闸有故障	闸已磨损	更换电机
电机的转矩超载1%	电机轴的转矩没有维持，机器人在某点保持停止	纠正或减少负载数据
确认电机温度<轴号>	当电机温度升高到大于155℃时。数字式伺服电子电路板DSF的组件将提示电机温度出错	确认
齿轮扭矩过载<轴>	计算出的齿轮扭矩比最大允许的齿轮扭矩大	重新示教点
腕关节轴锁定	其中一个腕关节轴角度旋转太大，将出现提示	在没有原点移动时应避免腕关节轴角度过多旋转

（2）工业机器人本体故障处理的一般流程

当机器人在工作过程中发生故障不要慌张，如果故障不是由于控制器引起的，那么故障的原因肯定是机器部件发生损坏。为尽快以最简便的方法处理故障，应当对故障进行分析，并且需要找出是哪个零件引起了故障。请按下面步骤进行简单检查和维护。

第1步：哪一个轴出现了问题？

首先检查是哪一个轴引起了故障。如果很难检测出故障，核对是否有下列可能出现的机器异常。

① 是否有零件发出噪声？

② 是否有零件过热？

③ 是否有零件松动或有后坐力？

第2步：哪个零件损坏了？

如果检测出了不正常的轴，检查哪一部分引起了问题。同一种现象会有很多种可能的原因。

注意：

① 过载——当负载超过额定电机负载时现象出现。具体来说就是触发了线圈保护器的热继电器。

② 操作时有噪声——现象是在操作过程中出现振动。

③ 停止时摇摆——现象是当机器人停止时发生摆动。

④ 无规律的颤抖——现象是当机器人没有动作时有零星的颤抖。

第3步：查出出现故障的零件之后，根据“主要零部件故障诊断和解决”执行相关的修理步骤。

主要零部件故障诊断和解决：工业机器人主要零部件包含减速齿轮、制动装置、电机、编码器等，在零部件故障中又以减速齿轮为故障多发，制动装置、电机和编码器次之。

当减速齿轮损坏时会发生振动或发出不正常的声响。这种情况下，它会引起过载和不正常的偏离扰乱正常的操作，有时还会引起过热。机器人可能会完全不能移动或可能出现位置偏移错误。引起这些故障的原因可能是减速齿轮主轴（S、H、V）或腕轴（R2、B、R1）损坏，那么，如何诊断是主轴还是腕轴损坏？

需要进行以下几步细致的诊断。

① 当机器人工作时，检查减速齿轮是否有振动、不正常声响或过热现象。

② 检查减速齿轮是否有松动和磨损。将S轴的刹车释放开关扳至“开”的位置、按照前后的方向摆动第一个机械臂，然后用手检查是否有不正常现象。

③ 核查在不正常现象发生前外围设备是否已与机器人连接（减速齿轮的损坏可能是由连接造成的）。

④ 前后摇晃末端执行器（如焊枪和手形装置等），检查减速齿轮是否松动。

⑤ 关闭电机，同时开启刹车释放开关，核查是否可以用手转动轴。如果不能，就说明减速齿轮境况不佳。

⑥ 核查在不正常现象发生前外围设备是否已与机器人连接（减速齿轮的损坏可能是由连接造成的）。

6.3.2 控制器故障诊断

KUKA工业机器人控制柜常见故障现象、原因及排除方法如表6-3所示。

表6-3 控制器故障现象、原因及排除方法

控制器异常现象	可能的故障原因	故障排除方法
无电压	控制柜电压被关断，电网电压被中断	检查电网电压
ESC安全回路故障	① 紧急停止按钮被压下 ② 由软件引起的紧急制动	① 检查急停按钮 ② 调整并确认故障
操作者保护/保护栅栏开着	在联络母线上被插入一个不能支持的设备	从联络母线上拔出不能支持的设备
数字式输出端输出口错误	发生器停止	设置正确的工作方式
激活仅在<方式中>有效	① 对位置不固定的KCP，需要将工作方式设为T1或T2 ② 对主计算机，需要将工作方式设为EXT	补充液压油，并且检查液压系统的密锁程度
安全电路故障	一个或更多的使能开关被压下	检查
电压过高<电源模块号>	中间电路电压过高。起因可能是镇流电阻损坏、镇流保险损坏、驱动模块损坏及制动信号斜坡太陡等	排除故障。通过操作控制屏上的确认键对故障信号复位
格式错误	CPU接口的硬件故障	更换多次出现此错误的组件（CPU接口）

续表

控制器异常现象	可能的故障原因	故障排除方法
放大器错误1%	辅助轴和相关的主驱动轴的驱动模式不协调	关闭控制器，改变主驱动轴为合适的驱动模式并重新启动控制器
驱动部分尚未就绪	驱动模块、中间电路电压放电	① 接通传动装置 ② 检查驱动模块、DSE ③ 有紧急关断信号，驱动回路被中断
电源模块奇偶错误	在读电源模块寄存器时，连续出现5次以上的奇偶错误	驱动模块接口受到的干扰太严重或驱动模块被破坏。检查导线、检查屏蔽线、更换驱动模块
驱动触点关断，中间电路上仍加有电压	驱动装置接触器脱落	重新接通驱动装置
许可开关已松开	当某个功能被激活，许可开关在运行方式T1或T2时被松开	① 按压许可开关 ② 检查控制屏（KCP）、安全逻辑电路

6.3.3 位置传感器故障诊断

位置传感器常见故障及排除方法如下。

① 编码器本身故障。是指编码器本身元器件出现故障，导致其不能产生和输出正确的波形。这种情况下需更换编码器或维修其内部器件。

② 编码器连接电缆故障。这种故障出现的概率最高，维修中经常遇到，应是优先考虑的因素。通常为编码器电缆断路、短路或接触不良，这时需要更换电缆或接头。还应特别注意是否是由于电缆固定不紧，造成松动引起开焊或断路，这时需要卡紧电缆。

③ 编码器电源下降。是指电源过低，造成过低的原因是供电电源故障或电源传送电缆阻值偏大而引起损耗，这时需检修电源或更换电缆。

④ 绝对式编码器电池电压下降。这种故障通常有含义明确的报警，这时需更换电池，如果零点位置记忆丢失，还需执行重回零点操作。

⑤ 编码器电缆屏蔽线未接或脱落。这会引入干扰信号，使波形不稳定，影响通信的准确性，进口泵必须保证屏蔽线可靠的焊接及接地。

⑥ 编码器安装松动。这种故障会影响位置控制精度，造成停止和移动中位置偏差量超差，甚至刚一开机即产生伺服系统过载报警，请特别注意。

⑦ 光栅污染。这会使信号输出幅度下降，必须用脱脂棉蘸无水酒精轻轻擦除油污。

6.4 KRC4保养

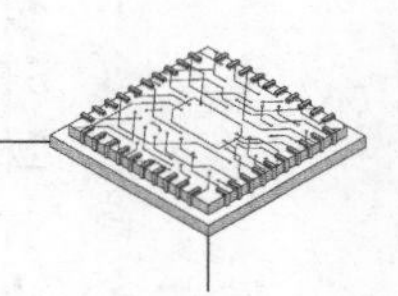

6.4.1 工业机器人本体保养

（1）保养图标

工业机器人的保养图标如表6-4所示。

表6-4　保养图标

保养图标	含义	保养图标	含义
	换油		检查组件、目检
	用油脂枪润滑		清洁组件
	用刷子润滑		更换电池/蓄电池
	用润滑脂喷罐润滑		更换组件
	拧紧螺钉、螺母		检查齿形带张力

（2）保养计划

表6-5概括列出了机器人本体上所需执行的保养工作（保养期限、工作、润滑工作）和所需的润滑剂，表中序号对应机器人本体保养位置如图6-20所示。

表6-5　机器人本体保养计划

周期	任务	润滑剂
100h	检查地基上4根紧固螺栓的拧紧扭矩 M_A=45N・m *首次或重新投入运行之后检查一次	
1年	使用地基固定装置时，检查4根紧固螺栓的拧紧扭矩 M_A =45N・m	
5000h，最迟1年	盖板A2和A3内侧涂上润滑脂	Obeen FS2货号00-134-846 10g
5000h，最迟1年	更换齿形带A5和A6	

表中规定的保养期限适用于技术数据中给明的工作条件。如果实际工作条件与此有偏差，则必须与KUKA机器人有限公司（KUKA Roboter GmbH）协商。

保养部位必须能够自由接近。如果工具和辅助装置阻碍保养工作，则将其拆下。

（3）在盖板A2和A3的内侧上涂上润滑脂

在盖板A2和A3的内侧上涂上Obeen FS2润滑脂，执行该操作的前提条件是小臂及机器人腕部处于水平位置。

操作步骤如下。

1）将下列半圆头螺栓从盖板上拧出，然后将盖板A2取下（图6-21）。

① 3根半圆头螺栓M4×14–10.9。

② 2根半圆头螺栓M4×25–10.9。

③ 5根半圆头螺栓M4×35–10.9。

2）将7根半圆头螺栓M3×10–10.9从盖板A3上拧出，然后将盖板A3取下。

3）两个盖板内侧涂上Obeen PS2。

4）装上盖板A2，用下列螺栓将其紧固。

① 3根半圆头螺栓M4×14–10.9，M_A=1.9N・m。

② 2根半圆头螺栓M4×25–10.9，M_A=1.9N・m。

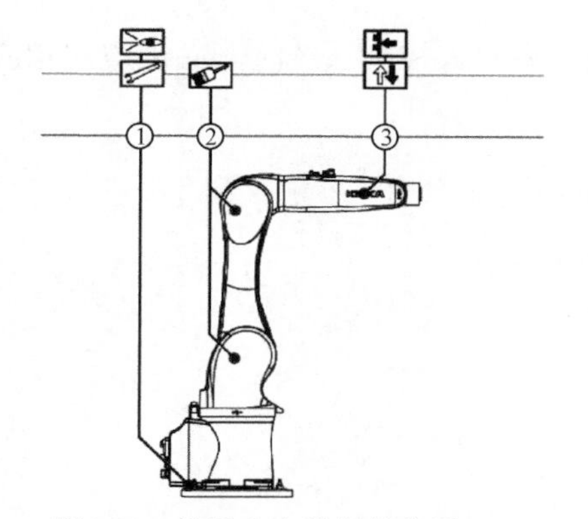

图6-20 机器人本体保养位置

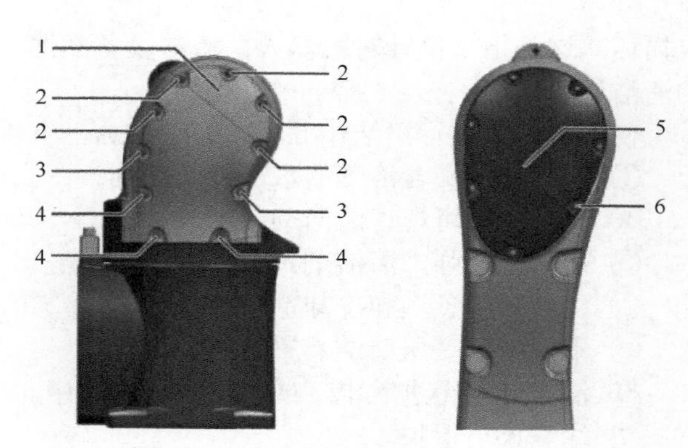

图6-21 拆下盖板A2和A3

1—盖板A2；2—半圆头螺栓M4×35–10.9；3—半圆头螺栓M4×25–10.9；4—半圆头螺栓M4×14–10.9；5—盖板A3；6—半圆头螺栓M3×10–10.9

③ 5根半圆头螺栓M4×35–10.9，M_A=1.9N·m。

5）装上盖板A3，然后用7根半圆头螺栓M3×10–10.9将其紧固，M_A =0.8N·m。

（4）拆卸并安装齿形带A5和A6

轴5和6齿形带只能一起拆卸和安装，执行该操作的前提条件是轴5处于水平位置。操作步骤如下。

① 将7根半圆头法兰螺栓M3×10–10.9从盖板上拧出，并取下盖板，如图6-22所示。

② 松开电机A5和A6上的各2根半圆头法兰螺栓M4×10–10.9。

③ 从齿形带轮上取下旧齿形带A5和A6，如图6-23所示。

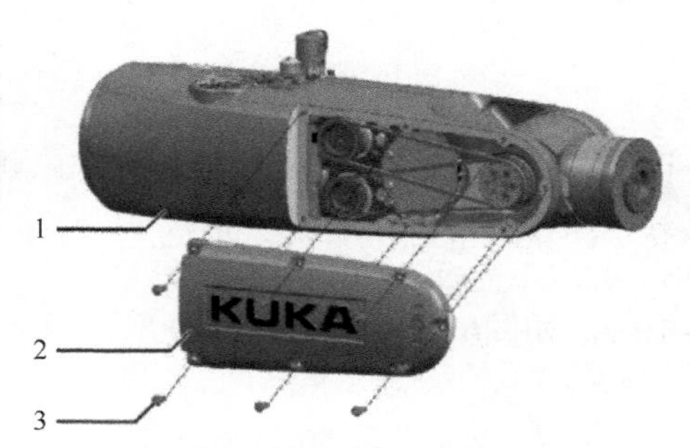

图6-22 将盖板从机器人腕部上拆下

1—机器人腕部；2—盖板；3—半圆头法兰螺栓

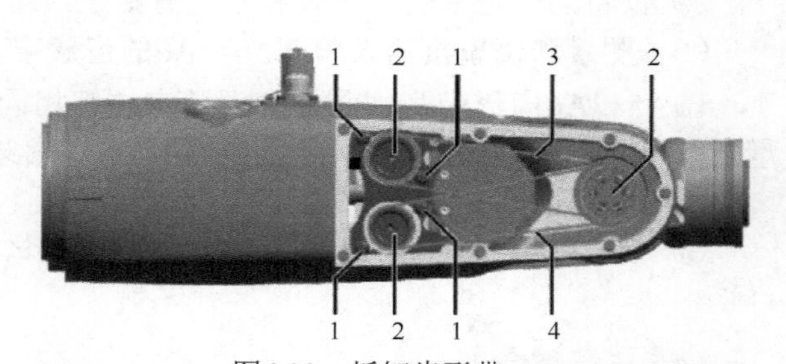

图6-23 拆卸齿形带

1—半圆头法兰螺栓；2—齿形带轮；3—齿形带A5；4—齿形带A6

④ 将新的齿形带A5和齿形带A6放入机器人腕部。注意齿形带与齿形带齿轮应啮合正确，如图6-24所示。

⑤ 测量和调整齿形带张力。

⑥ 装上盖板，然后用7根新的半圆头法兰螺栓M3×10–10.9将其固定：M_A =0.8N·m。

⑦ 校准轴5和6的零点。

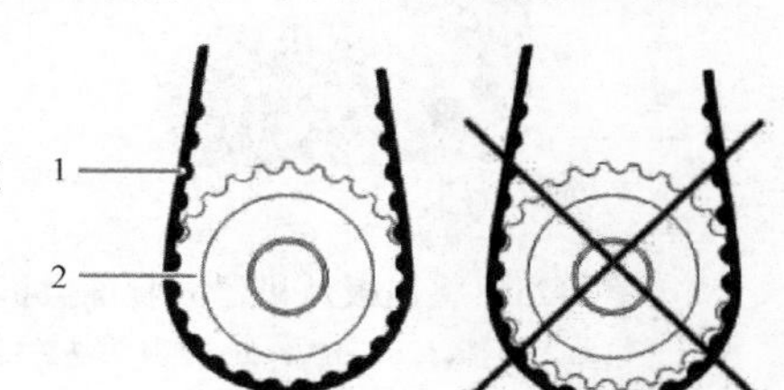

图6-24 齿形带和齿形带齿轮

1—齿形带；2—齿形带齿轮

（5）清洁机器人

1）说明

清洁机器人时必须注意和遵守规定的指令，以免造成损坏。这些指令仅针对机器人。清洁设备部件、工具及机器人控制系统时，必须遵守相应的清洁说明。

使用清洁剂进行清洁作业时，必须注意以下事项。

① 仅限使用不含溶剂的水溶性清洁剂。

② 切勿使用可燃性清洁剂。

③ 切勿使用强力清洁剂。

④ 切勿使用蒸汽和冷却剂进行清洁。

⑤ 不得使用高压清洁装置清洁。

⑥ 清洁剂不得进入电气或机械设备部件中。

⑦ 注意人员保护。

2）操作步骤

① 停止运行机器人。

② 必要时停止并锁住邻近的设备部件。

③ 为便于进行清洁作业，如果需要拆下罩板，则将其拆下。

④ 对机器人进行清洁。

⑤ 从机器人上重新完全除去清洁剂。

⑥ 清洁生锈部位，然后涂上新的防锈材料。

⑦ 从机器人的工作区中除去清洁剂和装置。

⑧ 按正确的方式清除清洁剂。

⑨ 将拆下的防护装置和安全装置全部装上，然后检查其功能是否正常。

⑩ 更换已损坏、不能辨认的标牌和盖板。

⑪ 重新装上拆下的罩板。

⑫ 仅将功能正常的机器人和系统重新投入运行。

（6）测量和调整机器人腕部A5、A6的齿形带张力

轴A5和A6齿形带张力测量和调整方法都相同，下面将说明齿形带张力的测量步骤。测量的前提条件是轴5处于水平位置、轴6上没有安装工具。操作步骤如下。

① 将7根半圆头法兰螺栓M3×10–10.9从盖板上拧出，并取下盖板，如图6-25所示。

② 松开电机A5上的2根半圆头法兰螺栓M4×10–10.9，如图6-26所示。

图6-25　将盖板从机器人腕部上拆下

1—机器人腕部；2—盖板；3—半圆头法兰螺栓

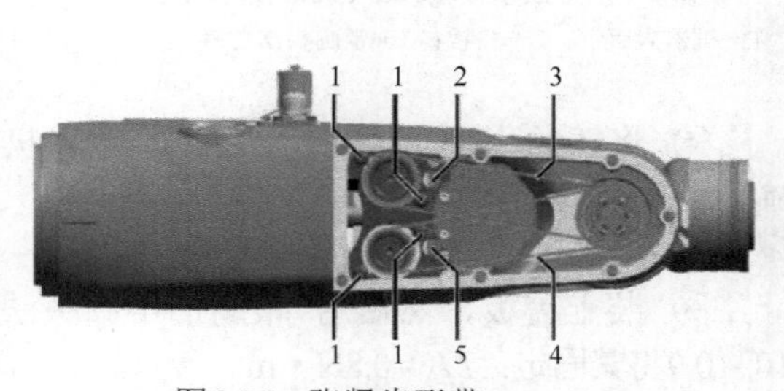

图6-26　张紧齿形带

1—半圆头法兰螺栓；2—电机托架A5开口；3—齿形带A5；4—齿形带A6；5—电机托架A6开口

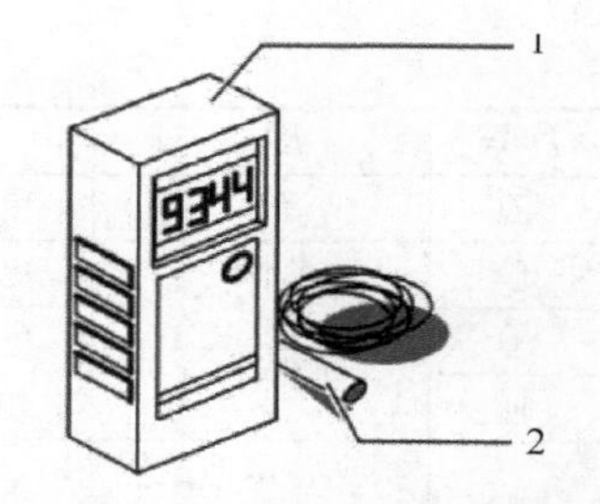

图6-27　齿形带张力测量设备
1—齿形带张力测量设备；2—传感器

③ 将合适的工具（例如：螺丝刀）插入电机托架上相应的开口中，并小心地向左按压电机，以张紧齿形带A5。

④ 略微拧紧电机A5上的2根半圆头法兰螺栓M4×10–10.9。

⑤ 将齿形带张力测量设备投入使用，如图6-27所示，齿形带张力如表6-6所示。

⑥ 拉紧齿形带A5，将齿形带中间的传感器与摆动的齿形带之间的距离保持在2～3mm，根据齿形带张力测量设备读取测量结果。

⑦ 拧紧电机A5上的2根半圆头法兰螺栓M4×l0–10.9，M_A=1.9N·m。

表6-6　齿形带张力

机器人腕部	轴	齿形带	频率/Hz
ZH 6 R700	5	AT3/267	305±5
	6		
ZH 6/10 R900	5	AT3/351	205±5
	6		
ZH 10 R1100	5	AT3/351	205±5
	6		

⑧ 将机器人投入运行，并双向移动A5。

⑨ 通过按下紧急停止装置锁闭机器人。

⑩ 新测量齿形带张力。如果测得的数值与表中的数值不一致，则重复操作步骤②～⑩。

⑪ 针对齿形带A6，执行操作步骤②～⑩。

⑫ 装上盖板，然后用7根新的半圆头法兰螺栓M3×l0–10.9将其固定，M_A=0.8N·m。

6.4.2　工业机器人控制柜保养

（1）保养计划

表6-7概括列出了机器人控制柜上所需执行的保养工作（保养期限、工作），表中序号对应图6-28中控制柜各部位。

表6-7　机器人控制柜保养计划

序号	周期	任务
⑧	1年	检查使用的SIB和/或SIB Extended继电器输出端功能是否正常
—		操作人员防护装置和所有紧急停止装置（例如smartPAD、外部紧急停止装置）的周期性功能测试
—		执行smartPAD上所有使能开关的功能检查
④	最迟1年	根据置放条件和脏污程度，用刷子清洁外部风扇的保护格栅
①	最迟2年	根据置放条件和脏污程度，用刷子清洁热交换器
③		根据置放条件和脏污程度，用刷子清洁KPP和KSP的散热器
④		根据置放条件和脏污程度，用刷子清洁外部风扇
⑤		根据置放条件和脏污程度，用刷子清洁低压电源件散热器

续表

序号	周期	任务
⑦	5年	更换主板电池
⑥	5年（三班运行情况下）	更换控制系统PC的风扇
④		更换外部风扇
⑩		如果有的话，更换内部风扇
⑨	根据蓄电池监控的显示	更换蓄电池
②	压力平衡塞变色时	视置放条件和脏污程度而定。检查压力平衡塞外观：白色滤芯颜色改变时须更换

机器人控制系统必须保持关机状态，并具有可防意外重启的保护措施。确保电源线已断电，按ESD准则作业。

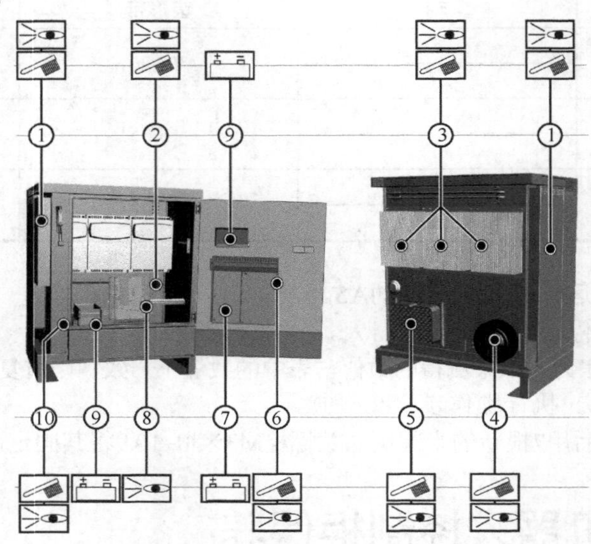

图6-28　机器人控制柜保养位置

执行保养清单中某项工作时，必须根据以下要点进行一次目视检查。

① 检查保险装置、接触器、插头连接及印制线路板是否安装牢固。

② 检查电缆是否损坏。

③ 检查接地电位均衡导线的连接。

④ 检查所有设备部件是否磨损或损坏。

（2）检查SIB继电器输出端

① 检查输出端“局部紧急停止”功能是否正常。按下本机紧急停止装置。

② 检查输出端“操作人员防护装置已确认”功能是否正常。操作步骤如下。

a.将运行方式置于自动运行或外部自动运行。

b.打开操作人员防护装置（防护装置）。

③ 检查输出端“接通外围设备”功能是否正常。操作步骤如下。

a.将运行方式置于自动运行或外部自动运行。

b.打开操作人员防护装置（防护装置）。

c.在T1或T2运行方式下松开确认键。如果未显示故障信息，则继电器输出端正常。

（3）检查SIB扩展型继电器输出端

① 检查信号空间输出端。超出相应的信号空间，根据信号空间的配置，笛卡儿或与轴相关的信号空间可能被超出。

注意：在正常运行中，由生产运行人员在测试周期（1年）内周期性地对信号空间输出端进行检查。

② 检查输出端SafeOperation已激活。操作步骤就是SafeOperation或SafeRange Monitoring取消激活。

③ 检查输出端机器人已定位。操作步骤就是关闭驱动总线，然后重新接通。如果未显示故障信息，则继电器输出端正常。

（4）清洁机器人控制系统

1）首要条件

① 机器人控制系统必须保持关机状态，并具有可防意外重启的保护措施。

② 控制系统已关闭。

③ 电源线已断电。

④ 按ESD准则作业。

警告：接触电源电压会有生命危险，即使在关机状态下，从电源接口X1至主开关的线路也带电，会造成死亡、重伤或财产损失。开始工作之前，请先断开电源，请确保没有电压。

2）工作守则

① 在清洁工作时，必须注意遵守清洁剂生产厂家的使用说明。

② 必须防止清洁剂渗入电气部件内。

③ 不允许使用压缩空气进行清洁。

④ 请勿用水喷射。

3）操作步骤

① 使积聚的灰尘松散一些，然后吸走。

② 用浸有柔性清洁剂的抹布清洁机器人控制系统的外壳。

③ 用不含溶解剂的清洁剂清洁线缆、塑料部件和软管。

④ 更换已损坏或看不清楚的文字说明和铭牌，补充缺失的说明和铭牌。

第7章

码垛应用案例

KUKA工业机器人在汽车领域应用最广，其中的典型应用有焊接、码垛、喷涂、搬运、激光切割。本章以工业机器人码垛应用为例，介绍码垛工作站系统组成、特点，通过码垛实例任务，学会机器人I/O配置、码垛工作站PLC程序编写、触摸屏画面组态、机器人程序编写，将前面章节学习内容应用于实战项目，达到总结巩固效果。

知识目标

1. 了解机器人码垛工作站。
2. 了解机器人的I/O配置模块。
3. 熟悉机器人输入/输出端配置。
4. 了解PLC和机器人之间的I/O信号分配。

技能目标

1. 会进行机器人I/O模块配置。
2. 会配置机器人输入/输出端。
3. 能编写PLC控制程序。
4. 能组态触摸屏画面。
5. 能独立示教机器人目标点。
6. 会编写机器人码垛程序。

7.1 工业机器人码垛工作站系统介绍

7.1.1 工业机器人码垛工作站系统简介

KUKA工业机器人码垛实训台如图7-1所示。选用紧凑型六轴机器人，结合丰富的周边自动化机构，可以实现机器人码垛、搬运、激光雕刻、打磨等常用工业应用，同时可选配机器视觉系统，对机器人实现引导。

该设备具备六轴机器人的示教、离线编程调试等功能。同时可通过单个或多个模块实现机器人自动化工作演示等功能。实训台配有安全门，当门打开时，机器人无法运行，达到安全保护的作用。推料台通过西门子1200 PLC控制，系统推料后通过1200 PLC和KUKA机器人之间的I/O通信传输信号，实现自动搬运、码垛等功能。

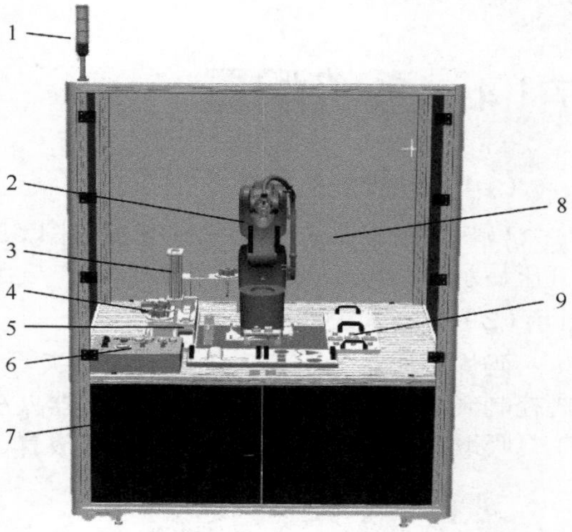

图7-1　KUKA工业机器人码垛实训台

1—三色指示灯；2—KR6R700sixx机器人；3—推料塔；4—工具；5—传送带；6—模块接线快插板；7—控制柜门；8—安全防护门；9—工作托盘

7.1.2 工作站特点

（1）全面性

设备包含搬运演示模块、焊接演示模块、激光演示模块、码垛演示模块等多种模块，基本涵盖目前工业机器人常用实际应用。

（2）模块化

设备采用模块化设计，方便教师教学，学生实践。一方面，模块化设计可单独进行实践教学，也可以串联式组合教学。另一方面，模块化设计方便不同实验课程功能块的切换，使学生能直接参与安装及接线，锻炼学生动手实践能力。

（3）专业性

设备基本涵盖机电一体化，包括机械原理、气压传动、PLC、机器人应用与实践等多方面课程内容。

7.1.3 功能规格

工业机器人码垛工作站整体规格参数如下。

① 本体采用铝型材支架拼接而成，四周采用钢制钣金烤漆密封，顶面铺设铝型材，电控挂板采用斜面安装，亚克力透明开关门，电气控制区、机器人控制器和计算机主机采用可视化设计，方便观看及操作。

② 台面预留标准安装孔位，安装孔为快速插销，台面预留标准化快插接线孔，用于各模块位置能柔性调整。

③ 工作台顶层用于安放机器人和其他操作对象，工作台具有储存空间，用于工具及器材的收纳。

④ 监控计算机主机安装在工作台下方。

⑤ 电源：AC 220V，50Hz；要求：0.4～0.6MPa（压力）；保护措施：具有过载、短路、漏电等功能。

7.1.4 系统配置

（1）模块接线快插板

模块接线快插板上的元件布置如图7-2所示，包括电源开关、气源开关、电源指示灯、气压显示表、电源接头1、电源接头2、气路接头、气路接头（备用）。

（2）机器人工具

码垛工作站的机器人工具有搬运夹具、模拟焊枪、真空吸盘，如图7-3所示。通过电磁阀控制气动顶住钢珠，使工具吸在机器人法兰盘上。再通过电磁阀控制真空发生器抽真空，工具吸取物料，实现对工具的抓取和放置，或通过电磁阀控制气动实现夹具的夹紧和松开。

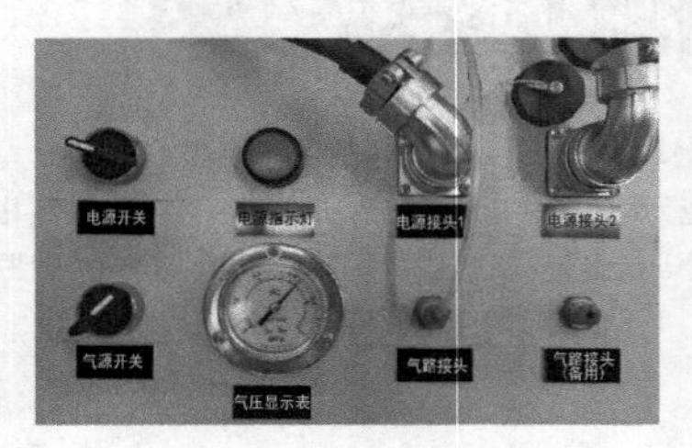

图7-2　模块接线快插板

图7-3　工具

图7-4　传送带装置

（3）传送带装置

传送带装置由推料塔和传送带组成，如图7-4所示。通过推料气缸将推料塔里的物料推出，用传送带将物料运送到末端传感器位置，传感器将信号传给机器人，机器人将过来自动夹取物料。传送带装置参数如下。

① 整体大概尺寸：594mm×250mm×350mm，主体以铝合金结构件构造。

② 驱动采用手动进行调速控制。

③ 皮带具有张紧调节功能、自动导向功能。

④ 皮带上具有光电传感器，能够进行物料定位和检测。

（4）安全防护门

为保证系统的安全性，在码垛工作站前后设2个检修防护门，检修防护门设有门开关，当机器人处于自动运行状态时，如果有任何一扇门被打开，将触发机器人安全停机。

（5）三色灯

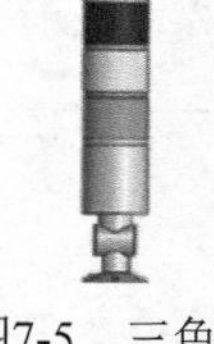
图7-5　三色灯

三色灯位于设备的左上角，如图7-5所示。三色灯用来显示系统运行状态——运行、停止、报警。根据颜色常亮和闪烁来定义各个状态，展示给用户或操作人员。一般绿色常亮代表系统运行，红色闪烁代表系统报警，红色常亮代表系统故障，黄色常亮或闪烁代表系统发出警告等。

（6）PLC、变频器模块

工业机器人码垛实训系统配套西门子S7-1200系列CPU 1214C DC/DC/DC可编程控制器作为主控制器和G120变频器控制传送带的运行，如图7-6所示，打开控制柜门即可看到，主控制器主要技术性能规格参数如下。

① 100KB工作存储器/4M负载存储器/10KB保持性存储器。

② 数字量，14点输入/10点输出。模拟量，2路输入。

图7-6　PLC、变频器模块

③ 位存储器，8192个字节。

④ 脉冲输出，最多4路，CPU本体100kHz。

⑤ 脉冲捕捉输入，14个。

⑥ 延时中断/循环中断，共4个，精度为1ms。

⑦ 布尔运算执行速度，0.08μs/指令。

⑧ 1个以太网通信端口，支持PROFINET通信。

7.1.5　码垛任务

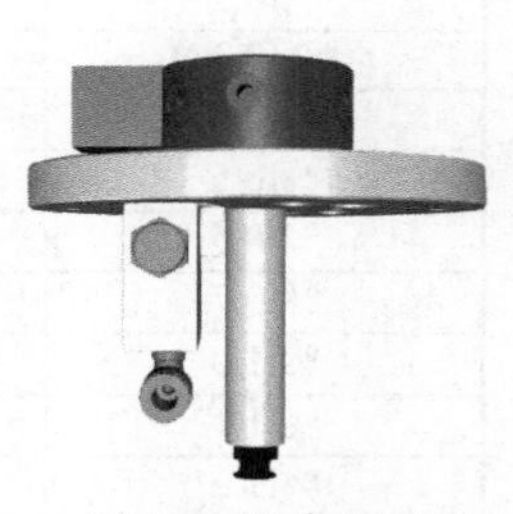
图7-7　吸盘工具

手动安装好机器人吸盘工具，如图7-7所示。机器人码垛全部在工作台上执行，工作台如图7-8所示。机器人首先回原点，进行初始化。初始化完成后机器人控制推料气缸电磁阀，推料气缸将供料塔内的物料推出，推出到位后推料气缸缩回。机器人控制传送带前进，传送带将物料传输到末端传感器后传送带停止。传感器检测到物料后将信号传送给机器人，机器人过来吸取物料，将物料按一定顺序进行码垛，码垛后效果如图7-9所示。机器人循环码垛9个物料，码垛完退出循环最后回原点，任务结束。

系统通过触摸屏控制面板操作，工业机器人实现自动码垛。

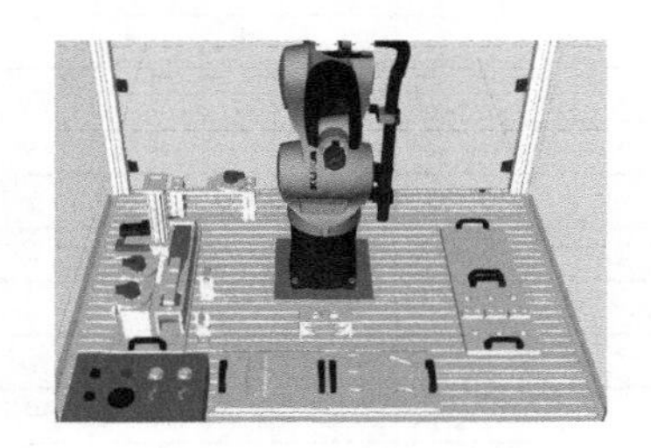
图7-8　码垛工作台

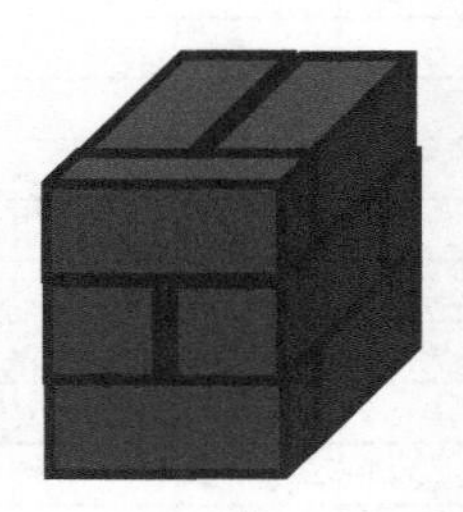
图7-9　物料码垛

7.2 系统I/O配置

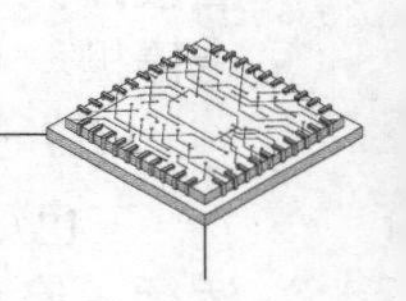

7.2.1 机器人I/O模块配置

机器人I/O模块配置步骤参照5.3.2节BECKHOFF I/O配置的步骤。

7.2.2 机器人输入/输出端配置

机器人输入/输出端配置步骤参照5.3.2章节机器人输入/输出端配置步骤。

7.2.3 PLC和机器人I/O信号分配

（1）PLC的I/O信号分配

PLC的输入信号如表7-1所示。

表7-1 PLC输入信号分配

输入地址	注释	备注
%I0.0	门禁开关（前门）	
%I0.1	门禁开关（后门）	
%I0.2	通用夹具台检测——夹具1	光纤传感器
%I0.3	通用夹具台检测——夹具2	光纤传感器
%I0.4	对射夹具料检测	对射传感器
%I0.5	电源接通（快速更换模块）	SB1
%I0.6	气源接通（快速更换模块）	SB2
%I0.7	传送带模块——电机故障反馈	G120/COM NO
%I1.0	传送带模块——推料原位	
%I1.1	传送带模块——推料工作位	
%I1.2	传送带模块——料井检料	
%I1.3	传送带模块——传送带料到位	
%I1.4	传送带模块——夹具1检测	
%I1.5	传送带模块——夹具2检测	
%I2.0	DI-15	急停
%I2.1	DI-16	
%I2.2	DI-17	
%I2.3	DI-18	
%I2.4	DI-19	
%I2.5	DI-20	
%I2.6	DI-21	
%I2.7	DI-22	
%I3.0	Robot_气缸推出	机器人DQ9
%I3.1	Robot_变频器启动	机器人DQ10
%I3.2	Robot-PLC-3	机器人DQ11

续表

输入地址	注释	备注
%I3.3	Robot-PLC-4	机器人DQ12
%I3.4	Robot-PLC-5	机器人DQ13
%I3.5	Robot-PLC-6	机器人DQ14
%I3.6	Robot-PLC-7	机器人DQ15
%I3.7	Robot-PLC-8	机器人DQ16

PLC的输出信号如表7-2所示。

表7-2 PLC输出信号分配

输出地址	注释	备注
%Q0.0	柱灯中继线圈控制（绿）	K1线圈
%Q0.1	柱灯中继线圈控制（黄）	K2线圈
%Q0.2	柱灯中继线圈控制（红）	K3线圈
%Q0.3	DQ-04	K4线圈
%Q0.4	DQ-05	K5线圈
%Q0.5	DQ-06	K6线圈
%Q0.6	传送带模块——推料气缸控制	K7线圈
%Q0.7	传送带模块——电机运行控制	K8线圈
%Q1.0	DQ-09	
%Q1.1	DQ-10	
%Q2.0	DQ-11	
%Q2.1	DQ-12	
%Q2.2	DQ-13	
%Q2.3	DQ-14	
%Q2.4	DQ-15	
%Q2.5	DQ-16	
%Q2.6	DQ-17	
%Q2.7	DQ-18	
%Q3.0	对射夹具料检测_Robot	机器人DI09
%Q3.1	传送带模块——推料原位_Robot	机器人DI10
%Q3.2	传送带模块——推料工作位_Robot	机器人DI11
%Q3.3	传送带模块——料井检料_Robot	机器人DI12
%Q3.4	传送带模块——传送带料到位_Robot	机器人DI13
%Q3.5	传送带模块——夹具1检测_Robot	机器人DI14
%Q3.6	传送带模块——夹具2检测_Robot	机器人DI15
%Q3.7	安全门	机器人DI16

（2）机器人I/O信号分配

机器人输入信号分配如表7-3所示。

表7-3 机器人输入信号分配

输入模块		机器人输入端		
	Bit	输入地址	注释	备注
EL1809	1	$IN［1］	主盘原点磁性开关	磁性开关
	2	$IN［2］	主盘工作位磁性开关	磁性开关
	3	$IN［3］	副盘原位磁性开关	磁性开关
	4	$IN［4］	副盘工作位——磁性开关	磁性开关
	5	$IN［5］		
	6	$IN［6］		

续表

输入模块	机器人输入端			
EL1809	7	$IN［7］		
	8	$IN［8］		
	9	$IN［9］	对射夹具料检测_Robot	%Q3.0
	10	$IN［10］	传送带模块——推料原位_Robot	%Q3.1
	11	$IN［11］	传送带模块——推料工作位_Robot	%Q3.2
	12	$IN［12］	传送带模块——料井检料_Robot	%Q3.3
	13	$IN［13］	传送带模块——传送带料到位_Robot	%Q3.4
	14	$IN［14］	传送带模块——夹具1检测_Robot	%Q3.5
	15	$IN［15］	传送带模块——夹具2检测_Robot	%Q3.6
	16	$IN［16］	安全门	%Q3.7

机器人输出信号分配如表7-4所示。

表7-4　机器人输出信号分配

输出模块	机器人输出端			
	Bit	输出地址	注释	备注
EL2809	1	$OUT［1］	主盘回原点/工作电磁阀	K11
	2	$OUT［2］	副盘回原点电磁阀（夹具夹紧）/吸盘工具吸放	K12
	3	$OUT［3］	副盘工作电磁阀/夹具松开	K13
	4	$OUT［4］		K14
	5	$OUT［5］		K15
	6	$OUT［6］		K16
	7	$OUT［7］		K17
	8	$OUT［8］		K18
	9	$OUT［9］	Robot_气缸推出	%I3.0
	10	$OUT［10］	Robot_变频器启动	%I3.1
	11	$OUT［11］	Robot-PLC-3	%I3.2
	12	$OUT［12］	Robot-PLC-4	%I3.3
	13	$OUT［13］	Robot-PLC-5	%I3.4
	14	$OUT［14］	Robot-PLC-6	%I3.5
	15	$OUT［15］	Robot-PLC-7	%I3.6
	16	$OUT［16］	Robot-PLC-8	%I3.7

7.3　PLC程序编写

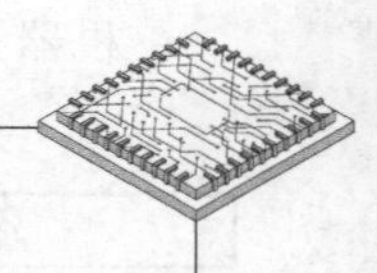

7.3.1　PLC控制程序

（1）PLC主程序Main（OB1）

PLC的主程序如图7-10所示，该主程序由FC1、FC2、FC3、FC10、FC700子函数组成。

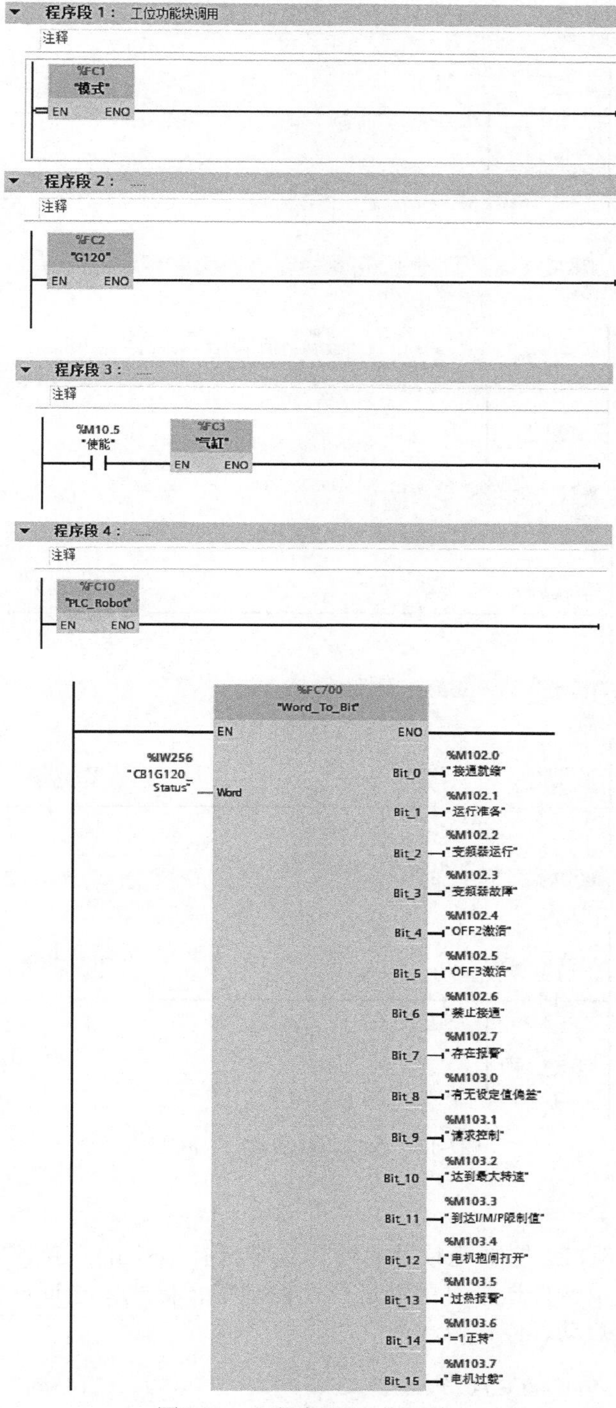

图7-10 主程序Main（OB1）

（2）模式（FC1）

FC1程序主要实现系统的手动、自动模式切换，以及三色灯的状态显示，程序如图7-11所示。

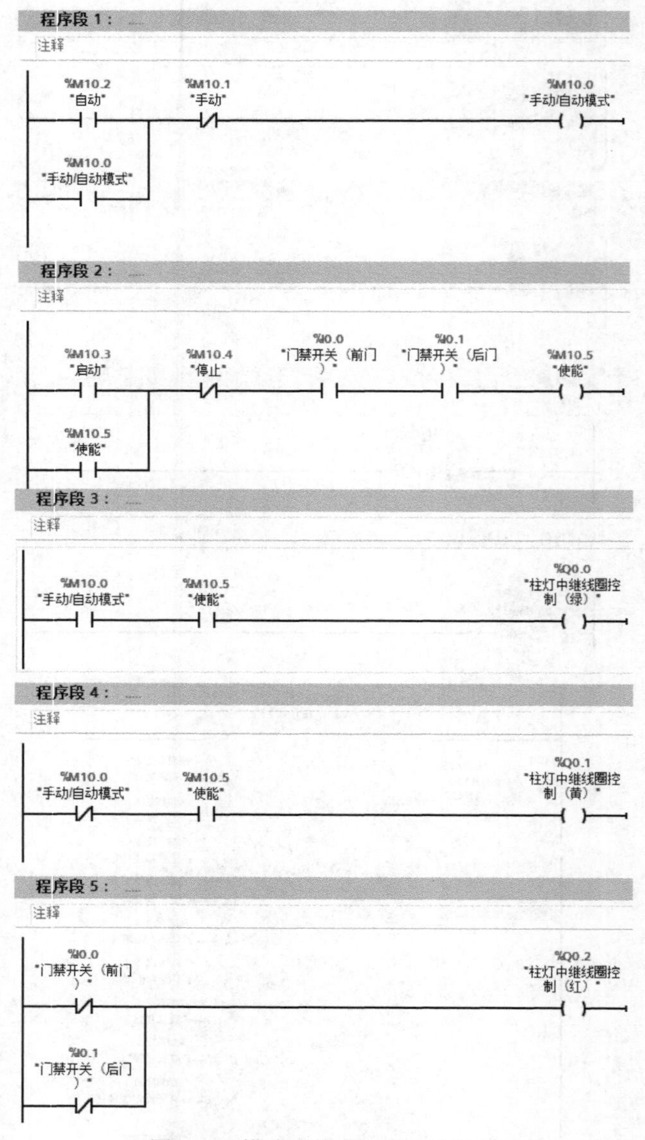

图7-11 模式切换子函数（FC1）

（3）G120（FC2）

FC2程序主要实现PLC控制变频器启动传送带运行、停止，变频器的频率由触摸屏输入，程序如图7-12所示。传送带有手动运行和自动运行模式，通过该程序，机器人只需给PLC一个I/O信号即可启动、停止传送带。

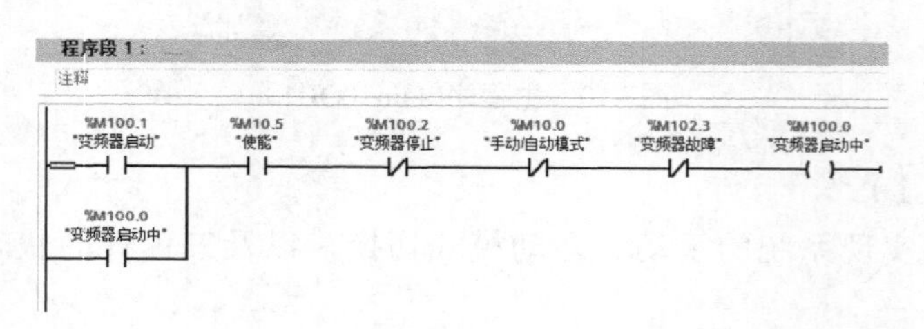

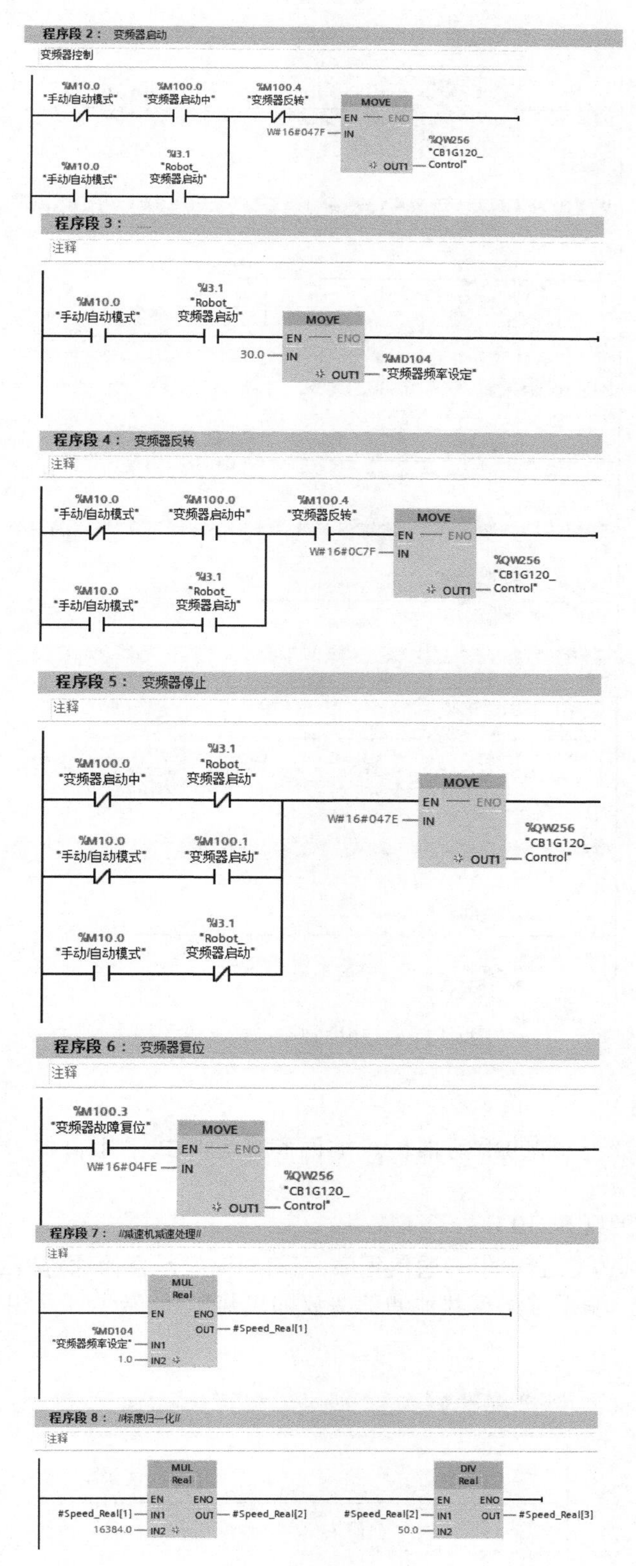

程序段 2： 变频器启动
变频器控制
%M10.0
"手动/自动模式"
%M100.0
"变频器启动中"
%M100.4
"变频器反转"
MOVE
EN
ENO
W#16#047F
IN
OUT1
%QW256
"CB1G120_
Control"
%I3.1
"Robot_
变频器启动"
程序段 3：
注释
30.0
%MD104
"变频器频率设定"
程序段 4： 变频器反转
W#16#0C7F
程序段 5： 变频器停止
%M100.1
"变频器启动"
W#16#047E
程序段 6： 变频器复位
%M100.3
"变频器故障复位"
W#16#04FE
程序段 7： //减速机减速处理//
MUL
Real
#Speed_Real[1]
IN1
IN2
1.0
程序段 8： //标度归一化//
#Speed_Real[2]
16384.0
DIV
Real
50.0
#Speed_Real[3]

图7-12

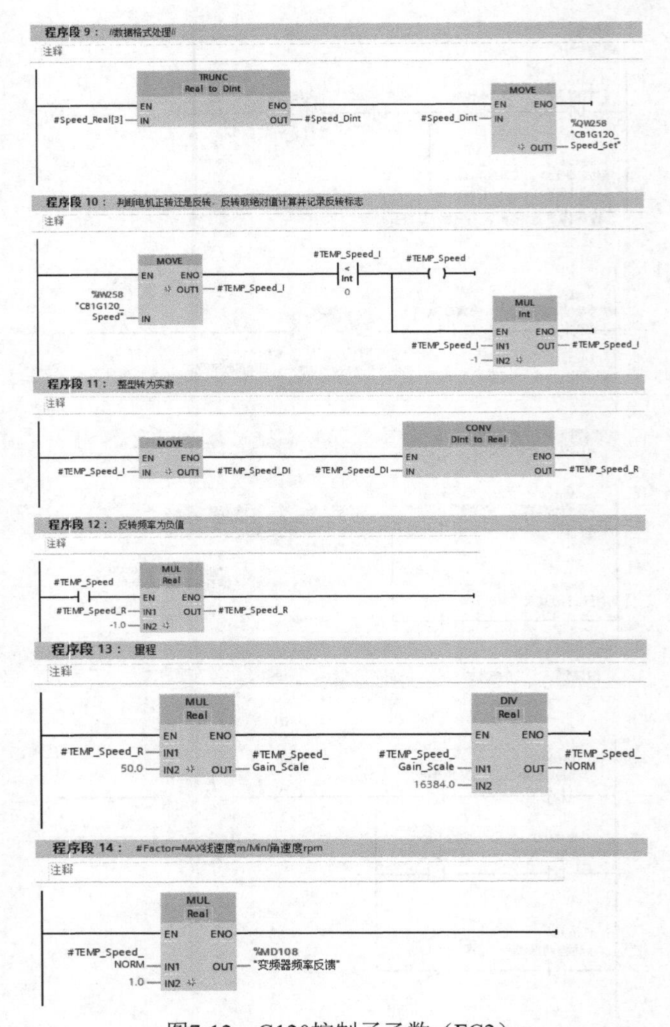

图7-12　G120控制子函数（FC2）

（4）气缸（FC3）

FC3程序主要控制气缸的手动推料、缩回和自动模式下用机器人的I/O控制推料、缩回，程序如图7-13所示。

（5）PLC_ROBOT（FC10）

FC10为机器人和PLC之间的I/O通信程序，该I/O信号是直接通过PLC的I/O口和机器人的I/O口进行硬件连接，编程时无需其他通信协议即可将I/O信号进行互相传输，程序如图7-14所示。

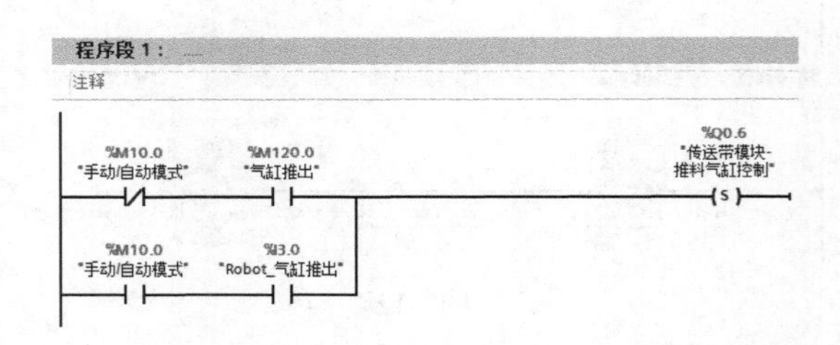

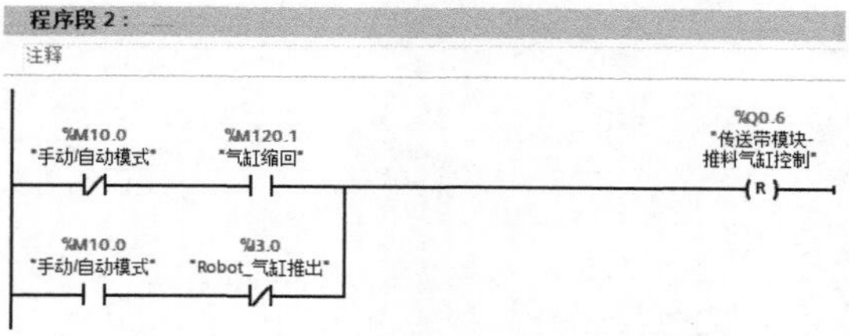

程序段 2：
注释
%M10.0
"手动/自动模式"
%M120.1
"气缸缩回"
%Q0.6
"传送带模块-推料气缸控制"
R
%M10.0
"手动/自动模式"
%I3.0
"Robot_气缸推出"

图7-13　推料气缸控制子函数（FC3）

程序段 1：
注释
%M1.2
"AlwaysTRUE"
%I0.4
"对射夹具料检测"
%Q3.0
"对射夹具料检测_Robot"
%I1.0
"传送带模块-推料原位"
%Q3.1
"传送带模块-推料原位_Robot"
%I1.1
"传送带模块-推料工作位"
%Q3.2
"传送带模块-推料工作位_Robot"
%I1.2
"传送带模块-料井检料"
%Q3.3
"传送带模块-料井检料_Robot"
%I1.3
"传送带模块-传送带料到位"
%Q3.4
"传送带模块-传送带料到位_Robot"
%I1.4
"传送带模块-夹具1检测"
%Q3.5
"传送带模块-夹具1检测_Robot"
%I1.5
"传送带模块-夹具2检测"
%Q3.6
"传送带模块-夹具2检测_Robot"
%I0.0
"门禁开关（前门）"
%I0.1
"门禁开关（后门）"
%Q3.7
"安全门"

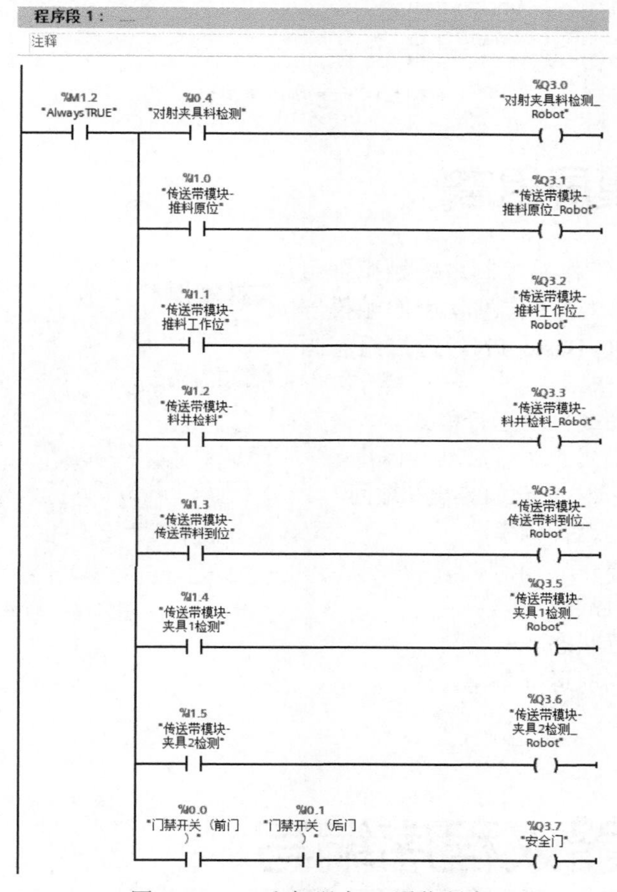

图7-14　PLC和机器人I/O通信程序

（6）Word_To_Bit（FC700）

FC700程序主要是将读取的变频器字节IW256转化为16个位，放在M102.0～M103.7中，字转位的程序如图7-15所示。

程序段 1：将位序列解析为单个位
注释
SCATTER
Word
EN
ENO
#Word
IN
OUT
#Temp_Word

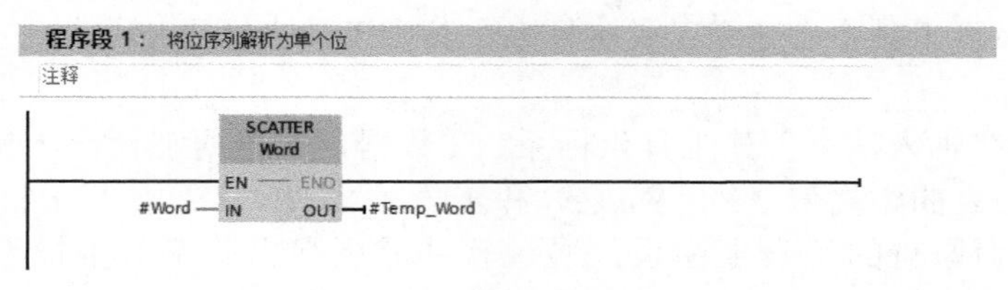

图7-15

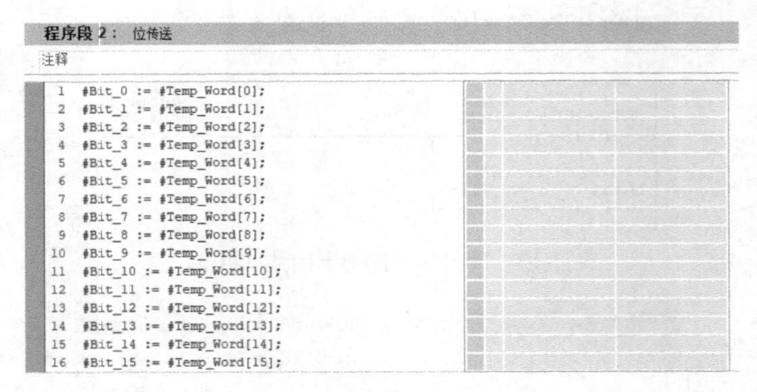

程序段 2： 位传送

注释

```
1   #Bit_0 := #Temp_Word[0];
2   #Bit_1 := #Temp_Word[1];
3   #Bit_2 := #Temp_Word[2];
4   #Bit_3 := #Temp_Word[3];
5   #Bit_4 := #Temp_Word[4];
6   #Bit_5 := #Temp_Word[5];
7   #Bit_6 := #Temp_Word[6];
8   #Bit_7 := #Temp_Word[7];
9   #Bit_8 := #Temp_Word[8];
10  #Bit_9 := #Temp_Word[9];
11  #Bit_10 := #Temp_Word[10];
12  #Bit_11 := #Temp_Word[11];
13  #Bit_12 := #Temp_Word[12];
14  #Bit_13 := #Temp_Word[13];
15  #Bit_14 := #Temp_Word[14];
16  #Bit_15 := #Temp_Word[15];
```

图7-15　字转位子函数

7.3.2　触摸屏组态

工业机器人码垛工作站控制系统触摸屏组态画面如图7-16所示，该工作站使用的触摸屏型号为西门子KTP700 Basic PN。通过组态画面，可以实现以下动作。

① 选择系统手动或自动运行模式。

② 手动或自动模式的系统启动、停止。

③ 自动模式下手动控制气缸推出和缩回。

④ 设置变频器的运行频率。

⑤ 手动启动、停止变频器。

⑥ 手动复位电机故障。

⑦ 显示电机运行状态。

⑧ 显示变频器当前运行频率。

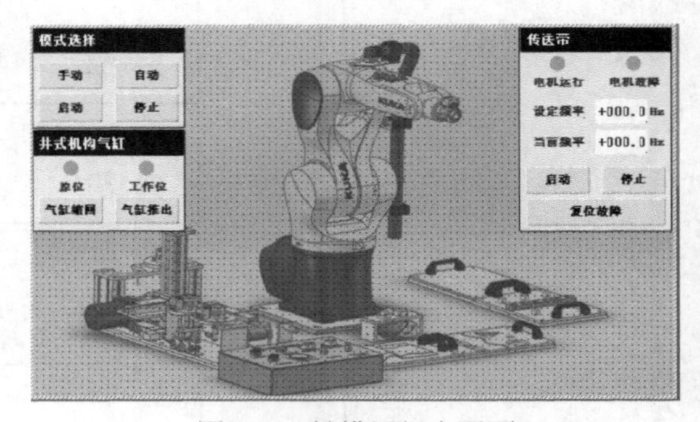

图7-16　触摸屏组态画面

7.4　机器人程序编写

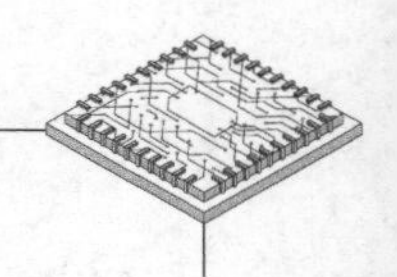

7.4.1　工具坐标系的建立

在机器人的吸盘工具中心建立工具坐标系，其中工具坐标系X轴的正方向为工具垂直向下的作业方向。

① 可以用数字输入法来创建工具坐标系TCP数据，即根据工具设计参数，直接录入工具TCP至法兰中心点的距离值（X，Y，Z）和转角（A，B，C）。基于机械3D模型，在软件里创建以吸盘为原点的工具坐标系，通过软件分析得出此工具坐标系TCP坐标，如图7-17所示。

在主菜单中选择“投入运行”>“测量”>“工具”>“数字输入”，为待测定的工具选择“工具编号”为1，输入工具名称，点击“继续”按键确认，输入图7-17中软件测出的工具数据。

② 也可以利用XYZ 4点法测量工具的TCP，手动安装吸盘工具到机器人法兰盘上，利用第3章讲的XYZ 4点法测量即可，测量步骤这里不再赘述。

说明：本任务中只设置了工具坐标系，基坐标用默认的坐标系，故这里不设置基坐标系，可根据工艺需求自行设置基坐标系。

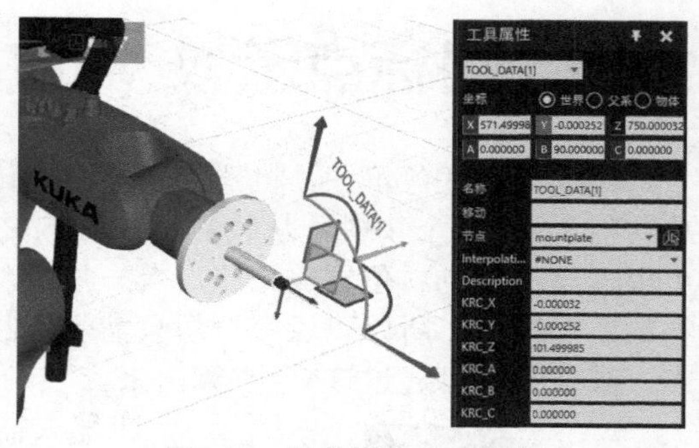

图7-17　软件测量TCP数据

7.4.2　机器人码垛程序流程图

机器人码垛程序流程图如图7-18所示。

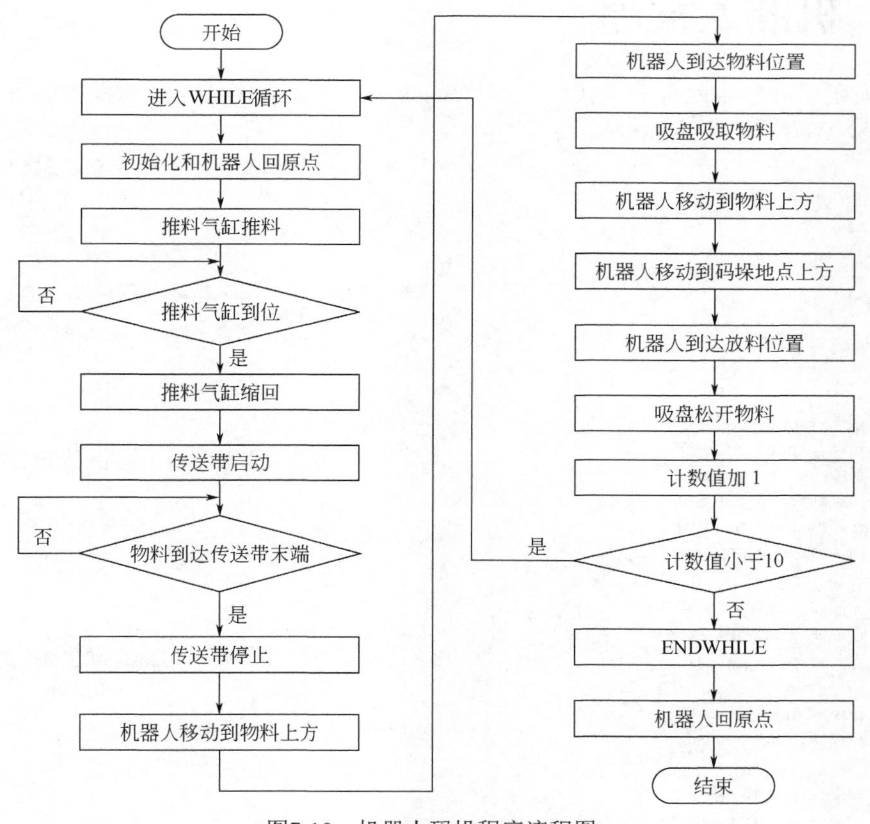

图7-18　机器人码垛程序流程图

7.4.3 目标点示教

根据码垛任务可知，机器人需要回到传送带位置吸取物料，移动到托盘位置放下物料。总共需要码垛9个物料，从物料码垛结构来看，机器人码垛完第一层物料，第二、三层物料可根据第一层物料位置算出来。第一层物料码垛效果如图7-19所示，由于第一层物料的两个物料姿势一致，所以码垛第一层只需示教2个点。机器人要实现整个物料码垛共需要示教3个点，其他点位可通过这3个点算出来。

图7-19　第一层物料码垛效果

机器人需要示教的点如下。

① put0_pos：第一个物料放置点。

② put90_pos：第三个物料放置点。

③ box_pos1：传送带拾取物料点。

其他三个位置变量为中间点，分别如下。

① box_pos2：夹取物料上方150mm处。

② stack_pos：实际码垛位置。

③ stack_pos1：实际码垛位置上方100mm处。

扫码看：码垛程序实例讲解

7.4.4 机器人程序

机器人码垛程序由两部分组成，主程序Stack（）和子程序pb（），程序如下。

```
DEF Stack（ ）
INT Status                                  ；定义整形参数，用来计数
INI
Status=1                                    ；初始化参数
WHILE Status<10                             ；进入循环，直到第九次退出循环
pb（）                                      ；进入子程序，拿物料
SWITCH Status
  CASE 1
     xstack_pos.x=xput0_pos.x+0
     xstack_pos.y=xput0_pos.y+0
     xstack_pos.z=xput0_pos.z+0             ；赋值给stack_pos第一个位置的坐标
     xstack_pos.a=xput0_pos.a+0
     xstack_pos.b=xput0_pos.b+0
     xstack_pos.c=xput0_pos.c+0
  CASE 2
     xstack_pos.x=xput0_pos.x+0
     xstack_pos.y=xput0_pos.y+32
     xstack_pos.z=xput0_pos.z+0             ；赋值给stack_pos第二个位置的坐标
     xstack_pos.a=xput0_pos.a+0
     xstack_pos.b=xput0_pos.b+0
     xstack_pos.c=xput0_pos.c+0
  CASE 3
     xstack_pos.x=xput90_pos.x+0
     xstack_pos.y=xput90_pos.y+0
     xstack_pos.z=xput90_pos.z+0            ；赋值给stack_pos第三个位置的坐标
     xstack_pos.a=xput90_pos.a+0
     xstack_pos.b=xput90_pos.b+0
```

```
      xstack_pos.c=xput90_pos.c+0
  CASE 4
      xstack_pos.x=xput90_pos.x-61
      xstack_pos.y=xput90_pos.y+0
      xstack_pos.z=xput90_pos.z+20                    ；赋值给stack_pos第四个位置的坐标
      xstack_pos.a=xput90_pos.a+0
      xstack_pos.b=xput90_pos.b+0
      xstack_pos.c=xput90_pos.c+0
  CASE 5
      xstack_pos.x=xput0_pos.x+31
      xstack_pos.y=xput0_pos.y+0
      xstack_pos.z=xput0_pos.z+20                     ；赋值给stack_pos第五个位置的坐标
      xstack_pos.a=xput0_pos.a+0
      xstack_pos.b=xput0_pos.b+0
      xstack_pos.c=xput0_pos.c+0
  CASE 6
      xstack_pos.x=xput0_pos.x+31
      xstack_pos.y=xput0_pos.y+32
      xstack_pos.z=xput0_pos.z+20                     ；赋值给stack_pos第六个位置的坐标
      xstack_pos.a=xput0_pos.a+0
      xstack_pos.b=xput0_pos.b+0
      xstack_pos.c=xput0_pos.c+0
  CASE 7
      xstack_pos.x=xput0_pos.x+0
      xstack_pos.y=xput0_pos.y+0
      xstack_pos.z=xput0_pos.z+40                     ；赋值给stack_pos第七个位置的坐标
      xstack_pos.a=xput0_pos.a+0
      xstack_pos.b=xput0_pos.b+0
      xstack_pos.c=xput0_pos.c+0
  CASE 8
      xstack_pos.x=xput0_pos.x+0
      xstack_pos.y=xput0_pos.y+32
      xstack_pos.z=xput0_pos.z+40                     ；赋值给stack_pos第八个位置的坐标
      xstack_pos.a=xput0_pos.a+0
      xstack_pos.b=xput0_pos.b+0
      xstack_pos.c=xput0_pos.c+0
  CASE 9
      xstack_pos.x=xput90_pos.x+0
      xstack_pos.y=xput90_pos.y+0
      xstack_pos.z=xput90_pos.z+40                    ；赋值给stack_pos第九个位置的坐标
      xstack_pos.a=xput90_pos.a+0
      xstack_pos.b=xput90_pos.b+0
      xstack_pos.c=xput90_pos.c+0
DEFAULT
  Status=0                                            ；计数清0
ENDSWITCH
xstack_pos1.x=xstack_pos.x+0
xstack_pos1.y=xstack_pos.y+0
xstack_pos1.z=xstack_pos.z+100
xstack_pos1.a=xstack_pos.a+0                          ；算出码垛点上方位置
xstack_pos1.b=xstack_pos.b+0
xstack_pos1.c=xstack_pos.c+0
LIN stack_pos1 Vel=0.1 m/s CPDAT5 Tool［1］ Base［0］   ；移动到码垛的地点的上方10cm
WAIT Time=1 sec                                       ；等待1s
LIN stack_pos Vel=0.01 m/s CPDAT1 Tool［1］ Base［0］   ；开始码垛
OUT 2 '' State=FALSE                                  ；放下物料
```

```
WAIT Time=0.5 sec                                           ; 等待0.5s
LIN stack_pos1 Vel=0.01m/s CPDAT2 Tool [1]  Base [0]        ; 移动到码垛的地点的上方10cm
Status=Status+1                                             ; 计数加1
ENDWHILE
PTP home Vel=10 % PDAT1                                     ; 回原点
END
; 拿物料程序pb（）:
; ****************************************************************************************
DEF pb（  ）
PTP home Vel=10 % PDAT1                                     ; 回原点
WAIT FOR （ IN 10 '' ）                                      ; 等待气缸后限位到位
OUT 9 '' State=TRUE                                         ; 开始推气缸
WAIT FOR （ IN 11 '' ）                                      ; 等待气缸前限位到位
OUT 9 '' State=FALSE                                        ; 气缸复位
OUT 10 '' State=TRUE                                        ; 使能传送带
WAIT FOR （ IN 13 '' ）                                      ; 等待传送带有料检测
WAIT Time=1 sec                                             ; 等待1s
OUT 10 '' State=FALSE                                       ; 传送带停止
xbox_pos2.x=xbox_pos1.x
xbox_pos2.y=xbox_pos1.y
xbox_pos2.z=xbox_pos1.z+150
xbox_pos2.a=xbox_pos1.a                                     ; box_pos1为物料搬运位置
xbox_pos2.b=xbox_pos1.b
xbox_pos2.c=xbox_pos1.c
LIN box_pos2 Vel=0.1 m/s CPDAT7 Tool [1]  Base [0]          ; 吸盘开始移动到物料上方15cm
LIN box_pos1 Vel=0.03 m/s CPDAT6 Tool [1]  Base [0]         ; 到达物料位置，准备吸取物料
WAIT Time=1 sec                                             ; 等待1s
OUT 2 '' State=TRUE                                         ; 吸盘吸气
WAIT Time=1 sec                                             ; 等待1s
LIN box_pos2 Vel=0.03 m/s CPDAT8 Tool [1]  Base [0]         ; 吸盘开始移动到物料上方15cm
END
; ****************************************************************************************
```

注意：要注意机器人运动速度数据和转弯数据，机器人运动速度数据由快至慢，尽量用低速靠近目标点，最后回到机械原点。

7.4.5 系统启动

PLC程序、触摸屏组态和机器人程序编写完成后，可通过系统自动运行验证程序的正确性。系统启动步骤如下。

① 放好物料，整理工作台，确保工作台没有遮挡，设备不会发生碰撞。

② 关闭码垛工作站前后安全防护门。
③ 检查机器人程序速度是否过快，每条运动指令都需要检查。
④ 点击触摸屏“自动”按钮，系统切换到自动模式运行。
⑤ 点击触摸屏“启动”按钮，系统处于运行状态。
⑥ 将机器人示教器切换到AUT模式。
⑦ 按下运行键，启动机器人程序，系统将自动码垛物料。

参考文献

[1] 王志全，王云飞. KUKA工业机器人基础入门与应用案例精析工[M]. .北京：机械工业出版社，2020.
[2] 袁有德. 焊接机器人现场编程及虚拟仿真[M]. 北京：化学工业出版社，2020.
[3] 耿春波. 图解工业机器人控制与PLC通信[M]. 北京：机械工业出版社，2020.
[4] 张明文. 工业机器人入门实用教程（KUKA机器人）[M]. 北京：人民邮电出版社，2020.
[5] 徐忠想. 工业机器人应用技术入门[M]. 北京：化学工业出版社，2020.
[6] 孙惠平. 焊接机器人系统操作、编程与维护[M]. 北京：机械工业出版社，2018.